Power BI

商業智慧分析 第二版

數據建模、資料分析、安全分享、平台管理與監控

Power BI 商業智慧分析(第二版)｜數據建模、資料分析、安全分享、平台管理與監控

作　　　者：集英信誠 胡百敬 / 黃雅玲 / 康怡絜
企劃編輯：江佳慧
文字編輯：江雅鈴
設計裝幀：張寶莉
發 行 人：廖文良

發 行 所：碁峰資訊股份有限公司
地　　　址：台北市南港區三重路 66 號 7 樓之 6
電　　　話：(02)2788-2408
傳　　　真：(02)8192-4433
網　　　站：www.gotop.com.tw
書　　　號：ACD024000
版　　　次：2024 年 02 月二版
建議售價：NT$700

國家圖書館出版品預行編目資料

Power BI 商業智慧分析：數據建模、資料分析、安全分享、平台
管理與監控 / 胡百敬, 黃雅玲, 康怡絜著. -- 二版. -- 臺北市：
碁峰資訊, 2024.02
　　面；　公分
　　ISBN 978-626-324-720-8(平裝)
　　1.CST：資料探勘　2.CST：商業資料處理
312.74　　　　　　　　　　　　　　　112022145

推薦序

緣起於多年前的深厚交情，我與百敬老師在 Power BI 的世界中攜手共進，攀越數據的高峰，見證了許多專案從無到有的成功實現。今天，我有幸為這本書寫序，這不僅僅是對一款產品的推薦，更是對一段專業旅程的回顧與展望。

我在微軟擔任 Power BI 銷售業務期間，親眼見證了這個工具如何從概念成為改變遊戲規則的產品。那些年，我與老師通過它為客戶提供了不僅僅是數據報表，而是洞察力和解決方案。而今，作為一名業務主管，我每日的工作依舊離不開 Power BI，無論是分析 Azure 的銷售業績，還是尋找業務上的不足和成長機會，Power BI 都是我不可或缺的助手。

這本書匯集了作者豐富的專業知識和實踐經驗，是希望讓更多的人了解如何透過 Power BI 釋放數據的力量，找到企業成長的新動力。從基本的數據建模到複雜的商業智能分析，每一章節都是一次探索和發現的旅程。

隨著這本書的逐頁展開，您將會學習到如何利用 Power BI 發掘數據背後的故事，如何將這些故事轉化為策略和行動。這是一場關於數據力量解放企業競爭力的啟蒙，也是一場對未來商業決策的深刻啟示。

讓我們一同踏上這場啟發無限的學習之旅，探索 Power BI 的極致潛能，一同開啟數據驅動的新紀元。

台灣微軟雲端解決方案 副總經理　宋明遠

作者序

在資訊界唯一不變的就是變，但新的變動並不代表進步、它只代表多了一個嘗試的方向與可能。學習與摸索是困難的，從生澀地試用、證明、開發、測試、上線、維護到改版、升級。從一小群人/某個部門試行到全面地推廣，從先行者摸索最佳解法，從不可行到找出 workaround，再到大家遵守的標準作業程序。這是條漫漫長路，但有耐心的人群不多，尤其在這隨手轉傳資訊氾濫的時代，一兩個人或許能靜下心摸索，但一群人就會充滿冒進，在不平與抱怨中折損士氣。

我們參與建置 BI 系統與平台 20 多年，始終看到一個迷思：「新的 BI 工具可以省掉 IT 人員，使用者據此自己深入分析」。新的工具可以降低進入門檻，讓更多人能夠一起參與。但人多所帶來的是更多需求面向，更複雜邏輯，更細緻的權限與稽核，與更多的變動。

商業智慧邏輯本身是非常的繁亂，企業部門與流程間的績效往往互斥，非任何工具可以簡化。以我們經常碰到狀況：多對多關係，例如：訂單與出貨，一張訂單可能分多次出貨，一次出貨可能包含多張訂單，三階正規後的資料結構往往讓使用者難以理解。遑論階層式多對多，因為出貨跟倉庫、儲位、派車…等，再形成階層式多對多，這是資訊人員都頭大無比的分析。而分析目標混著企業經營條件、領域知識、技術限制、安全規範、運算力容量、成本效益…等。非任何標準範本、智慧預測可以解決。

在商業智慧領域中，這些需求比比皆是，例如階層式緩時變維度、時間序列分析搭配複雜的遞迴計算…等。一旦進入分析深水區，整個 BI 團隊都在抱頭燒腦，好不容易分析正確了，但系統效能奇差無比。所以，我聽到任何人說出：「有了 XXX 就不用 IT」這句話，只想告訴該人：「沒做過的，就請不要談論人事」。

而撰寫本書時，微軟提出了一個宏大的架構，Microsoft Fabric，我們幾番猶豫，因為出來不過數月，一切混沌未明。多年來的經驗，未通過市場考驗的技術和平台，就算微軟傾盡全力仍可能是一場空，例如 Windows Phone、IE、用於 AR 的 HoloLens、體感控制器 Kinect、數位助理 Cortana 乃至於 Web 架構方案 silverlight…等，不計其數的產品與技術被市場遺棄。我們是否需要等到下本書再決定引入 Fabric 的內容？然而 Fabric 平台整合了資料分析領域至今多個主流山頭：ETL、DW、Data lake、BI、AI、Stream Analysis…多年來第一次看到這麼大的嘗試，不管它最終下場如何，出場應該就值得說明，但受限於篇幅，僅以電子書的方式提供。

玩 IT 30 多年，只有一個感覺，技術，不是解決問題的重點，人才是。而玩 BI 的人除了需要 IT 人必備的 IQ 外，更要有好 EQ，因為使用者談分析需求往往比交易流程更天馬行空。談交易系統的需求如同訪談廚師的拿手絕活；以寫出食譜讓每個人都據此燒菜。但分析系統是了解百百種食客的喜好後；要改變員工和廚師的行為，以達到最低成本，最高收益與最大營業額。但食客、員工和廚師都說不清楚數字，總流連在抱怨、茫然與想像。

雅玲除了能活用 Power BI 日新月異的技術外，還有過人的 EQ 和毅力，能埋在數百張資料表，數十億筆紀錄中找尋正確的關係與運算邏輯，將點串成線，繼而鋪展成面。能傾聽客戶需求並整理成公式，能將數字以直覺的圖形呈現。能以 SQL 和 Excel 既驗巨觀彙總，又驗微觀單筆，既能歸納又能演繹。跟她合作案子，總在讚嘆中完成。反觀自己面對資料海只會生悶氣，抱怨為何一種米養出了百種人。

怡絜在雅玲的帶領下，快速地掌握了 Power BI 整體功能。她除了對人所需的 EQ 和對數據、技術所需的 IQ 外，尚有對顏色、擺放、操作的堅持。讓報表不僅正確還亮麗直觀，對終端使用者更為親切，適合展現 Power BI 面向一般人的自助式分析之特性。

　　在眾人敦促中，雅玲、怡絜與我決定集結這些年來使用 Power BI 的經驗成書，方便需要分析資料的人可以快速上手，不僅提供 IT 專業人員據以開發系統，也讓一般使用者藉此入手。但面對 Power BI 快速改版的頻率，我們只能苦笑以對。若你覺得書中引用的畫面與你電腦呈現的不同，尚請海涵，因為要用三季才能成書的期間，Power BI 已經換了 9 版。

　　本書限於篇幅，又往往被快速變遷撕扯書籍章節，做不到多廣泛與深入，僅能鋪陳整體架構，再挑選我們共通開發的經驗，願能讓你見樹又見林。

　　和妻攜手二十幾年，慢慢地，少了衝突，少了狂喜，多的是相視微笑，靜靜地坐在一起，走在一起。感謝一直在旁的慧。

百敬

目錄

Chapter 1　Power BI 簡介

Chapter 2　Power Query 編輯器

Chapter 3　M 語言

Chapter 4　基本報表設計

Chapter 5　互動式設計

Chapter 6　表格式模型

Chapter 7　初探 DAX 語言

Chapter 8　深入 DAX 應用

Chapter 9   Power BI 效能

Chapter 10   安裝與管理 PBIRS 伺服器

Chapter 11　Power BI 服務

Chapter 12　Microsoft Fabric 簡介　　電子書，請線上下載

Appendix A　Git 整合　　電子書，請線上下載

Power BI 簡介

商業智慧（Business Intelligence BI）在這幾年一直都是顯學，因為從高階主管的決策輔助，到企業希望每位員工做決定時，都隨手可得及時有效的輔助資訊，以因應越來越快速的變遷，越來越多的資料，越來越複雜的商業邏輯。而這些資訊能夠讓團隊安全地共同編輯，協同分析，改善整個團隊乃至於企業的決策品質與效率，或是更了解客戶的特性，提供更貼心的服務。

此外，由於各行各業的規範越來越繁瑣，且怕人工做得不真實，無意或有意的錯誤讓數據失真，越來越多不同產業的指標與報告或揭露資訊要求全自動化，從來源整合資料到最終呈現數據的流程中，不得手工作業，這讓商業智慧平台更深化到各個企業或組織中。

1.1 商業智慧系統

然而，要有商業智慧，資訊系統必須滿足五大塊：

- **資料整合**：自動整合來自各種系統、格式、平台，企業內外的資料，保持一致、正確。一般也稱為 ETL（Extract Transform Load），在

微軟使用的平台為 SQL Server Integration Services（SSIS）或是 Excel/Power BI/Analysis Services 2017 版後使用的 Power Query/Mashup 引擎，在微軟 Azure 上有 Data Factory 或 Power BI Data Flow 等，與前述地端企業內的技術/平台對應。而搭配排程的機制，如 SQL Server Agent Job 或 Windows Schedule，以及批次作業和腳本語言，如 PowerShell 也不可少，更要精通資料處理語言如 T-SQL。

在設計從資料源到最終呈現分析結果的資料流程中，是一再萃取/抽象「共用在前，特殊在後」的過程。隨著分析需求不斷增加，會不斷重塑資料流程，設計 ETL 有句英文「Transform data as far upstream as possible and as far downstream as necessary」，意思是轉換資料盡可能在資料流上游做，基礎的資料轉換讓所有的應用都一致且避免重工，也省整體流程的運算力與時間。某個分析特有的資料處理，在該分析做。這與結構化分析設計程式概念相同。

■ **資料儲存**：一般稱之為資料倉儲、資料超市、資料暫存區（Data Warehouse/Data Mart/Data Stage[1]），依據資料整合的範圍，整體企業的集中儲存地稱為 Data Warehouse，為部門、個別分析目標儲存資料的系統稱為 Data Mart，存放中繼、臨時、個人 BI 用的資料稱為 Data Stage。分別對應在微軟的平台是 SQL Server APS（Analytics Platform System）/ PDW（Parallel Data Warehouse）/Azure Synapse Analytics、SQL Server 或 Power BI、Excel、符號分隔...等檔案，以及儲存各種格式資料的 Azure Data Lake，或是統整以上的 OneLake。

---

[1] 這裡指得是結構化資料，也就是透過關聯式資料庫儲存，不是一般俗稱 Big Data 的半結構化/非結構化資料。

- **分析模型**：為了讓分析直觀，以使用者的分析角度建立查詢資料的方式，注重分析面向、關係、數值、彙總、階層、時間、直觀的命名…等特徵，且為加快效率而預先計算、快取資料在記憶體、對查詢最佳化，並統整分析定義、整合安全與授權。在微軟的平台為 Analysis Services 或是 Power BI 的模型（model）。有可能輔之以 AI 模型，提供解釋、分群、預測…等。

- **使用者操作介面**：讓分析者隨時、隨地、隨手可以取得、整合與清理資料、檢視分析，並以互動、直觀、有效的方式過濾、排序、鑽研、樞紐分析、圖像化、建立計算公式…等。分析的成果可以儲存，並放到共享平台與同仁、長官分析和討論。在微軟的產品有 Excel、Report Builder、Power BI Desktop…等。

- **共享平台**：讓使用者可以網頁、行動裝置 App 來共享、檢視與操作分析者所建置的報表、Power BI、Excel…等檔案，並提供部署、權限控管、警示通知、排程更新、監控紀錄、程式存取 API…等後臺管理機制，在微軟的平台以往為 SharePoint 伺服器、SQL Server Reporting Services，現今改為企業內的 Power BI Report Server 和雲端的 Azure Power BI 服務。

  企業內的報表服務不論是在交易系統、企業 BI 或個人 BI 都極為重要，因為 BI 有個根本需求：分享與討論。不管是分析的過程中還是結果，都可能需要團隊的參與。而報表服務已成為微軟當下 BI 的共享平台，除了提供以 HTML5 為主的入口網站介面外，也支援通知、權限、更新、快取、監控、分散負載、應用程式整合 API…等，作為系統平台所需要的各種功能。

整體示意圖如圖 1.1 所示：

圖 1.1　商業智慧平台組成元素

上述的 Power BI Desktop 和 Power BI 報表伺服器/Power BI 服務是本書所要介紹的重點，此外，上述的五個面向在微軟 Azure 都有對應的服務，但我們在此討論的主要是企業內部地端方案，一般常用的雲端 Power BI 服務，以及整合所有功能的 Microsoft Fabric，其餘的，為了避免太多的技術反而混淆，且限於篇幅，僅能稍作說明。

而企業資訊人員在建置 BI 系統時，又有兩個面向：

- **企業 BI**：由企業資訊單位統整上述五大塊，提供企業解釋資料的唯一定義（the truth），統一商業邏輯、跨部門整合、資料治理、安全與存取稽核、強化效能與可用性。好處是大家有所遵循，以 KPI 檢視部門、個人的績效，乃至於建立預測模型、處理大型資料。壞處是日積月累大量分析後，系統龐雜而沒效率[2]，對新需求的建置

---

[2]　就我們參與過的大型企業資料倉儲系統往往有數 Tera 的資料量，上萬個資料表，從交易系統整合資料後，需要經過兩天，使用者才可以看到分析結果。

時程緩慢。一般而言，從使用者提出需求到完成需要 3 個月以上的時間。且難以應付即時、廣泛、多樣而細微的分析需求，畢竟企業總人數與 IT 單一部門人數差異巨大，要滿足每個人的分析需求是不可能的[3]。

■ **自助式 BI**：也稱為 self-service BI，透過個人 BI 工具提供上述 BI 的五大塊功能，以微軟的工具程式而言是 Power BI，或是整合 PowerPivot（商業模型）/Power Query（資料整合）/ Power View（呈現）的 Excel（資料儲存與使用者介面）。好處是使用者可以自行快速分析資料，壞處則是每個人都自己解釋定義（a truth），難以廣泛深入地跨系統與企業部門組織，且不易維持資料安全，缺乏效能、擴充性、可管理…等企業 IT 架構要求。

此外，就我們實際在各大企業導入的經驗，因為使用者的分析需求將更為發散，更多想像與作法，資訊單位更難提供所有的資料需求，所以終端使用者需要的教育訓練將從個人的使用者介面，進一步到建立模型與整合資料的資料語言，例如資料關聯模型、Power Pivot/Power BI 所需的 DAX 語言，或整理資料的 Power Query M 語言，以及 SQL 語言，讓使用者自行完成上述 BI 的前四大塊，更厲害的使用者自己玩起了 SSIS 和 PowerShell。

然而，使用者開發出來的報表往往臃腫肥大、物件、結構與版本混亂，資料邏輯彼此互斥，且有安全缺陷，累積一段時間後，可能讓資訊平台難以維護。

---

[3]　情境常常是：事件風潮起，使用者急急要，開發者昏天暗地，相關人等驗資料驗得精疲力竭。上線後，風頭已過，該報表無人聞問。

依照 BI 的應用，一般又分為分析和預測兩大領域：

- **分析**：類似成績單，利用整理過往的資料，呈現各式各樣的 KPI、排名、彙總、佔比、分布、差異、細節...等。知道事物流程的來龍去脈，藉此定義好/壞、大/小、高/下、先/後，這是絕大部分日常營運時，用於輔助決定的資訊。

- **預測**：定義演算法、預測模型，藉由以往的資料訓練模型、驗證模型，再餵入新資料，透過模型預測結果。

不管要做分析還是預測，都可以透過報表服務當作使用者介面，讓使用者能夠直觀地了解並參與互動。

此外，就算不做當紅的 BI，企業的交易系統也充滿報表需求，不管是哪種商業需求或流程，多有例行報表，以輸出資訊，例如人事、財務、銷售、採購、庫存、製造、研發、客戶...等，需依照日、週、月、季、年產出固定報表。或是產線管理、機台監控、現場狀況...等，需要即時刷新監控畫面。報表的應用五花八門，若經由程式語言撰寫報表往往事倍功半，既缺乏功能、效能、無彈性、不美觀、學習門檻較高，且難以維護。選擇適合的報表工具產生所需的特定類型報表，才事半功倍。

資訊系統從早期的輔助功能，如文書、製表、儲存...等，破碎而被動。一路演化成整合且自動的有機體，與企業體盤根錯節地一起成長。這讓每個大型系統都需要專人負責片段的功能。以往是人完整掌握流程，系統片段地提供些許輔助。如今系統掌握著完整的大流程，而人只知道片段。BI 企圖讓人知己知彼，然而建構 BI 者只有破碎的知識與有限的腦力，面對風潮快速變動，工具雖有差異，但無關宏旨，操舟者決定一切。使用工具者或可因工具快速踏出一小步，但遙遙長路，方向對，能持續才是重點。

1.2　Power BI

Power BI 約在 2011 年的時候面市，以 Excel 增益集（Add-in）的方式外掛於 Excel 2010 版本，稱為 PowerPivot、Power View、Power Query 等增益集，統稱 Power BI。到 2015 年時，單獨提供「Power BI Desktop」開發與閱讀工具程式，供一般使用者免費下載。

本書針對的是獨立執行的 Power BI 開發、部署、共享與維運，也就不談 Excel 內的 Power BI 相關增益集。接下來，先安裝 Power BI 的前端編輯工具 Power BI Desktop。

1.2.1　安裝 Power BI Desktop

Microsoft Power BI Desktop 工具可以建立資料模型，透過互動的視覺效果，多面向地檢視資料與設計報表，並發行到企業內的「Power BI 報表伺服器（Power BI Report Server）」（為了方便區分與記憶，以下簡單標示為「地端」）或「Power BI 服務（Services）」（以下簡單標示為「雲端」）兩種後端服務，提供一般使用者整合的分享平台。

下載與雲端 Power BI 服務搭配的 Power BI Desktop

Power BI Desktop 應用程式提供 32/64 位元兩個版本，可免費下載，但使用後端服務需要付費。線上搜尋「下載 Power BI Desktop」或直接到以下網址下載：

```
https://powerbi.microsoft.com/zh-tw/downloads/
```

其網頁下載畫面如圖 1.2 所示：

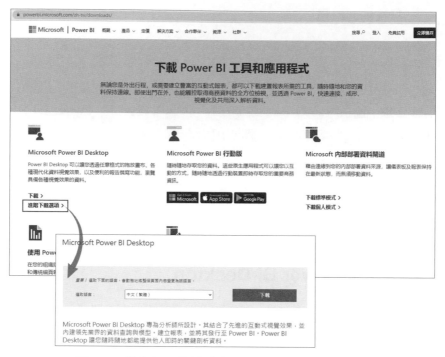

圖 1.2　從官網下載繁體中文版 Power BI Desktop

從「Select Language」下拉選單選擇「Chinese（Traditional）中文（繁體）」
後，等到網頁切換成繁中網頁，再點選「下載」按鈕，如圖 1.3 所示：

圖 1.3　選擇安裝 32 或 64 位元版本

因為 Power BI Desktop 是非常吃記憶體的應用程式，建議下載與安裝
64 位元版本。

下載與地端 Power BI 報表伺服器搭配的 Power BI Desktop

若要部署 Power BI 報表到企業內的「Power BI 報表伺服器」，最好採用對應的 Power BI Desktop 版本，避免產出的 pbix 檔案不相容，無法部署到「Power BI 報表伺服器」。

可以從「Power BI 報表伺服器」的入口網頁選擇「新增」→「Power BI 報表」後，在接下來的「正在開啟 Power BI Desktop」對話窗點選「取得 Power BI Desktop」按鈕，則網頁會導向到下載符合當下地端 Power BI 報表伺服器版本的頁面。如圖 1.4 所示：

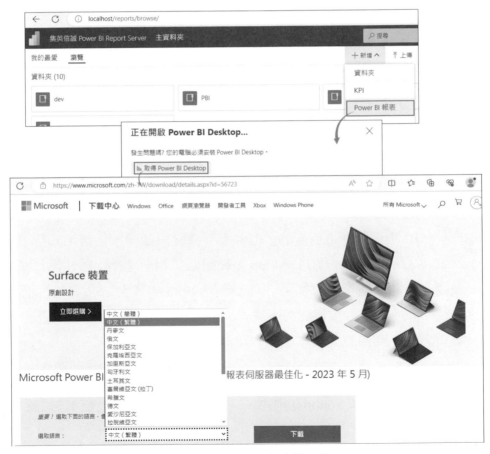

圖 1.4　下載與 Power BI 報表伺服器版本搭配的 Power BI Desktop

切換到繁體中文頁面後，可以展開「詳細資料」節點，檢視將下載安裝哪個版本的 Power BI Desktop 應用程式，如圖 1.5 所示：

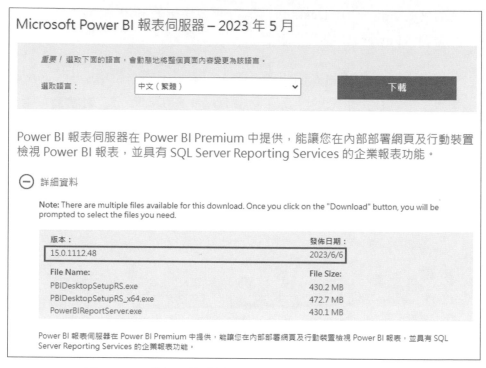

圖 1.5　下載網頁的「詳細資料」內有發佈日期和版本

Power BI 小組不斷更新產品，但似乎不會發佈通知。從圖 1.5 可以看到 2023/5 月版的 Power BI Desktop 與伺服器等相關產品；在其後的 6 月 6 號還有更新（該程式會標記時間，例如 2023 年 5 月，代表該月就已經提供下載）。若你要確認將下載安裝的版本，可以展開下載網頁的「詳細資料」，其內有「版本」和「發佈日期」。

點選「下載」後，選擇要下載 32 位元（PBIDesktopRS.msi）或 64 位元（PBIDesktopRS_x64.msi）版本，一般建議安裝 64 位元版本，如圖 1.6：

選擇您要的下載項目　⊗

檔案名稱　　　　　　　　大小

☐ PBIDesktopSetupRS.exe　　430.2 MB

☑ PBIDesktopSetupRS_x64.exe　472.7 MB

下載摘要：
KBMBGB

1. PBIDesktopSetupRS_x64.exe

總大小：472.7 MB

上一步　Next

圖 1.6　選擇搭配地端 Power BI 報表伺服器的 Power BI Desktop 應用程式之版本

點選下載圖示，連結至網站下載 Power BI Desktop。

若僅是要下載最新版的地端 Power BI Desktop 應用程式（PBIDesktopRS），也可以直接點選圖 1.2 左下角的「使用 Power BI 報表伺服器的內部部署報表」之「下載」連結。

不管要安裝的是 PBIDesktopRS_x64.msi（地端）或 PBIDesktopSetup_x64.msi（雲端），兩者的安裝過程相似，皆依照安裝精靈操作即可完成，且能夠同時安裝在同一台電腦上。若有新版需要升級時，只需要在相同的網站位置下載並安裝即可，若機器上裝有兩個版本，升級時也會各自升級所對應的版本，並不會互相干擾。

以滑鼠雙擊應用程式名稱後，出現安程精靈畫面即可逐步執行安裝，如圖 1.7 所示：

圖 1.7　PBIDesktopRS_x64 起始安裝與軟體授權條款畫面

點選「下一步(N)」，出現軟體授權條款畫面，勾選「我接受授權合約中的條款(A)」後，按「下一步(N)」，進入「目的地資料夾」設定畫面，如不變更即點選「下一步(N)」後繼續安裝，如圖 1.8。

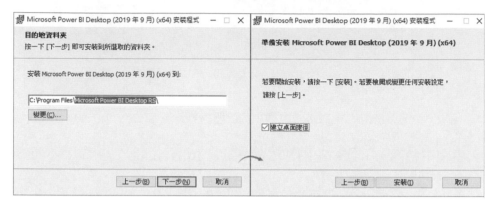

圖 1.8　設定目的地資料夾與選取是否建立桌面捷徑畫面

進入「準備安裝」的畫面，會詢問是否於桌面建立捷徑，如不變更，點選「安裝(I)」進入程式安裝狀態畫面，完畢後即出現完成畫面，點選「完成(F)」，如圖 1.9 所示：

圖 1.9　安裝完成畫面

開啟使用 PBIDesktopRS_x64.msi 安裝完成的 Power BI Desktop 工具，點選「開始」→「Power BI Desktop (2023 年 5 月)」，在視窗的標題列

出現「Power BI Desktop (2023 年 5 月)」，最簡單分辨啟動的 Power BI Desktop 程式是雲或地版本，可以此處有無日期年月分辨，如圖 1.10：

圖 1.10　PBIDesktopRS_x64.msi（地端）安裝的 Power BI Desktop 之執行畫面

使用搭配雲端服務的 **PBIDesktopSetup_x64.msi** 安裝 Power BI Desktop 工具後，進入雲端版的 **Power BI Desktop** 工具後，其畫面與地端版的差異不大，但最上方的應用程式標頭不帶年月，若要確定版號，叵以點選主選單「說明」內的「關於」按鈕，如圖 1.11 所示：

圖 1.11　呈現 Power BI Desktop 應用程式的版號

在此特別強調版號是因為雲端每個月 / 地端每四個月更版，對企業內多位使用者而言，會有舊版開不了新版 Power BI Desktop 設計的報表，新版 Power BI Desktop 設計的報表無法部署到舊版 Power BI Report Server 等版本不相容的問題，需要使用者確定設計報表時，是用哪個版本的 Power BI Desktop 工具程式。

雲端版的 Power BI 服務可與微軟的 Power Platform 內其他的服務協同作業，如 Power Apps、Power Automate、以及 Teams，乃至於整合 Azure 上的各種分析平台。換句話說，具有與微軟雲整合的優勢。企業內的「Power BI 報表伺服器」缺乏這一塊。

地端版 Power BI Desktop 主要用於企業內部的「Power BI 報表伺服器」，與雲端版兩者間有些許差異，例如，地端版本在「開啟或另存新檔」時，可以直接存至「Power BI 報表伺服器」，如圖 1.12 所示：

圖 1.12　地端的 Power BI Desktop 可另存 pbix 檔於 Power BI 報表伺服器，或直接開啟放在 Power BI 報表伺服器內的報表

而地端的 Power BI Desktop 的「選項及設定」內無法勾選「預覽功能（Preview Features）」，雲端版則可以。例如，2023 年 6 月的雲端版提供了 Power BI Desktop 以「Power BI Project（pbip）」格式存檔，這改變以往將 Power BI 內所包裝的各種資料結構以 zip 格式壓縮成一個檔案，並以.pbix 當作副檔名的單檔格式，.pbip 是一個專案檔，指向包含整個目錄結構的資料源、模型與視覺定義的多個檔案，如圖 1.13 所示：

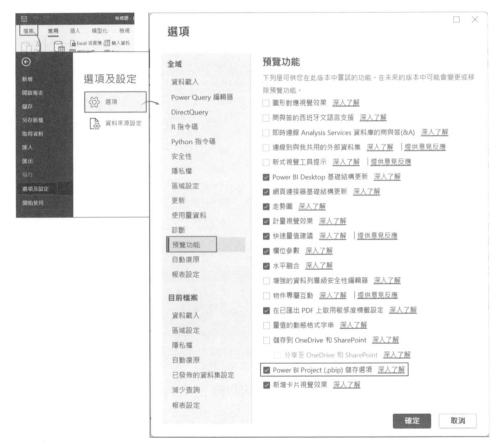

圖 1.13　透過預覽功能，試用 Power BI Desktop 未來將提供的功能

以「Power BI Project（pbip）」格式存檔後，因為基本上是多個 json 格式描述的定義檔案，便可以將整個目錄納入版本控管，例如以 git 來版控 Power BI，讓整個開發部署營運（DevOp）可進一步建構流程，其存檔範例如圖 1.14 所示：

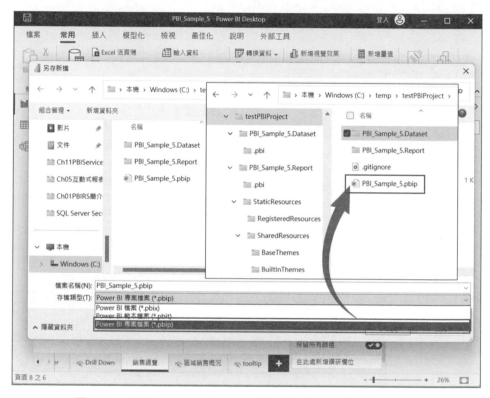

圖 1.14　將 Power BI Desktop 開發的成果以專案格式儲存

Power BI 與版本控管相關的說明可以參閱本書「附錄 A Git 整合」。此外，雲端版提供的視覺效果也多於的地端版，如圖 1.15 所示（上方為雲端版，下方程式標頭有年月的為地端版）：

圖 1.15　Power BI Desktop 雲端版與的地端版的介面比較

雖然兩個版本間有上述差異，但其根本的操作方式相似，用於查詢資料的 M 語言和建構分析模型的 DAX 語言；其結構相同，因為雲端版更新較快，在相同時間，例如圖 1.15 所呈現雲端版是 2023/6 月，而地端版當下只出到 2023/5 月，當然語言函數和視覺功能都可能較雲端版少。到地端版與雲端版相同的月份，部分功能將會補齊。但由於缺乏微軟雲其他服務的支援，所以仍有不少功能上的差異。

由於目前的產品更新頻率是雲端版每月更新一次，而地端版每四個月更新一次（固定每年 1、5、9 月），換句話說，雲端版功能較新，利用其開發的 pbix 報表可以部署到雲上的 Power BI 服務，但不一定能部署到企業內的「Power BI 報表伺服器」，因為地端版的 Power BI 報表伺服器之版本比較舊。部署時，可能呈現的錯誤畫面如圖 1.16 所示：

圖 1.16 以雲端版 Power BI Desktop 開發的 pbix 檔案可能因為功能較新，而無法部署到較舊版本的地端 Power BI 報表伺服器

即便是以地端版的 Power BI Desktop 開發之報表，若版本較企業安裝的 Power BI Report Server 版本新，依然可能會發生圖 1.16 的錯誤。由於 Power BI 的更新頻率快速，與一般企業軟體更新的步調不同，更需小心版本相容的問題。安裝 Power BI Desktop 工具程式就說明到此，詳細地載入資料，設計 Power BI 報表、整合相關的服務…等，將於本書其後的章節深入討論。

以 Power BI Desktop 開發完報表後，可以將其放在檔案伺服器的共享目錄。需要檢視報表的人自行安裝夠新的 Power BI Desktop 版本，因為舊版可能無法開啟新版所產出的 pbix 檔案[4]。對共享目錄與檔案有權限的人可以開啟 pbix 檔案，且有權利讀取 pbix 檔案使用的資料來源，以更新報表內容，就免費地達到共享報表之目的。

以共享目錄分享報表讓同仁協作分析，等同一般分享 Office 檔案，如 Excel、OneNote。但若要讓整個組織共享，就需要共享平台，以提供更佳的分享方式。例如：跨平台，以平版、手機都可以讀取，更細緻地控管權限、稽核存取紀錄，更強悍的運算力以分析大量資料，自動化地更

---

[4] 針對要以檔案共享的 Power BI 使用者，需要注意維持版本的相容性，因為 Power BI Desktop 的更版速度短暫。

新報表內容…等。這時可以選擇在地端的「Power BI 報表伺服器（Power BI Report Server）」，或是微軟雲端的「Azure Power BI 服務」。

1.3 Power BI 報表伺服器

SQL Server 搭配的「報表服務（Reporting Services）」讓資料的生命週期在整個資料平台上得以完整，「SQL Server 報表服務」自 2004 年面市以來，傳統的報表功能（從 2016 版起，稱此部分為「編頁報表 Pagination report」）幾乎可滿足各種靜態報表需求。而在 2017 版推出的「Power BI 報表伺服器」，進一步整合了個人 BI 的功能，讓報表服務晉升成 BI 前端服務。

在此簡述一下「Power BI 報表伺服器」的前身歷史，Reporting Services 2004（視為 SQL Server 2000 的版本）上市後，在 2005、2008 版都有大改版，2008 R2、2012 版做了小幅強化，2014 版則沒有更新，而後在 2016 和 2017 版又迎來大改版。2016 版以 HTML5 重新開發了「報表入口網站」取代「報表管理員」，且加入了買進的 DataZen 產品後；整合而成的「行動報表」與「KPI」。

隨後又推出了「SQL Server 2017 報表服務（SQL Server 2017 Reporting Services」和「Power BI 報表伺服器（Power BI Report Server）」，2017 版改成了獨立下載安裝，不再隨附於 SQL Server 2017 的安裝媒體。

此外，「SQL Server 2017 報表服務」除了以下新功能，基本上與 2016 版無異，SQL Server 2019 則未再增加報表服務的功能：

- 使用者在檢視報表時，可以直接在報表入口網站撰寫「註解」，與其他檢視報表的人分享討論

- 在 SSMS、Report Builder…等工具提供原生的 DAX 查詢編輯器
- 提供 REST API 讓開發人員整合報表有不同的程式存取介面

另一個下載安裝的版本:「Power BI 報表伺服器」,它除了有上述「SQL Server 報表服務」的完整功能外,還加入了呈現 Power BI 和 Excel 的功能,其約略功能架構如圖 1.17 所示:

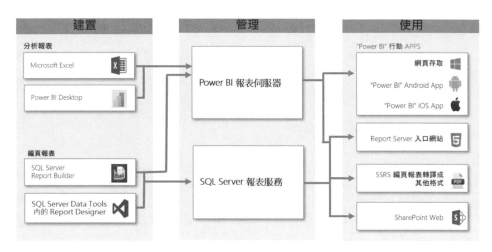

圖 1.17 SQL Server 報表服務/Power BI 報表伺服器功能架構

從圖 1.17 可以看到 Power BI 報表伺服器取代了以往的 SharePoint 服務,成為微軟商業智慧的主要平台,一次提供了多種報表:

- 多維度互動分析的 Power BI 和 Excel
- 交易與分析系統都需要的編頁報表

簡單比較各種類型的報表應用情境,如表 1.1 所示:

表 1.1 Power BI 報表伺服器支援的多種類型之報表應用比較

報表類型	編頁報表	Power BI	Excel
開發工具	• Report Builder • SSDT	Power BI Desktop	Excel

報表類型	編頁報表	Power BI	Excel
存檔副檔名	rdl/rdlc	pbix/pbit	xls/xlsx
適合行動裝置	預設否，但設計者可設計適合手機的報表 layout	是	否
適合多維分析	否	是	是
支援列印	是	否	是
轉譯成其他格式	支援多種格式輸出，如 pdf、excel、csv、圖檔…	支援部分的 csv[5]	透過 Excel 另存成其他格式
在報表定義內整合程式開發	vb.net	否	VBA、.Net 但無法在報表服務內執行
應用程式整合介面	Web Services	入口網站/REST API	入口網站/REST API

這些各具特色的報表以各自獨立下載的工具開發，表列於圖 1.17 最左側。而後部署到中間的 Power BI 報表伺服器，或是僅支援編頁報表[6]的 SQL Server Reporting Services。最後，各種的前端介面可以與這些報表互動（Power BI App 目前無法檢視編頁報表、Excel。網頁雖然都可以檢視，但以網頁檢視時，要注意畫面、運算力和是否合適），讓使用者在任何時間、地點、環境都能及時而深入地分析。

報表生命週期的「報表管理」議題，除了部署報表定義到報表伺服器外，還包括了管理報表伺服器本體，因此在「Power BI 報表伺服器（Report Server）」提供了許多管理工具程式、設定檔、執行紀錄，以提供管理人員設定、管理與監控各項功能。

---

[5] 以 Power BI Desktop 可以匯出 pbix 報表各頁面靜態內容成為一個 pdf 檔案。透過微軟雲端上的 Power BI 服務可將報表匯出成靜態的 pdf 和 PowerPoint 的 pptx 檔案。

[6] SQL Server 2019 以前 Reporting Services 尚支援從 DataZen 買來的行動報表，但在 2022 版已經移除，由 Power BI 完全取代。

Power BI 比較完整的功能是在雲上的 Power BI 服務，但企業由於資訊安全、系統架構與建置，授權、擁有與採購規範，技術選擇、整合資料生命週期的方便性…等各種因素，可能將上述 BI 三大塊（資料源與 ETL、資料倉儲、分析模型）的機制建在企業內部機房，自然也會選擇企業內的 Power BI 報表伺服器當作 BI 的前端平台。

簡單表列「SQL Server 報表服務」、「Power BI 報表伺服器」和執行在微軟雲的「Power BI 服務」之間的差異：

表 1.2　SQL Server 報表服務、Power BI 報表伺服器和 Azure Power BI 服務之比較

功能	SQL Server Reporting Services	Power BI 報表伺服器	Power BI Services
部署目的地	企業內	企業內	微軟雲端
Power BI 儀表板	無	無	支援
Power BI app	支援 KPI	支援 KPI、Power BI	支援 Power BI
Power BI 報表（pbix）	無	支援	支援
編頁報表（rdl）	支援	支援	要 Power BI Premium 授權
版本更新	跟隨 SQL Server 版本更新	四個月	一個月
支援服務	跟隨 SQL Server 產品生命週期結束服務（End of services EOS）	一年	雲端受管理的服務（managed service）

SQL Server 報表服務（Reporting Services）如名稱所定位的，是 SQL Server 產品內的一個服務，所以必須購買標準版、企業版乃至於免費的開發者、Express 等版本，報表服務的功能多寡與授權都是跟隨 SQL Server，不會單獨購買，而服務生命週期也是跟隨 SQL Server。

Power BI 報表伺服器則需要以下二擇一購買：

■ SQL Server 企業版以及 Software Assurance（只能用在 Power BI 報表伺服器，沒有 Azure Power BI 服務）。SA 每兩年或三年購買一次，依合約類型不同而不同，到期後若要續用 Power BI 報表伺服器，就需要續買 SA。

■ Power BI Premium（也可使用 Azure Power BI 服務）

此外，單純使用 Power BI Desktop 工具程式開發 pbix 檔案，透過檔案共享、Email 附帶檔案寄送…等方式給其他使用者，其他使用者也在機器上安裝 Power BI Desktop 來存取 pbix 檔案，則是完全免費。

版本差異的相關說明可以參閱以下網址：

```
https://learn.microsoft.com/en-us/archive/blogs/sqlrsteamblog/a-closer-look-at
-power-bi-report-server
```

1.3.1 Power BI 報表伺服器的生命週期

與微軟各伺服器產品的版本以約略 10 年結束服務生命週期不同（如 SQL Server 2014 在 2024/7/9 結束延伸支援[7]），各版本的 Power BI 報表伺服器從正式面市開始算起，到下一個正式版本推出之間會修 bug。

---

[7] 結束延伸服務支援（Extended Support End）也就是我們一般泛稱的 End of services（EOS），代表你花錢請微軟幫忙解決問題，微軟也可以拒絕。當然花的錢夠多，重賞下必有勇夫☺。服務原則可以參考以下網址：
https://learn.microsoft.com/zh-tw/lifecycle/policies/fixed
曾聽到許多朋友抱怨企業用某項軟體產品何止 10 年，只要沒問題就會用到地老天荒。但我們換以微軟的立場想，要微軟養一組技術人維護收益不大的產品 10 年，應該也是利益的邊界了。且維護 10 年前的產品，相關的軟硬體周邊早已經變化萬千，在能力上也力有未逮。要終身保固，大概只有產品本身很快就不夠用，例如記憶體，雖然它沒壞，但你已經受不了它☺

下個版本發行後，舊版仍會繼續收到自發行起 12 個月內的安全性更新。換句話說，微軟提供各版本一年的服務。示意圖如圖 1.18 所示：

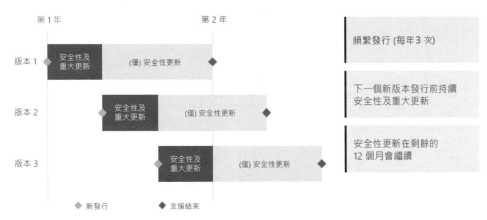

圖 1.18　Power BI 報表伺服器的生命週期

生命週期的相關說明可以參閱以下網址：

https://learn.microsoft.com/zh-tw/power-bi/report-server/support-timeline

接下來說明報表服務或伺服器的架構。

1.3.2 系統架構

從前述可以看到「SQL Server 報表服務」提供的功能僅是「Power BI 報表伺服器」的子集，因此本書在檢視架構時，以「Power BI 報表伺服器（Power BI Report Server）」為主，在此簡稱 PBIRS。

PBIRS 屬於多層次架構，且由多個服務分工負責。其組成約略如圖 1.19 所示：

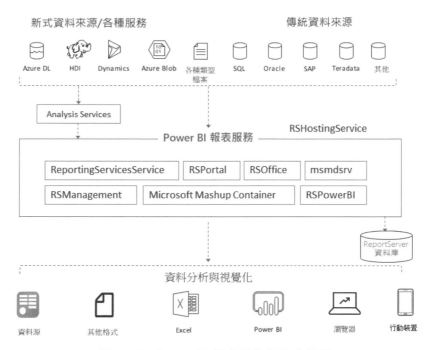

圖 1.19　Power BI 報表伺服器組成架構

從圖 1.19 呈現的架構圖可以看到，PBIRS 的定位既是呈現資料的服務，也可以當作 self-service BI 的平台，它可以銜接各種資料來源，以及處理資料（mashup），建立模型（msmdsrv），並儲存管理資訊以及報表定義[8]。甚至你可以用它來當檔案的共享位置[9]，透過入口網站上傳與下載檔案（單一檔案最大 2GBytes），再以報表來管理。

---

[8]　報表服務也可以當作提供資料的集中地，我們就碰過某企業 IT 因為安全規範，無法讓終端使用者直接存取資料庫，就以報表服務提供資料集。因此他們的重點是安全控管透過資料集產生的 Excel、CSV 乃至於程式 API，使用者取到資料後再自行分析，但完全無視報表的 UI 設計。

[9]　檔案大小有 2GByte 的限制，但預設最大為 1GByte，可以透過 SSMS 修改「伺服器屬性」→「進階」→「MaxFileSizeMb」設定。

若以「報表入口網站」檢視 PBIRS 時，如圖 1.19 所示，透過瀏覽器呼叫 RSPortal，而就使用者所要檢視的項目內容，RSPortal 除了 KPI 外，並接受程式以 REST API 呼叫，其他類型的報表會再分別交由 ReportingServicesService、RSPowerBI 或 RSOffice 處理。

透過 Windows 作業系統所附的「工作管理員」可以觀察到當 PBIRS 執行時，有多少程式在協同合作，如圖 1.20 所示：

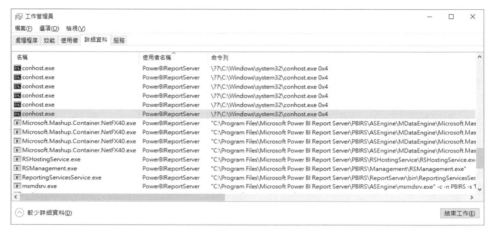

圖 1.20　透過「工作管理員」可以簡單而快速地觀察 Power BI 報表伺服器執行時，各部分服務所耗資源

在「工作管理員」透過「使用者名稱」欄位排序，可依服務帳號的名稱快速分辨屬於某個服務的執行檔，「Power BI 報表伺服器」預設採用名為「PowerBIReportServer」的本機 Windows 帳號。

由於現今（2023/07）對 Power BI 報表伺服器內部架構的協同運作說明不多，Google 也搜尋不到，我們僅能憑自己的觀察臆測運作邏輯，例如，Power BI 因為需要解釋表格（Tabular）模型，所以在使用者檢視 Power BI 報表時，會呼叫圖 1.19 和圖 1.20 中的 msmdsrv 服務（也就是隨附在 Power BI 報表伺服器安裝的 SQL Server Analysis Services），以掛上 Power BI 報表內的表格模型成為臨時的分析資料庫。而 Power BI 也可以

整合各方異質型資料，因此需要呼叫 Mashup 引擎。此外，Excel 並非 Power BI Report Server 可以單獨解釋，需要另外獨立安裝「Office Online Server」，讓其跟 PBIRS 隨附的 Office 合作。PBIRS 的基本安裝與說明到此，進一步說明請參閱「第 10 章 安裝與管理 PBIRS 伺服器」。

除了在企業內架設 Power BI 報表服務以分享 Power BI 報表外，也可以直接訂閱微軟雲端上的 Power BI 服務。

1.4　Power BI 服務

在個人想要免費使用 Power BI 服務前，需要先完成線上註冊。關於註冊的步驟可以參閱以下的網址：

```
https://learn.microsoft.com/zh-tw/power-bi/fundamentals/service-self-service-
signup-for-power-bi
```

線上文件的步驟很清楚，註冊方式也容易，在此不贅述。僅強調一點，Power BI 服務要求使用公司或學校的電子郵件地址來註冊，無法使用消費者電子郵件服務或電信商提供的電子郵件地址來註冊，例如：outlook.com、hotmail.com、gmail.com…等等，皆無法註冊。

註冊完免費帳號後，就可以透過網頁直接開發 Power BI 報表，或是以 Power BI Desktop 開發完畢後再發行到 Power BI 服務。但放在雲端服務上的報表僅供個人使用，若要分享出去，也僅能透過網址分享給世界上所有人，也就是知道網址的人都可以檢視該報表，無法設定身分或權限。若想要以此方式發行，可以檢視如下網頁說明：

```
https://learn.microsoft.com/zh-tw/power-bi/collaborate-share/service-publish-
to-web
```

若是在企業內用雲端的 Power BI 服務，讓組織/部門同仁可依帳號權限檢視可看的報表或資料，則需要購買 Power BI Pro/Premium per user 或 Power BI Premium 授權。相關訂閱方式可以參考以下網址：

```
https://learn.microsoft.com/zh-tw/power-bi/enterprise/service-admin-licensing-
organization
```

不管是免費或付費帳戶，都會透過網站首頁來管理與使用服務。其網址如下：

```
https://app.powerbi.com/
```

其登入畫面如圖 1.21 所示：

圖 1.21　透過 Power BI 服務首頁完成各種設定並檢視儀表板和報表

如圖 1.21 上方所示，一般建構 Power BI 服務工作區的內容包含幾個元素：
「儀表板」、「報表」、「編頁報表」、「計分卡」、「資料集」[10]、
「串流資料集」及「資料流程」，「資料流程」需要有 Pro 授權才能使
用，以僅完成免費註冊的圖 1.21 帳號登入，或在「我的工作區」不會呈
現「資料流程」。前述這些建構元素組合而成「工作區」。以下說明「工
作區」及其組成元素：

工作區

「工作區」主要分為兩種：「我的工作區」和自行建立的「工作區」。

- 「我的工作區」：供使用者處理自己的內容，只有各帳戶本身可以存取
  自己的「我的工作區」。「我的工作區」僅可公開共用儀表板和報表。

- 「工作區」：用於共同作業與共享內容。可以將其他帳戶新增至自
  己的工作區，以及在儀表板、報告、活頁簿和資料集上共同作業。
  所有工作區成員都須具備 Power BI Pro 以上授權。

  也可以在工作區中為組織建立、發佈及管理「應用程式」。可將「工
  作區」視為組成 Power BI「應用程式」之內容的區域與容器。「應
  用程式」集結了「儀表板」與「報表」，提供關鍵計量給組織中的
  Power BI 使用者，能夠互動但使用者無法編輯。

若想試試 Pro 的功能，最簡單是嘗試建立「工作區」，可以有試用 60
天的 Pro 授權，接下來分別說明各項工作區的組成元素：

資料集 [10]

若是透過 Power BI Desktop 發行 pbix 檔案到 Power BI 服務，則 pbix
報表內的模型就會以「資料集」呈現，這結合了 M/mashup 引擎的整理

---

[10] 「資料集」於本書截稿後已更名為「語意模型」，請參閱：
https://learn.microsoft.com/zh-tw/power-bi/connect-data/service-datasets-rename。

資料和 DAX/Analysis Services 的分析模型。也可以透過圖 1.21 工作區的「新增」下拉選單，選擇建立新的資料集。資料集是要在其中「匯入」或「連接」之資料的集合，Power BI 可連接和匯入各式資料源而組成「資料集」，將所有資料整合到一個位置，以提供報表和儀表板分析與呈現。

若要線上編輯資料集，需要到「工作區設定」啟用「資料模型」設定內的「使用者可以在 Power BI（預覽）服務中編輯資料模型」，而後在檢視「資料集」的頁面，點選上方工具列的「開啟資料模型」按鈕，就可以線上互動編輯資料模型：

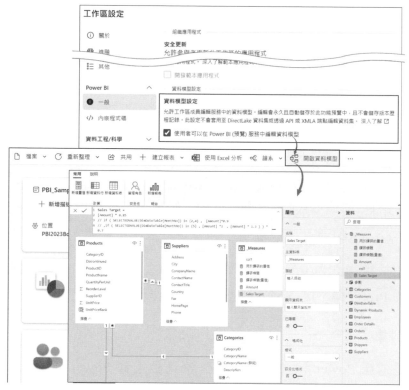

圖 1.22　線上編輯「資料集」的模型定義

「資料集」與「工作區」相關聯，而單一「資料集」可以提供多個「工作區」使用。當開啟「工作區」時，相關聯的「資料集」會呈現其中。Power BI 服務的網頁內，可以重新整理、命名、瀏覽及移除「資料集」。

透過「資料集」可從頭開始建立「報告」，或執行快速深入解析。在網頁上針對「資料集」提供的選項功能如圖 1.23 所示：

圖 1.23　Power BI 服務網頁提供針對資料集提供的功能選項

若要查看哪些「報告」和「儀表板」已經使用「資料集」，可選取「檢視譜系」。呈現的方式如圖 1.24 所示：

圖 1.24　譜系呈現從資料源到儀表板間各物件的關聯性

若要從圖 1.24 的「譜系檢視」切換回圖 1.23 的「清單檢視」，只要點選上方工具列右方的兩種檢視按鈕，如圖 1.25 所示：

圖 1.25　切換工作區的檢視方式

若要瀏覽「資料集」，可直接選取該「資料集」，這等同在報表編輯器中開啟「資料集」，可以透過視覺效果探索資料。

雖然現今網頁可以設定連接或匯入「資料集」或開發「報表」，且可以新增「資料集」，但其介面過於簡單，遠不如 Power BI Desktop 所提供的編寫能力，建議還是透過 Power BI Desktop 開發，再發行成「資料集」和「報表」，網頁僅是臨時快速開發或瀏覽資料用。

報表

Power BI「報表」（在 PBIRS 和 Power BI Desktop 都稱為報表，但雲端 Power BI 服務改成了報告，此處維持原先的稱謂）是一個以上頁面，其內可包含多個「視覺效果」，例如折線圖、地圖…等。「報表」中的所有視覺效果都是來自單一「資料集」。可以在 Power BI 服務網頁從頭開始建立「報表」，或透過共用的儀表板匯入。此外，Power BI 服務也可以從 Excel、Power BI Desktop、資料庫和 SaaS 應用程式取得「報表」。例如，當連接到 Excel 活頁簿，其內包含 Power View 工作表時，Power BI 會根據這些工作表建立「報表」。而連接至 SaaS 應用程式時，Power BI 可匯入預先為該項服務建立的「報表」。

有兩種模式可以檢視「報表」並與其互動：「閱讀」和「編輯」檢視。預設開啟「報表」採用「閱讀」檢視。若使用者對「報表」有編輯權限，會於左上角看到「編輯報表」按鈕，可在編輯檢視中修改「報表」。若「報表」是在「工作區」中，屬於「admin」、「member」或「contributor」

角色的成員都可以編輯，存取該「報表」所有的編輯功能。若使用者僅能共用閱讀「報表」，在檢視中可以瀏覽「報表」並與其互動。兩種模式的差異如圖 1.26 所示：

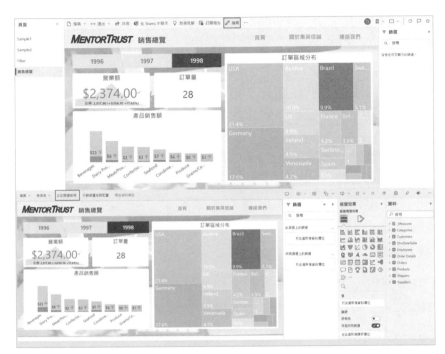

圖 1.26　Power BI 服務網頁提供「閱讀」（上方）和「編輯」（下方）兩種模式檢視報表

開啟「工作區」時，與其關聯的報表會列在「報表」標籤下。每張「報表」只會查詢一個基礎「資料集」。

儀表板

儀表板是在 Power BI 服務中透過網頁建立，並可與人共用的項目。為一個以上的磚與 Widget 組成的畫布。從「報表」或「問與答」釘選的每個圖格，會繪製「儀表板」內的個別視覺效果，顯示從「資料集」取得的相關資料。整份「報表」頁面也可以當作單一圖格釘選到「儀表板」。

建立「儀表板」的用途如下：

■ 一目了然所有必要資訊，以利決策

■ 確保所有使用者對相同問題；檢視與使用相同資訊

■ 監視最重要的業務相關資訊

擁有「儀表板」者，也會有基礎「資料集」和「報表」的編輯存取權。如果是「儀表板」共用者，只能與「儀表板」和其基礎「報表」互動，但是無法儲存任何變更。

若要存取基礎「報表」，可選取從「報表」釘選的「儀表板磚」。請注意，並非所有圖格都是從「報表」釘選，點選從「報表」釘選到「儀表板」的視覺效果才會切回到原「報表」。

資料流程

「資料流程」可協助組織不同來源的資料（但非必要），適於複雜的大型專案。「資料流程」代表已準備好資料，且已經暫存可供「資料集」使用，但無法直接當作報表的資料來源。利用資料連接器集合，能夠從企業內部或雲端擷取來源資料。

只會在「工作區」中建立及管理「資料流程」（僅有「我的工作區」則無法建立），且在 Azure Data Lake Storage Gen2 的 Common Data Model（CDM）中，以實體的形式儲存。「資料流程」通常會定期重新整理，以儲存最新的資料，適用於準備資料供「資料集」或重複使用。

目前報表要使用其他工作區的「資料集」或「資料流程」，需透過 Power BI Desktop 的「取得資料」下拉選單，選擇某個工作區內的「Power BI 資料集」或「資料流程」：

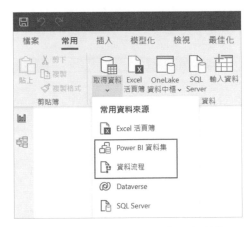

圖 1.27　透過 Power BI Desktop 雲端版使用工作區內的「Power BI 資料集」或「資料流程」

個別使用「資料集」或「資料流程」，可以將「分析模型」與「ETL」分開，或可讓不同的專業與領域知識獨立開發與重用。

計分卡（Scorecard）

「計分卡」可在單一窗格中規劃階層式的「計量（metric）」，以不同面向的「關鍵績效指標（Key performance indicator PKI）」組織而成，用於追蹤重要的商務目標。其呈現範例如圖 1.28 所示：

圖 1.28　以不同面向的「關鍵績效指標」透過階層結構組織「計分卡」

一旦建立了「計分卡」，在 Power BI 服務的首頁就可以選擇「計量」：

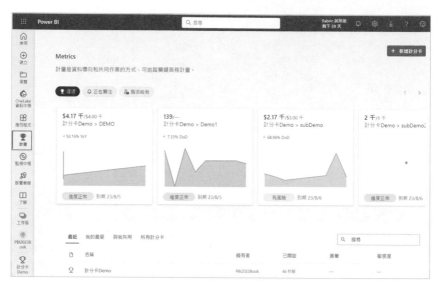

圖 1.29　以「計量」呈現「計分卡」內各個「計量」的狀態

若要新建一張「計分卡」，可透過圖 1.29 右上方的「新增計分卡」按鈕，或「工作區」的「新增」下拉選單選擇「計分卡」，便可以新增與定義「計量」，如圖 1.30 所示：

圖 1.30　定義「計量」的值、目標、狀態與期限

定義「計量」時，會有相關的欄位：

■　計量名稱：手動輸入該計量的名稱

■　擁有者：企業/組織的 Azure Active Directory 帳戶

■　目前的值：給定該計量當下的值，可以是手動輸入固定值、從子計量彙總（Sum、Avg、Max、Min）其「目前的值」，或連線 PBI 報表內某個量值。

■　最終目標：給定該計量目標值，設定方式與上述「目前的值」相似。「目前的值」和「最終目標」可用來制定「狀態」的計算「規則」。

■　狀態：直接指定狀態或定義「規則」。

■　開始日期

■　到期日

若「目前的值」和「最終目標」要連線 PBI 報表內某個量值，可在下拉選單選擇「編輯連線」，而後在對話窗中選擇報表內的「量值」，如圖 1.31 所示：

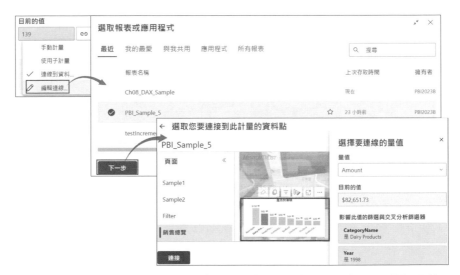

圖 1.31　設定「目前的值」和「最終目標」要連線 PBI 報表內某個量值

「狀態」可以直接指定，或是「設定規則」，如圖 1.32 所示：

圖 1.32　設定「狀態」

而每個「計量」可以在建置多個「子計量」，如圖 1.33 所示：

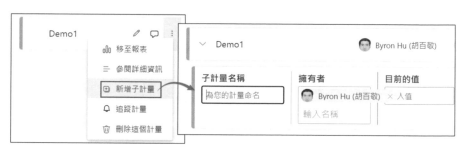

圖 1.33　為「計量」建置「子計量」

計分卡的設定與應用方式頗多，詳細的建制方式可以參考以下的影片：

https://www.youtube.com/watch?v=iSkDAIN5UoE

或線上說明：

```
https://learn.microsoft.com/zh-tw/power-bi/create-reports/service-goals-
introduction
```

關於「功能區」就大概說明到此，雲端 Power BI 服務的功能非常多，但這超出了本書的範圍。若想更進一步了解 Power BI 服務，可以閱讀線上說明，其內有詳盡的解釋：

```
https://learn.microsoft.com/zh-tw/power-bi/fundamentals/power-bi-overview
```

若要完整比較 Power BI 雲端服務與地端伺服器的差異，可以參考以下網址：

```
https://learn.microsoft.com/zh-tw/power-bi/report-server/compare-report-server
-service
```

在此僅列出我們在實務上，常被提出比較的點：

表 1.3　Power BI 雲端與地端服務的比較

功能	Power BI 報表伺服器	Power BI 服務	說明
部署	內部部署或雲端託管	微軟雲端	如果透過 Power BI Premium 授權，Power BI 報表伺服器可以部署在 Azure 虛擬機中（IaaS 雲端託管，也就是在 Azure 執行裝有 Power BI 報表伺服器的虛擬機 Virtual Machine）
來源資料	雲端及/或企業內部	雲端及/或企業內部	雲端若要存取企業內部資料，需在企業內安裝閘道（Gateway）
授權	Power BI Premium 或包含軟體保證（Software Assurance SA）的 SQL Server 企業版	Power BI Pro、Power BI Premium per User 及/或 Power BI Premium	買了雲端的 Power BI Premium 後可以合法在企業內使用 Power BI 報表伺服器

功能	Power BI 報表伺服器	Power BI 服務	說明
發行週期	一年三次（一月、五月、九月）	每月一次	最新功能和修正首先會提供給 Power BI 服務。在接下來的版本中，大部分的核心功能都會提供給 Power BI 報表伺服器，但某些功能僅適用於 Power BI 服務
以瀏覽器開發 Power BI 報表	否	是	無須安裝 Power BI Desktop，直接透過瀏覽器開發 Power BI 報表，並發佈在 Power BI 服務中
即時串流	否	是	在 Power BI 中建立視覺效果或儀表板，顯示即時更新的資料
儀表板	否	是	將各張 Power BI 報表中最重要的視覺效果集中釘在一個頁面上（稱為磚（tile）），讓使用者一次看到多面向的重要資訊，點選該磚，會跳到原報表以檢視細節
問與答	否	是	直接以英文詢問資料表內的資料
編頁報表	是	是	可以在服務中同時搭配編頁報表和 Power BI 報表呈現所要的結果
Power BI 行動應用程式	是	是	以手機內的 Power BI App 呈現 Power BI 報表
Power BI 報表的電子郵件訂用帳戶	否	是	為自己或其他人訂閱 Power BI 服務中的報表或儀表板
資料警示	否(自行用編頁報表開發近似功能)	是	針對某個視覺效果設定資料值需要提供警示的關鍵值，當符合規則的狀況發生時，以郵件或在視覺效果上提供警示
R/Python 視覺效果	否	是	在 Power BI Desktop 中使用 R/Python 視覺效果，可將其發佈至 Power BI 服務，以呈現結果。但無法將具有 R/Python 視覺效果的 Power BI 報表部署至 Power BI 報表伺服器，因為 Power BI 報表伺服器並未整合 R/Python 的執行環境。

功能	Power BI 報表伺服器	Power BI 服務	說明
			搭配 R/Python Script 的 Mashup 引擎也是如此，無法在 Power BI 報表服務執行 R/Python 來整理資料
複合模型（composite model）	否	是	Power BI 所使用的表格模型可以同時支援「匯入」和「DirectQuery」兩種擷取資料的方式，「複合模型」搭配「儲存模式（storage mode）」可儲存預先計算的結果，以提升查詢效能

1.5 本書章節簡介

Power BI Desktop 加上 Power BI 報表服務/雲端 Power BI 服務已是龐大的巨獸，可能一時間你不會需要全部的功能。以下簡單說明本書各章的內容，讓你可以快速找尋當下需要了解的部分。

第 2 章 Power Query 編輯器

Power BI 可以整合各式各樣的資料，除了關聯式資料庫外，尚有 Excel、符號分隔檔案、XML、JSON、HTML、來自各類線上服務的資料，如微軟 SharePoint、Google Analytics、Dynamics、Salesforce…等。要載入各種異質型資料到 Power BI 背後的表格分析模型前，需要先透過整理資料的 Mashup 引擎，這個引擎所使用的語言為 M，一個專門用於整理資料的強大語言。但你我無法一開始就擅長撰寫 M，可以借助「Power Query 編輯器」，以視覺互動的方式產生 M 語言，整理來源資料成為可分析的結構，然後載入到分析模型。本章說明如何透過「Power Query 編輯器」的視覺化介面連接存取各種資料源，接著整理、組織這些結構，例如：解譯、切割、組合、過濾、排序、彙總、取代、計算…等，最終產生可載入整併後資料的 M 語言。

第 3 章 M 語言

M 語言也稱為 Power Query Formula Language，是以 functional language 的形式構成，並不像一般的程式語言（如 C#、Java、Visual Basic）或腳本語言（如 JavaScript、Python、PowerShell、SQL），但與表格式模型（Tabular Model）採用的 DAX（Data Analysis Expressions）語言使用方式相近。

處理邏輯流程時，是層層呼叫函數，而不似一般程式語言有明確的 class/struct、switch/if then else、for/while/foreach、try/catch、begin/end 區塊，但 M 仍有特殊寫法可以滿足近似的需求。它有大量用於整理異質型資料的函數，以滿足各種情境。本章將說明 M 語言的語法、資料類型、函數和控制流程。當「Power Query 編輯器」使用者介面無法滿足於建立複雜的 M 語言時，可以徒手在「Power Query 編輯器」已經產出的 M 語言基礎上，進一步修改與編寫 M 語言。

第 4 章 基本報表設計

Power BI Desktop 應用程式雖然設計得頗具親和力，也希望讓一般人都可以快速上手。但由於功能繁多，仍讓初次接觸者（尤其它主要的目標使用者是非 IT 專業人員）不知從何下手。本章就 Power BI Desktop 的基本環境開始介紹，讓你了解如何操作它。

接下來說明如何設計一張發揮 Power BI 功能的報表，讓報表能夠滿足使用者所需要的資訊，且是聚焦在需求上，不會迷失在大量的資訊與圖表中。解釋完整體報表的設計安排後，本章接著說明視覺效果的選用與設計原則。Power BI Desktop 預設提供多種內建的視覺效果[11]，並支援

---

[11] 　雲、地版本和各月份推出的新版可能有不同數量的內建視覺效果。

從市集匯入或自行開發其他視覺效果。要如何在這麼多種類的圖表中選擇最適合的物件來呈現？本章從「特性」與「分析情境」兩方面來說明。

第 5 章　互動式設計

在第 4 章認識各種報表視覺效果後，接著要討論在設計報表上，可運用的互動特性，包含交叉分析、書籤、鑽研、篩選、資料分組、查看記錄、工具提示…等功能。一份好的報表並非放入大量視覺效果，就能夠讓觀看者掌握關鍵資訊。在設計過程中，除了耐心建立資料模型並熟悉各種報表元素的特性外，更需要聚焦於需求。而使用者要的是依自身的重點判讀，與報表互動後才能得到廣泛而深入的資訊，因此充分與使用者溝通後，熟悉調配各類互動設計的效果，才可以提供較佳的使用體驗。

這些互動功能的運用，不僅是報表製作者需要熟悉，終端使用者也應該要瞭解基本操作，才能讓自助式分析報表提供的結果具有價值。

第 6 章　表格式模型

當 Power BI Desktop 透過「Mashup 引擎/M 語言」整理好來源資料後，會將其載入並存放到 .pbix/.pbit/.pbip 檔案內，並依照「表格式模型（tabular model）」的定義來解釋這些資料。使用 Power BI 的互動分析功能時，能夠讓使用者隨意拖放資料欄位，不管是資料內容還是格式，都能正確呈現的原因就是依靠預先設計好的模型定義。除非 Power BI 的資料是直接取自類似 SQL Server Analysis Services 服務，該服務就是提供資料模型，因此僅透過 Power BI 報告呈現互動結果。否則你需要正確定義模型，才能有效而深入地分析。此外，若查詢多個來源提供的多份資料表，需定義它們之間的關聯性。

分析資料時往往有許多計算，大大小小的關鍵績效指標（KPI Key Performance Indicator），不管是加總、平均、最大、最小…等彙總，

或時間序列分析、分群、占比、過濾與排除…等，依各種使用情境的商業邏輯計算，這需要在模型定義好計算公式，才可以在互動分析時，依當下擺放的欄位與篩選的規則自動計算。這些計算公式需要透過 DAX（Data Analysis Expressions）撰寫，我們將在其後的章節介紹。

第 7 章 初探 DAX 語言

要發揮 Power BI 的表格式分析模型（Tabular Model），以符合各種應用情境，首重 DAX（Data Analysis Expressions）語言。如同要善用 SQL Server，先要熟悉 T-SQL 語言一樣。本章先說明 DAX 的基本語法架構，接著說明常用的函數，讓你可以完成一般的運算需求。

當需求變得複雜，過濾條件套用在資料表/資料行/資料列時彼此交疊，這時你需要釐清關聯性和語境（Context）才能符合 DAX 本身的設計概念。因為 DAX 採 functional language 的語法結構，其布林運算、迴圈、條件分支、錯誤處理…等功能都須結合語境，而套用到運算時，又常常是搭配 Calculate 函數。因此，本章花了很大的篇幅在解釋這些觀念與做法。

第 8 章 深入 DAX 應用

有了第 7 章對 DAX 語言的基本認識後，我們繼續挑一些常見的分析需求，透過 DAX 實做，讓你面臨到同樣的需求時，可以直接引用，或是範例中的解法能夠提供你靈感，據以開發出自己所需的 DAX 運算邏輯。

本章針對 TreatAs 函數、時間序列分析、半加成性（Semi-additive）、排名（Rankx）、前 n 名（TopN）、移動平均、柏拉圖分析…等，透過實際的範例讓你了解如何撰寫量值，又如何透過視覺效果呈現。

第 9 章 Power BI 效能

使用者對於報表的需求是有增無減，隨著資料來源越來越多，資料量越來越大，資料間的關係越來越複雜，需要計算的商業邏輯要用上百行的 DAX 才算得出來，報表數量與使用者數量都與日俱增，Power BI Desktop/伺服器/服務可能面臨資源不足，報表也就越跑越慢。

要調校效能，先要了解 Power BI 背後建立資料模型的 VertiPaq 引擎運作原理，依其特性最佳化模型。而使用者抱怨報表效能不佳時，也需熟悉用來找尋效能瓶頸的工具程式，能找到瓶頸才能對症下藥。

第 10 章 安裝與管理 PBIRS 伺服器

「Power IB 報表伺服器（Power BI Report Server PBIRS）」是結合 SQL Server Reporting Services 和 Power BI 兩種技術的報表伺服器，可發行來自不同資料源設計的各種格式報表，集中管理安全性和訂閱。其內包含編頁報表與 Power BI、Excel、報表內容相關項目以及資源、目錄、排程...等。

微軟現今改以 PBIRS 當作企業內 BI 平台的共用入口，取代以往的 SharePoint Server。開發者建立的報表可集中於 Power BI 報表伺服器統一管理。以資料夾階層方式；安全地儲存和瀏覽報表，使用者可標記「我的最愛」，針對每張報表透過「註解」互動討論...等。本章將說明報表服務之安裝、組態、相關工具程式與管理。

第 11 章 Power BI 服務

Power BI 服務執行在微軟雲端，屬於線上軟體即服務（Software as a Services SaaS）類型。企業或使用者可直接訂閱，並透過瀏覽器或行動裝置上運行的 Power BI App 使用，以開發、分享、整理資料的流程、瀏覽與分析預測。

Power BI 服務提供的功能非常龐雜,足以用專書說明,本書限於篇幅,僅能舉常用的功能介紹。此外,由於網站的介面與功能一直持續地改變,僅在撰寫本章時,就多了 Fabric、OneLake、Git…等大量的預覽功能,我們將其集結在第 12 章與附錄 A 介紹,並以電子書的方式提供這兩個單元。

第 12 章 Microsoft Fabric 簡介

Microsoft Fabric 提供微軟雲平台所有分析的 SaaS 統一解決方案,涵蓋資料「整合轉換(ETL)」、「倉儲(data warehouse)」到「資料科學(data science)」、「即時串流(Real-Time stream)分析」和「商業智慧」…等。整合微軟既有的雲端服務,提供完整的功能、服務與平台,包括資料湖(Data Lake)、Synapse、Spark、Power BI、Data Factory、及時串流分析…等。讓工作介面、管理、購買授權…等一致,一統資料分析。

其整合所有分析平台的需求與流程之概念如圖 1.34 所示:

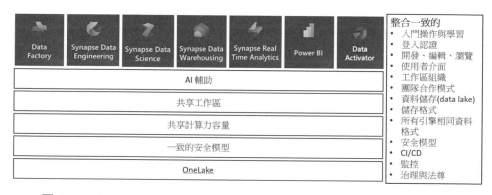

圖 1.34　Microsoft Fabric 提供統整所有分析需要的服務與流程之架構

本章將進一步解釋圖 1.34 相關的組成元素與實做部分功能。

由於至今（2023/08）Microsoft Fabric 仍處於預覽，我們依據的官方資料多有如下的警示：

> Microsoft Fabric 目前處於預覽狀態。 這項資訊與發行前版本產品有關，在發行前可能會大幅修改。Microsoft 不會針對此處提供的資訊，提出或隱含任何擔保。

相信本章的內容未來將遭遇昨是今非，但資訊界的大環境一直如此。而本書此時加入這一章是因為整合資料分析平台一直是我輩多年的期盼，且技術的延續性仍是 IT 能持續進步的基礎，就算有變動，其基本的概念多能延續。相信本章的內容對引領入門 Fabric 仍有幫助。

附錄 A Git 整合

隨著分析的開發團隊人員變多，大家在工作區合作開發，針對一個內容廣泛的主題彼此協同合作；開發不同面向的多張 Power BI 報表（例如：進/銷/存/應收…等），可能會針對相關的 KPI 公式有個別或一起進/退版的需求。凡此版本控管需求，可以考慮至今仍在預覽的「Git 整合」功能。

本章簡單描述如何搭配 Git for Windows、Visual Studio Code、Azure DevOps Repos、Power BI Desktop 專案檔，和 Fabric 工作區與 Git 整合後，在開發者本機與 Fabric 工作區藉由 Azure DevOps Repos 同步 Power BI 報表版本。

Power Query 編輯器

當要將資料載入進 Power BI 的表格分析模型前，需要先透過整理資料的 Mashup 引擎，該引擎使用的語言為 M，專門用於整理資料。但你我無法一開始就擅長撰寫 M，可以借助「Power Query 編輯器」，以視覺互動的方式產生 M，整理來源資料成為可分析的結構，然後載入到分析模型。

「Power Query 編輯器」以多種形式內含在不同的產品中，例如：Power BI Desktop、Excel、以 SQL Server Data Tools（SSDT）開發 Analysis Services 2017 版後表格式模型的資料整合流程，以及透過瀏覽器開發微軟雲端 Power BI Services 的「資料流程」。雖然最終都是要產生 M。但由於整合在不同的開發環境中，且對應的 Mashup 引擎版本不同，這些編輯器的操作介面大同小異，在各產品或平台中，叫出「Power Query 編輯器」的方式也不同。本章以 Power BI Desktop 的介面為主，相信你熟悉一個介面後，若用其他環境的「Power Query 編輯器」，也能迅速上手。

2.1　連接資料

現今整合資料的機制隨各個資料生命樣貌的差異而紛歧，例如：

- **存放來源資料的地方**：如本機硬碟、檔案伺服器共享目錄、資料庫、雲端磁碟、SharePoint、Hadoop/Spark、Google Analytics、各種線上服務直接提供資料...等。

- **認證身分登入存取的方式**：沒有認證、用 Windows 帳號身分存取檔案和服務、以帳/密存取服務、兩階段/多因子認證...等。

- **資料格式**：HTML、XML、JSON、符號分隔檔案、Excel 等特殊檔案格式、關聯式資料庫、Google Analytics 等第三方服務的自訂格式...等。

- **組合資料的邏輯**：階層內互相包含如下的資料結構：單一值（scalar）、一筆紀錄（record）、列表（list）、表格（table）。

- **資料型態**：文字、數值、日期/時間、布林、二進位

- **存取協定**：檔案服務（SMB）、HTTP/SOAP/REST、SQL Server 用的 TDS，乃至於傳輸加密的 SSL/TLS...等。

- **資料語言**：SQL、MDX、DAX、XQuery/XPath、R、Python...等。

Mashup 引擎就是要整合諸此種種的技術，並讓使用者自行設計整理資料的邏輯與流程，例如：命名、解析、格式化、排序、唯一、群組、計算、彙總、轉換、擷取、取代、過濾、分割、樞紐、連結、增/減欄位、條件判斷，迴圈重複、錯誤處理...等，最後將資料凝結成乾淨的結果交給表格式模型。以下，透過「Power Query 編輯器」列舉幾種常用的取資料方式。

2.1.1　直接輸入

類似 Excel 的資料格，Power BI Desktop 也可以直接輸入資料，並在報表和視覺效果中使用該資料，若想要簡單地提供「代碼/值」轉換的對應表、選單...等，可在此直接建立。例如，複製部分的活頁簿或網頁，然後將其貼上。其編輯方式如圖 2.1 所示：

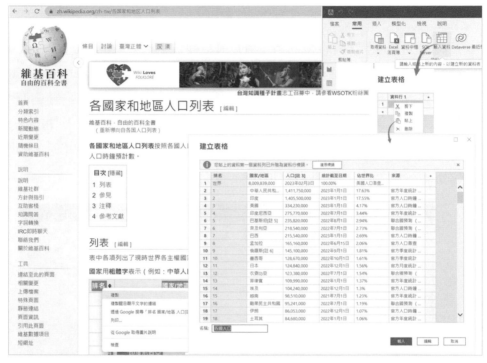

圖 2.1　直接複製/貼上表格內容，以輸入資料到 Power BI 檔案內

圖 2.1 範例中直接輸入維基百科上的表格[1]，透過瀏覽器複製如下網址之網頁表格的內容後：

---

[1]　這個線上網頁可能隨著時間改變，若你看到的內容不一樣，可以選擇任一表格練習複製/貼上。

```
https://zh.wikipedia.org/zh-tw/%E5%90%84%E5%9B%BD%E4%BA%BA%E5%8F%A3%E5%88%97%E
8%A1%A8
```

在 Power BI Desktop 主選單選擇「常用」→「輸入資料」選項，在「建立表格」對話窗「貼上」資料後，「Power Query 編輯器」預設會將第一筆資料列升階為標頭，點選上方的「復原標頭」按鈕，則改以「資料行 1」、「資料行 2」…等命名方式建立資料行。

若還需要增/刪/修資料格內容，可以在「建立表格」對話窗內繼續編輯。確認資料內容無誤後，修改左下方的「名稱」，此為 Power Query 編輯器的查詢名稱，載入到 Power BI 模型後，成為資料表名稱。點選圖 2.1 右下方的「載入」按鈕，會壓縮資料並二進位序列化；放入 Power BI 檔案內之表格模型，接著使用這些資料建立新資料表，在設計報告的「欄位」窗格中使用。如圖 2.2 所示：

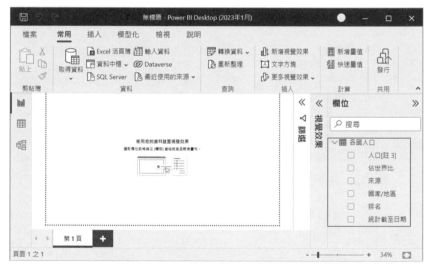

圖 2.2　直接輸入的資料載入後可在報告內使用

點選圖 2.1 右下方的「編輯」按鈕；或是圖 2.2 上方的「常用」→「編輯查詢」按鈕，會進入「查詢編輯器」，進一步編輯/轉換/整合這些資

料。如圖 2.3 所示（特別強調，圖 2.2 是「報表編輯器」用來設計分析模型與報表視覺畫面，圖 2.3 是「查詢編輯器」用以整理來源資料，Power BI Desktop 新手往往混淆這兩個編輯器）：

圖 2.3　透過查詢編輯器修改直接輸入的資料

若要重新修改表格內各格子的資料，可以點選右方「查詢設定」區域內，「套用的步驟」下「來源」步驟的「齒輪」圖示，重新叫出「建立表格」視窗編輯。

「Power Query 編輯器」將你在編輯器內每個動作都化為右方「套用的步驟」區塊內的一步，類似於 Office 軟體內錄製巨集，在重新整理資料時，就等同重播這些步驟。可以隨時隨需要增/刪/修既有的步驟，這些步驟實際一對一對應 M 查詢語句，日後可以維護與分享這些 M 語言所代表的資料處理邏輯。若某步驟可以叫出介面對話窗編輯，就會在該步驟右方呈現齒輪圖案。圖 2.3 可看到精靈已經自動產生兩個步驟，第一步「來源」是針對手動輸入的資料執行「壓縮/序列化/反序列化/解析格式」的一系列過程，也就是長串的 M 函數呼叫：

```
Table.FromRows(Json.Document(Binary.Decompress(Binary.FromText(...)
```

最終成為多個文字欄位的表格。第二步「已變更類型」是 Power Query 編輯器在你操作整理資料後，自動幫忙加入的步驟，嘗試將資料行轉換成最適合的型別。

在「套用」的步驟區塊點選第一步「來源」，而後嘗試刪掉第一筆紀錄[2]：

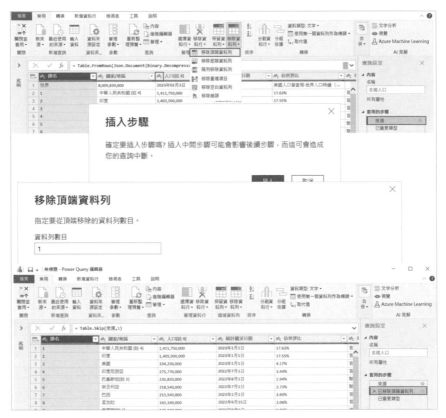

圖 2.4　在既有的巨集步驟順序中插入新增步驟

此處簡單示範「移除資料列」功能，此功能採用順序位置刪紀錄。但每次載入資料時，紀錄的順序不一定相同，依順序位置可能會刪錯。建議採用欄首右方的下拉箭頭，以欄位值篩選過濾掉不要的紀錄。

由於當下巨集步驟所在位置並非最後一步，而 Power Query 編輯器怕在當下位置插入新增步驟，可能導致其後步驟的錯誤[3]，所以彈出「插入步驟」的警示，確認該位置新增步驟不會造成錯誤，可以點選右下方的「插入」按鈕。

若插入該步驟後造成後續的巨集步驟錯誤，雖然 Power Query 編輯器尚未提供回復（Ctrl-Z）功能，但可以直接點選該步驟前方的「X」小圖示，刪除該步驟。或是就算會導致錯誤，也可以修改其後的步驟，使其參照到前述步驟變更的物件。

接下來點選變成第三步的「已變更類型」，從資料行「人口」行首名稱左方的小圖示知道該資料行是「文字」類型，要將其改為「整數」類型，可以直接點選該圖示，並從快捷選單中選擇目標類型：

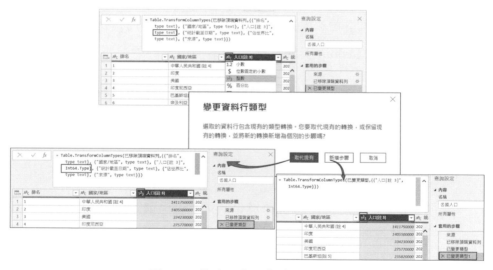

圖 2.5　修改既有巨集步驟的定義

---

[3] 例如插入一個步驟，重新命名某個資料行，但其後的步驟參照到原來的資料行名稱，則新增該步驟後整個查詢就會出現錯誤。

變更資料類型其實就是呼叫 M 語言函數 Table.TransformColumnTypes，當在既有的變更類型步驟上繼續改變資料類型時，Power Query 編輯器會確認是直接修改當下這句 M 查詢語言，還是再新增一個步驟，單獨加入設定該欄位資料型別的 M 語法。

經過上述簡單的操作後，可以發現 Power Query 編輯器或 Mashup 引擎整理資料時，是以整欄為單位，如同 SQL 引擎一切都是集合。若要精準改某個格子，需先藉由篩選過濾到該格子。它不像 Excel 是編輯器，可任意編輯某一格。

2.1.2 Web

M 語言有很多解析不同類型資料的函數，例如存取上一小節圖 2.1 那張 Wiki 提供的「各國家和地區人口列表」網頁內容，該網頁有很多的 Table 標籤用於排版與呈現各種資料。點選「常用」→「取得資料」→「Web」選項；可以請 Mashup 引擎直接解析某張網頁內的特定表格。

透過 HTTP 協定可以從 HTTP 服務取得非常多樣的資料，回傳的結果不一定是要 HTML 格式，若回傳 XML、JSON、符號分隔...等其他格式內容，Power Query 編輯器也會試著先解析，讓你可以透過圖形化介面處理資料。

但若是透過 HTTP 服務回傳特殊格式的內容，你仍能夠自行編寫 M 語言，客製化處理資料的邏輯，僅是透過「Web」功能先與資料源溝通。當然，還有另一個選項是以 M 呼叫 R/Python 語言來解析。

首先，指定如前述維基百科的「各國人口列表」網址（或透過 Google 搜尋此網頁取得網址），其步驟如圖 2.6：

圖 2.6　指定網址以解析網頁內容

此處的網址可以是線上網站的，或是存在本機硬碟目錄中的 HTML 網頁，畢竟只是解析 HTML 標籤，所以從哪取得網頁並沒有關係。此外，Wiki 是公開的網頁，可使用「匿名」登入，在圖 2.6 的認證選項也就採用「匿名」。按下「連接」[4]按鈕後，進入「導覽器」步驟，選擇要解析網頁中的哪一張資料表，如圖 2.7 所示：

---

[4] 若出現 IE 無法信賴網址，需啟用 ActiveX Script 的錯誤。可以開啟 IE 將 wikipedia 的網址加入到「信任的網站」即可。

圖 2.7　在「導覽器」步驟選擇解析 HTML 內哪個 Table 標籤的內容

在圖 2.7 中，於「導覽器」視窗左方呈現多個 HTML Table 中，可以一個個點選資料表名稱，但不需要勾選某個資料表，於右方的「資料表檢視」畫面檢視內容，確認是要載入的資料表再勾選。按下確定後就可以載入該資料表到模型。由於維基百科的網頁一直在改版維護，此處僅是舉例練習，你可能看到的內容不同，依照步驟操作，但選擇自己所要的內容即可。

「導覽器」視窗右方提供兩種檢視資料頁籤，一是「資料表檢視」，單獨呈現個別資料表。另一是「Web 檢視」，以瀏覽器呈現 HTML 的方式展現該網頁。直接點選上方頁籤名稱，以切換這兩種檢視。

若一張 HTML 網頁內的多個資料表都需要，圖 2.7 的導覽方式可複選，這會變成各自獨立的查詢，以維基百科的另一張「按大洲排列的国家列表」」網頁為例：

```
https://zh.wikipedia.org/zh-tw/%E6%8C%89%E5%A4%A7%E6%B4%B2%E6%8E%92%E5%88%97%E
7%9A%84%E5%9B%BD%E5%AE%B6%E5%88%97%E8%A1%A8
```

在 Power Query 取 Web 資料來源的「導覽器」設定畫面如圖 2.8 所示：

圖 2.8　選擇將 HTML 網頁內多個 Table 標籤所包含的資料表資料一起載入

若照圖 2.8 複選想要的 Table 標籤，則按下右下角的「載入」按鈕，進入到 Power Query 編輯器後，可以看到每個 Table 都對應成一個查詢，未來再載入到模型時，變成多個資料表，如圖 2.9 所示：

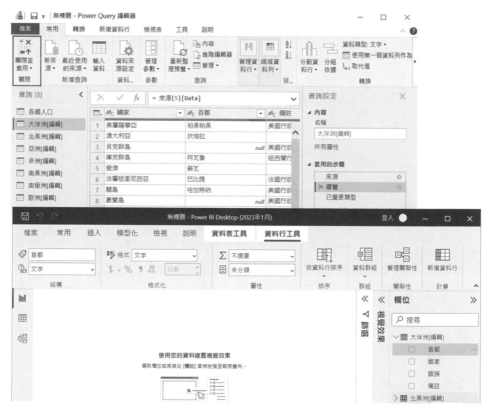

圖 2.9　精靈將每個 Table 對應到一個查詢，載入到表格模型變成獨立的資料表

但各自獨立的資料表並非我們想要的資料格式，而是希望合併所有的洲與國家在一個資料表內，這才好分析。雖然接下來可以用「附加查詢」，將多個查詢連結（Union）成一個查詢結果，但這效率不好，畢竟是多次查詢網頁，每次擷取一個不同位置的 HTML Table 標籤，而後再合併原本就在一張網頁內的多個 Table 標籤。

再次取維基百科的「國家列表_(按洲排列)」網頁當 Web 資料來源，這次只勾選一個洲（例如大洋洲），回到 Power Query 編輯器，勾選「檢視表」主選單下左方的「資料編輯列」，讓每一步驟的 M 語法可以呈現在編輯環境的上方。

點選「套用的步驟」內第一步「來源」，可看到精靈採用的是呼叫 M 函數 Web.Page(Web.Contents(網址))，範例如下：

```
= Web.Page(Web.Contents("https://zh.wikipedia.org/zh-tw/%E6%8C%89%E5%A4%A7%E6%
B4%B2%E6%8E%92%E5%88%97%E7%9A%84%E5%9B%BD%E5%AE%B6%E5%88%97%E8%A1%A8"))
```

點選其下「導覽」、「已變更類型」兩步驟前方的叉符號小圖示，刪掉這些步驟，執行結果如圖 2.10：

圖 2.10　透過上方「資料編輯列」窗格，直接檢視或修改查詢各步驟的 M 語法

圖 2.10 的最後一筆紀錄與現在要整合的內容無關，可透過各欄首右方的
下拉選單濾掉不需要的紀錄，其 Caption 欄位值是 Document：

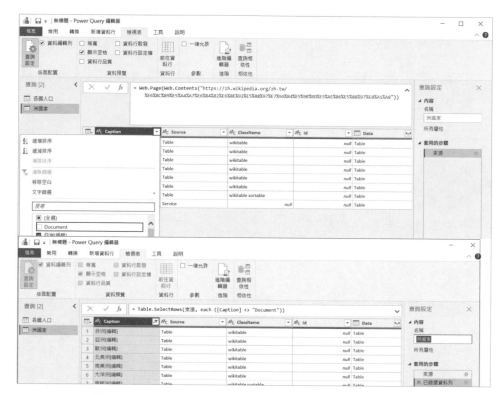

圖 2.11　移除掉查詢中多餘的步驟，並過濾多餘的紀錄

而後點選右方「Data」資料行標頭列右方的小圖示，將各筆紀錄中的表
格內容展開，如圖 2.12 所示：

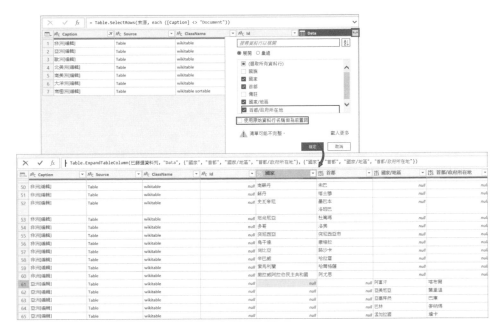

圖 2.12　選取表格內特定的資料行展開，形成多筆細節紀錄

以欄首右方雙鍵號展開紀錄內的資料表時，若內部資料表的欄位名稱未與外部資料欄位名稱重複，可以取消勾選下方的「使用原始資料行名稱做為前置詞」。

展開紀錄後，向下捲動可以看到維基百科在亞洲的表格欄位名稱換成「國家/地區」、「首都/政府所在地」，所以展開內部資料表欄位後變成與前方紀錄分屬在不同欄位。

若要將「國家」欄位的 null 值改以同筆紀錄的「國家/地區」欄位值取代，可在值為 null 的格子上，以滑鼠右鍵選擇「取代值...」快捷選單，在接續的「取代值」對話窗中，只能輸入固定值，無法選取其他欄位，輸入代表在資料表取「國家/地區」欄位值的表示法：[#"國家/地區"]，也僅是以單純的文字取代：

圖 2.13 修改步驟內容，改以「國家/地區」欄位值取代同筆紀錄的「國家」欄
　　　　位值

從上方編寫 M 的「資料編輯列」可看到精靈產生的語法是呼叫
Table.ReplaceValue 函數，其定義如下：

```
Table.ReplaceValue(表格 as table, 舊值 as any, 新值 as any, 取代方式 as function, 要
搜尋值的欄位列表 as list) as table
```

該函數的定義是從「表格」逐筆找「要搜尋的欄位」，發現「舊值」，
就依「取代方式」換成「新值」。把新值換成 M 的匿名函數，取每筆
紀錄的 [#"國家/地區"] 欄位值：

```
each [#"國家/地區"]
```

整體語法如下：

```
= Table.ReplaceValue(#"已展開 Data",null,each [#"國家/地區"],
Replacer.ReplaceValue,{"國家"})
```

若不想取代原欄位，為表格新增一個欄位放入不為 null 的國家，可將整
個語法改成如下：

```
= Table.AddColumn(#"已展開 Data", "自訂", each if [國家]=null then [#"國家/地區"] else
[國家])
```

關於 M 語言，可以參考「第 3 章 M 語言」。

以相同的方式取代首都欄位。而後可按住 Ctrl 或 Shift 鍵，以滑鼠複選
Source、ClassName 和 Id，以及其他不需要的資料行後，透過「常用」
→「移除資料行」選項，移除多餘的資料行，這個網頁查詢便結合了多
個 Table 標籤的內容。重新命名該「查詢」的名稱後，套回表格模型，
在模型內可引用單一 HTML 網頁內多個相關 Table 的整合資料。

2.1.3　檔案來源

在個人 BI 的使用情境中，使用者想要分析的大多是手邊資料，並未經
由 IT 部門整理。例如，使用者滿手的 Excel，並想再參照資料庫、網頁，
或其他符號分隔檔案一同分析。

以載入 Excel 的工作表內容為例，如圖 2.14 透過 Power BI「取得資料」功能讀取.xlsx 檔案內某張工作表：

圖 2.14　Power BI 經由 Power Query 可以解析多種檔案結構，直接取出其內的資料

載入資料後，若需要繼續整理。可以點選上圖 2.14「導覽器」對話窗右下角的「編輯資料」按鈕，開啟「查詢編輯器」。

不同類型的檔案來源記載中繼資料的方式不同，Power Query 解析的方式也就不同，所以判讀欄位的名稱、資料類型不盡然如我們所需。例如，

上述來源是 Excel，可選擇表格便有欄位名稱與資料型別，若僅是工作表，則可能要利用「查詢編輯器」修正。

若來源是逗號（,）或 Tab、空白…等符號分隔的.csv 或.txt 檔案，則會在載入資料的對話窗先做初步的設定，如圖 2.15 所示：

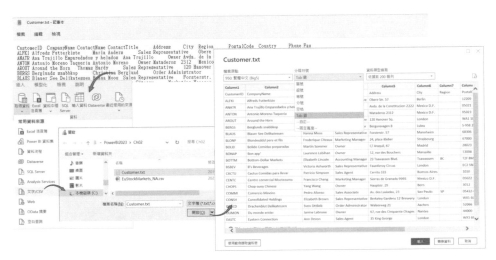

圖 2.15　定義符號分隔檔的格式

選好分隔符號後，再點選圖 2.15 右下角的「編輯資料」按鈕，進入到「查詢編輯器」修正內容。

2.1.4　資料庫來源

連接結構化資料，特別是關聯式資料庫或 SQL Server Analysis Services 一類的分析模型，是企業應用 Power BI 的大宗。企業內系統繁多，採用的資料庫系統廠牌與版本也不同，Power BI 不僅為常用的資料庫產品準備存取介面，也方便擷取中繼資料，讓使用者可以直觀地挑選所需的資料，或是執行查詢語法、預存程序，取得分析要的資料。以微軟的 SQL Server 為例，其設定畫面如圖 2.16 所示：

圖 2.16　Power BI 內建存取常用的關聯式資料庫的驅動程式的上層介面，可直觀
　　　　 地挑選資料物件

圖 2.16 中，左上方「伺服器」輸入方塊中鍵入一點「.」代表存取本機
預設的 SQL Server 執行個體，一般是輸入 SQL Server 所在的 Windows
伺服器名稱、執行個體名稱或 IP 位址、連接埠號。由於 Power BI Desktop
會自動記錄曾經登入資料源所使用的帳號/密碼，所以不一定會在圖 2.16
取得資料源的過程中，出現下方要求帳/密的對話窗。

圖 2.17　賦予可以登入目標 SQL Server 的帳號和密碼

SQL Server 提供了多種身分登入的方式，可以透過圖 2.17 左方的頁籤，選擇「Windows」、「資料庫」還是「Microsoft 帳戶」身分登入。而對話窗下方的「選取要套用這些設定的層級」可選擇是要登入到資料庫還是 SQL Server 執行個體。

由於是執行在微軟的 Windows 作業系統平台上，所以連接到 SQL Server 不需額外再安裝驅動程式。但若是要連接其他廠牌資料庫，可能需要額外安裝對應的驅動程式，例如：存取 Oracle 資料庫需在電腦上安裝 Oracle 用戶端軟體（ODAC）。

Power BI Desktop 也隨著時間更版時，一直增加存取不同資料源的連接器，例如 2019/12 月號新增了常用的 PostgreSQL 連接器，就可以直接存取 PostgreSQL 資料庫。而在圖 2.16 的「取得資料」對話窗也能選擇「PostgreSQL」連接器來載入資料。

若資料庫內的資料表彼此間有建立主鍵/外鍵，則點選某個資料表後，可以透過圖 2.18 左下方的「選取相關資料表」按鈕，它會找尋已經選取的資料表之相關的其他資料表，一併載入到 Power BI 檔案中。

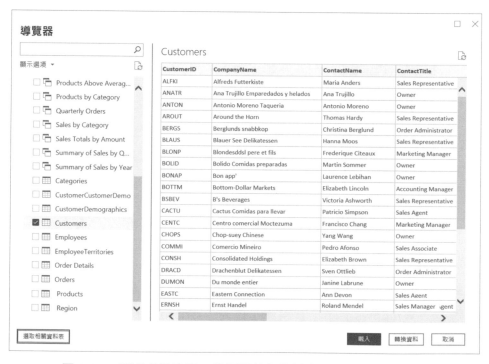

圖 2.18　透過「導覽器」選擇要載入資料庫內的資料表或檢視

這是 Power Query/Mashup 引擎自動建立 T-SQL 查詢語法，提取資料源的資料。也可以在圖 2.16 左方的「SQL Server 資料庫」對話窗中，於下方的「SQL 陳述式（選擇性，需要資料庫）」窗格自行撰寫 T-SQL 查詢、呼叫預存程序，以隔絕來源的資料表，並加入處理資料的商業邏輯，例如整合多種資料源，同時結合安全規範和預先計算後的快取檢視。

2.1.5 Odata

「OData（Open Data Protocol）」協定以簡單和標準的方法，透過 URL 與 RESTful API 存取資料源。RS/PBIRS 的「資料集」功能也支援透過 OData 協定查詢，因此，可以讓能力較佳的使用者以「Report Builder」工具程式自行定義、管理「資料集」，並利用報表服務設定「資料集」的存取安全，完成使用者群（非 IT 人員）可以彼此互相合作的 Self-Services。

在此，透過簡單示範說明。利用 Northwind 範例資料庫的「Order Details Extended」檢視建立 PBIRS 的「資料集」dsOrderDetailsExtended，而後以如下的語法查詢 PBIRS 的中繼資料庫「ReportServer」，從「Catalog」系統資料表取得某個「資料集」的 GUID，接下來的 URL 會用到此 GUID：

```
select Name,ItemID from ReportServer.dbo.Catalog where type=8
```

透過「SQL Server Management Studio（SSMS）」執行上述查詢的結果如圖 2.19 所示：

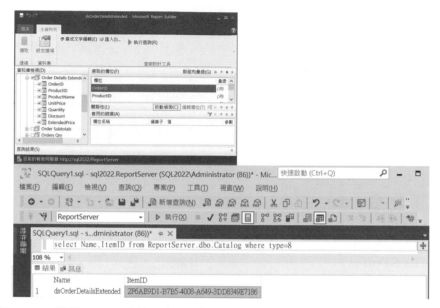

圖 2.19 透過 SSMS 查詢已部署到 Reporting Services 某個資料集的 GUID

直接以瀏覽器輸入如下的 URL，可以檢視透過 OData 傳回 Json 結構的資料集：

```
http://報表伺服器網址/Reports/api/v2.0/datasets(<資料集的 GUID>)/data
```

如圖 2.20 所示：

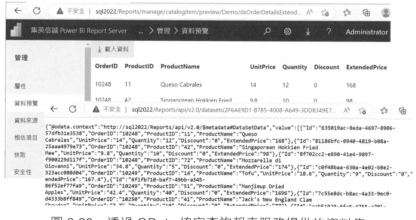

圖 2.20 透過 OData 協定查詢報表服務提供的資料集

從 Power BI Desktop 的「取得資料」下拉選單選擇「OData 摘要」，在「OData 摘要」對話窗除了輸入圖 2.20 的 URL 外，點選「進階」選項而後勾選「包含開啟類型資料行」，按下「確定」後於接下來的對話窗點擊「編輯」按鈕，如圖 2.21 所示：

圖 2.21　Power Query 透過 URL 取得 OData 資料源的中繼資料與資料集本身

按下「轉換資料」按鈕，進入 Power Query 編輯器環境，透過「More Columns」資料行旁邊的小圖示，選擇展開你需要的欄位，如圖 2.22：

圖 2.22　透過查詢編輯器選擇要從 OData 取得的資料

在圖 2.22 中間的步驟取消預設選取的「使用原始資料行名稱做為前置詞」選項，避免接下來的欄位名稱會出現「More Columns.」前置詞，例如「More Columns.OrderID」。

最後，部署 pbix 檔案到 PBIRS 後，PBIRS 也支援 OData 資料來源，也可以定義「排程重新整理」資料，以定期更新來自 OData 的資料。但因為是排程更新，使用者帳號要固定，則在資料源 OData 端的安全設計會失效，因為不能根據不同的使用者身分來限制回傳的內容，要自行在 Power BI 模型內規劃存取資料的安全。

2.1.6　特定格式

Power BI 透過 Power Query/Mashup 引擎可以整合大量的線上服務以及異質型資料源,諸如 Google Analytics、Microsoft Dynamics...等,接下來舉幾個常用的異質型資料源的例子。

JSON

除了服務供應商提供的線上服務外,若你有自行開發的服務,現今流行透過 HTTP/URL/REST API 呼叫,回傳 JSON (JavaScript Object Notation) 格式的資料,這可以直接透過 Mashup 引擎解析。Mashup 提供了許多類似的資料結構函數,例如前幾小節所示範的 Web.、HTML....,以及接下來要示範的 Json.XXX。在此隨意找尋網路上提供 REST API 存取範例,其網址透過 JSON 格式回傳結果。

```
Json.Document(Web.Contents("https://jsonplaceholder.typicode.com/posts/1/
comments"))
```

上述範例中,先透過 Web.Contents 函數取回網頁內容,但該函數以二進位 (binary) 格式回傳,讓後續的函數解析其內容。Power Query 編輯器會自動判讀內容為 JSON 格式,也就套用了 Json.Document 函數,將資料內容解析為一筆筆的紀錄。

從 Power Query 編輯器最右方「套用的步驟」區塊可以看到精靈自動將「紀錄」所成的「清單」轉成「資料表」,並展開各筆紀錄的欄位成新的資料表,以此把 JSON 格式的網頁內容轉成資料表。

雖然網站回傳的內容是文字,但經過 Web.Contents 函數後回傳的是二進位格式,在 Power Query 編輯器無法直接檢視,若仍想檢視原始內容,可以呼叫 Text.FromBinary 函數以呈現結果。手動修改圖 2.23「來源」步驟的 M 定義,可以測試如下的內容:

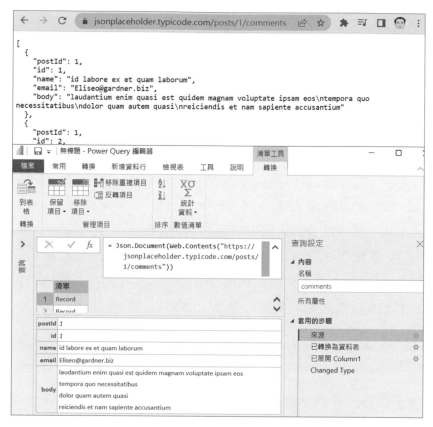

圖 2.23　解析透過 URL 網址傳回的 JSON 格式資料

圖 2.24　透過 Text.FromBinary 函數將其他函數回傳的二進位結果嘗試以文字格式呈現

一般若要測試在 Power Query 編輯器內看網頁內容，可以透過如上的技巧。

JSON 格式資料若是複雜的階層結構，就需要層層解開，選擇想要的欄位。在此，簡單利用 SQL Server 產生一對多的查詢結果，以 JSON 格式回傳階層結構：

```
select * from Northwind.dbo.Customers c join Northwind.dbo.Orders Orders
on c.CustomerID=Orders.CustomerID
where c.CustomerID in ('alfki','anatr')
for json auto
```

其結果約略如下：

```
[
  {
    "CustomerID": "ANATR",
    "CompanyName": "Ana Trujillo Emparedados y helados",
    "ContactName": "Ana Trujillo",
    "ContactTitle": "Owner",
    "Address": "Avda. de la Constitucion 2222",
    "City": "Mexico D.F.",
    "PostalCode": "05021",
    "Country": "Mexico",
    "Phone": "(5) 555-4729",
    "Fax": "(5) 555-3745",
    "Orders": [
      {
        "OrderID": 10308,
        "CustomerID": "ANATR",
        "EmployeeID": 7,
        "OrderDate": "1996-09-18T00:00:00",
        "RequiredDate": "1996-10-16T00:00:00",
        "ShippedDate": "1996-09-24T00:00:00",
        "ShipVia": 3,
...
      },
      {
        ...
```

```
      }
    ]
  },
  {
    "CustomerID": "ALFKI",
...
```

儲存成檔案後，透過 Power Query 編輯器解析，如圖 2.25 所示：

圖 2.25　在 Power Query 編輯器精靈自動展開 JSON 格式內的資料內容

當選擇來源是 JSON 檔案時，Power BI Desktop 會自動以「開啟」對話窗讓你選擇檔案，透過 M 語言的 Json.Document 函數回傳的內容是紀錄所成的「清單」：

```
= Json.Document(File.Contents("c:\temp\CustomerOrder.json"))
```

精靈完成的步驟，若自行手動完成，可透過主選單「轉換」內的第一個按鈕「到表格」，將「清單」轉成「表格」。依預設轉成表格後，透過「Column1」資料行右上角的「展開鍵」依欄位展開後，最右方會留有一欄「Orders」，其內紀錄包含「Record」物件所成的「List」。再度點選「Orders」資料行右上角的展開鍵，選取「展開至新資料列」選項，則每筆「List」內有幾筆「Record」，就自動重複之前的欄位內容，產生多筆紀錄。繼續點選新產生的「Orders」資料行右上角的展開鍵，再依欄位展開 JSON 成資料表，最後變更欄位的資料類型。

這連串地作業將階層式的 JSON 格式資料轉成關聯式的資料表，其背後的 M 語言定義如下：

```
let
    來源 = Json.Document(File.Contents("C:\temp\CustomerOrder.json")),
    已轉換為資料表 = Table.FromList(來源, Splitter.SplitByNothing(), null, null,
ExtraValues.Error),
    #"已展開 Column1" = Table.ExpandRecordColumn(已轉換為資料表, "Column1",
{"CustomerID", "CompanyName", "ContactName", "ContactTitle", "Address", "City",
"PostalCode", "Country", "Phone", "Fax", "Orders"}, {"CustomerID", "CompanyName",
"ContactName", "ContactTitle", "Address", "City", "PostalCode", "Country",
"Phone", "Fax", "Orders"}),
    #"已展開 Orders" = Table.ExpandListColumn(#"已展開 Column1", "Orders"),
    #"已展開 Orders1" = Table.ExpandRecordColumn(#"已展開 Orders", "Orders",
{"OrderID", "CustomerID", "EmployeeID", "OrderDate", "RequiredDate",
"ShippedDate", "ShipVia", "Freight", "ShipName", "ShipAddress", "ShipCity",
"ShipPostalCode", "ShipCountry"}, {"Orders.OrderID", "Orders.CustomerID",
"Orders.EmployeeID", "Orders.OrderDate", "Orders.RequiredDate",
"Orders.ShippedDate", "Orders.ShipVia", "Orders.Freight", "Orders.ShipName",
"Orders.ShipAddress", "Orders.ShipCity", "Orders.ShipPostalCode",
"Orders.ShipCountry"}),
```

```
    已變更類型 = Table.TransformColumnTypes(#"已展開 Orders1",{{"CustomerID", type
text}, {"CompanyName", type text}, {"ContactName", type text}, {"ContactTitle",
type text}, {"Address", type text}, {"City", type text}, {"PostalCode",
Int64.Type}, {"Country", type text}, {"Phone", type text}, {"Fax", type text},
{"Orders.OrderID", Int64.Type}, {"Orders.CustomerID", type text},
{"Orders.EmployeeID", Int64.Type}, {"Orders.OrderDate", type datetime},
{"Orders.RequiredDate", type datetime}, {"Orders.ShippedDate", type datetime},
{"Orders.ShipVia", Int64.Type}, {"Orders.Freight", type number},
{"Orders.ShipName", type text}, {"Orders.ShipAddress", type text},
{"Orders.ShipCity", type text}, {"Orders.ShipPostalCode", Int64.Type},
{"Orders.ShipCountry", type text}})
in
    已變更類型
```

Python

Power BI Desktop 支援 Python，但安裝程式未安裝 Python 執行環境，可以至如下的環境自行下載安裝：

```
https://www.python.org/downloads/
```

Windows 版本的執行環境預設是安裝在個人目錄下。

在此簡單參照與改編線上說明的範例：

```
https://learn.microsoft.com/zh-tw/power-bi/connect-data/desktop-python-in-
query-editor
```

接下來的 Python 腳本需要先安裝 pandas 程式庫，透過 Python 隨附的 pip.exe 工具程式（預設安裝在<使用者目錄>\AppData\Local\Programs\ Python\Python311\Scripts)

```
pip install pandas
```

圖 2.26　透過 pip 工具程式安裝 pandas 程式庫

線上說明沒說，但若環境中沒有安裝 matplotlib 程式庫，則須採用相同的方式安裝後，才能執行線上說明提供的範例。

完成上述安裝後，確認 Power BI Desktop 的「選項」內「Python 指令碼」設定有參照到 Python 執行環境：

圖 2.27　設定 Power BI Desktop 可以使用系統上已安裝的 Python 環境

接著進入到 Power Query 編輯器，透過「輸入資料」簡單建立兩個資料行的資料表，其中資料行 2 有缺損值（NA）的序列：

	資料行 1	資料行 2	+
1	1	1	
2	2	NA	
3	3	3	
4	4	NA	
5	5	5	
+			

圖 2.28　手動建立連續數列的資料表

完成資料表後，可以在「轉換」主選單內選擇「執行 Python 指令碼」功能，而後在「執行 Python 指令碼」對話窗輸入用 fillna 函數補所缺的值，如：

範例程式 2.1： 透過 pandas 程式庫的 DataFrame 提供之 fillna 方法以 backfill 方式（下一筆有效值）取代遺漏值

```
# 'dataset' 包含此指令碼的輸入資料
import pandas as pd
completedData = dataset.fillna(method='backfill', inplace=False)
dataset["completedValues"] = completedData["資料行 2"]
```

其輸入畫面如圖 2.29：

圖 2.29　輸入用來處理資料的 Python 指令碼

M 透過「Python.Execute」函數執行這段 Python 指令碼後，會傳回兩筆
紀錄，而「Value」欄位內分別放著處理前與處理後的資料集，可以點
選 Name 欄位值為 completedData 的紀錄，讓 Power Query 編輯器下一
步展開這個欄位值成為新的資料表傳回：

圖 2.30　展開 Python 指令碼傳回資料集所組織的紀錄，成為查詢接續要處理的資
料表

完成這個範例查詢後，可以滑鼠右鍵點選該查詢，並在快捷選單選擇「進階編輯器」，可得到整段嵌入 Python 指令碼的 M 腳本如下：

範例程式 2.2：嵌入 Python 語法的整段 M 腳本

```
let
    來源 =
Table.FromRows(Json.Document(Binary.Decompress(Binary.FromText("i45WMlTSAeJYnW
glIyDLzxHMNAYyjcEsE4SgKZBpqhQbCwA=", BinaryEncoding.Base64),
Compression.Deflate)), let _t = ((type nullable text) meta [Serialized.Text =
true]) in type table [#"資料行 1" = _t, #"資料行 2" = _t]),
    已變更類型 = Table.TransformColumnTypes(來源,{{"資料行 1", Int64.Type},{"資料行
2", type text}}),
    #"執行 Python 指令碼" = Python.Execute("# 'dataset' 包含此指令碼的輸入資料
#(lf)import pandas as pd#(lf)completedData = dataset.fillna(method='backfill',
inplace=False)#(lf)dataset[""completedValues""] =  completedData[""資料行
2""]#(lf)",[dataset=已變更類型]),
    completedData = #"執行 Python 指令碼"{[Name="completedData"]}[Value],
    已變更類型1 = Table.TransformColumnTypes(completedData,{{"資料行 1",
Int64.Type}, {"資料行 2", Int64.Type}})
in
    已變更類型1
```

關於 M 腳本語言的進一步說明，可以參照「第 3 章 M 語言」。各種不同資料來源的特性就說明到此，接下來簡述 Power Query 編輯器較常用的功能。

另外，提醒一點：微軟雲端 Power BI 服務支援 Python 和 R，但 Power BI Report Server 不支援。透過 Python 或 R 指令碼載入的資料無法在 Power BI Report Server 以「排程重新整理」定期更新資料，會發生錯誤。必須要手動在 Power BI Desktop「重新整理資料」後，再部署更新後的 pbix 檔案到 Power BI Report Server。

Power BI Desktop 也支援 R，R 語言與 Python 的設定與使用近似，若你熟悉的是 R 語言，可以比照本節辦理。

2.1.7 資料存取模式

當要設定 Mashup 引擎載入資料到 Power BI 的模型時,會因為模型採用的儲存模式而有不同的選擇。

匯入 / DirectQuery / 即時連接

當採用「匯入」資料模式時,Power BI Desktop 連接到資料來源並取回資料,而後將資料儲存到.pbix 檔案內;以「資料行存放區(column store)」的高度壓縮格式擺放,這些細節資料將隨著該 pbix 檔案散佈。

當要更新資料時,於 Power BI Desktop 選擇「常用」→「重新整理」選項,或是在 Power BI Report Server 伺服器或微軟雲端 Power BI 服務內定義更新資料的排程,這作業會重新從資料源載入新資料,產生 Power BI 模型資料。

對於特定的資料來源,可用「DirectQuery/即時連接」的存取方式直接連接到資料來源,在使用者開啟 Power BI 分析資料時,當下依照使用者互動分析的操作行為,產生資料源使用的資料語言到資料源查詢,例如:SQL Server 的 T-SQL、SQL Server Analysis Services 的 DAX,或 Oracle 的 PL-SQL。針對 SQL Server 等關聯式資料庫引擎的即時查詢稱為「DirectQuery」,而目標是 SQL Server Analysis Services 等資料模型時,則稱為「即時連接」[5]。

「DirectQuery/即時連接」的優點是除了分析資料源當下的最新資料外,也因為資料集不用載入到 Power BI 檔案內,所以能查詢超大資料

---

[5] 在撰寫本章時(2023/2),Power BI Desktop 雲端版本啟用預覽功能「適用於 PBI 資料集與 AS 的 DirectQuery」後,可透過 DirectQuery 的方式存取 Analysis Services 2022 版後的資料庫模型。DirectQuery 可混合不同的資料源,而「即時連接」僅能存取單一模型。

源（例如：來源資料表有數百 Gbytes，但「DirectQuery/即時連接」查詢彙總後可能只傳回幾 Kbytes，這能避免大量資料預先存放到 Power BI 所在的服務），還可以整合使用者的身分登入到資料源，讓資料源控管使用者可以查詢的內容。

連接到 SQL Server Analysis Services 的分析模型時，Power BI 可以僅用於報表互動分析/呈現，而不需要自行定義與建立模型。此種「即時連接」存取方式能以 Analysis Services 集中定義分析模型、控管安全、僅存放單一份分析資料，讓企業擁有集中、統一、受管理，提供稽核、安全存取的分析模型。

由於「DirectQuery/即時連接」是在 Power BI 呈現視覺效果的當下查詢資料源，因此資料源回傳資料集的效能會直接影響呈現分析結果的速度。另外，它有以下的限制：

- 目前（2023/01）地端所有資料表都必須來自單一資料庫，Azure 雲端可以採用「混合模式」，同時以來自匯入和 DirectQuery 查詢的資料表建立分析模型。

- 如果「Power Query 編輯器」查詢過於複雜，就會發生錯誤。若要修正錯誤，必須刪除 Power Query 編輯器有問題的步驟，或切換至匯入模式。SAP BW 之類的多維度來源無法使用 Power Query 編輯器。

- DirectQuery 中無法使用自動日期/時間階層。DirectQuery 模式不支援依年份、季、月或日向下鑽研日期資料行。

- 對於資料表或矩陣視覺效果，從 DirectQuery 來源傳回超過 500 筆數據列就有最多 125 個資料行的限制。如果必須在單一資料表或矩陣中包含超過 125 個資料行，可考慮建立使用 MIN、MAX、FIRST 或 LAST 的量值（measure），減少回傳的紀錄數。

■ 可以從 DirectQuery 模式切換為匯入模式，無法從匯入變更為 DirectQuery 模式。無法切換的主因是匯入模式提供很多 DirectQuery 不支援的 DAX 函數。透過多維度（multidimensional）來源的 DirectQuery 模型，例如 SAP BW，無法從 DirectQuery 切換到匯入模式，因為外部量值有不同的處理方式。

■ 「計算資料表（calculated table）」和「計算資料行（calculated column）」不支援從單一登入（SSO）驗證之 DirectQuery 資料表。

■ 根據預設，量值中允許的 DAX 運算式會有所限制。

■ 使用 DirectQuery 傳回資料時，預設限制為 1 百萬筆資料列。

此外，DirectQuery 支援的資料來源有限，節錄如下：

■ Azure 資料總管

■ Azure SQL Database

■ Azure Synapse

■ Impala

■ SAP HANA

■ SAP BW

■ SAP BW 訊息伺服器

■ Snowflake

■ Spark

■ SQL Server

■ Teradata

在此僅列出常用到的，由於 Power BI 進步快速，若想確認完整列表可以參考以下網址：

```
https://learn.microsoft.com/zh-tw/power-bi/connect-data/power-bi-data-sources
```

接下來利用不同的資料源，示範採用「DirectQuery/即時連接」時提供的功能差異，圖 2.31、32、33 與 34 分別呈現地/雲版本存取 SQL Server 和 Analysis Services 的差異。首先是透過地端版的 Power BI Desktop 以 DirectQuery 模式存取 SQL Server：

圖 2.31　地端 Power BI 透過 DirectQuery 模式存取 SQL Server 資料源時，仍可以定義 Power BI 所使用的表格模型

經由「DirectQuery」模式存取 SQL Server 資料庫時，仍可以自行設計模型的「關聯性」。但是，不存放資料表的資料在 Power BI 檔案內，所以圖 2.31 左方僅少掉「資料」頁籤。

微軟雲端 Power BI 服務的分析模型支援「複合模型」，所以模型一開始若採用「DirectQuery」載入資料，其設計界面維持純粹的 DirectQuery 模式，就如同圖 2.31 少掉「資料」頁籤。但可以將資料表從「DirectQuery」

模式切換成「匯入」模式，或是模型再加入資料表時，採用「匯入」模式，則模型自動轉換成「複合模型」後，變成可以檢視「資料」頁籤。

圖 2.32　微軟雲端 Power BI 服務支援「複合模型」，可以同時採用「載入」和「DirectQuery」模式擷取資料

地端的 Power BI Desktop/Power BI Report Server 透過「即時連接」模式存取 SQL Server Analysis Services，僅能提供互動分析，無法整合 Analysis Services 與其他的資料源：

圖 2.33　地端 Power BI Desktop 以「即時連接」模式存取 SQL Server Analysis Services 僅能提供互動分析

從圖 2.33 可以看到上方以「即時連接」模式存取 SQL Server Analysis Services 時，因為資料與模型都來自 Analysis Services，所以最左方的「模型」頁籤僅能呈現模型資訊，但不能修改。且上方工具列「取得資料」區域選項也不能載入新的資料。無法定義新的計算欄位、階層或隱藏欄位/資料表。

雲版的 Power BI 模型以「即時連接」模式存取 SQL Server Analysis Services 後，依然可以新增。

而經由「DirectQuery」模式存取 Analysis Services 資料庫時，透過 Power BI 內建的本機模型（相對於放在 Analysis Services 上的遠端模型）可以自行設計不同來源的資料表間「關聯性」。但不存放資料在 Power BI 檔案內，所以圖 2.34 左方僅少掉「資料」頁籤。

圖 2.34　微軟雲端 Power BI 模型可以整合多個 Analysis Services 資料庫模型

複合模型與雙重模式

當載入資料到模型的儲存模式同時具備「DirectQuery」和「匯入（Import）」或「雙重（Dual）」時，稱為「複合模型（Composite model）」，至今（2023/02）仍只有雲版的 Power BI Desktop/微軟雲端 Power BI 服務支援「複合模型」。

若模型中有大的量值資料表，需要採用「DirectQuery」模式，但同時有不常變更，資料量也不大的量值資料表，採用「匯入」模式以使用完整功能與保障效能。這時，兩個量值資料表都需要參照的共用維度資料表可採用「雙重」模式。

簡單以範例說明，先在來源的北風資料庫建立一個維度資料表 dimCountry：

範例程式 2.3：建立共享的維度資料表

```
use northwind

drop table if exists dimCountry

create table dimCountry(pk int identity primary key,
Country nvarchar(50),
City nvarchar(50))

insert dimCountry(Country,City) select country,city from customers union select
ShipCountry,ShipCity from Orders

select * from dimCountry
```

將 Customers 資料表以「匯入」模式載入，Orders 資料表以「DirectQuery」模式載入，當作數值資料，而後分別以「匯入」、「DirectQuery」模式（兩次）載入先前建立的 dimCountry 維度資料表。

選擇一個以「DirectQuery」載入的 dimCountry 資料表,在右方「屬性」視窗展開最下方的「進階」區塊,從「儲存模式」下拉選單選擇「雙重」,設定完畢後,原來資料表上方以一條藍色粗線標示「DirectQuery」模式,改成以粗線段標示「雙重」模式。

圖 2.35　將 DirectQuery 模式的資料表改為雙重模式

整個模型如圖 2.36 所示：

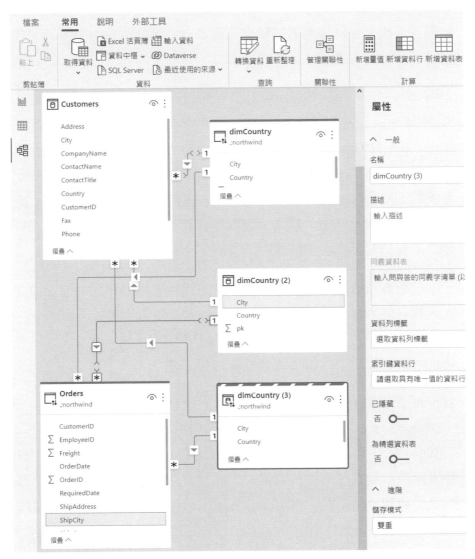

圖 2.36 透過「雙重」儲存模式避免「有限關聯性」

在此模型中，不管是 dimCountry(DirectQuery) 關連到 Customers（匯入），或是 dimCountry(2)（匯入）關連到 Orders（匯入），其代表關聯的那條線兩端都以小括號標示，代表「有限關聯性（limited relationship）」。因為「DirectQuery」模式在存取模型的當下，會到資料源查詢當時的資料，而「匯入」模式則是在更新模型時，將所有的資料載入到模型。以這兩者關聯來查詢資料，因為資料內容有時間差，連結查詢可能會有遺漏。

以圖 2.36 而言，dimCountry(2) 資料表可能每天凌晨處理時，更新國家與城市，當透過 dimCountry(2) 過濾時，可能當下回到資料源查詢 Orders(DirectQuery) 資料表，Orders 資料表已經更新了許多資料，導致 Orders 資料表的 ShipCity 和 ShipCountry 欄位已經與 dimCountry(2) 資料表的 City 和 Country 欄位內容不合，這時報表若透過 Country 篩選資料，可能會有不一致的結果。而兩個資料表透過 City 與 ShipCity 欄位建立的關聯就以「有限關聯性」提醒。

若維度和數值資料表，或是倆倆關聯的資料表同屬相同的儲存模式，在查詢資料時不會有上述問題。因為若都是「匯入」模式，則所有的資料都是更新模型時那一刻的資料。若都採用「DirectQuery」模式，則查詢時都回到資料源，以當下的資料關聯並回傳。

當一個維度資料表要同時關聯兩種不同模式的數值資料表時，單選「DirectQuery」或「匯入」其中一種模式都會造成跟某個資料表形成「有限關聯性」。若如圖 2.36 將 dimCountry(3) 改成「雙重」模式，則該資料表同時具備處理時的快取資料（載入），也可以在查詢時搭配其他資料表一起組 Join 查詢（DirectQuery），回到資料源查詢當下整體的資料。

2.2 組織資料

取得資料來源後，往往需要進一步整理內容，以貼近製作報表的需求，例如：需要將代碼轉換為可讀性高的類別名稱，或是分割包含多個值的

欄位。為此，Power BI Desktop 提供「Power Query 編輯器（就是 Excel 的 Power Query）」來組織資料，可增減欄位、更名、排序、取代資料內容、轉換型態、合併資料、樞紐資料行、轉置、反轉資料列、分割資料行、擷取、剖析、群組彙總、執行 R 或 Python 語法...等作業。

開啟「查詢編輯器」的方式如圖 2.37，於 Power BI Desktop「常用」功能區點選「編輯查詢」，即能叫出編輯器視窗：

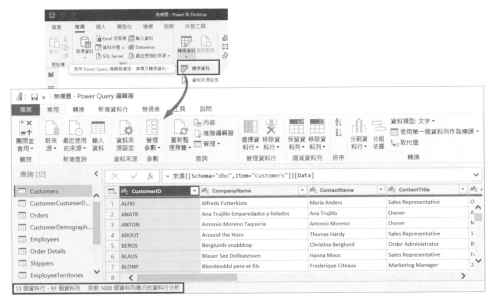

圖 2.37　在 Power BI Desktop 的初始介面開啟「Power Query 編輯器」

在編輯器內僅是呈現可供視覺化編寫 M 語言的部分紀錄，預設不會從資料來源載入全部資料到編輯器，因此在最下方的狀態列可以看到該查詢僅取回前 1000 筆資料列，當作範例以方便編輯。點選左下方訊息列上的「依前 1000 個資料列進行的資料行分析」，從下拉選單選擇「根據整個資料表進行的資料行分析」，則改成載入全部的紀錄。

由於編輯器的功能種類繁多，以下將分小節說明上方選單的四大功能區：「常用」、「轉換」、「新增資料行」以及「檢視表」。

2.2.1 常用

「常用」功能區多數為快速選單，摘要自其他功能區，集結常用的功能於此。為避免重複說明，僅擷取常用且不重複出現的項目，圖 2.38 呈現的並非原始的完整選單：

圖 2.38　查詢編輯器的「常用」功能區內的常用功能

查詢

「查詢」用於重新整理與管理資料表。包含表 2.1 所列之子功能：

表 2.1　「查詢」功能選單

項目	子項目	說明
重新整理預覽（Refresh Preview）	重新整理預覽	重新整理目前查詢的預覽結果
	全部重新整理	重新整理所有查詢的預覽結果
	取消重新整理	取消重新整理查詢結果預覽
內容（Properties）		修改目前查詢的名稱與描述
進階編輯器（Advanced Editor）		開啟「進階編輯器」視窗，並修改目前查詢的語法
管理（Manage）	刪除	刪除目前查詢
	重複	建立與目前查詢相同的新查詢，不受來源查詢影響
	參考	建立參考目前查詢的新查詢，會被來源查詢影響。當來源資料表異動，參考資料表將跟著變動。

其中，針對各個查詢的「內容」設定會影響視覺效果以及重新整理資料，如圖 2.39 所示，點選左方「Orders」查詢後，再點選主選單「常用」的「內容」選項，可在「查詢屬性」視窗修改：

圖 2.39　透過「內容」選項叫出的「查詢屬性」對話窗

除了定義查詢「名稱」和「描述」外，若不勾選「啟用載入至報告」，該查詢所得的資料也就不載入進模型。若該查詢曾經載入過模型，而後再取消「啟用載入至報告」，會導致表格模型內對應的資料表被移除，而所有使用到該資料表的視覺效果也跟著中斷連接。

此功能可用於該查詢僅是中介運算，最終不需要存放到模型。而停用「包含報表內的重新整理」，會讓 Power BI Desktop 視窗中的「重新整理」或透過 mashup 引擎排程更新時，排除此查詢，使得經該查詢所得的資料無法更新[6]。

---

[6]　若有大型資料集無法透過微軟雲端 Power BI 才提供的「累加式重新整理（Incremental refresh）」更新，自行分割只更新部分資料，可以停用「包含報表內的重新整理」的方式，讓歷史的資料區段不耗資源更新。

管理資料行

「管理資料行」包含四個子功能，如表 2.2，後三種的主要目的都是讓查詢結果僅保留必要資料行，避免過多無用的資訊占用空間與拖慢重新整理的效率。而「前往資料行」在欄位數量很多時，可以跳至指定欄位查看內容。

表 2.2 「管理資料行」功能選單

項目	子項目	說明
選擇資料行（Choose Columns）	前往資料行	凸顯想要查看的特定資料行
	選擇資料行	勾選要保留在目前資料表的資料行
移除資料行（Remove Columns）	移除資料行	於預覽中選取要從目前資料表移除的資料行
	移除其他資料行	於預覽中選取要從目前資料表保留的資料行

縮減資料列

「縮減資料列」的意義與「管理資料行」相同，差別是對「列」調整。如表 2.3 所示，保留或移除資料列的情境有 11 種之多。

表 2.3 「縮減資料列」功能選單

項目	子項目	說明
保留資料列（Keep Rows）	保留頂端資料列	輸入要保留的前 N 筆資料列
	保留底端資料列	輸入要保留的後 N 筆資料列
	保留資料列範圍	輸入從特定資料列開始，要保留的 N 筆資料列
	保留重複項目	保留目前選取資料行中，包含重複值的資料列
	保留錯誤	保留目前選取資料行中，包含錯誤的資料列

項目	子項目	說明
移除資料列 （Remove Rows）	移除頂端資料列	輸入要移除的前 N 筆資料列
	移除底端資料列	輸入要移除的後 N 筆資料列
	隔列移除資料列	輸入從特定資料列開始，要移除的資料列數目及要保留的資料列數目
	移除重複項目	移除目前選取資料行中，包含重複值的資料列
	移除空白資料列	移除目前資料表中，所有空白（非 null）的資料列
	移除錯誤	移除目前選取資料行中，包含錯誤的資料列

「保留/移除資料列」的行為近似篩選資料列，要小心的是其採用刪除相對紀錄，例如在查詢當下的前 N 或後 N 筆，隨著時間變化，可能資料源傳回的資料順序不同，或資料內容不同，可能篩選到不正確的前 N 或後 N 筆紀錄內容。此外，若資料超過千筆，可能也很難看到效果。

簡單示範如下，先利用 T-SQL 語法產生一萬筆紀錄，若是 SQL Server 2022 後版本，可以透過 generate_series 函數：

```
select * from GENERATE_SERIES(1, 10000)
```

之前的版本可以透過 CTE：

```
with t(c1)
as
(
    select * from (values(0),(1),(2),(3),(4),(5),(6),(7),(8),(9)) t(c1)
)
select row_number() over(order by t.c1) from t,t t2,t t3,t t4
```

在 Power Query 編輯器透過「新來源」→「SQL Server」選項叫出「SQL Server 資料庫」對話窗後，展開「進階選項」，在「SQL 陳述式（選擇

性，需要資料庫）」窗格輸入上述 T-SQL 語法，按下右下角「確定」按鈕後，進入 Power Query 編輯器。

利用「縮減資料列」→「移除底端資料列」選項刪除紀錄，其步驟如圖 2.40 所示：

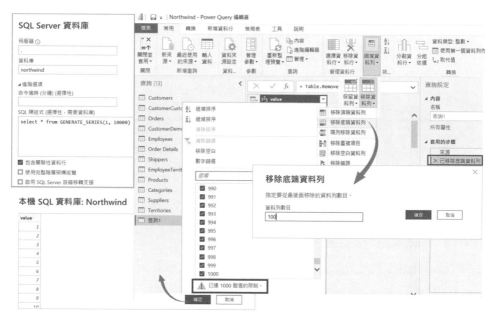

圖 2.40　資料源的資料超過 1 千筆紀錄，不易檢視移除底端資料列的效果

從圖 2.40 可以看到雖然刪了底端資料列，但因為資料有一萬筆，所以從 Power Query 編輯器看不到刪除紀錄的效果。

而刪除資料列和篩選資料列都能讓符合條件的紀錄不載入表格模型，所以效果相同。若「縮減資料列」所提供的功能不足以刪除多餘紀錄，可透過各資料行首右方的向下箭頭小圖示展開下拉選單，設定對紀錄的篩選條件。

此外，較為特殊的是選擇保留或移除發生錯誤的資料列。當資料有問題時，通常會交由資訊人員協助排除，此時「保留錯誤」，便可以表列包

含錯誤的資料清單，供資訊單位處理；而「移除錯誤」則對於一般使用者在不影響報表設計的前提下，提供了暫時排除問題的方法。

在此利用「輸入資料」產生測試資料，並透過「新增資料行」→「自訂資料行」選項，以除法呈現雖有問題，但不被視為錯誤的「NaN」（0除以 0）和「infinity」（0 以外任意數除以 0），以及資料類型轉換成整數失敗造成的錯誤（圖 2.41「資料行 2」輸入 abc 的紀錄），而後測試「保留錯誤」和「移除錯誤」：

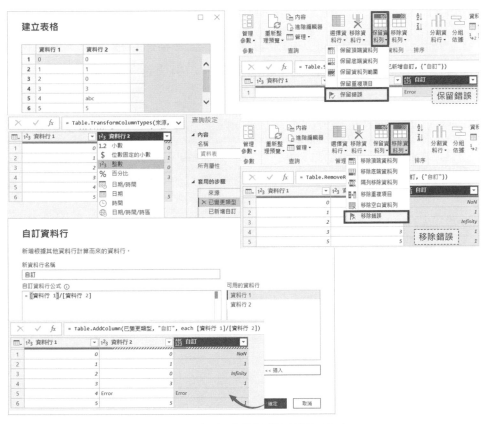

圖 2.41　保留或移除錯誤的資料列

排序

「排序」即變更資料列順序,可選擇遞增或遞減方式排列。

表 2.4 「排序」功能選單

項目	說明
遞增排序(Sort Ascending)	依目前選取資料行的內容,排序最低到最高
遞減排序(Sort Descending)	依目前選取資料行的內容,排序最高到最低

合併

「合併」是相當實用的功能,用於將多個表格組合成一個,依組合方式與類型分為「合併查詢」、「附加查詢」與「合併檔案」。

表 2.5 「合併」功能選單

項目	子項目	說明
合併查詢 (Merge Queries)	合併查詢	將目前的查詢與檔案中的其他查詢合併
	將查詢合併為新查詢	將目前的查詢與檔案中的其他查詢合併,以建立新的查詢
附加查詢 (Append Queries)	附加查詢	將目前的查詢附加到檔案中的其他查詢
	將查詢附加為新查詢	將目前的查詢附加到檔案中的其他查詢,以建立新的查詢
合併檔案 (Combine Files)		將指定資料行中的所有檔案,合併成單一資料表

以下分別說明最常使用的兩種合併功能：

■ **合併查詢**

如同 SQL 中的「Join」語法。對資料表點擊「合併查詢」，接著在「合併」對話窗指定要合併的對象，並選取「聯結種類」與「聯結資料行」，即會依聯結方式判定資料傳回結果。預設會以「結構化資料行」的形式傳回，只需點選欄位右上角的「展開」圖示，便能呈現完整合併效果。

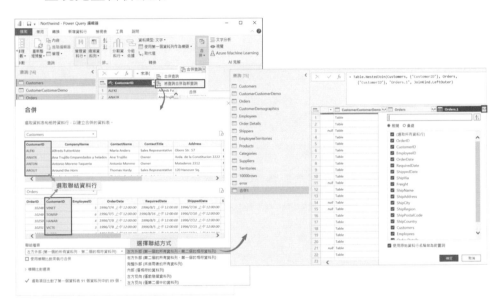

圖 2.42　合併查詢

簡單比較圖 2.42 下方，「聯結種類」下拉選單中各選項的差異。以兩個表格，各一個資料行，資料行內僅有兩筆紀錄為例：

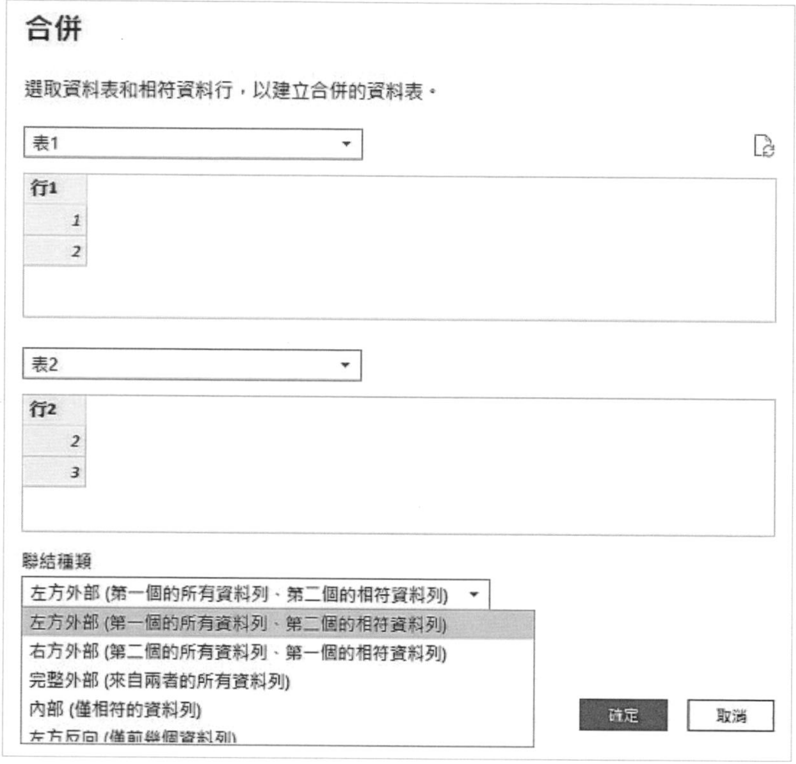

圖 2.43　比較來自兩個表格的紀錄依照聯結種類之選擇，可能留下的不同結果

合併查詢提供六種聯結種類，其個別之差異說明如表 2.6：

表 2.6　合併查詢的聯結種類

聯結種類	說明
左方外部（第一個的所有資料列，第二個的相符資料列）（Left Outer）	僅列出第一張表符合條件的部分 條件：第一張表與第二張表相符的資料列 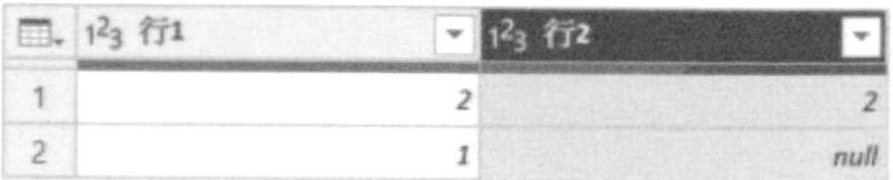

	行1	行2
1	2	2
2	1	null

聯結種類	說明
右方外部（第二個的所有資料列，第一個的相符資料列）（Right Outer）	僅列出第二張表符合條件的部分 條件：第二張表與第一張表相符的資料列
完整外部（來自兩者的所有資料列）（Full Outer）	兩者的所有資料列，沒有對應紀錄的欄位就為空
內部（僅相符的資料列）（Inner）	僅兩個資料表都有的資料列
左方反向（僅前幾筆資料列）（Left Anti）	僅存在於第一張表的資料列
左方[7]反向（僅第二個中的資料列）（Right Anti）	僅存在於第二張表的資料列

若兩方聯結欄位的值不盡相同，但希望取得一致的結果。以圖 2.44 為例，最左方資料源的「近似」欄位可能是讓使用者開放式輸入資料的結果，有許多敲錯的城市名稱。希望全部歸為最右方正確的結果，可以採用「模糊比對」。

---

[7] 「合併」功能所採用的 M 語言函數（JoinKind.RightAnti）與英文選項用得是 Right，不知中文翻譯為何是「左方反向」。

圖 2.44　聯結採用模糊比對

在圖 2.44 勾選「使用模糊比對來執行合併」選項後，可以展開下方「模糊合併選項」，其定義如表 2.7 所示：

表 2.7　模糊合併提供的選項

選項	預設值	值域	說明
相似性閾值	0.8	介於 0 到 1	另用相似分數決定兩方的字或詞是否視為相同。1 代表要完全相同。
忽略大小寫	真	真或假	是否忽略大小寫
透過合併文字部分來比對	真	真或假	是否忽略空白符號，將兩個字合併成一個字來比對
相符項目數目上限	2147483647	介於 0 到 2147483647	最多回傳幾筆符合的紀錄
轉換資料表	無	選擇一個回傳資料表的查詢	在模糊比對前，先將特定的值轉成另一個值。例如將 MT 轉成 MentorTrust。在這個用於轉換資料表的查詢需要有兩個文字類型欄位，名稱分別為「From」和「To」，依上例，有筆紀錄在 From 資料行內是 MT，在 To 資料行內是 MentorTrust。

模糊合併實際上是呼叫 M 語言函數 Table.FuzzyNestedJoin，它有更多的選項，但在如圖 2.44 的使用者介面上並未提供，若你想要使用其他的選項，可以參考如下的網址：

```
https://learn.microsoft.com/zh-tw/powerquery-m/table-fuzzynestedjoin
```

然而，雖然 Table.FuzzyNestedJoin 函數有「Culture」選項，但似乎仍無法模糊比對中文。

圖 2.44 裡，位於上方中間定義了一個「轉換對照表」查詢，並於最底端的設定指定該對照表，讓 New York 市的縮寫 NY 直接轉換成 New York，或是將輸入的「北市」轉成「台北市」，左方表格的這兩筆紀錄若不先經由中間的轉換資料表取代值，將無法與右方的紀錄聯結，存放最終結果的「cityName」資料行會是 NULL。

圖 2.45　經過轉換與模糊比對後，取代為一致的結果

完成聯結後，圖 2.45 展開「原始近似表」資料行，取得聯結後的欄位，可以看到中文無法模糊比對（最下方的「北市」是經由轉換對照表改成「台北市」）。

■ 附加查詢

與 SQL 查詢的「union all」語法概念相似，會將選取的資料表附加組合，如圖 2.46，選取資料表並點擊「附加查詢」，接著在附加對話窗指定要附加的資料表，即可產生附加結果。

圖 2.46　附加查詢

若兩個資料表相同欄名的資料類型相同，自然沿用該資料類型。但若兩邊型別不同，則附加後的欄位自動切換成任意型別。

當附加資料表的資料行名稱皆不相同時，仍然可以進行附加作業，資料表會擴增新的欄位。

圖 2.47　資料行不同之附加結果

2.2.2 轉換

「轉換」功能區是編纂資料最重要也最複雜的部分，大部分整理資料的工作都會在這個功能區進行。

圖 2.48　查詢編輯器的「轉換」功能區

接下來依圖 2.48 各大區塊分項說明。

表格

「表格」包含之項目如下：

表 2.8　「表格」功能選單

項目	子項目	說明
分組依據 （Group By）		根據目前所選資料行中的值，將資料表的資料列分組
使用第一個資料列作為標頭 （Use 1st as Headers）	使用第一個資料列作為標頭	將目前資料表的第一筆資料列升階成資料行標頭
	以標頭作為第一列	將目前資料表的標頭降階到第一列
轉置 （Transpose）		轉置目前的資料表，將資料列視為資料行；資料行視為資料列
反轉資料列 （Reverse Rows）		反轉資料表的資料列，使最後一筆資料列成為第一列
計算列數 （Count Rows）		傳回目前資料表的列數。可將傳回結果轉換為表格或清單。

以下透過範例來說明常用的項目：

■ 分組依據

能依照指定欄位進行群組彙總，效果與 SQL 語法的「Group by」子句相似。使用方式如圖 2.49，在點選「分組依據」功能後，接著於對話窗指定群組資料行、彙總後的資料行名稱、彙總作業方式與要彙總計算的欄位，即能呈現群組結果。另外，亦可於對話窗的「進階」選項，指定多個群組資料行或彙總資料行。

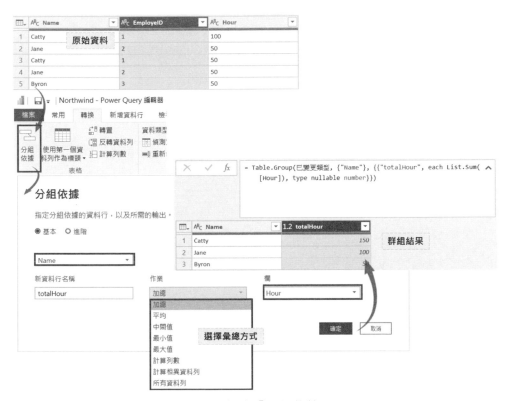

圖 2.49　設定「分組依據」

圖 2.49 的「分組依據」對話窗預設採「基本」模式，只會有一組「群組」和「彙總」欄位。點選上方的「進階」選項，下方會出現「加入群組」和「加入彙總」按鈕，這可以分別新增多個「群組」和「彙總」欄位。

■ 使用第一個資料列作為標頭 / 以標頭做為第一列

通常 Power BI Desktop 載入資料時，會偵測前兩筆資料列的型態，若明顯不同，則會自動升階為標頭。但並不精準，這時就可以利用此功能自行升階或降階第一筆紀錄成為欄名與否，如圖 2.50 所示：

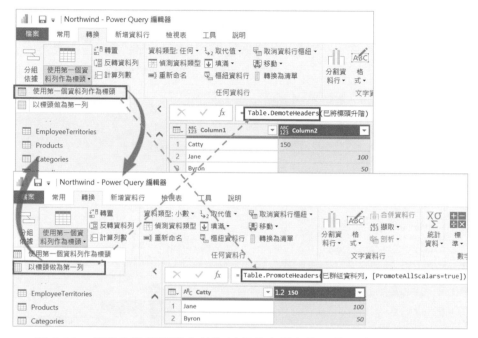

圖 2.50　標頭升階與降階定義資料行的名稱與第一筆紀錄內容為何

透過 M 資料編輯列可以看到實際是呼叫 Table.PromoteHeaders 函數，將第一筆紀錄內容當作欄位名稱，或是以 Table.DemoteHeaders 函數，將欄位名稱當作第一筆紀錄，然後以 ColumnN 重新命名，其中大寫斜體的 N 是順序數字。

■ 轉置

會將整張表的資料行轉為資料列，形成如圖 2.51 之結果。

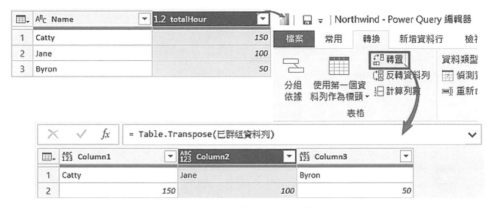

圖 2.51　轉置表格內容

任何資料行

表示可對任意資料行進行包含表 2.9 之轉換。

表 2.9　「任何資料行」功能選單

項目	子項目	說明
資料類型 （Data Type）		變更所選資料行的資料類型
偵測資料類型 （Detect Data Type）		自動偵測目前所選資料行的資料類型
重新命名 （Rename）		變更目前所選資料行的名稱
取代值 （Replace Values）	取代值	以指定的新值取代目前所選資料行中現有的值
	取代錯誤	以指定的值取代目前所選資料行的所有錯誤
填滿 （Fill）	向下	將資料值向下填滿到鄰近的 null 資料格
	向上	將資料值向上填滿到鄰近的 null 資料格

項目	子項目	說明
樞紐資料行 （Pivot Column）		使用目前所選取欄位中的名稱建立新的資料行。不支援巢狀資料行的資料表
取消樞紐資料行 （Unpivot Columns）	取消資料行樞紐	除了以取消選取的資料行外，將所有內容轉譯為成對的「屬性/值」
	取消其他資料行樞紐	將除了選取的資料行以外的所有內容，轉譯為成對的「屬性/值」
	只取消所選資料行的樞紐	將選取的資料行，轉譯為成對的「屬性/值」
移動 （Move）	左方	將選取的資料行向左移
	右方	將選取的資料行向右移
	到開頭	將選取的資料行移至資料表開頭
	到結尾	將選取的資料行移至資料表結尾
轉換為清單 （Convert to List）		將目前選取的資料行，轉換為清單

針對表 2.9 的幾個重要轉換項目，分述如下：

■ **資料類型**

當資料載入 Power BI Desktop 時，會嘗試將來源資料行的資料類型，轉成利於計算和有效率儲存的資料類型。例如，從 Excel 匯入的資料行值沒有小數，Power BI Desktop 會將整個資料行轉成較適合的「整數」資料類型。

雖然多數情況會自動轉換，但並不精確，像是日期的型態，經常會被判定為「文字」，而使得套用 M 語言函數；或後續在資料模型中使用 DAX 函數時，無法正常運作。因此，為資料行選擇正確的資料類型是重要步驟。

「資料類型」的選項種類與每個資料行首左方代表設定資料型別之圖示對應,如圖 2.52 所示:

圖 2.52　資料類型在「常用」或「轉換」主選單與資料行首左方所提供的快捷下拉選單對照

除了在「查詢編輯器」轉換資料類型外,於「資料檢視」或「報表檢視」的「模型」功能區也可以進行,但資料類型改採「表格式模型/DAX 語言」所定義的資料型別,未包含此處「Mashup 引擎/M 語言」所提供的「日期/時間/時區」與「持續時間」類型。各資料類型的特性,詳見表 2.10:

表 2.10　資料類型說明

資料類型	說明
小數 (Decimal Number)	代表 64 位元浮點數,是最常見的數字類型,可以處理 -1.79E +308 到 -2.23E -308 的負值、0,以及 2.23E -308 到 1.79E + 308 的正值。例如,34、34.01 和 34.000367063 等數字都是有效的十進位數字。 雖然其設計是為了處理帶小數值的數字,但也可以處理整數。可以表示的最大值長度 15 位數。小數分隔符號可出現在數字中的任何位置

資料類型	說明
位數固定的小數 （Fixed Decimal）	小數分隔符號的位置固定。在分隔符號右邊一律為 4 位數，總長可達 19 位數。它可以表示的最大值為 922,337,203,685,477.5807（正值或負值）。與 SQL Server 的 Decimal(19,4) 或 Power Pivot 中的「貨幣」類型相對應
整數 （Whole Number）	代表 64 位元整數值。由於是整數，因此右邊沒有小數位數。最長允許 19 位數，其介於 -9,223,372,036,854,775,808 (-2^{63}) 到 9,223,372,036,854,775,807 (2^{63-1}) 之間的正整數或負整數
百分比 （Percentage）	能將數值資料行變更為百分比顯示
日期/時間 （Date/Time）	代表日期和時間值，支援介於 1900 到 9999 年之間的日期。基本上，「日期/時間」值會儲存為「小數」類型。因此，實際上可以在這兩種類型之間進行轉換。日期的時間部分會儲存為 1/300 秒（3.33 毫秒）的倍數
日期 （Date）	只代表日期（沒有時間部分）。轉換成模型時，「日期」等同於小數值為零的「日期/時間」值
時間 （Time）	只代表時間（沒有日期部分）。轉換成模型時，「時間」值等同於小數位數左邊沒有位數的「日期/時間」值
日期/時間/時區 （Date/Time/Timezone）	代表 UTC 日期/時間。當載入模型時，會轉換成「日期/時間」
持續時間 （Duration）	代表時間長度。當載入模型時，會轉換成「小數」類型。以「小數」類型表示時，可從「日期/時間」欄位進行加減以得到正確的結果
文字 （Text）	Unicode 資料字串。可以是字串或數字，或以文字格式表示的日期。最大字串長度為 268,435,456 個 Unicode 字元（2.56 億個字元）或 536,870,912 個位元組
True/False	True 或 False 的布林值
二進位 （Binary）	二進位類型之資料行

■ 填滿

僅會針對「空（Null）」資料格，「向下」或「向上」填入鄰近的
紀錄值，如圖 2.53 所示：

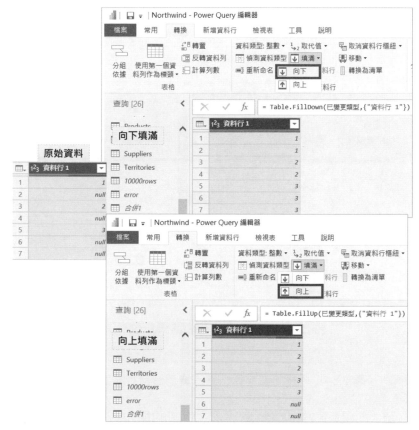

圖 2.53　「向下」或「向上」填入相鄰的紀錄值

■ 樞紐 / 取消樞紐資料行

用於轉置資料行。使用方式如圖 2.54，選取欲轉置之欄位並點選「樞
紐資料行」，接著於「樞紐資料行」對話窗格，選擇轉置資料行的
值來源以及彙總方式（包含：計數（全部）、計數（非空白）、最
小值、最大值、中間值、平均、加總、不要彙總。）後，即可將產
品類型的資料值翻轉為新的資料行。

若要取消樞紐，需分別選取欲轉回的欄位，再點擊「取消資料行樞紐」，此時會將選取的欄位名稱變為「屬性」值，資料格則成為「值」欄位。

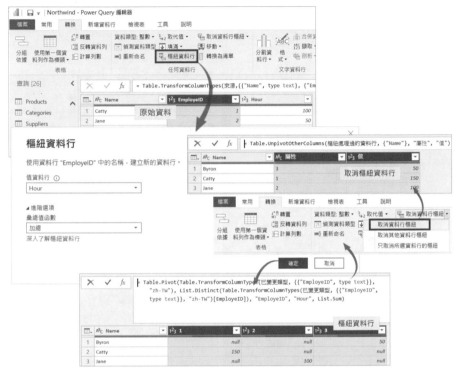

圖 2.54　「樞紐資料行」與「取消資料行樞紐」之功能差異

圖 2.54 最下方複選欄名為 1、2、3 的欄位，而後點選「取消資料行樞紐」，則轉換後變成「屬性」欄位放原來的欄名，而「值」欄位放中間資料格的內容，自動排除所有的 null 值。

若單選「Name」欄位，而後點選「取消其他資料行樞紐」，其產生的 M 語法相同，都用 Table.UnpivotOtherColumns 函數，只是「取消資料行樞紐」傳入未被選到的欄位進函數，而「取消其他資料行樞紐」則是傳入選到的欄位名稱當函數的參數。「只取消所選資料行的樞紐」的操作方式與「取消資料行樞紐」選項相同，但呼叫的是 Table. Unpivot 函數，放入複選的欄位名稱。

文字資料行

用於「文字」資料類型的資料行轉換，包含表 2.11 之功能：

表 2.11　「文字資料行」功能選單

項目	子項目	說明
分割資料行（Split Column）	依分隔符號	根據指定的分隔符號，分割所選資料行的值
	依字元數	將所選資料行的值，分割成指定長度的片段
	依位置	根據指定的分割位置，例如 0,2,5，代表原先的資料行會被分割成三個新的資料行，分別是從原資料紀錄的第 0、2、5 個字元起始（M 語言的索引起始值是 0）。
	依小寫到大寫	根據原字串從小寫字母轉換到大寫字母的位置分割資料行
	依大寫到小寫	根據原字串從大寫字母轉換到小寫字母的位置分割資料行
	依數字到非數字	根據原字串從數字轉換到非數字的位置分割資料行
	依非數字到數字	根據原字串從非數字轉換到數字的位置分割資料行
合併資料行（Merge Columns）		串連目前選取的資料行，合併為一個資料行
格式（Format）	小寫	將所選資料行的所有字母轉換為小寫
	大寫	將所選資料行的所有字母轉換為大寫
	每個單字大寫	所選資料行中，將每個單字的第一個字母轉換為大寫
	修剪	所選資料行中，移除每個資料值開頭和結尾的空白字元
	清除	所選資料行中，移除不可列印的字元
	新增首碼	所選資料行中，將指定的字元加入每個值的開頭
	新增尾碼	所選資料行中，將指定的字元加入每個值的結尾

項目	子項目	說明
擷取 （Extract）	長度	傳回資料行中文字的長度
	前幾個字元	自資料行值之開頭傳回指定字元數
	後幾個字元	自資料行值之結尾傳回指定字元數
	範圍	從指定的索引開始，自資料行值傳回指定字元數
	分隔符號前的文字	傳回分隔符號前出現的文字
	分隔符號後的文字	傳回分隔符號後出現的文字
	分隔符號之間的文字	傳回兩個分隔符號間出現的文字
剖析 （Parse）		從 XML 或 JSON 格式的文字擷取資料列與資料行

以實例說明常用的文字資料行轉換功能：

■ **分割資料行**

如圖 2.55 所呈現，當匯入的資料行包含多個值時，可運用「分隔符號」、指定之「字元數」或依「位置」（一般也稱之為依資料欄寬）進行切割，並能夠將分割結果以新資料行或資料列之方式呈現。除了預設的分隔符號外，亦可選用自訂的特殊字元來分割。

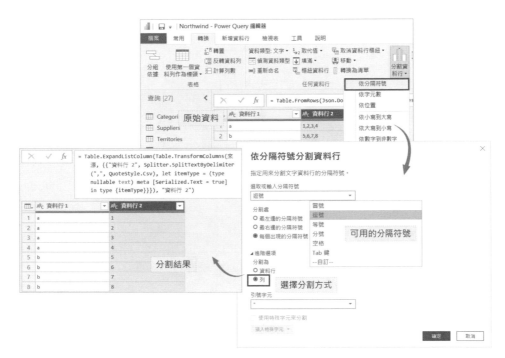

圖 2.55　透過符號分割資料行

若圖 2.55 中，「選取或輸入分隔符號」下拉選單中，預設的常用分隔符號非你所需，可以選擇「--自訂--」選項，複製貼上自訂的分隔符號，或在 M 語言的 Splitter.SplitTextByDelimiter 函數以 "#(Unicode 碼)" 格式指定，如圖 2.56 所示：

圖 2.56　複製貼上自訂的分隔符號，或在 Splitter.SplitTextByDelimiter 函數以
"#(Unicode 碼)" 格式指定

圖 2.56 中以 M 語言定義從清單轉表格的兩筆紀錄：

```
= Table.FromList({"A#(0006)B","#(0006)"})
```

其中 "#(0006)" 代表 Unicode 編碼 6 的字元，藉此分隔 A 和 B 字串。
用介面操作時，可以「複製」第二筆紀錄，此為單純從 "#(0006)" 定
義的字元。而後在「依分隔符號分割資料行」對話窗貼上，用以指
定分隔符號為 Unicode 編碼 6 的字元。

若資料行要以特定的欄寬裁切，可選擇「分割資料行」→「依位置」
選項，如圖 2.57 所示：

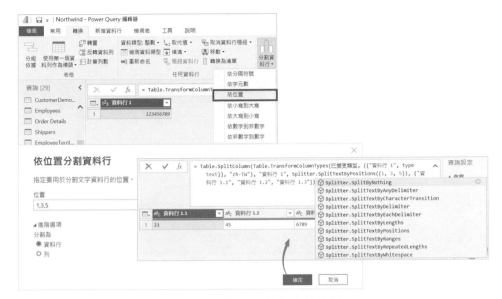

圖 2.57　指定分割字串的位置

從圖 2.57 可以看到「分割資料行」其實是在呼叫 M 函數 Splitter 其下的多種功能,「依位置」呼叫 Splitter.SplitTextByPositions 函數。此範例中,傳遞清單{1,3,5},導致資料切分成三個資料行,起始位置分別在原字串的第 2、4、6 個字。

■ **格式**

在格式提供的功能項目中,「修剪」是特別值得注意的。當資料的開頭或結尾存有空白字元,往往會影響比對資料的結果。如圖 2.58 的範例,為了更清楚呈現,新增了一個條件資料行,用來判斷第一欄是否等於「PBI」。前兩筆資料分別在開頭與結尾各加入空白字元,因此條件不成立,顯示為「null」。接著使用「修剪」功能,去掉原字串開頭或結尾的空白,再次判斷條件,即顯示全數符合之結果。

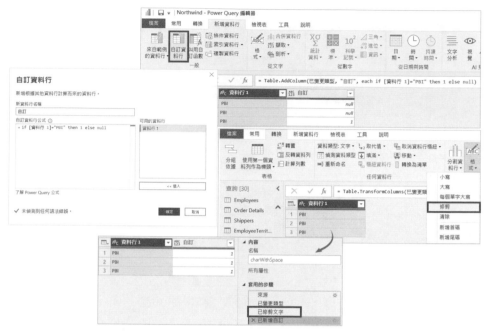

圖 2.58　修剪字串前後的空白字元

因為是清掉空白，可以看到介面是以 **Text.Trim** 來移除文字前後的空白。其語法如下：

```
= Table.TransformColumns(已變更類型,{{"資料行 1", Text.Trim, type text}})
```

而介面未提供，實際 M 還可以選擇 TrimEnd 或 TrimStart，僅清除結尾或開頭的空白字元。

數字資料行

用於「數值」資料類型的資料行轉換，包含表 2.12 之功能。由於轉換方式單純，便不再以範例贅述使用方式。

表 2.12　「數字資料行」功能選單

項目	子項目	說明
統計資料 （Statistics）	加總	傳回所選資料行中，所有值的加總
	最小值	傳回所選資料行中，所有值的最小值
	最大值	傳回所選資料行中，所有值的最大值
	中間值	傳回所選資料行中，所有值的中間值
	平均值	傳回所選資料行中，所有值的平均值
	標準差	傳回所選資料行中，所有值的標準差
	計數值	傳回所選資料行中，非 null 值的數目
	計數相異值	傳回所選資料行中，相異且非 null 值的數目
標準 （Standard）	加	將指定值新增至所選資料行中的每個數字
	減	將所選資料行中的每個數字，減去指定值
	乘	將所選資料行中的每個數字，乘上指定值
	除	將所選資料行中的每個數字，除以指定值
	整除	將所選資料行中的每個數字，整除指定值
	模數	計算將所選資料行中的每個數字，除以指定值後的餘數
	百分比	計算所選資料行中，值的指定百分比
	下列項目的百分比	計算所選資料行中，作為指定值百分比的值
科學記號 （Scientific）	絕對值	傳回所選資料行中，數字的絕對值
	乘冪	平方：傳回所選資料行中，數字的平方 立方：傳回所選資料行中，數字的立方 乘冪：傳回所選資料行中，數字的指定乘冪
	平方根	傳回所選資料行中，數字的平方根
	指數	傳回所選資料行中，數字的指數
	對數	以 10 為底數：傳回所選資料行中，數字以 10 為底數的對數 自然對數：傳回所選資料行中，數字的自然對數
	階乘	傳回所選資料行中，數字的階乘

項目	子項目	說明
三角 （Trigonometry）	正弦值	傳回所選資料行中，數字的正弦值
	餘弦值	傳回所選資料行中，數字的餘弦值
	正切值	傳回所選資料行中，數字的正切值
	反正弦值	傳回所選資料行中，數字的反正弦值
	反餘弦值	傳回所選資料行中，數字的反餘弦值
	反正切值	傳回所選資料行中，數字的反正切值
進位 （Rounding）	向上四捨五入	將所選資料行的數字四捨五入為下一個整數
	向下四捨五入	將所選資料行的數字四捨五入為前一個整數
	捨入	將所選資料行的數字捨入為指定的小數位數
資訊 （Information）	是奇數	傳回所選資料行中的數字是否為奇數
	是偶數	傳回所選資料行中的數字是否為偶數
	符號	傳回所選資料行中，數字的正負號。

日期與時間資料行

用於「日期/時間」資料類型的資料行轉換，包含表 2.13 之功能。轉換方式單純，亦不以範例贅述使用方式。

表 2.13 「日期與時間資料行」功能選單

項目	子項目	說明
日期 （Date）	存留期	目前當地時間與所選資料行值之間的持續時間
	僅限日期	從所選資料行值擷取日期
	剖析	所選資料行中，剖析文字所得日期值
	年	年：從所選資料行值擷取年 年初：所選資料行值對應的當年第一日 年底：所選資料行值對應的當年最後一日

項目	子項目	說明
	月	月：從所選資料行值擷取月 月初：所選資料行值對應的當月第一日 月底：所選資料行值對應的當月最後一日 月中日數：所選資料行值，對應的當月日數 月份名稱：對應到所選資料行值的月份名稱
	季	年中的季度：所選資料行值對應的季度 季初：所選資料行值對應的季初 季末：所選資料行值對應的季末
	週	年終的週：所選資料行值對應的當年第幾週 月中的週：所選資料行值對應的當月第幾週 一週開始：所選資料行值對應的一週開始日 一週結束：所選資料行值對應的一週結束日
	日	日：從所選資料行值擷取日 週中的日：所選資料行值對應的星期 年中的日：所選資料行值對應的當年第幾日 一日開始：所選資料行值對應的當日開始時間 一日結束：所選資料行值對應的當日結束時間 星期幾名稱：對應到所選資料行值的星期名稱
	合併日期與時間	將選取的資料行合併為一個新的資料行，並包含所選資料行中的日期與時間資料
	最早	所選資料行中，最早的日期值
	最新	所選資料行中，最新的日期值
時間（Time）	僅限時間	從所選資料行值擷取時間
	當地時間	將所選資料行值變更為當地時間
	剖析	所選資料行中，剖析文字所得時間值
	小時	小時：所選資料行值對應的小時 開始小時：對應到所選資料行值的開始小時 結束小時：對應到所選資料行值的結束小時

項目	子項目	說明
	分鐘	所選資料行值對應的分鐘
	秒	所選資料行值對應的秒
	合併日期與時間	將選取的資料行合併為一個新的資料行，並包含所選資料行中的日期與時間資料
	最早	所選資料行中，最早的時間值
	最新	所選資料行中，最新的時間值
持續時間（Duration）	日	所選資料行中，每個持續時間值對應的日
	時	所選資料行中，每個持續時間值對應的時
	分	所選資料行中，每個持續時間值對應的分
	秒	所選資料行中，每個持續時間值對應的秒
	總年數	所選資料行中，每個持續時間值對應的總年數
	總天數	所選資料行中，每個持續時間值對應的總天數
	總時數	所選資料行中，每個持續時間值對應的總時數
	總分鐘數	所選資料行中，每個持續時間值對應的總分鐘數
	總秒數	所選資料行中，每個持續時間值對應的總秒數
	乘	將所選資料行中的每個持續時間乘以指定值
	除	將所選資料行中的每個持續時間除以指定值
	統計資料	加總：所選資料行中，所有工期值的加總 最小值：所選資料行中，所有工期值的最小值 最大值：所選資料行中，所有工期值的最大值 中間值：所選資料行中，所有工期值的中間值 平均：所選資料行中，所有工期值的平均

結構化資料行

結構化資料行意指包含巢狀資料的資料行，如前述說明合併功能時，被合併的資料行即是以結構化形式呈現。針對這類資料行可進行的操作請見表 2.14。

表 2.14 「結構化資料行」功能選單

項目	說明
展開（Expand）	升階包含資料表、清單或記錄等巢狀資料的資料行，成為最上層資料表中的新資料行和資料列
彙總（Aggregate）	摘要列出巢狀資料結構中的值，以便顯示平均值、最小值、最大值、計數和其他資訊
擷取值（Extract Values）	使用指定的分隔符號，將所選資料行中每個清單的值合併為單一文字值，以擷取值

指令碼

要撰寫與開發 R/Python 指令碼一般須具備 R/Python 的整合開發工具，並於 Power BI 環境設定中指定相關目錄。其指令碼本身內容博大，需多本專書，故不在本書討論範圍，請參考其他線上資源或書籍。

表 2.15 「指令碼」功能選單

項目	說明
執行 R 指令碼	使用 R 執行轉換及形成步驟。系統必須先安裝 R，完成在 Power BI Desktop 的設定，才能新增 R 指令碼
執行 Python 指令瑪	使用 Python 執行轉換及形成步驟。系統必須先安裝 Python，完成在 Power BI Desktop 的設定，才能新增 Python 指令碼

2.2.3 新增資料行

「新增資料行」功能區的主要用途即為新增資料欄位，可運用既有欄位來轉換為新的資料行。

圖 2.59 查詢編輯器的「新增資料行」功能區

一般

一般新增資料行的方式，如表 2.16 所列：

表 2.16　視覺效果屬性說明

項目	子項目	說明
來自範例的資料行（Column From Examples）	來自所有資料行	使用範例在目前資料表建立新的資料行
	來自選取項目	使用範例與目前的選取範圍，在目前資料表建立新的資料行
自訂資料行（Custom Column）		根據自訂的 M 公式，在目前資料表建立新的資料行。關於 M 語言可參考：https://learn.microsoft.com/zh-tw/power-bi/create-reports/desktop-add-custom-column
叫用自訂函數（Invoke Custom Function）		叫用在檔案中，為目前資料表每筆資料列所定義的自訂函數
條件資料行（Conditional Column）		建立新資料行，並根據條件將目前選取之資料行值加入其中
索引資料行（Index Column）		使用以 0/1/自訂值開頭的索引，建立新的資料行
複製資料行（Duplicate Column）		複製目前選取資料行中的值，建立新的資料行

若擅長 M 語言，可以透過「自訂資料行」的對話窗直接撰寫 M，以產生新的資料行。反之，「來自範例的資料行」是個有趣的功能，可以讓你逐筆編寫紀錄，一直到過程中自行評估學習產生的 M 語言符合所需要的新資料行內容，換句話說，Power Query 編輯器會嘗試持續學習，並修正先前所產出的 M 語言，如圖 2.60 所示：

圖 2.60　透過持續學習使用者修改範例資料行的內容，產生處理資料的 M 語言

圖 2.60 範例中，一開始先複選 CustomerID、ContactName、ContactTitle
資料行，若我們希望最終的結果公式如下：

```
[CustomerID]: [ContactTitle] /取[ContactName]空白字元前的人名
```

但不知如何撰寫 M 語言，以這三個資料行的內容產出新資料行。所以
選擇「來自範例資料行」→「來自選取項目」。

首先滑鼠雙擊可編寫的資料行內某一個格子，根據已選擇來源資料行的內容，預設會提供可操作的資料值，選擇範例中第二筆紀錄的 ANATR 值，就代表要[CustomerID]欄位。按下 Enter 鍵後，接著在 ANATR 字串後手動輸入「: Owner」再按 Enter 鍵，這時會產生結合[CustomerID]: [ContactTitle]的結果。

但輸入「/Ana」字串後造成 Power Query 編輯器的誤解，以為是每一筆紀錄都需要加入該字串。這時，編寫下一筆範例資料，將「ANTON: Owner/Ana」改寫成「ANTON: Owner /Antonio」，Power Query 編輯器經由使用者改寫第二筆紀錄，了解到你要的是每筆紀錄[ContactName]欄位中的名字。也就自動重新修改所對應的每一筆範例值。若這就是所要的結果，可以按下上方的「確定」鍵，最終得到如圖 2.61 的 M 語言與新增的自訂資料行：

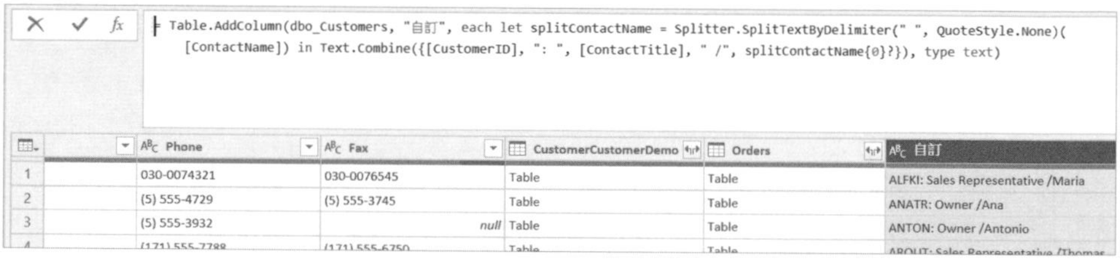

圖 2.61 「來自範例的資料行」最終以所習得的 M 語言產生新的資料行

從文字 / 從數字 / 從日期與時間

與「轉換」小節的文字資料行、數字資料行以及日期/時間資料行的使用方式相同，差別在於「轉換」是針對所選取的資料行進行；而「新增資料行」會將傳回結果建立為新的資料行，故不再重複說明。

AI 見解

使用「AI 見解（AI Insights）」來存取預先定型的機器學習模型集合，此功能需具備 Power BI Premium。

表 2.17 「AI 見解」功能選單

項目	子項目	說明
文字分析 （Text Analytics）	語言偵測 （Language Detection）	針對欄位評估文字，傳回語言名稱和 ISO 識別碼。用於判讀未知語言之任意文字的資料行。
	關鍵片語擷取 （Key Phrase Extraction）	針對文字欄位評估非結構化文字，傳回關鍵片語清單。可選擇性指定文化特性資訊。
	情感分析 （Sentiment Analysis）	評估每份文件的情感分數，範圍從 0（負面）到 1（正面）。可用於偵測在社交媒體、客戶評論和討論區論壇...等的正/負面評價。
視覺 （Vision）		根據超過兩千個可辨識物體、生物、景象及動作，傳回標記。當標記模稜兩可或不是常識時，輸出會提供「提示」，以釐清標記在已知設定前後關聯中的意涵。
Azure Machine Learning		存取 Azure Machine Learning 工作區內自行開發的模型

當有一段段文字需要判讀是英文、中文...等語系，擷取關鍵詞，分析含有讚美還是責罵的情感等，可以透過上述的文字分析功能。以 Northwind 範例資料庫的 Notes 欄位為例，透過「文字分析」的「關鍵片語擷取」功能，取出各筆紀錄每段 Notes 文字的關鍵字：

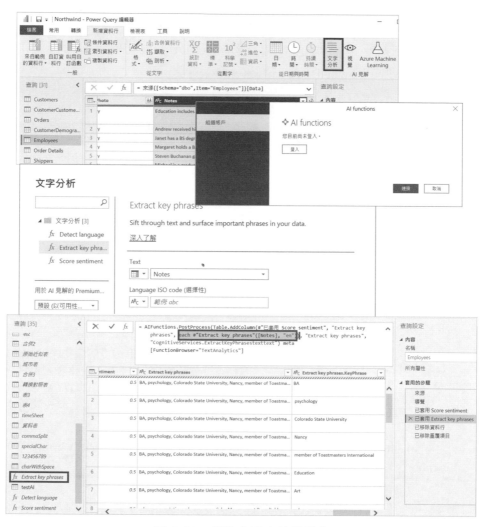

圖 2.62 擷取文章中的關鍵字

由於「關鍵片語擷取」功能靠的是 Azure 上的 Machine Learning 模型，需要 Power BI Premium 才得以使用，因此不能僅憑 Power BI Desktop 所附的 Mashup 引擎完成，要先登入微軟雲端 Power BI 服務，確認身分後要稍等一段時間，待 Machine Learning 模型回傳可用的功能後，讓 Power Query 編輯器自動包裝成 M 函數，並套用指定的欄位呼叫該函數，再等一段時間待 Machine Learning 模型回傳處理結果。

若沒有 Power BI Premium，則雖然登入了微軟雲端 Power BI 服務，仍無法使用相關功能，如圖 2.63 所示：

圖 2.63　需要登入微軟雲端 Power BI 服務才能使用「AI 見解」相關功能

有 Power BI Premium 且第一次使用「AI 見解」相關功能，因為要傳遞企業內部資料到外部的服務，會先詢問隱私權等級，可以跳過檢查，或是告知引用的資料是可以「公用」的。

另外簡單示範「AI 見解」的「視覺」功能，簡單以三筆紀錄指向微軟 Power BI 說明網頁內的三張圖片，而後以「視覺」功能呼叫 Azure 上對

應的 Machine Learning 模型，讓其回傳對圖形的說明，再透過 Power BI 報表同時呈現圖形和說明：

圖 2.64　以「視覺」功能標記圖片內容

與「AI 見解」相關功能可以參照以下網址：https://learn.microsoft.com/zh-tw/power-bi/transform-model/desktop-ai-insights。網頁上似乎沒有說明「關鍵片語擷取」或「情感分析」是否支援中文，但撰寫本章時（2023/02），據我們的測試無法支援中文。

2.2.4　檢視表

「檢視表」功能區大多是切換 Power Query 編輯器內各窗格呈現語法，如圖 2.65 所示：

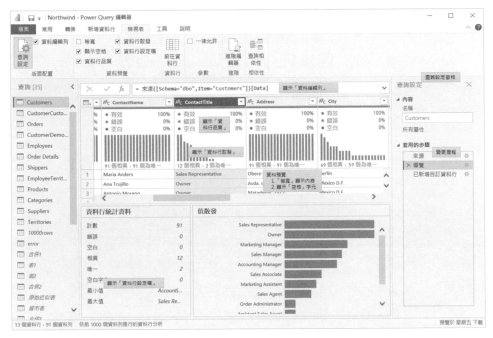

圖 2.65　Power Query 編輯器的「檢視表」功能區

「檢視表」功能區的左上方，「查詢設定」選項可以切換「查詢設定」窗格的出現與否，其顯示「查詢編輯器」記錄個別資料表從資料取得、合併、轉換、新增，或使用其他前述功能的過程中，所有的執行步驟。若不小心按下「查詢設定」區塊右上方的「X」圖示；隱藏「查詢設定」窗格，可以透過此選項重新叫出。

當使用 Power BI Desktop 的「Power Query 編輯器」，或 Power BI 服務上的資料集，點選「重新整理」時，系統都會循序進行「查詢設定」窗格之「套用的步驟」中的所有變更。也就是說，每次重新連接到資料來源，都將依初次指定的過程來組織資料。

這些步驟的次序應避免任意變更或刪除，以防發生非預期之錯誤。例如：將「導覽」步驟刪除，其後的步驟找不到相對應的資料欄位，會造成如圖 2.66 的錯誤。

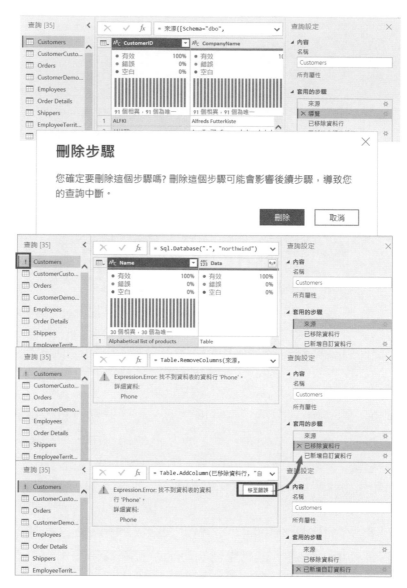

圖 2.66　查詢編輯器的步驟錯誤訊息

當「查詢」的最終結果是錯誤時，在左方「查詢」區域該查詢的前方會出現小的三角形警示圖案。可以在右方的「查詢設定」區域中「套用的步驟」窗格內點選每一步驟，若該步驟有錯誤而無法執行，會直接在中

間預覽資料的區域呈現錯誤訊息。若該步驟不是直接導致錯誤，而是前方步驟造成的錯誤，可以點選右上方「移至錯誤」按鈕。如圖 2.66 中，點選「套用的步驟」窗格內之「已新增自訂資料行」步驟，因為「已移除資料行」步驟就已經出錯，所以出現了「移至錯誤」按鈕，點選該按鈕就會切換到「已移除資料行」步驟。

以 Power Query 編輯器互動產生的每個步驟，都會在上方「資料編輯列」顯示 Mashup 引擎的 M 語法。換句話說，在查詢編輯器中，所有編纂資料的動作最終是以一句句連續的 M 語言來執行。若要查看完整步驟的語法，可點選「進階編輯器」，其顯示所有的變更歷程。如熟悉 M 語言，也可直接利用進階編輯器來操作。

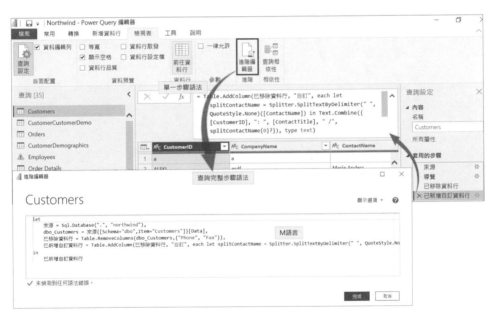

圖 2.67　「資料編輯列」與「進階編輯器」

圖 2.67 下方「進階編輯器」對話窗呈現的就是「套用的步驟」中各個步驟所對應的 M 語言，是 Power Query 編輯器依照我們操作介面功能，一一對應產生出來的。

若同一台機器要在兩個檔案間複製查詢，可直接滑鼠右鍵點選某個「查詢」後，快捷選單選擇「複製」，而後在另一個檔案的 Power Query 編輯器之「查詢」區塊內，滑鼠右鍵選擇「貼上」，即可複製以 M 語言為基礎的查詢定義。

若要與其他人分享，可以直接複製並共享給其他人如圖 2.67 的 M 語法，接受者可以直接貼上後再修改查詢成為自己可用的，如圖 2.68 所示：

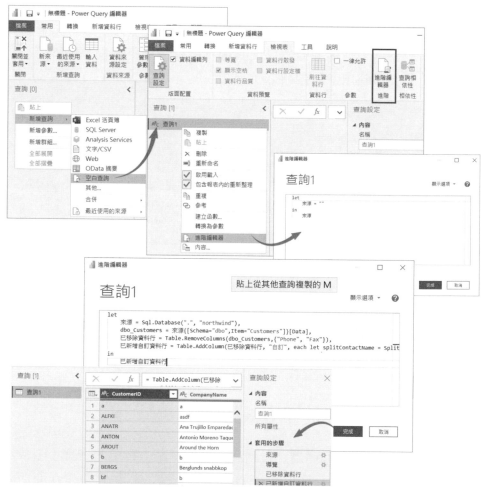

圖 2.68　透過「進階編輯器」複製/貼上整段 M 語言

除了整理資料外，若想要檢視 Mashup 引擎實際作業的內容與耗時，可以透過「工具」選單，以找出更新資料時，可能的效能瓶頸點。

關於 Power Query 編輯器就介紹到此，其內使用的 Mashup 引擎所提供之 M 語言可以參考下一章。了解 M 語言後再回頭看本章，應會有不同的操作方式。例如，先以互動方式產出大概的 M 語言框架後，再進一步修改以完成複雜的商業需求。

M 語言

Mashup 引擎是微軟提供的資料整合引擎，用以操作資料，針對各種資料來源執行解譯、切割、組合、擷取、過濾、排序、彙總、取代、計算…等。運行在微軟雲端 Power BI 服務／企業內 Power BI Report Server/Power BI Desktop、SQL Server Analysis Services、Excel… 等產品內，其使用的查詢語言稱為 M（也稱為 Power Query Formula Language）。

一般使用者藉由友善的「查詢編輯器（Power Query Editor）」介面產生 M 語言，交由 Mashup 引擎整合各種服務（資料源）的資料，將乾淨、正確、一致、合需求的資料集傳給 Tabular 模型引擎進一步分析。

與一般 ETL（Extract Transform Load）平台不同的是 M 僅查詢，將結果批次載入到 Tabular 模型，不對資料源做增／刪／修的細緻變更，目的為 Tabular 模型或其他特定的目的端，例如：微軟雲端 Power BI Services 提供的 Datamarts。換句話說，不像 SQL Server Integration Services（SSIS）可以對來源、目的任一端執行 SQL 語法、呼叫 API、整合工具程式，乃至於執行.NET…等其他程式語言，能夠更新任何類型的目的地。

當下這個時間點，Mashup 引擎是為 Power BI/Analysis Services 或 Microsoft Fabric 平台量身打造，不像 ETL/SSIS 是廣用的資料整合平台，可整合任何資料源到任何資料目的（例如目的地是 SQL Server、Oracle、Teradata 等資料倉儲）。

另一個差異是：Mashup 引擎是針對各種服務的解析與查詢，不像當下一般 ETL 平台仍是以關聯式資料庫為主。如圖 3.1，在選擇資料源時，可以看到 Mashup 引擎提供了很多異質服務，不管是 Salesforce、Google Analytics、GitHub…等，Mashup 引擎需要各自解釋其存取協定、認證方式與資料結構：

圖 3.1　Mashup 引擎提供多種服務的資料解析能力

圖 3.1 中，部分資料源需要以 Power BI Desktop 互動式登入存取，特別是認證程序需要其他裝置；除了帳號/密碼外，當下須以不同管道（如手機）交換資訊的流程，採多因子驗證，這無法透過服務（如 SQL Server Analysis Services、Power BI Report Server...等）在背景更新資料。

相較於圖 3.1 中 Mashup 引擎支援的多種「線上服務」，SSIS 等 ETL 平台以批次背景存取關聯式資料庫為主，會較為強調 ODBC、OLE DB、ADO.NET 等共通存取介面。

3.1 M 語言概論

M 語言是 functional language，並不像一般的程式語言（如 C#、Java、Visual Basic）或腳本語言（如 JavaScript、Python、PowerShell、SQL），而是與表格式模型（Tabular Model）採用的 DAX（Data Analysis Expressions）語言相近。處理邏輯流程時，是層層呼叫函數，而不似一般程式語言有明確的 class/struct、switch/if then else、for/while/foreach、try/catch 區塊，但 M 仍有特殊寫法可以滿足近似的需求。此外，可以建立副函數，但無法結構化地建立類別。

透過 Power BI Desktop、Microsoft Fabric 的 dataflow 編輯器，或 SSDT 的「查詢編輯器（Query Editor）」可以編寫 Mashup 引擎的查詢語言（M），包含函數、參數、變數、運算式和值。

基本的 M 查詢語法以 let 開頭執行計算，in 結尾回傳資料結構。先簡單地透過 M 傳回單一值：

```
let
in
"Hello M"
```

範例中 M 查詢沒有執行任何計算,僅直接回傳字串 "Hello M",若要回傳後文所說明的複雜結構也可以。

透過以下方式練習:「Power Query 編輯器」的「檢視表」主選單勾選「資料編輯列」,好在編輯環境內直接撰寫 M。接著在「常用」主選單內,從「新來源」下拉選擇「空白查詢」,而後在上方的 M 編輯列鍵入上述 M 範例:

圖 3.2 建立「空白查詢」並透過 M「資料編輯列」練習

透過「Power Query 編輯器」的「常用」選單內之「關閉並套用」按鈕；下拉選擇「套用」，將資料傳回 Power BI 的表格模型，可以得到一個資料行一筆紀錄的資料表，如圖 3.3 所示：

圖 3.3　簡單的 M 查詢並傳回資料結果給 Power BI 的表格式模型

一般的 M 查詢應用範例如下：

```
let
    變數名稱 = 運算式 ,
    #"變數 名稱" = 運算式 2
in
    變數名稱
```

其規則如下：

■ 以 let 關鍵字起始，接下來是一連串的查詢公式步驟。每一步驟用變數開頭，也可視為步驟名稱。變數若有特殊字元，例如空白（上

述範例的變數就是「變數 名稱」），可以 # 宣告，並以雙引號括起來，例如「#"step 1"」。

- M 語言大小寫有別

- 步驟與步驟間可以變數名稱參照，並用逗號分隔步驟

- 透過 in 關鍵字結束並回傳，通常是回傳最後一句運算式的變數結果，但並非必要，可以回傳任何一步的執行結果

套用上述基本規則的 M 查詢如下：

```
let
    Hello = Text.Upper("hello m"),
    #"1table" = #table(1, {{Hello}})
in
    #"1table"
```

範例中有兩個變數：Hello 和 1table，因為 1table 變數用數字開頭，必須要以「#"變數"」的格式宣告。Hello 變數存放著經由 Text.Upper 函數處理過的全大寫 "HELLO M" 字串，再透過「#table(欄位數,{清單})」宣告，將字串所形成的「串列」轉成「資料表」，而「清單」本身就需要以大括號 {} 表示，所以範例中出現雙層的大括號。

#table 預設以「Column 順序數字」當作資料表欄位名稱，這個資料表會放入 #"1table" 變數。以 in 關鍵字傳回 #"1table" 變數結果。

透過「Power Query 編輯器」檢視這段 M 查詢，會自動切分變數成為獨立的步驟，如圖 3.4 所示：

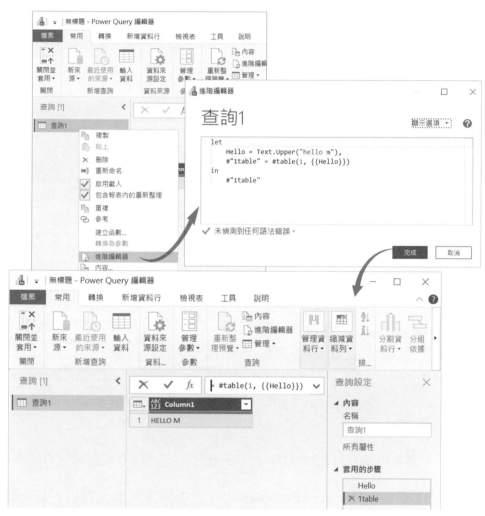

圖 3.4　Power Query 編輯器呈現兩步驟與兩個變數的 M 查詢

在此，簡單地以一步步的方式，回顧透過「Power Query 編輯器」型塑 M 語言的過程，除了單純地操作功能外，也加入手動撰寫並修改 M 查詢的內容：

開啟 Power BI Desktop，點選「常用」中的「編輯查詢」按鈕，叫出「Power Query 編輯器」。如圖 3.5 所示：

圖 3.5　直接在 Power Query 編輯器建立空白查詢，以編寫 M 語言

滑鼠右鍵點選「Power Query 編輯器」左方的「查詢」區域，於快捷選單中選擇「新增查詢」→「空白查詢」選項。在左方「查詢」區域會新增一個名為「查詢 1」的空白查詢。

若未曾設定要呈現編輯 M 查詢的「資料編輯列」，可以在「Power Query 編輯器」點選「檢視表」主選單，並勾選其內的「資料編輯列」選項。

當「Power Query 編輯器」內尚未有任何查詢時,這個選項會是灰色不可設定。

在呈現資料細節上方的「資料編輯列」輸入以下的 M 查詢,手動建立測試用的資料:

```
= Table.FromRecords({
    [UserID = 1, FullName="Catty Huang"],
    [UserID = 2, FullName="Jane Kang"],
    [UserID = 3, FullName="Byron Hu"]})
```

在此範例查詢中,直接透過中括號 [] 定義「紀錄」,紀錄以如下形式撰寫:

```
[欄位 1 名稱=值, 欄位 2 名稱=值,…]
```

兩筆紀錄的中括號間以逗號分隔,再以大括號 {} 括起來形成「清單」,最後以 Table.FromRecords 函數將「清單」內容轉成「表格」。

按下 Enter 鍵,或滑鼠點選「資料編輯列」外的任何地方,讓「Power Query 編輯器」執行上述 M 語法,產生出資料表。

繼續透過「Power Query 編輯器」編輯前述已經建立的資料表,點選「FullName」欄位,並選擇「依分隔符號」後,再透過「資料編輯列」,分別將編輯器產生出「依分隔符號分割資料行」和「已變更類型」兩步驟內,自動命名的「FullName.1」和「FullName.2」欄位名稱手動修改為「FirstName」和「LastName」:

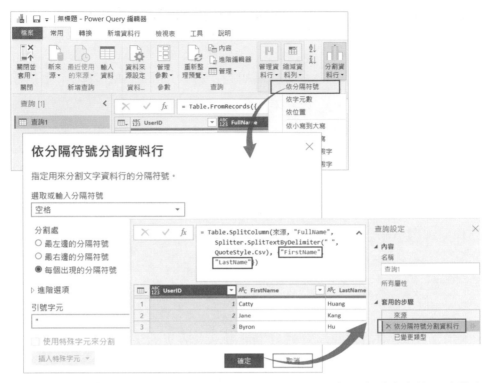

圖 3.6　透過「資料編輯列」手動編寫 Power Query 編輯器自動產出的 M 查詢各步驟語法

最後，點選「常用」選單「查詢」區塊的「進階編輯器」按鈕，透過「進階編輯器」可以看到操作「Power Query 編輯器」產生數個步驟後，整體的 M 語言如下：

範例程式 3.1：手動編寫 M 建立資料表

```
let
    來源 = Table.FromRecords({
    [UserID = 1, FullName="Catty Huang"],
    [UserID = 2, FullName="Jane Kang"],
    [UserID = 3, FullName="Byron Hu"]}),
    依分隔符號分割資料行 = Table.SplitColumn(來源, "FullName", Splitter.
    SplitTextByDelimiter(" ", QuoteStyle.Csv), {"FirstName", "LastName"}),
    已變更類型 = Table.TransformColumnTypes(依分隔符號分割資料行,{{"FirstName", type
    text}, {"LastName", type text}})
```

```
in
已變更類型
```

粗體字標示著 Power Query 編輯器自動加入的 M 語言。在此範例中的語法解釋如下：

- 來源：此變數存放先前手動輸入；透過 Table.FromRecords 函數將字串所描述的紀錄清單轉成之「表格」物件

- 兩行語法間依逗號分隔

- 依分隔符號分割資料行：此變數存放原表格的 UserId 欄位外，加上 Table.SplitColumn 函數以空白符號切割[1]「來源」表格之 "FullName" 欄位，並放入新的欄位，其欄位名稱分別為 "FirstName" 和 "LastName"

- 已變更類型：此變數存放 Table.TransformColumnTypes 函數處理「依分隔符號分割資料行」變數內之表格；轉換各資料行資料型別後的結果

- in 已變更類型：回傳「已變更類型」變數的內容

3.1.1　巢狀查詢

如同 SQL 語法可以巢狀查詢，M 語言也可以，範例如下：

```
let
    j= let i=1
        in i
in j+1
```

---

[1] Table.SplitColumn 函數需要傳遞切割欄位方式的函數，此處傳入 Splitter.SplitTextByDelimiter(" ", QuoteStyle.Csv)函數。

外層變數 j 承接內部 let in 計算的結果,最後外層回傳 j+1 的結果,如圖 3.7 所示:

圖 3.7　巢狀執行 let in,其查詢呈現格式是否換行、內縮不影響結果

而 let/in 查詢語法也可以內嵌在呼叫函數的參數位置:

```
Number.Power(let i=2 in i,let i=3 in i)
```

也就是 Number.Power(2,3),執行結果如圖 3.8 所示:

圖 3.8　let/in 查詢語法也可以內嵌在呼叫函數的參數位置

3.1.2　評估順序

M 執行時,不是根據語法出現的順序評估結果,例如定義如下 M 查詢:

```
let c=a+b,
a=1,
b=a+1,
d=c+1
in c
```

其執行結果如圖 3.9 左下方所呈現的 3：

```
= let c=a+b,
  a=1,
  b=a+1,
  d=c+1
in c
```

3

圖 3.9　M 執行時不是根據語法出現的順序評估

在上述範例中，c 變數先定義，a 和 b 在其後。但 Mashup 引擎先評估 in 所回傳的結果，因為要回傳 c，才一起計算彼此有依存關係的 a、b 兩個變數，再進一步解析 a、b 的定義。最終，展開 in 所需的定義不用處理 d 變數，也就放著這段語法不管。此種作法稱為遵循 dependency ordering 或是 Lazy 評估，既可提升處理效率，也節省存放中繼運算結果的記憶體空間。

3.2　基本資料型態

當要了解一個程式語言，特別是處理資料的語言時，需要先清楚其定義的資料型態，才能正確而有效地處理資料。接下來簡單說明 M 語言所提供的資料型態，諸如「文字」、「數值」...等。一樣是在空白的查詢中，於「資料編輯列」手動編寫簡單的 M 查詢如下，產生練習用的資料：

```
= Table.FromRecords({[c1=1]})
```

當以 Power Query 編輯資料表時，可以簡單地透過使用者介面定義整個欄位的資料型別，只要滑鼠點選資料行名稱左方代表型別的小圖示：

圖 3.10　透過 Power Query 編輯器操作介面定義資料行的資料型別

資料類型的基本定義可以參照「2.2.2 轉換」一節，這是告知 Mashup 引擎如何解釋該值，例如：將 1 這個值視為「持續時間（duration）」1 天，結果如圖 3.11：

圖 3.11　透過 Table.TransformColumnTypes 函數轉換資料行資料型別

其結果就是透過 Table.TransformColumnTypes 函數轉換資料行資料型別，依據 Mashup 引擎本身內建的數值計算公式，解釋該資料行轉成目標資料型別後的意義。

若針對「持續時間」類型的資料進行數值運算，例如以「新增資料行」的「持續時間」提供的「乘」，得到如圖 3.12 的結果：

圖 3.12　測試對「持續時間」資料型別做數值運算

從圖 3.12 可以看到「持續時間」的 1 天可以乘上 0.5，而變成 12 小時。但選單中「減」的選項變成灰色，代表「持續時間」資料類型不支援減法運算，若手動透過「資料編輯列」將乘法改成減法，例如：

```
each [c1] * 0.5
```

改為：

```
each [c1] - 0.5
```

則會回傳錯誤：

```
Expression.Error: 無法將運算子 - 套用至類型 Duration 和 Number。
```

以下示範透過各種資料類型對實際值 1 的資料定義，可以看到 M 語言如何解釋 0 與 1 的世界，手動輸入 M 定義如下：

範例程式 3.2：表列 M 的各種資料型態

```
let
    來源 = {//各種格式
//數值
Number.From(1), Int8.From(1), Int16.From(1), Int32.From(1), Int64.From(1),
Single.From(1), Double.From(1), Decimal.From(1), Currency.From(1),
//文字
Text.From(1),
//布林
Logical.From(123),Logical.From(0),
//日期時間
Date.From(1),Time.From(1/24/60/60),DateTime.From(1+1/24/60/60),DateTimeZone.Fr
om(1+1/24/60/60) }
in
    來源
```

上述範例中，以 Number.From、Int8.From 、 Date.From... 等 各 Mashup 引擎支援之資料型態所對應的函數，解釋簡單數值如 0、1、1/24/60/60 轉換到該資料類型之意義，執行結果如圖 3.13 所示：

清單	
1	1
2	1
3	1
4	1
5	1
6	1
7	1
8	1
9	1
10	1
11	TRUE
12	FALSE
13	1899/12/31
14	上午 12:00:01
15	1899/12/31 上午 12:00:01
16	1899/12/31 上午 12:00:01 +08:00

圖 3.13 藉由各資料類型函數解釋資料意義

在此僅簡單說明 Mashup 引擎針對邏輯值（true/false）的定義是：0 為 false，其他數值皆為 true。而 time 資料類型是 1/24/60/60 的倍數，所以 Time.From(1/24/60/60) 傳回 1 秒。而日期是以 1899/12/30 這天為基準，

加減整數天數,所以 Date.From(1) 是 1899/12/31 號,DateTime.From (1+1/24/60/60) 則是該天的凌晨 1 秒。而 TimeZone 預設會抓作業系統的時區,因此在筆者的電腦上,DateTimeZone.From(1+1/24/60/60) } 回傳「+08:00」的台北時區。

接下來介紹其他各種資料類型,以及同樣是 1,在不同資料類型做何解釋。

3.2.1 文字

文字類型一般稱為 Text 或 String,在 M 運算式內以「雙引號」括起來,例如:

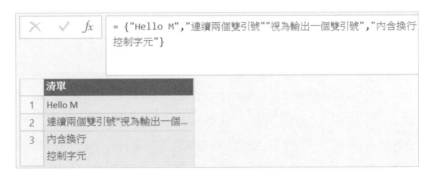

圖 3.14　M 運算式內的文字定義

除了文字要內含雙引號時,以兩個雙引號代表外,一般文字要處理的「控制/溢出字元(escape character)」之符號是:「井字號#」再加上「小括號()」,而既有的溢出字元表列如下:

- cr: carriage return

- lf: line feed

- tab: Tab

所以若要換行，除了在編輯環境直接以 shift + enter 輸入外，寫法是「#(cr,lf)」或「#(lf)」。範例如圖 3.15 所示：

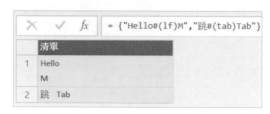

圖 3.15　在字串中定義溢出字元

也可以用#（Unicode 編碼的方式）呈現文字，例如：

圖 3.16　以 unicode 編碼轉成文字

從圖 3.16 可以看到與 SQL Server 使用的 unicode 編碼方式；其高低 byte 顛倒，例如「中」這個字在 SQL Server 呈現 unicode 時是 2D4E，空白是 2000，但 M 使用的是 4E2D 和 0020。M 符合一般 Windows 和.NET 呈現 Unicode 的方式，而不採用 SQL Server 的順序。

若需要呈現井字號本身，則是「#(#)」，如圖 3.17 所示：

圖 3.17　以 #(#) 呈現井字 # 符號

除了文字的表現方式外，再看相關的運算子。例如文字間可用 >、=、< 等運算子比較：

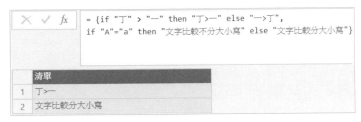

圖 3.18　透過 >、=、< 等運算子比較文字的大小或相等

此外，字串相加是透過 & 符號，而字串與 null 相加結果是 null。範例如下：

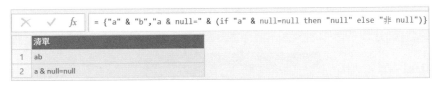

圖 3.19　串接字串的運算子是&

而 Mashup 引擎提供大量的文字處理函數，多是屬於「Text.」系列的函數，例如 Text.Length、Text.At... 等。可以參考如下的網址：https://learn.microsoft.com/zh-tw/powerquery-m/text-functions

3.2.2　數值

數值的輸入方式很簡單，不管是整數、浮點數、科學記號、16 進位表示法（不分大小寫）皆可。如圖 3.20 所示：

× ✓ _fx_	= {123,1.23,1.23e2,0x7b,123.0}
	清單
1	123
2	1.23
3	123
4	123
5	123

圖 3.20　M 提供的各種數字的表現方式

與 SQL Server 的 T-SQL 習慣不同，若是浮點數不可以僅輸入「點」在結尾，讓 Mashup 引擎誤判，這會形成如下的錯誤：

圖 3.21　浮點數不可僅以點結尾

此外，尚有一些特殊的表示法，「#Infinity」呈現無限大（例如：1/0），或「#NaN」是非數值（例如：0/0, not a number）等，以及負數就是在值前方加上減號：

	清單
1	Infinity
2	Infinity
3	NaN
4	NaN
5	-123
6	-Infinity

`= {1/0,#infinity,0/0,#nan,-123,-#infinity}`

圖 3.22　特殊數值表示法

數值型別相關的 M 函數可以參閱如下的網址：https://learn.microsoft.com/zh-tw/powerquery-m/number-functions。

3.2.3　日期時間

日期、時間的基本表示法為「#date(西元年,月,日)」和「#time(24 時制的小時,分,秒)」，最小日期是西元 1 年 1 月 1 號，最小時間是 0 時 0 分 0 秒。此外，日期時間可以一起存放在「日期/時間（datetime）」格式，和包含時區的「日期/時間/時區（datetimezone）」格式。

除了依照年月日時分秒定義的日期時間外，M 還支援「持續時間（duration）」格式，以存放間隔時間，其格式為 #duration(天,時,分,秒到小數點下七位)。上述五種類型的範例如下：

範例程式 3.3：日期時間資料

```
= {#date(1,1,1),
#time(0,0,0.9),
#datetime(9999,12,31,23,59,59.9),
#datetimezone(2019,7,27,21,0,0,08,00),
#duration(123,4,5,6.12345678)}
```

執行結果如圖 3.23 所示。

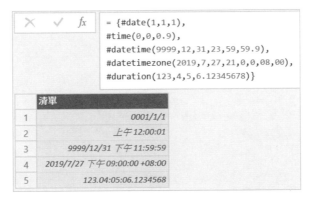

圖 3.23　M 支援的各種日期時間類型

範例程式 3.3 的最後一筆紀錄故意寫到小數下第八位，而圖 3.23 可以看到結果是四捨五入進位到有效的七位數。

日期/時間類型本身可以計算，例如透過「&」串接：#date(1,1,1) & #time(1,1,1)，這會變成 datetime。但若要做時間區間的計算，就需要透過「持續時間」型別。不可以直接執行類似如下的運算：

- date + date
- date+time

- date + 數字

- duration + 數字

可以的運算類型範例如下：

範例程式 3.4： 計算日期與時間

```
= {#date(1,1,1) & #time(1,1,1),
#date(1,1,1) + #duration(1,1,1,1),
#time(1,1,1) + #duration(1,1,1,1)*10,   //因為是時間，日期沒了，且 * 10 代表時分秒都各
別乘 10
#datetime(1,1,1,1,1,1) + #duration(1,240,1,1)/10, //1 天/10 =  2.4 小時，且 240 小
時/10 = 1 天
#datetime(2,1,1,1,1,1) - #duration(1,1,1,1)} //減的結果不可以小於西元 1 年 1 月 1 號
```

結果如圖 3.24 所示：

圖 3.24　日期時間類型搭配「持續時間」型別的計算

兩個日期或時間型別不能相加，但能相減，會得到「持續時間」型別，
其範例如下：

範例程式 3.5： 「持續時間」型別的運算

```
= {#date(1,1,1)-#date(2,1,1),
#time(1,1,1.9)-#time(0,0,0),
#datetime(5,1,1,1,1,1)-#datetime(4,1,1,1,1,1),
#datetimezone(2019,1,1,1,1,1,8,0)-#datetimezone(2019,1,1,1,1,1,0,0),
#duration(2,0,0,0)-#duration(1,1,1,1)}
```

結果如圖 3.25 所示：

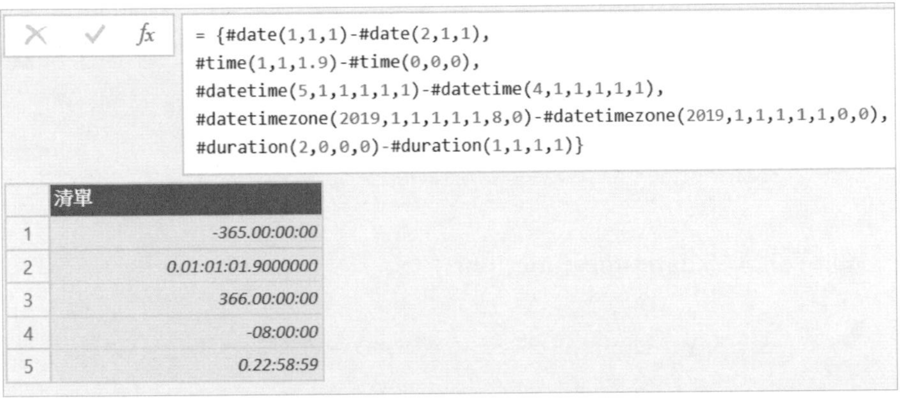

```
fx = {#date(1,1,1)-#date(2,1,1),
      #time(1,1,1.9)-#time(0,0,0),
      #datetime(5,1,1,1,1,1)-#datetime(4,1,1,1,1,1),
      #datetimezone(2019,1,1,1,1,1,8,0)-#datetimezone(2019,1,1,1,1,1,0,0),
      #duration(2,0,0,0)-#duration(1,1,1,1)}
```

清單	
1	-365.00:00:00
2	0.01:01:01.9000000
3	366.00:00:00
4	-08:00:00
5	0.22:58:59

圖 3.25　日期時間相減會得到「持續時間」型別

關於日期時間的函數很多，在此舉簡單取年月的計算，或是將日期轉成 YYYYMMDD 格式的 6 位數字：

範例程式 3.6：計算日期類型

```
= {Date.Year(#date(2019,1,1)),
Date.Month(#date(2019,1,1)),
Number.FromText(Date.ToText(#date(2019,1,1),"YYYYMMDD"))}
```

執行結果如圖 3.26：

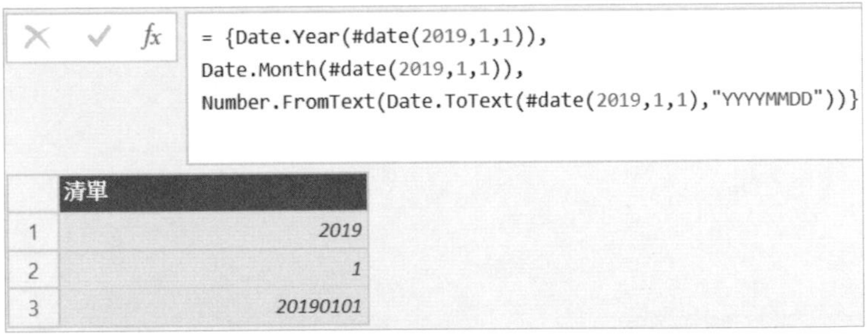

```
fx = {Date.Year(#date(2019,1,1)),
      Date.Month(#date(2019,1,1)),
      Number.FromText(Date.ToText(#date(2019,1,1),"YYYYMMDD"))}
```

清單	
1	2019
2	1
3	20190101

圖 3.26　透過日期時間函數取得部分值，如年份、月份等，或是轉換格式

日期（Date）、日期時間（DateTime）、日期時間時區（DateTimeZone）、持續時間（Duration）相關的 M 函數之線上說明可參照各自不同的網址，取代其英文資料型態對應的字即可，例如，日期的網址結尾為 date-functions：

```
https://learn.microsoft.com/zh-tw/powerquery-m/date-functions
```

日期時間則為 datetime-functions：

```
https://learn.microsoft.com/zh-tw/powerquery-m/datetime-functions
```

3.3　特殊資料型態

撰寫 M 查詢時，可以建立或參照諸如「清單（List）」、「紀錄（Record）」、「表格（Table）[2]」、「函數」…等物件型態，接下來介紹這些物件資料型態。

3.3.1　清單

「清單（List）」是連續的值，可以直接透過文字撰寫列表，並以大括號{}括起來，例如：

---

[2]　「Table」在此的翻譯為「表格」。我們採用 Power BI Desktop 內「Power Query 編輯器」操作介面上的翻譯，讓你在使用「Power Query 編輯器」時，知道所對應的 M 語言物件。因此，不採用一般資料庫相關技術的中文翻譯，將「Table」翻譯為「資料表」。雖然線上說明 https://learn.microsoft.com/zh-tw/powerquery-m/table-functions 也是將「Table」翻譯為「資料表」。

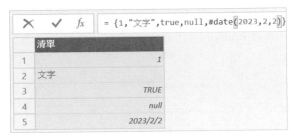

圖 3.27　透過大刮號表列各種資料類型值所組成的清單

在此可以看到連續輸入不同資料型態值的列表，Power Query 編輯環境自動呈現「清單」的方式，同時提供操作「清單」的使用者介面。若是從 m 到 n 連續數字組成的「清單」成員，可以用「m..n」表示：

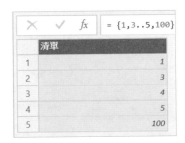

圖 3.28　以 m..n 格式建立從 m 到 n 數列乘員所成的清單

「清單」的成員可以是另一個「清單」，而{}代表空「清單」，若{n..m}表示法中 n>m，也會傳回空「清單」，所以圖 3.29 左方是兩個空「清單」成員所組成的「清單」：

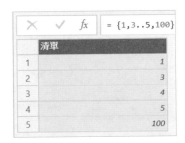

圖 3.29　以清單成員組成清單

點選「清單」其中第二個成員的連結,「Power Query 編輯器」介面自動增加一個「Navigation」步驟,以 M 語言透過索引取「清單」中的成員

```
Source{1}
```

「Source」是代表「清單」的變數,存取「清單」內元素的索引值從 0 開始,所以第二個元素是 1。雖然結果是空「清單」(因為{5..3}造成空清單),但仍是正確的,如圖 3.30 所示:

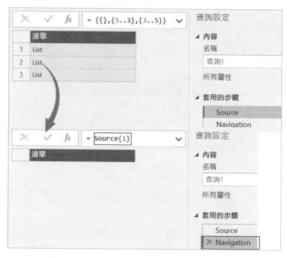

圖 3.30　透過「Power Query 編輯器」導覽清單內的清單成員

「清單」可以透過「&」運算子加入成員,如圖 3.31 所示:

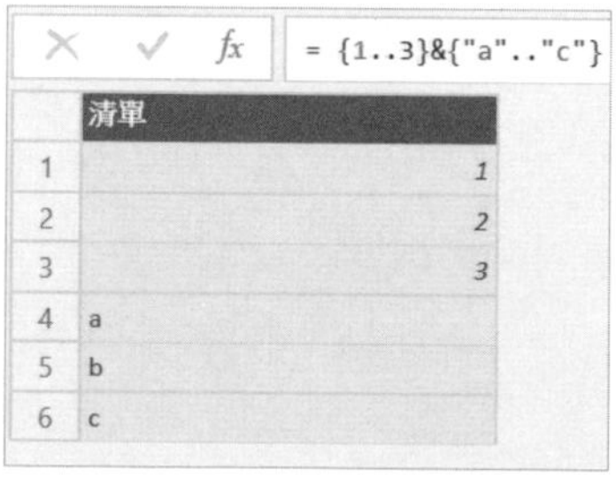

圖 3.31　透過「&」運算子加入清單成員

兩個「清單」若有相同成員,且順序相同,可視為相同的「清單」:

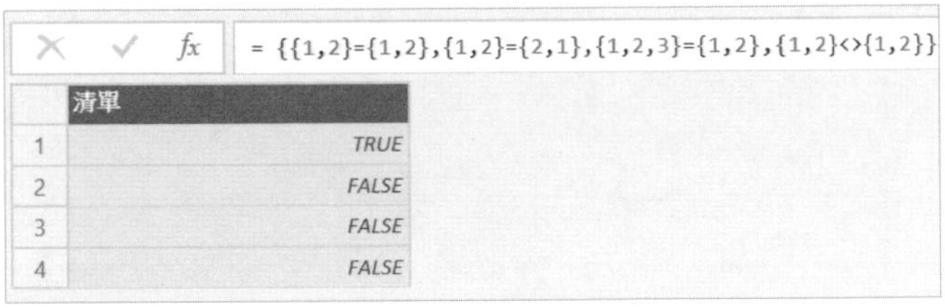

圖 3.32　清單彼此間可以比較

若要存取「清單」內某筆「紀錄」的欄位,是透過代表「清單」的變數,其後以大括號帶入索引值,格式為:

```
清單變數{索引值}
```

索引值從 0 開始。如圖 3.33 所示:

圖 3.33　取得清單中的成員

從圖 3.33 中可以看到,若大括號內的索引值超過「清單」範圍,會傳回「Error」,但若在大括號後加上問號,則會回傳「null」。

與「清單」相關的 M 函數之線上說明可以參考如下網址:

```
https://learn.microsoft.com/zh-tw/powerquery-m/list-functions
```

3.3.2 紀錄

「紀錄（Record）」是一組欄位與值的定義，透過字串定義欄位名稱，值可以是 M 所支援的資料類型，並以中括號[]括起來，欄位間以逗號分隔，如圖 3.34 所示：

圖 3.34　在「Power Query 編輯器」撰寫單筆「紀錄」

同樣地，Power Query 編輯環境也會自動提供「紀錄」的編輯介面，但此處僅有簡單地將「紀錄」轉成「表格（Table）」。然而預設轉換的方式可能並非你所期待的，點選圖 3.34 左上方的「成為資料表」按鈕後，結果如圖 3.35 所示：

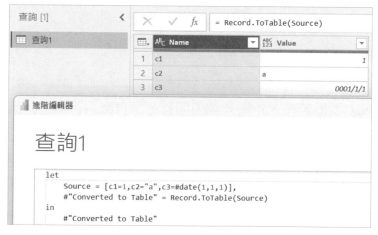

圖 3.35　Power Query 編輯器預設透過 Record.ToTable 函數轉換「紀錄」

因為它透過 Record.ToTable 函數轉換，該函數另外建立欄位，名稱為「Name」存放原有的欄位名稱，並將所有的值放在「Value」欄位下。自行撰寫呼叫 Table.FromRecords 函數可能較貼合需求：

圖 3.36　透過 Table.FromRecords 函數將「紀錄」轉成「表格」

由於 Table.FromRecords 函數需要傳入「紀錄」所成的「清單」，所以要先用大括號將「紀錄」括起來，成為符合清單的格式。

此外，「紀錄」的組成元素也可以是「紀錄」：

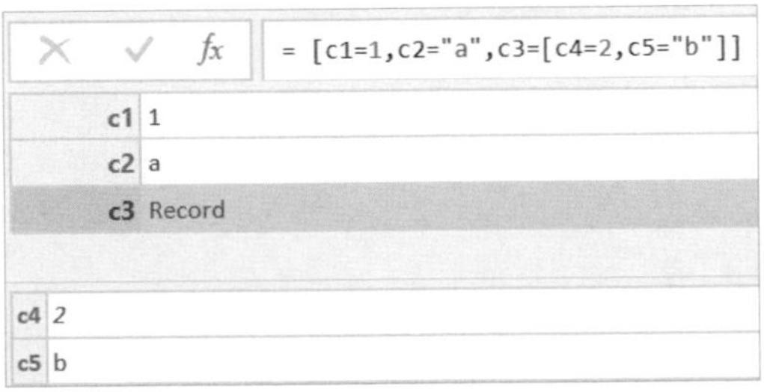

圖 3.37　「紀錄」的組成元素也可以包含「紀錄」

「紀錄」要取某個欄位的內容，可以透過代表「紀錄」的變數搭配中括號 []，其內指定欄位名稱，格式如下：

```
變數[欄位名稱]
```

若該欄位內放的值依然是「紀錄」，則可以繼續指定下一層的欄位：

```
變數[欄位名稱][欄位名稱]
```

以「資料編輯列」手動輸入語法並取回結果的範例如下：

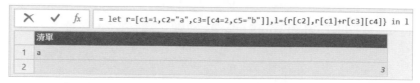

圖 3.38　以「變數[欄位名稱]」格式取「紀錄」內某個欄位值

「清單」的組成元素也可以是「紀錄」，所以存取「清單」的某筆「紀錄」內之欄位值，分別組合前述各自指向結構內的成員方式：

清單變數{索引}[欄位名稱]

一堆各種括號的範例與法如下：

範例程式 3.7：擷取清單內某筆「紀錄」之特定欄位值

```
let
    l={ [c1=1,c2="a"] , [c1=2,c2="b"] },
    l2={ l{0}[c1] , l{0}[c2]&l{1}[c2] }
in
l2
```

執行結果如圖 3.39 所示：

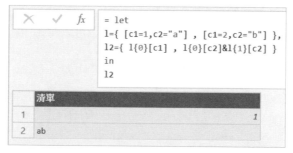

圖 3.39　透過「清單」與「紀錄」不同的索引方式取想要的元素內容

而「紀錄」的內容也可以是「清單」：

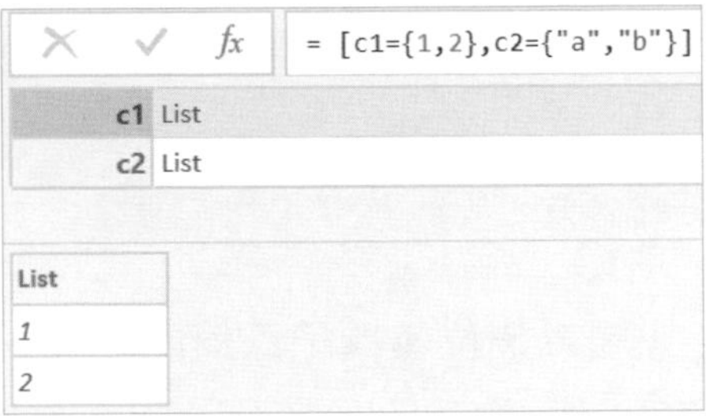

圖 3.40　各欄位放入「清單」結構的「紀錄」

「紀錄」也可以透過「&」運算子串接，但不是變成兩筆「紀錄」，而是同名的欄位會是後方的「紀錄」蓋掉前一筆紀錄值，不同欄位名稱則擴增「紀錄」的欄位，如圖 3.41 所示：

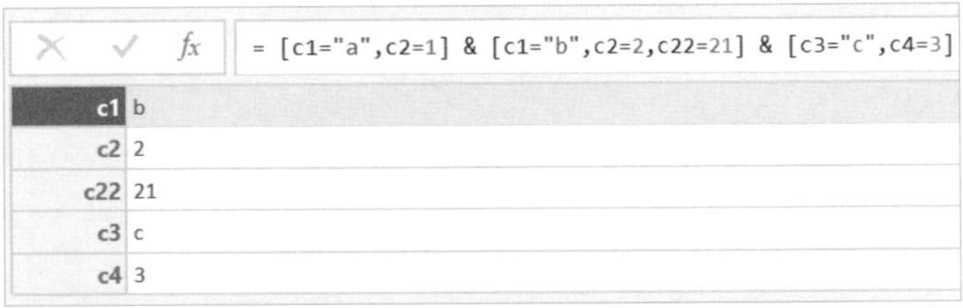

圖 3.41　透過&運算子取代或擴增「紀錄」內的欄位值

「紀錄」間的比較要相同，則欄位名稱與其內的值相同，但呈現順序不必一樣，而欄位名稱大小寫有別：

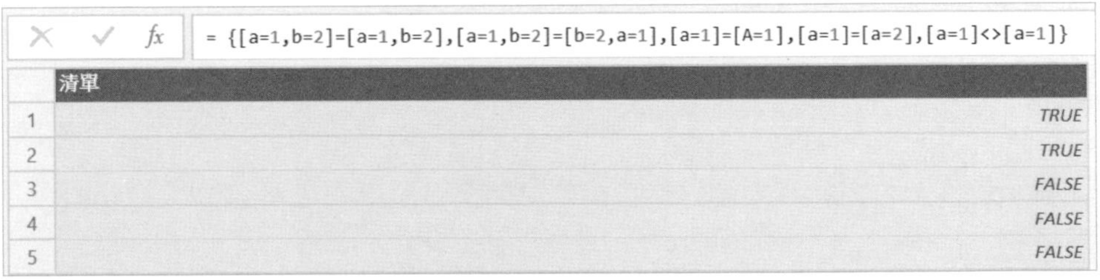

圖 3.42　「紀錄」間彼此可以比較

與「紀錄」相關的 M 函數之線上說明可以參考如下網址：

```
https://learn.microsoft.com/zh-tw/powerquery-m/record-functions
```

3.3.3 表格

「表格（Table）」是以欄位組織紀錄值的結構，欄位的資料型態可以明確定義或是任意型別。針對上節所描述以「紀錄」組成的「清單」；可以透過 Table.FromRecords 函數轉成「表格」，範例如下：

範例程式 3.8：將「紀錄」組成的「清單」轉成「表格」

```
= Table.FromRecords({[c1=1,c2=#date(2019,1,1),c3=#time(15,1,2)],
[c1=2,c2=#date(2019,2,1),c3=#time(15,2,2)]})
```

Power Query 編輯器呈現的結果如圖 3.43 所示：

圖 3.43　透過 Table.FromRecords 函數將「紀錄」組成的「清單」轉成「表格」

直接撰寫「表格」時，可以透過 #table 定義：

範例程式 3.9：以 #table 撰寫「表格」

```
let
in
  #table(
    {"OrderID", "CustomerID", "Item", "Price"},
      {
        {1, 1, "Fishing rod", 100.00},
        {2, 1, "1 lb. worms", 5.00}
      })
```

其執行結果如所圖 3.44 示：

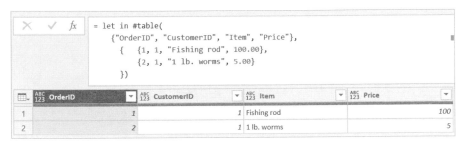

圖 3.44　以 #table 直接定義「表格」內容

若要明訂「表格」內個別資料行的資料型別，則需要透過「type」關鍵字指定：

範例程式 3.10：定義「表格」內資料行的名稱與型別

```
#table(type table [OrderID = number, CustomerID = number, Item = text, Price =
number],
      {{1, 1, "Fishing rod", 100.00},
        {2, 1, "1 lb. worms", 5.00}})
```

其執行結果如圖 3.45 所示：

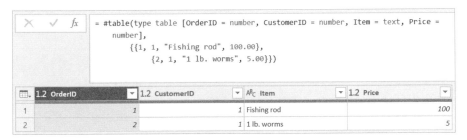

圖 3.45　透過「type」關鍵字指定各資料行的資料型別

相較於圖 3.44，圖 3.45 的各資料行首可以看到代表資料型別的明確小圖示。

當要取其中一筆紀錄時，可以透過如下的格式：

```
表格變數{索引}
```

範例如下：

範例程式 3.11：透過索引取得「表格」中的特定紀錄

```
= let source=#table(type table [OrderID = number, CustomerID = number, Item = text,
Price = number],
        {{1, 1, "Fishing rod", 100.00},
            {2, 1, "1 lb. worms", 5.00}})
in source{1}
```

執行結果如圖 3.46 所示：

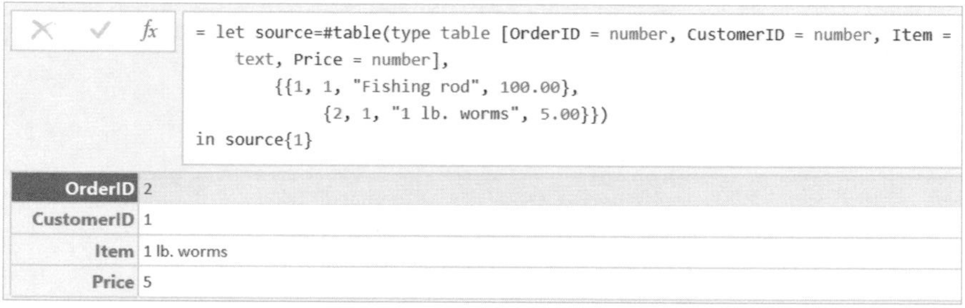

圖 3.46　透過「{索引}」取得「表格」內的特定紀錄

與「表格」相關的 M 函數之線上說明可以參考如下網址：

```
https://learn.microsoft.com/zh-tw/powerquery-m/table-functions
```

3.4　函數

若要重複使用整理資料的商業邏輯，進而結構化設計 M 查詢，M 查詢的內容可以定義成函數，而後在其他查詢透過此查詢的名稱呼叫其內函數。

3.4.1　函數的基本定義

透過 M 可以定義「函數（function）」，將其他查詢的結果當作參數輸入，以重複利用轉換資料的定義。其定義格式如下：

```
let
    變數 = (參數列表) => 搭配參數的運算式
in
    變數(參數列表)
```

in 後面可接有參數值的變數，或僅是變數，差異說明如下。實際以範例解釋上述的定義，在「Power Query 編輯器」輸入的 M 語法如下：

```
let
    add = (x,y) => x+y
in
    add(2,3)
```

範例中，add 是變數名稱，指向這個函數定義。(x,y) 是要傳入函數運算式的參數，而=>符號後方則是函數要執行的運算。其執行結果如圖 3.47 所示：

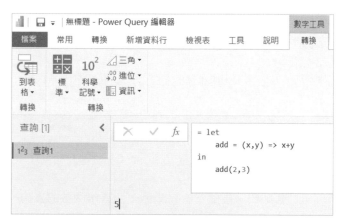

圖 3.47　定義與呼叫函數

若圖 3.47 最後 in 回傳時，不指定參數值 2 和 3，代表傳回函數定義，而非計算結果。則「Power Query 編輯器」會呈現呼叫函數的方式：

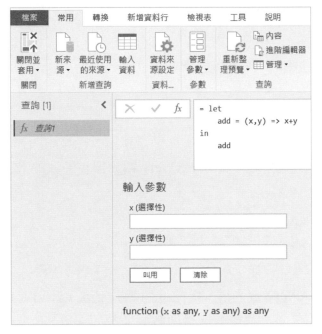

圖 3.48　將查詢定義為自訂函數

要注意的是在呼叫函數時，使用的是查詢的名稱，此處為「查詢 1」，前方的圖示改為 fx 以呈現其為函數。

再建立一個空白查詢，並呼叫前述函數。範例如圖 3.49 所示：

圖 3.49　某個查詢呼叫另一個當作函數的查詢

在此以稍微複雜的階層運算示範遞迴呼叫函數，函數內容定義如下：

範例程式 3.12：M 語言的客製化函數支援遞迴呼叫自己

```
let
    Factorial = (n) => if n <= 1 then 1 else n * @Factorial(n - 1) //遞迴呼叫
in
    Factorial
```

在函數定義中，因為要遞迴呼叫自己，所以在叫用的函數名稱前加上「@」符號。執行結果如圖 3.50 所示：

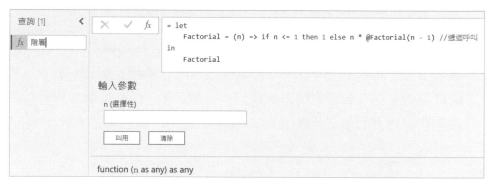

圖 3.50　定義利用遞迴呼叫執行階層運算的 M 函數

圖 3.50 可以看到將該查詢重新命名為「階層」，而呼叫函數的 M 查詢範例如下：

範例程式 3.13：在查詢中呼叫自訂函數

```
let
    來源 = Table.FromRecords({[c1=1],[c1=2],[c1=3],[c1=4]}),
    叫用自訂函數 = Table.AddColumn(來源, "查詢1", each 階層([c1]))
in
    叫用自訂函數
```

其執行結果如圖 3.51 所示：

圖 3.51　以查詢運算結果產生的資料結構呼叫自訂函數

圖 3.51 中「來源」變數放著從 Table.FromRecords 函數取回的「表格」，
而後透過 Table.AddColumn 函數為該「表格」新增一個資料行，然而該
函數的第三個參數需要輸入的是另外一個函數，以計算新增資料行對應
每筆紀錄應有的值。此處的 each 關鍵字就是在建立匿名函數：

```
each 階層([c1])
```

該匿名函數的內容是呼叫先前建立的「階層」函數，並傳入每一筆紀錄。
而「階層」函數只取每筆紀錄的 c1 欄位當作參數，計算後的回傳值成
為「查詢 1」資料行在該筆紀錄的值。

3.4.2　透過操作介面定義與使用函數

除了上一小節手動撰寫 M 語言，藉以定義並呼叫自訂函數外，「Power
Query 編輯器」的操作介面可以把連串的資料轉換作業變成函數。以查
詢網頁整理內容，並帶入參數來整合不同結果為例，說明如何利用自訂
函數解決重複使用的商業邏輯。

在報表設計環境選擇「常用」→「取得資料[3]」→「Web」選項，在對話窗輸入以下網址，以查詢台灣銀行提供美金的遠期匯率資料：

```
https://rate.bot.com.tw/xrt/ForwardAll/USD/day
```

取得資料的畫面如下：

圖 3.52　從台灣銀行網頁查詢不同國家幣別的遠期匯率資料

簡單選該網頁中的資料表，也就是該 HTML 網頁內的 Table 標籤（tag），若網頁內容是透過 JavaScript 動態產生，就無法以此方法取得。若此網

---

[3] 在「Power Query 編輯器」這相同功能按鈕名稱不同，取名「新來源」。

頁在你閱讀時沒有改版，可以簡單選擇「資料表 1」，但若已經改版，則需要自行找一下對應的 Table 標籤。

按下「導覽器」右下角的「轉換資料」按鈕後，回到「Power Query 編輯器」修改轉換內容。首先刪掉「Promoted Headers」和「Changed Type」兩個步驟。接著，重新命名欄位名稱，並且濾掉「Buying」欄位內非數值的欄位：

圖 3.53　將轉換內容修改成適合當作函數的腳本

要自行定義函數所用到的參數，選擇「常用」→「管理參數」→「新增參數」選項，在對話窗輸入如圖 3.54 內容：

圖 3.54　新增「Power Query 編輯器」內可用的參數

若在右方查詢區塊內，以「進階編輯器」檢視如圖 3.54 新建的參數定義，可以看到 Mashup 引擎以「meta」關鍵字定義參數，其內容如下：

```
"USD" meta [IsParameterQuery=true, Type="Text", IsParameterQueryRequired=true]
```

增加名稱為「Country」的參數後，點選前述「資料表 1」查詢，於右方「套用的步驟」區域點選第一步「Source」，並如圖 3.55 修改 Web.BrowserContents 函數內網址的定義，結合上述參數的內容：

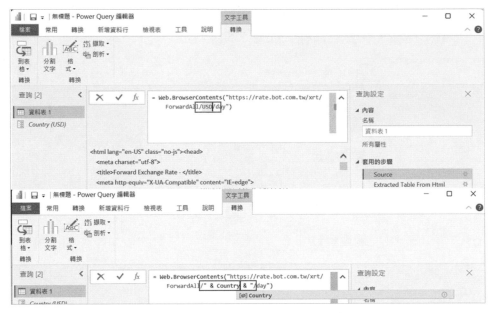

圖 3.55　修改查詢定義以使用參數

將原先寫死 USD 的網址部分改以組字串，加入先前定義的 Country 參數。M 引用參數時，直接輸入參數名稱即可。

在右方「常用的步驟」區塊點選最後一步，修改「Buying」和「Selling」欄位的資料型態成「小數」，以此在結尾新增「Changed Type」步驟：

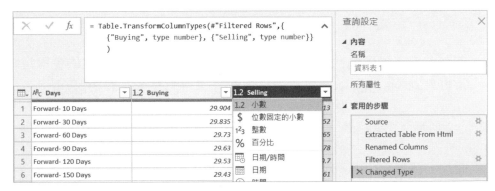

圖 3.56　修改欄位的資料型態

在結果表格再加一欄標註幣別，選擇主選單「新增資料行」的「自訂資料行」，在「自訂資料行公式」區塊輸入先前建立的參數名稱 Country：

圖 3.57　新增以參數當欄位值的欄位

至此完成函數內容的定義，可將累積的多步驟查詢轉換成單一函數，滑鼠右鍵點選「資料表 1」查詢，並於快捷選單中選擇「建立函數」選項，如圖 3.58 所示：

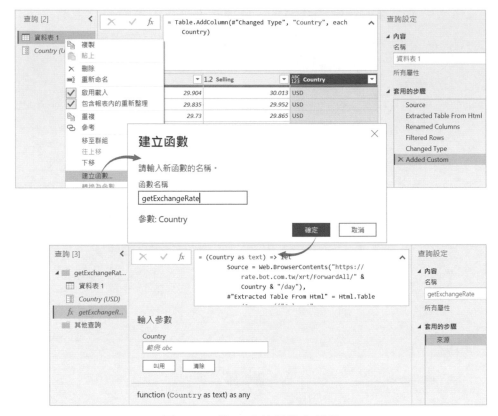

圖 3.58　將 M 查詢轉換為函數

在接下來的「建立函數」對話窗中，給予函數名稱 getExchangeRate。接著，新增一個空白查詢，以此練習呼叫該函數。針對新增的空白查詢手動輸入如下的 M 語法，建立表格：

範例程式 3.14：手動輸入國家名稱組成的「表格」

```
= Table.FromRecords({[CountryName="USD"],[CountryName="HKD"],
[CountryName="GBP"]})
```

點選表格的 CountryName 資料行，接著選擇主選單「新增資料行」→
「呼叫自訂函數」選項：

圖 3.59　利用既有紀錄的資料行值當作參數呼叫自訂函數

在接下來的「叫用自訂函數」對話窗中選擇剛才建立的函數
getExchangeRate，以及上述「表格」的「CountryName」欄位，而將會
新增到「表格」內的欄位；定義其名稱為 getExchangeRate，這欄位值
放得是函數回傳的表格。

呼叫函數的結果是一連串包含「表格」的紀錄，可以選擇欄位右上方展開「表格」的雙箭頭小圖示按鈕，如圖 3.60 所示：

圖 3.60　展開「表格」結構成為多個資料行

取消對話窗下方「使用原始資料行名稱作為前置詞」，避免資料欄位名稱增加「getExchangeRate.」的前置文字，確定後即可看到利用「表格」的紀錄內容重複呼叫函數的結果。

3.5　控制流程

M 如同 DAX，其迴圈流程是隱含在函數運作內，例如透過 List.、Table....等系列的函數逐紀錄操作。而不像其他程式語言有 For、For Each、While等指令碼區塊，完成其內程式碼的迴圈疊代運算。

3.5.1 Each

Each 關鍵字似乎並非列舉運算子，僅是簡化語法寫作。依照線上說明
（https://learn.microsoft.com/zh-tw/powerquery-m/m-spec-functions），其
定義如下：

---

each-expression 是一種語法速記，用來宣告接受名為 _ （底線） 單一型式參數的無類型函式。

```
each-expression:
      eacheach-expression-body
each-expression-body:
      function-body
```

經簡化宣告經常用來改善高階函式引動的可讀性。
例如，下列宣告對在語意上是相等的：

```
Power Query M 複製
each _ + 1
(_) => _ + 1
each [A]
(_) => _[A]

Table.SelectRows( aTable, each [Weight] > 12 )
Table.SelectRows( aTable, (_) => _[Weight] > 12 )
```

---

each 關鍵字可方便建立匿名函數。"each…" 等同以底線「_」當作參數，
建立「(_) => …」匿名函數。結合迴圈/lookup 運算子時，可以 each 對
應到關鍵字「_」。例如：

範例程式 3.15：取得 CustomerID 欄位值為 2 的紀錄之 Name 欄位值

```
Table.SelectRows(
     Table.FromRecords({
          [CustomerID = 1, Name = "Bob", Phone = "123-4567"],
          [CustomerID = 2, Name = "Jim", Phone = "987-6543"] ,
          [CustomerID = 3, Name = "Paul", Phone = "543-7890"]
     }),
     each [CustomerID] = 2
)[Name]
```

其意義等同圖 3.61：

```
= Table.SelectRows(Table.FromRecords({
                   [CustomerID = 1, Name = "Bob", Phone = "123-4567"],
                   [CustomerID = 2, Name = "Jim", Phone = "987-6543"] ,
                   [CustomerID = 3, Name = "Paul", Phone = "543-7890"]
              }),    (_)=> _[CustomerID] = 2   )[Name]
```

Table.SelectRows(table as table, **condition** as function)

function

選取符合條件函數的資料列。

清單

1 Jim

圖 3.61　Table.SelectRows 透過函數判讀每一筆紀錄，留下回傳 true 的紀錄

each [CustomerID] 語法等同針對每筆紀錄的[CustomerID]欄位，也就是 _[CustomerID]，其完整語法為：

```
(_) => _[CustomerID]
```

如同一般程式語言透過 each 關鍵字列舉成員，M 查詢內某些函數（如上述範例中的 Table.SelectRows）會取「表格」內每筆紀錄，傳入 each 關鍵字所定義的匿名函數中，匿名函數可以利用該筆紀錄特定的欄位值計算。換句話說，實際是省寫函數形式與「表格」名稱，預設以「_」替代該「表格」。迭代取得每筆紀錄是函數本身的行為，無關 each 關鍵字。

舉例而言，當要取得某個目錄下所有的檔案時，例如 c:\temp\files 下所有副檔名為「.txt」的檔案當作資料源，將結果結合為一個「表格」：

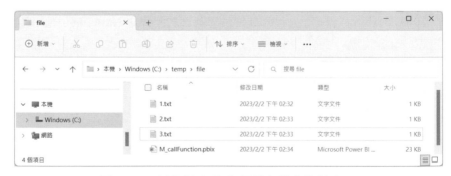

圖 3.62　以資料夾內多個檔案當作資料來源

1.txt 檔案的內容很簡單：

```
1,2,3
1,4,5
```

2.txt 也是如此：

```
2,2,3
2,4,5
```

在「Power Query 編輯器」選擇「常用」→「新來源」→「其他⋯」，在「取得資料」對話窗選擇「資料夾」：

圖 3.63　Mashup 引擎取得資料時，以資料夾內的檔案當作資料來源

在「資料夾」對話窗的「資料夾路徑」輸入存放檔案的資料夾。接著選擇「合併並編輯」：

圖 3.64　合併多個檔案內容當作資料源，並定義個別檔案內之資料結構

接下來是定義解析檔案內容的 M 函數，圖 3.64 中下方的「合併檔案」對話窗就是在定義個別檔案的資料格式，而後將解析資料的方式做成函數，再把每個檔案的內容當作參數傳入這個自訂的解析函數內。

其結果如圖 3.65 所示：

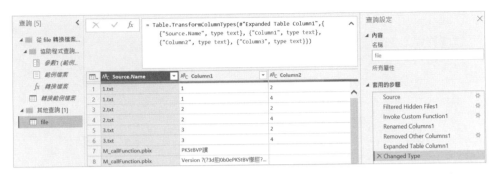

圖 3.65　依照相同解析檔案方式，將特定資料夾內的所有檔案內容合併成單一「表格」

如圖 3.65 精靈產出的「files」查詢，其 M 程式碼內容如下：

範例程式 3.16：查詢編輯器為資料夾來源產生的 M 查詢

```
let
    Source = Folder.Files("C:\temp\file"),
    #"Filtered Hidden Files1" = Table.SelectRows(Source, each
[Attributes]?[Hidden]? <> true),
    #"Invoke Custom Function1" = Table.AddColumn(#"Filtered Hidden Files1", "轉
換檔案", each 轉換檔案([Content])),
    #"Renamed Columns1" = Table.RenameColumns(#"Invoke Custom Function1",
{"Name", "Source.Name"}),
    #"Removed Other Columns1" = Table.SelectColumns(#"Renamed Columns1",
{"Source.Name", "轉換檔案"}),
    #"Expanded Table Column1" = Table.ExpandTableColumn(#"Removed Other
Columns1", "轉換檔案", Table.ColumnNames(轉換檔案(範例檔案))),
    #"Changed Type" = Table.TransformColumnTypes(#"Expanded Table
Column1",{{"Source.Name", type text}, {"Column1", type text}, {"Column2", type
text}, {"Column3", type text}})
in
    #"Changed Type"
```

「Invoke Custom Function1」步驟呼叫函數「轉換檔案」解析每一個檔案，從結果可以看到，除了 1.txt、2.txt 和 3.txt 有正確解出欄位內容，在相同資料夾內的 M_CallFunctions.pbix 檔案也被納入當成資料源，將

其檔案內容交由精靈所產生的「轉換檔案」自訂函數解析,而「轉換檔案」自訂函數的定義如下:

範例程式 3.17:查詢編輯器為解釋檔案格式建立的自訂函數

```
= (參數1) => let
        Source = Csv.Document(參數1,[Delimiter=",", Columns=3, Encoding=950,
QuoteStyle=QuoteStyle.None])
    in
        Source
```

從定義可以看到精靈認定檔案是 Csv 格式的文字符號分隔檔,但 M_CallFunctions.pbix 檔案是經過 zip 壓縮的二進位檔案,所以圖 3.65 從第 7 筆以下產生許多亂碼紀錄。

針對「files」查詢,右方「套用的步驟」區域切回「來源」步驟,可以看到一開始是呼叫「Folder.Files」函數,取得特定目錄下所有檔案的二進位內容與個別檔案的中繼資料:

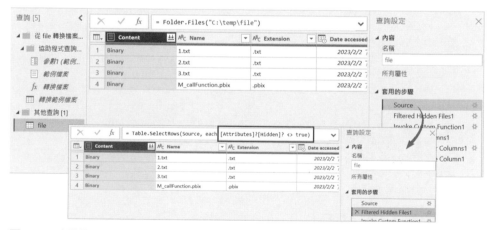

圖 3.66 透過 Folder.Files 函數取得特定目錄下所有檔案的二進位內容與個別檔案的中繼資料

在接下來的「已篩選隱藏的檔案 1」步驟可以看到:透過 each 關鍵字過濾「表格」每筆紀錄內的「Attriburtes」紀錄之「Hidden」欄位值不要

為 true，亦即資料源排除掉隱藏的檔案。其 Table.SelectRows 函數定義為：

```
Table.SelectRows(table as table, condition as function) as table
```

可以將 each 所代表的過濾函數擴增為：

```
= Table.SelectRows(來源, each [Attributes]?[Hidden]? <> true and [Extension] =
".txt" )
```

其等同的意義為：

```
= Table.SelectRows(來源, (_) => _[Attributes]?[Hidden]? <> true
and _[Extension] = ".txt" )
```

因為只保留了「.txt」副檔名的檔案，其後也就不會解析出其他檔案而變成亂碼紀錄，如圖 3.67 所示：

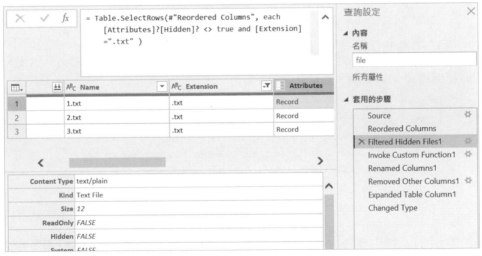

圖 3.67　逐筆過濾檔案的副檔名，僅留下副檔名為.txt 的檔案當作資料來源

3.5.2 if

if 運算式依邏輯判斷，決定執行其後兩句運算式中的某一句，其格式如下：

```
if 邏輯運算式 then
    邏輯運算式為「真」的運算式
else
    邏輯運算式為「假」的運算式
```

if 的判讀邏輯很簡單，範例如下：

```
if Time.Hour(DateTime.LocalNow())>=12 then "下午" else "上午"
```

執行結果如圖 3.68 所示：

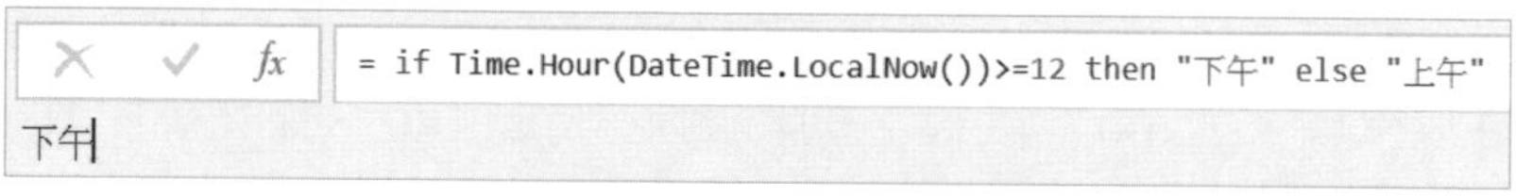

圖 3.68　透過 if 判斷邏輯運算式

但搭配 M 函數叫用時，往往內建在函數內的參數需要轉換成函數形式，這在撰寫語法時需要小心，寫段範例如下：

範例程式 3.18：撰寫函數形式的參數時，搭配 if 條件判斷

```
let
    l={1..4},
    t = Table.FromList(l, Splitter.SplitByNothing()),
    t2 = Table.AddColumn(t, "r", each Number.RandomBetween(1,10)),
    t3 = Table.AddColumn(t2,">5", (_)=>if _[r]>5 then true else false)
in
    t3
```

範例中，利用 Table.AddColumn 函數為既有「表格」加入新欄位，其函數定義如下：

```
Table.AddColumn(table as table, newColumnName as text, columnGenerator as
function,  optional columnType as nullable type) as table
```

其中函數定義引用了 if 判斷式，但需要搭配自訂匿名函數內的每筆紀錄呼叫格式，所以語法撰寫成：

```
()=>if _[r]>5 then true else false
```

可以 each 關鍵字簡化語法：

```
each if [r]>5 then true else false
```

執行結果如圖 3.69 所示：

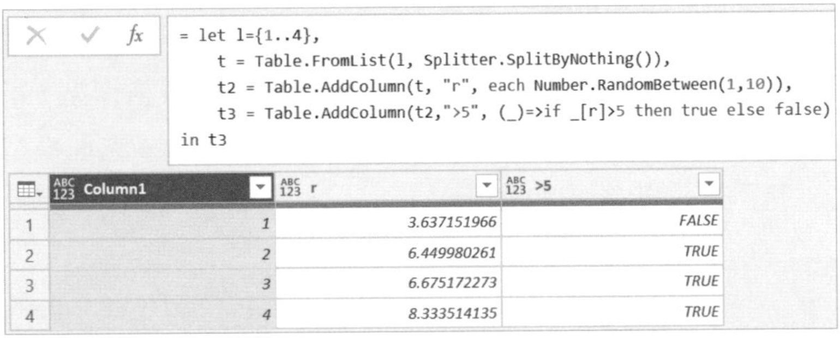

圖 3.69　在自訂函數內撰寫 if 判斷式

3.6　效能

Power BI/Power Query、Excel/Power Query 和 SQL Server Analysis Services 1400 版以後，載入資料時預設會套用 Mashup 引擎。然而這個引擎處理大量資料時效能不好，若資料來源是資料庫，且要「匯入（Import）」資料，可能還是透過資料庫引擎提供的「檢視（View）」物件；先處理好資料運算，例如：過濾、Join/Lookup、彙總、Case When…等操作，再直接載入到 Power BI/Excel 或 Analysis Services 的 Tabular Model 比較好。畢竟資料庫引擎有資料分布統計、索引結構、可以為大量資料找尋最佳執行計畫，可有效地處理資料。而後再由 M 執行處理資料的商業邏輯，是比較有效率的方式。

在此簡單做個測試，先在 SQL Server 資料庫建立一個超過千萬筆紀錄的資料表，然後透過 SSDT（SQL Server Data Tools）建立 SQL Server Analysis Services 的「表格式模型（Tabular Model）」，在 SSDT 中設計以 Power Query/M 載入資料到 Tabular Model，藉由 SQL Server Analysis Services 的 Tabular Model 處理資料所回傳之時間；來判讀 Mashup 引擎處理資料的運算狀況。因為採用相同的資料處理引擎，而以 SSMS 發起更新較容易單純記錄處理資料的時間。

在此建立五個查詢：directImport、textStart2 和 sumTextStart2、vwSubstring、vwSubstringSum，由於此處僅是說明比較效能的方式，並非要深入討論 SQL Server Analysis Services 的表格模型，所以不細述 SSDT 建立表格模型專案、部署與 Analysis Services 處理模型的原理與作法，範例模型如圖 3.70 所示：

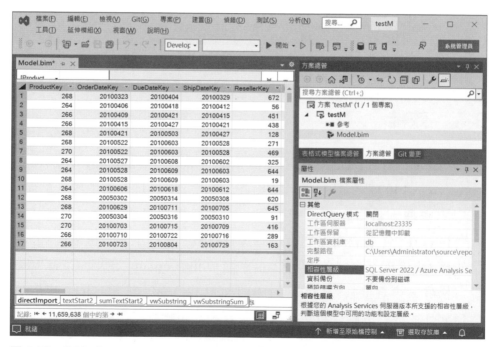

圖 3.70 SQL Server Analysis Services 2017 版之後的 Tabular Model 是透過 Mashup 引擎整資料，利用執行所耗時間來判讀執行效能

以 SSDT 部署表格模型專案到 AS 時，設定專案屬性的「處理選項」為
「不處理」，避免部署時兼做處理耗時過久，如圖 3.71 所示：

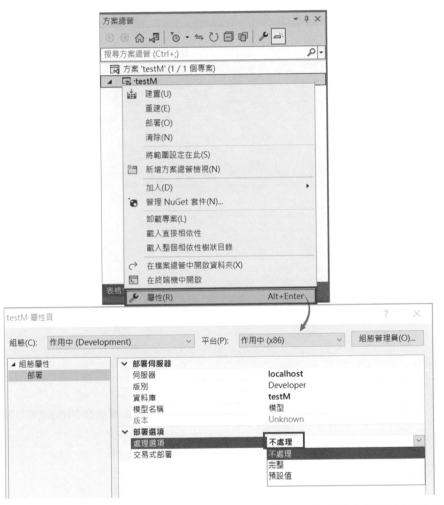

圖 3.71　部署表格模型專案到 Analysis Services 後，再個別選定資料表觸發處理
資料的流程

透過「資料表」→「資料表屬性」選項，可以檢視 Mashup 引擎所執行的 M 查詢，如圖 3.72 所示：

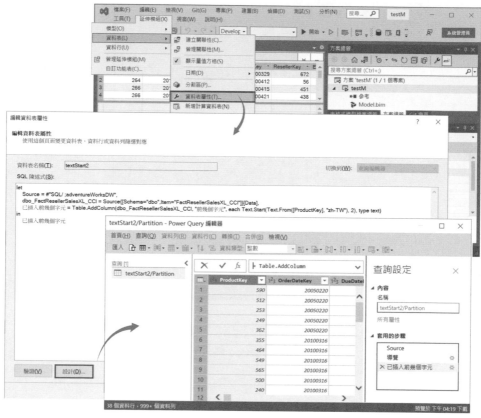

圖 3.72　在 SSDT 中編寫 M 查詢

其三個資料表對應的 M 查詢定義內容如下：

■　directImport：直接載入 1 千萬筆

範例程式 3.19：透過 Mashup 引擎直接載入資料庫內的資料表

```
let
    Source = #"SQL/ ;adventureWorksDW",
    dbo_FactResellerSalesXL_CCI =
Source{[Schema="dbo",Item="FactResellerSalesXL_CCI"]}[Data]
in
    dbo_FactResellerSalesXL_CCI
```

■ **textStart2**：載入 AS 表格式模型前，Mashup 引擎要先切割一欄位

範例程式 3.20：在 Mashup 引擎載入資料當下，同時做文字運算

```
let
    Source = #"SQL/ ;adventureWorksDW",
    dbo_FactResellerSalesXL_CCI =
Source{[Schema="dbo",Item="FactResellerSalesXL_CCI"]}[Data],
    已插入前幾個字元 = Table.AddColumn(dbo_FactResellerSalesXL_CCI, "前幾個字元",
each Text.Start(Text.From([ProductKey], "zh-TW"), 2), type text)
in
    已插入前幾個字元
```

■ **sumTextStart2**：切割欄位後再彙總，若單純選擇彙總功能，Mashup 引擎會直接產生 T-SQL 的 Select sum group by… 語法，而不是靠自身的運算。在此先以 M 處理資料再彙總，故意讓 Mashup 引擎自己完成彙總運算：

範例程式 3.21：在 Mashup 引擎載入資料當下，同時做彙總運算

```
let
    Source = #"SQL/ ;adventureWorksDW",
    dbo_FactResellerSalesXL_CCI =
Source{[Schema="dbo",Item="FactResellerSalesXL_CCI"]}[Data],
    已擷取前幾個字元 = Table.TransformColumns(dbo_FactResellerSalesXL_CCI,
{{"ProductKey", each Text.Start(Text.From(_, "zh-TW"), 2), type text}}),
    已群組資料列 = Table.Group(已擷取前幾個字元, {"ProductKey"}, {{"計數", each
Table.RowCount(_), type number}, {"sum", each List.Sum([UnitPrice]), type
number}})
in
    已群組資料列
```

另外兩個查詢 vwSubstring 和 vsSubstringSum 直接從後文建立的檢視取得資料，在此也就不貼出語法。若你想做相同的測試，可以簡單地透過 SSDT 開啟範例專案，或是自行建立 SSDT 專案，貼入前述 M 範例程式。

透過 SSMS（SQL Server Management Studio）啟動處理 AS 資料表，可以觀察執行進度與所耗時間，如圖 3.73 所示：

圖 3.73　透過 SSMS 處理 AS 表格模型內個別的資料表

滑鼠右鍵點選某個 AS 資料庫內要處理的資料表，而後在「處理資料表」對話窗選擇左上角的「指令碼」。而後可以看到「TMSL（Tabular Model Scripting Language）」語法，按下「Alt-X」或「F5」快捷鍵執行 TMSL，如圖 3.74 所示：

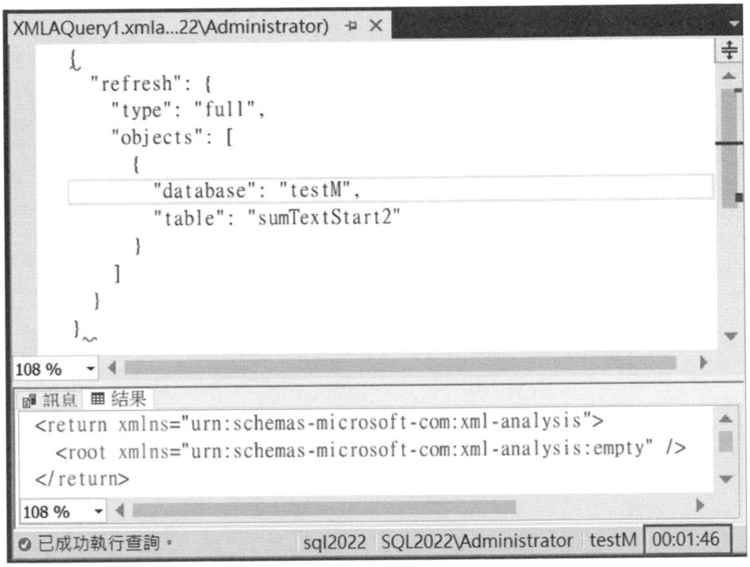

圖 3.74　傳遞 TMSL 給 AS 啟動執行處理資料表

透過 SSMS 可以觀察總耗時間，以及 AS 回傳的訊息。當處理的資料量很大，若硬碟不夠大，會發生處理錯誤。在處理資料的當下，可以透過「工作管理員」觀察 Mashup 引擎的執行狀況，如圖 3.75 看到 Mashup 引擎僅能用 1 個 CPU 瘋狂地跑著：

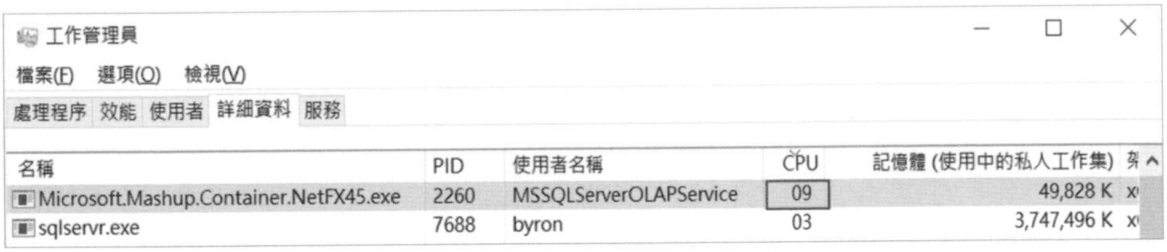

圖 3.75　透過「工作管理員」觀察 Mashup 引擎的執行狀況

由於我們的虛擬機賦予了 12 顆 CPU，可以看到忙著整資料的 Mashup 引擎並不會使用多執行緒，因此最多只會用滿一顆 CPU，也就是使用到總量的 9%。

可以同時觀察處理的流程中，Mashup 引擎處理資料和 msmdsrv.exe
（SQL Server Analysis Services）服務處理 Tabular 模型的忙碌狀況。
若直接載入資料，Mashup 引擎不會很忙，但 msmdsrv.exe 執行檔會非
常忙碌。而載入資料時，若有切割欄位或彙總資料則相反，Mashup 引
擎先忙，隨後 msmdsrv.exe 在載入資料時要壓縮成「資料行存放區」結
構會耗用 CPU。

在此，比較相同 Mashup 引擎和 SQL Server 資料庫引擎處理資料的效
能。若是要透過 T-SQL 在 SQL Server 資料庫引擎處理資料，而在 AS
僅將結果載入到 Tabular Model。可於 SQL Server 建立一個與前述範例
程式 3.20 內之 TextStart2 查詢近似的檢視（View）：

範例程式 3.22：透過 T-SQL 定義相似的文字運算

```
create view vwSubstring
as
    select substring(convert(varchar(10),ProductKey),1,2) ProductKey2,
    ProductKey, OrderDateKey, DueDateKey, ShipDateKey, ResellerKey, EmployeeKey,
    PromotionKey, CurrencyKey, SalesTerritoryKey, SalesOrderNumber,
SalesOrderLineNumber,
    RevisionNumber, OrderQuantity, UnitPrice, ExtendedAmount,
UnitPriceDiscountPct,
    DiscountAmount, ProductStandardCost, TotalProductCost, SalesAmount, TaxAmt,
Freight,
    CarrierTrackingNumber, CustomerPONumber, OrderDate, DueDate, ShipDate
    from FactResellerSalesXL_CCI
```

以及與範例程式 3.21 中 M 查詢 SumTextStart2 近似的 T-SQL 檢視，由
SQL Server 資料庫引擎執行彙總：

範例程式 3.23：透過 T-SQL 定義相似的彙總運算

```
create view vwSubstringSum
as
    select substring(convert(varchar(10),ProductKey),1,2) ProductKey2,
    Sum(UnitPrice) SumUnitPrice,Count(*) RowCountValue
    from FactResellerSalesXL_CCI
    group by substring(convert(varchar(10),ProductKey),1,2)
```

在此，比較透過 Mashup 引擎/M 查詢運算，或是以檢視傳回 T-SQL 結果，其執行效率如表 3.1 所示：

表 3.1　比較透過 Mashup 引擎和 SQL Server 引擎處理大量資料的效能

	M	T-SQL View
切割字串	3 分 1 秒	1 分 13 秒
彙總	1 分 46 秒	0 秒

推測因為累計的是處理流程的總時間（SQL 引擎處理並傳輸資料 +Mashup 引擎接收與處理資料+AS 表格模型壓縮資料），因為 SQL Server 擁有預先建立的資料結構，可以找最佳執行計畫，且能平行運算，所以在處理資料的效能上，要比 Mashup 引擎好很多。而 AS 處理壓縮的資料量越大，也耗用更多的時間。

而「彙總」的時間較少，是表格模型壓縮紀錄較少。以 T-SQL 計算而言，整個流程「SQL Server 計算」→「資料源傳遞」→「Mashup 引擎轉手」→「AS 建置表格模型」能夠總時間 0 秒就結束（因為總耗時可能是數微秒，SSMS 以秒呈現累計時間，所以介面顯示 0 秒），也可以看作 AS 壓縮資料行儲存區的時間幾乎沒有，因為資料總筆數只有 40 筆。簡單透過 SSMS 執行 DAX 查詢，可以驗證處理資料的結果：

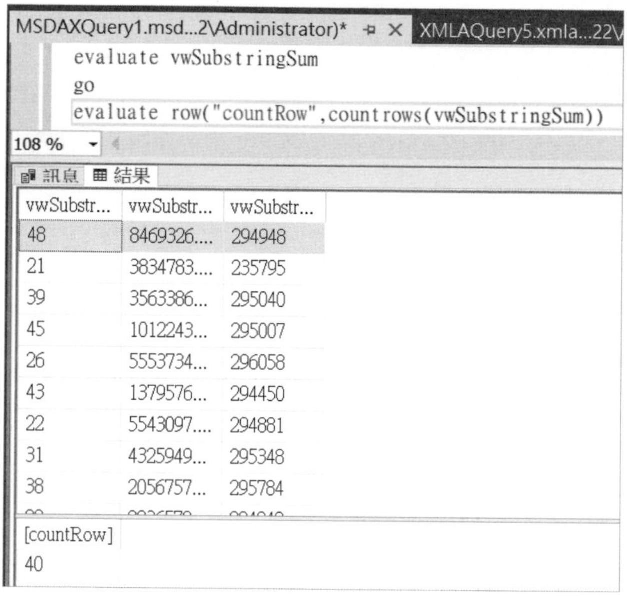

圖 3.76 透過 DAX 查詢 AS 表格模型，驗證資料處理的結果

最後加上排序，呼叫 M 查詢的 Table.Sort 函數，一如猜想，排序要重複操作所有的資料後才能輸出，這將耗掉大量時間：

範例程式 3.24：在 Mashup 引擎載入資料當下，同時排序

```
let
    Source = #"SQL/ ;adventureWorksDW",
    dbo_FactResellerSalesXL_CCI =
Source{[Schema="dbo",Item="FactResellerSalesXL_CCI"]}[Data],
    已插入前幾個字元 = Table.AddColumn(dbo_FactResellerSalesXL_CCI, "前幾個字元",
each Text.Start(Text.From([ProductKey], "zh-TW"), 2), type text),
    已排序資料列 = Table.Sort(已插入前幾個字元,{{"前幾個字元", Order.Ascending}})
in
    已排序資料列
```

在我們的機器上，處理時間共耗時：29 分 18 秒。排序既耗 CPU（看起來用不到 2 顆 CPU） 也佔記憶體（但也沒非常大），就觀察期間內，最後有寫入檔案，但量不大。換句話說，若有排序，將非常耗時。因為無法平行運算，換更大機器也無法提升多少效能。

基本報表設計

Power BI 分為企業內部部署的「Power BI Report Server」與微軟 Azure 雲端的「Power BI Service」，開發工具因而有兩種版本，且更新頻率不同，使得功能有落差，在安裝時要特別注意。

接下來的兩章將介紹工具基本使用方式與互動式設計技巧，會以 2023 / 01 版為主，在使用範例檔時，需確認是否等於或高於範例版本。

4.1 Power BI Desktop[1] 環境介紹

Power BI Desktop 設計環境包含：「功能區」、「檢視」、「畫布」、「工作窗格」、「屬性」以及「報表頁面」，如圖 4.1。

---

[1] 不同版本的 Power BI Desktop 工具介面上的文字翻譯可能會有所不同，以官方的最新版本為主。

圖 4.1　Power BI Desktop 設計環境

工具開啟後的預設畫面為「報告檢視」，不同的「檢視」會切換各自的「功能區」與「工作窗格」。以下將依功能區與和檢視來分小節介紹。

4.1.1　功能區

「說明」功能區提供版本資訊與線上資源的連結，各位可以自行點擊查看。以下僅說明與報表設計相關的功能區，包括「常用」、「插入」、「模型化」與「檢視」四種。

常用功能區

「常用」將使用頻率高的功能集結一起，因此內含部分工作窗格和「模型化」功能區的內容。其最主要的用途是「取得資料」、「輸入資料」，或使用「轉換資料」以開啟「Power Query 編輯器」來取用與編輯資料。

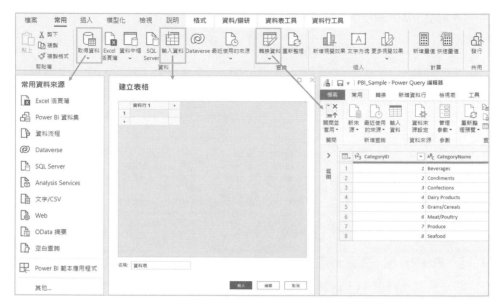

圖 4.2　常用功能區的主要用途

關於如何設定資料來源及編輯資料，請參閱「第 2 章 Power Query 編輯器」。

插入功能區

「插入」的目的是在報表設計頁面新增物件，如圖 4.3，包括「視覺效果」、「文字方塊」、「按鈕」、「影像」…等，圈起部分為雲端版功能。

圖 4.3　插入功能區

模型化功能區

「模型化」的目的是定義報表資料模型,如圖 4.4,包括建立資料表間的關聯性、新增用於分析的計算公式、新增計算用的參數、定義檢視報表的角色權限...等。

圖 4.4　模型功能區

若 Power BI 的資料取自 Analysis Services 且載入模式採用「即時連接」,則會使用已定義於 Analysis Services 的資料模型,無法在 Power BI Desktop 變更模型內容。

更多關於模型功能區各項目的設定,請參閱「第 6 章 表格式模型」。

檢視功能區

「檢視」只顯示於「報告」的檢視畫面中,能夠切換配置版面、啟用顯示格線、貼齊格線、鎖定物件等輔助報表設計之功能,另外可開啟/關閉「篩選」、「書籤」、「選取項目」、「同步交叉分析篩選器」及「效能分析器」等進階工作窗格。

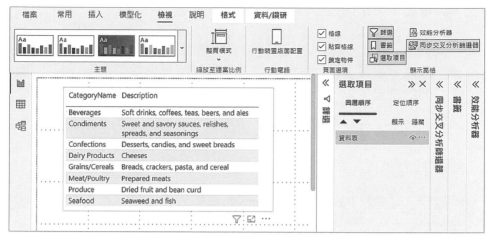

圖 4.5　檢視功能區

輔助設計功能如下：

- **主題**：將設計變更套用至整個報表，例如使用色彩、變更圖示集，或套用新的預設視覺效果格式。

- **縮放至適當比例**：可變更畫布檢視模式以符合螢幕大小，包含「符合一頁大小」、「符合寬度」和「實際大小」。

- **行動電話**：當點選「行動裝置版面配置」時，能夠為行動裝置編排版面，提供較佳的閱讀效果。

- **格線**：在畫布中顯示網格，以方便編排報表物件。

- **貼齊格線**：限制視覺效果可移動的間距，其可動間距相當於「顯示格線」的網格距離，能快速對齊但無法微調位置。

- **鎖定物件**：鎖住畫布中所有視覺效果與各類物件的位置及大小，須注意該功能無法個別鎖定。

進階工作窗格的使用方式請參閱「第 5 章 互動式設計」與「第 9 章 Power BI 效能」。摘要功能如下：

- **篩選**：用來自訂篩選條件的報表檢視。

- **書籤**：用來儲存自訂的報表檢視。

- **選取項目**：管理報表視覺效果的可見度、圖層順序與定位順序。

- **效能分析器**：用於監視報表，查看每個視覺效果查詢資料所花費時間的細節。

- **同步交叉分析篩選器**：同步處理報表頁面之間的交叉分析篩選器。

說明功能區

「說明」可查看 Power BI Desktop 軟體版本及連結至微軟官方的說明文件或社群。

格式功能區

「格式」只在「報告」的檢視畫面中點選畫布中的物件項目後才會顯示，如圖 4.6，包含針對畫布上的物件「編輯互動」、「上移一層」、「選取項目」、「對齊」、「分組」…等。

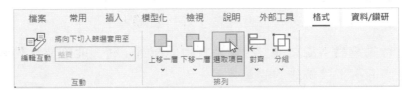

圖 4.6　格式功能區

更多關於格式功能區各項目的使用，請參閱「4.2.3 編排報表元素」。

資料/鑽研功能區

「資料/鑽研」只在「報告」的檢視畫面中點選畫布中的視覺效果後才會顯示，如圖 4.7，包含針對畫布上的物件「顯示視覺效果資料表」、「向下切入」、「鑽研」…等。

圖 4.7　資料/鑽研功能區

更多關於資料/鑽研功能區各項目功能的使用，請參閱「第 5 章 互動式設計」。

資料表/行工具功能區

「資料表/行工具」只在「報告」及「資料」的檢視畫面中點選右方的欄位/資料工作窗格中的資料表/資料行才會顯示，如圖 4.8，包含針對資料行進行設定如「資料類型」、「顯示方式」、「摘要方式」、「排序」、「分組」…等。

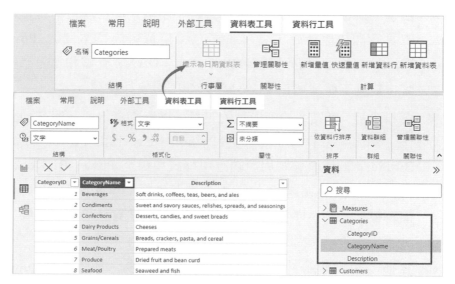

圖 4.8　資料表/行功能區

外部工具功能區

僅雲端版有「外部工具」功能區,可存取安裝在本機且向 Power BI Desktop 註冊的外部工具,當從「外部工具」功能區啟動外部工具時,Power BI Desktop 將其內部資料模型引擎實例(也就是整合的 Analysis Services)的名稱和埠號碼,以及目前的模型名稱傳遞至工具並自動連線至模型。

圖 4.9　外部工具功能區

外部工具通常屬於下列其中一個類別:

- **篩選**:DAX Studio、ALM 工具組、表格式編輯器和中繼資料翻譯工具等開放原始碼工具。可擴充特定資料模型案例的 Power BI Desktop 功能,例如資料分析運算式(DAX)查詢和運算式優化、應用程式生命週期管理(ALM)和中繼資料轉譯。

- **資料分析**:唯讀連接到模型的工具,以查詢資料並執行其他分析工作。例如,工具可能會啟動 Python、Excel 和 Power BI Report Builder。此工具會將用戶端應用程式連線至 Power BI Desktop 中的模型,以進行測試和分析,而不需要先將 Power BI Desktop(pbix)檔案發佈至 Power BI 服務。記錄 Power BI 資料集的工具屬於此類別。

- **其他**:某些外部工具完全不會連線到模型,而是擴充 Power BI Desktop,以提供實用的秘訣,容易取得輔助資訊。例如,PBI.tips 教學課程、來自 sqlbi.com 的 DAX 指南,以及 PowerBI.tips Product Business Ops 社群工具,可輕鬆地安裝大量的外部工具。這些工具

也可協助註冊 Power BI Desktop，包括 DAX Studio、ALM 工具組、表格式編輯器，以及其他許多簡單的工具。

- 自訂：將 *.pbitool.json 檔新增至 Power BI Desktop\External Tools 資料夾，以整合自己的腳本和工具。

更多關於外部工具的說明可參考：https://learn.microsoft.com/zh-tw/power-bi/transform-model/desktop-external-tools

4.1.2　檢視

報表檢視（Report）

「報表」檢視頁面為配置、設計與呈現視覺效果、文字或其他自訂物件的主要工作區，基本由「畫布」和四種工作窗格－「資料」、「視覺效果」、「鑽研」與「篩選」所組成。

要於畫布中加入圖表，只需在「視覺效果」窗格點選要繪製的項目，並於「資料」窗格勾選資料行即可完成。

圖 4.10　於畫布中加入視覺效果

- **資料窗格**：顯示包含資料來源之資料表與資料行，以及經由計算產生的新增資料表、新增資料行與量值。

- **視覺效果窗格**：包含各種視覺效果圖表與屬性設定，每個視覺效果所具備的欄位、格式和分析屬性內容都不同。

表 4.1　視覺效果屬性説明

類型	項目	說明
選單	視覺效果	點選即可加入畫布。內建有 38 種圖表，從常見的折線圖、直條圖到可撰寫分析語言的 R 圖都有，亦可選擇從市集或自訂的檔案匯入視覺效果。
屬性	欄位	不同的視覺效果所具備的欄位屬性不同，用於指定圖表要呈現的資料行或計算結果。設定時，可從「欄位」窗格勾選資料行或拖拉資料行至 X 軸、Y 軸、值、圖例、工具提示...等欄位屬性中。
	格式	用來設定圖表的字體、背景、色彩、大小、位置、...等格式。
	分析	僅特定視覺效果可使用。能夠在圖表中加入統計分析數列，如：常數線、趨勢線、誤差...等。

若未選擇任何物件，或是直接點選畫布時，格式屬性的設定對象會變更為畫布，能夠修改畫布的比例、背景、頁面對齊方式、...等。

- **鑽研窗格**：會將篩選條件透過鑽研功能從某頁面傳遞至另一頁面。其篩選效果如同「頁面層級篩選」。與「第 5 章 互動式設計」的鑽研功能搭配使用。

- **篩選窗格**：可過濾畫布中各圖表的資料內容，依影響範圍劃分三種篩選層級，如下表：

表 4.2　篩選層級的影響範圍

篩選層級	影響範圍	說明
視覺效果	特定圖表	套用篩選至特定視覺效果，不影響未設定篩選的視覺效果。
頁面	單一頁面	套用篩選至單一頁面所有視覺效果。
所有頁面	整份檔案	套用篩選至全部頁面所有視覺效果。

資料檢視（Data）

建立模型時，經常會需要查看資料表或資料行中的實際內容，特別是在新增「量值」、「新增資料行」、「新增資料表」，或要識別「資料類型」與「資料類別」時，都會需要看到資料來確保建立模型的品質，因此「資料」檢視頁面通常搭配「資料表/行工具」功能區來使用，以瀏覽及調整已載入 Power BI Desktop 模型中的資料。

圖 4.11　資料檢視與「資料表/行工具」功能區搭配使用

模型檢視（Model）

「模型」檢視頁面預設會在「所有資料表」顯示所有資料表及既有的關聯性，如圖 4.12。

如果資料源本身未定義關聯，或來源為資料庫的檢視、預存程序、臨時的查詢語法...等產生的資料表時，Power BI Desktop 會猜測可能的關聯性，若模型無法自行判讀資料表間的關聯性，或判讀錯誤，這時需要自行拖拉資料行來定義關聯關係。

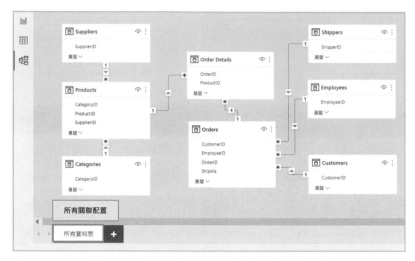

圖 4.12　模型檢視預設包含所有關聯配置

若資料表過多，使關聯性過於複雜而影響理解時，可單獨新增「版面配置」頁面，為部分資料表建立關聯檢視，既容易維護又能清楚資料關係。而在新配置頁面內建立的關聯，也會同步顯示在「所有資料表」頁面中。

更多建立關聯的細節，請參閱「第 6 章 表格式模型」。

圖 4.13　關聯版面配置頁面與資料屬性窗格

在「模型」檢視頁面中除了維護關聯性，還有「屬性」窗格，可用來定義每個資料表/行的描述說明、是否隱藏、資料格式、排序、是否可為Null、摘要方式…等。新增的描述在「報表檢視」與「資料檢視」裡，會作為工具提示浮現，如圖 4.14 所示。

圖 4.14　在欄位屬性加入描述

對設計工具各個部分都有基本認識之後，接著說明影響設計環境、資料安全與效能的相關屬性。

4.1.3　環境設定（Options）

在 Power BI Desktop 左上方的「檔案」→「選項及設定」→「選項」選單中，包含資料載入、安全性、隱私權、自動復原…等諸多重要的環境屬性，部分屬性分成「全域」與「目前檔案」兩類層級，可設定的重點說明如下（未包含全部的選項）：

- **全域**：對 Power BI Desktop[2] 工具整體設定

---

[2]　在此以 Power BI Desktop 2023/1 月號雲端版本表列設定選項，地端版本的設定選項較少。

表 4.3 「全域」環境屬性說明

設定項目	設定內容	說明
資料載入	類型偵測 • 一律偵測 • 依據每個檔案的設定 • 永不偵測	是否偵測非結構化來源的資料行類型與標頭。
	背景資料 • 一律允許 • 依據各檔案的設定 • 一律不允許	是否允許在背景下載資料預覽。
	同時載入資料表 • 設定同時評估數目上限 • 設定每個同時評估使用的記憶體上限（MB）	透過 import 或 DircetQuery 模式載入資料進 Power BI 時，是採用 Power Query 查詢，而查詢會同時評估，預設上限會因使用設備而有所不同。
	時間智慧 • 自動為新檔案建立日期/時間	在具有日期或時間資料類型的模型中，為每個欄位建立隱藏的日期資料表。
	資料快取管理選項 • 清除目前的快取 • 設定快取允許的最大值（MB）	• 資料快取管理：儲存查詢預覽結果的複本在本機磁碟中，以便之後可快速檢視 • 快取預設為 4096MB，建議不低於 32MB
	問與答快取選項 • 清除目前的快取 • 設定快取允許的最大值（MB）	• 問與答快取選項：用來回答自然語言查詢 • 快取預設為 4096MB，建議不低於 512MB
	摺疊（folded）的成品快取選項 • 清除目前的快取	舊版直接查詢的折疊查詢快取經儲存後，可提高效能。

設定項目	設定內容	說明
Power Query 編輯器	版面配置 • 顯示「查詢設定」窗格 • 顯示公式列 資料匯入 • 啟用 Web 資料表推斷 資料預覽 • 使用等寬字型顯示預覽內容 • 顯示空格與換行字元 參數 • 一律允許資料來源與轉換對話方塊中的參數化 公式 • 啟用 M Intellisense	• 資料匯入：從網頁匯入資料時啟用新的 Web 資料推斷體驗。使用 Web.BrowserContents 來擷取頁面內容，可偵測頁面上的重複模式，而不僅是常值 HTML 資料表。
DirectQuery	勾選是否將 SAP HANA 視為關聯來源	
R / Python 指令碼	• 指定 R / Python 主目錄 • 指定 R / Python IDE	• 選取 Power BI Desktop 應使用的主目錄 • 選取應啟動的整合開發環境
安全性	原生資料庫查詢 • 需要使用者核准新的原生資料庫查詢	-
	設定憑證撤銷，分為三種： • 全面檢查 • 基本檢查 • 無	憑證可確保連線至線上資料來源的安全性，為安全起見可在連線前檢查憑證是否撤銷 • 拒絕已撤銷的憑證以及無撤銷資訊的憑證 • 只拒絕已撤銷的憑證，允許使用沒有撤銷資訊的憑證 • 不檢查憑證效期，所有正確的憑證皆允許通過

設定項目	設定內容	說明
	Web 預覽警告層級 • 選項包括：嚴格、中度、無	Web 預覽警告層級 • 嚴格：顯示 Web 預覽前，一律警告 • 中度：如果未明確輸入 URL 或工作階段期間未將其核准為「受信任」，則在顯示 Web 預覽前先警告 • 無：顯示 Web 預覽前，一律不警告
	資料延伸模組，分為兩種： • （建議）只允許載入 Microsoft 認證和其他信任的協力廠商延伸模組 • （不建議）允許任何延伸模組載入，不經過驗證或警告	
	自訂視覺效果 • 將自訂視覺效果加入報表時顯示安全性警告	
	是否使用 ArcGIS for Power BI	
	是否使用地圖及區域分布圖視覺效果	
	驗證瀏覽 • 是否使用預設網頁瀏覽器	若 Power BI（或資料連線器）的驗證視窗因故無法開啟，可以改使用預設的網頁瀏覽器進行驗證。
	已核准的 ADFS 驗證服務	用戶在登入時，核准了不明驗證服務的提示，就不再詢問該服務。刪除此清單中的項目會移除核准，導致再次登入時會出現提示。
隱私權	設定隱私權等級，分為三種： • 一律根據隱私權等級設定合併每項來源資料 • 根據每個檔案的隱私權等級設定合併資料 • 一律忽略隱私權等級設定	忽略隱私權等級，可能會將敏感性或機密資料外洩給未經授權的人員。

設定項目	設定內容	說明
區域設定	指定語言包括： • 應用程式語言 • 模型語言 • 查詢步驟	• 使用者介面所使用的語言 • 在比較資料中的字串及建立內部日期欄位時所使用的語言，僅適用於首次建立的報表，現有的無法變更 • 自動產生的步驟名稱所使用的語言
更新	勾選是否顯示 Power BI Desktop 的更新通知	• Power BI Desktop 將定期檢查與提醒用戶最新的更新，這些更新非必要，但舊版本在未來某個時間點會停止運作，將會在到期日至少 30 天前提醒
使用量資料	勾選是否傳送使用方法資訊給 Microsoft，協助改 Power BI Desktop	會在不打擾使用的情況下收集使用 Power BI Desktop 的資訊，但不會收集任何資料相關的內容。收集的資訊不會用來識別或聯絡用戶
診斷	診斷選項 • 啟用追蹤 • 略過地理編碼快取 損毀傾印集合 • 啟用 Mashup Engine 程序的損毀傾印集合 • 開啟損毀傾印/追蹤資料夾 • 清除 Traces 資料夾 • 收集診斷資訊 版本 • Power BI Desktop 版號 設定查詢診斷 • 在報表和查詢編輯器中啟用 • 在查詢編輯器中啟用 診斷層級 • 彙總 • 詳細	追蹤將影響所有目前開啟的檔案，當關閉最後一個檔案時，追蹤將自動停用。 預設追蹤資料夾路徑範例： C:\Users\<Windows 帳戶名稱>\ AppData\Local\Microsoft\ Power BI Desktop\Traces

設定項目	設定內容	說明
	其他診斷 • 效能計數器 • 資料隱私權分割區	
預覽功能	可勾選試用的功能，在未來正式的版本可能會變更，或移除此功能	
自動復原	• 設定儲存自動復原資訊間隔（分鐘） • 設定關閉檔案但未儲存時，保留上次的自動復原版本 • 設定自動復原檔案路徑	預設自動復原資料夾路徑範例： C:\Users\<Windows 帳戶名稱>\AppData\Local\Microsoft\Power BI Desktop SSRS\AutoRecovery
報表設定	視覺效果選項 • 在視覺效果對齊時顯示智慧輔助線 協助工具 • 永遠以改進的朗讀器來支援 Power BI Desktop 頁面對齊 • 將頁面對齊桌布頂端 • 將頁面對齊桌布中央 格式窗格 當您開啟類別時，預設會展開所有子類別	

■ **目前檔案**：設定當下編輯的個別檔案

表 4.4 「目前檔案」環境屬性說明

設定項目	設定內容	補充說明
<u>資料載入</u>	類型偵測 • 自動偵測非結構化來源的資料行類型與標頭	-

設定項目	設定內容	補充說明
	關聯性 • 從來源匯入關聯性 • 重新整理資料時更新或刪除關聯性 • 資料載入後自動偵測新的關聯性	• 來源匯入：載入資料前，先找出資料表之間現有的關聯性（如關聯式資料庫中的外部索引鍵），並隨著資料一起匯入。 • 重新整理：在重新整理的情況下，找出資料表間現有的關聯性，並予以更新。須注意可能會移除在匯入資料後才手動建立的關聯性，或帶出新的關聯性。 • 自動偵測：資料載入後，對不具任何關連性的資料表，偵測其相互關聯，並加以建立。
	時間智慧 • 自動日期/時間	自動為具有日期或時間類型之模型中的每個欄位，建立隱藏的日期資料表。
	背景資料 • 允許在背景下載資料預覽	-
	同時載入資料表 • 預設 • 一（停用平行載入） • 自訂	同時執行及載入多項查詢。通常可以減少載入多份資料表的時間，但也可能會降低伺服器的效能或可靠性。
	問與答 • 開啟問與答即可詢問關於您資料的自然語言問題 　▫ 與組織的所有人共用同義字	若開啟問與答並發佈報表，會在服務中建立資料的索引。
區域設定	設定地區	地區設定可指定用以解釋目前檔案匯入資料中之數字、日期及時間的地區設定。
隱私權	• 根據每個來源的隱私權等級設定合併資料 • 忽略隱私權可能會改善效能	忽略隱私權等級，可能會將敏感性或機密資料外洩給未經授權的人員。
自動復原	是否停用此檔案的自動復原功能	-

設定項目	設定內容	補充說明
已發佈的資料集設定	SAP 變數 • 允許報表讀取者變更報表的 SAP 變數	搭配使用 DirectQuery 與 SAP Business Warehouse 或 SAP HANA 時，可允許終端使用者在 Power BI 服務中，編輯 Premium 及共用工作區的 SAP 變數。
	DirectQuery 與此資料集的連線 • 防止 DirectQuery 連線	可防止使用者在 Power BI Desktop 中建立此資料集的 DirectQuery 連線。
減少查詢	減少傳送的查詢數目 • 根據預設停用交叉醒目提示/篩選 交叉分析篩選器 • 立即套用交叉分析篩選器變更 • 將「套用」按鈕新增至每個交叉分析篩選器，以在準備就緒時套用變更 篩選 • 立即套用基本篩選變更 • 將「套用」按鈕新增到所有基本篩選，以在準備好時套用變更 • 將單一「套用」按鈕新增到篩選窗格，以立即套用變更	
報表設定	常設篩選 • 不允許終端使用者在 Power BI 服務中對此檔案儲存篩選 視覺效果選項 • 隱藏閱讀檢視中的視覺效果標頭 • 使用具有已更新樣式選項的新式視覺效果標題 • 將預設視覺效果互動從交叉醒目提示變更為交叉篩選 匯出資料 • 允許終端使用者從 Power BI 服務或 Power BI 報表伺服器匯出摘要資料 • 允許終端使用者從服務或報表伺服器匯出摘要資料及基礎資料 • 不允許終端使用者從服務或報表伺服器匯出任何資料 正在篩選體驗 • 允許使用者變更篩選類型	

設定項目	設定內容	補充說明
	• 允許搜尋篩選窗格	
	跨報表鑽研	
	• 允許報表中的視覺效果使用其他報表中的鑽研目標	
	將視覺效果個人化	
	• 允許報表讀者將視覺效果依其需求個人化	
	開發人員模式	
	• 開啟此工作階段的自訂視覺效果開發人員模式	
	預設摘要	
	• 對於彙總欄位，永遠顯示預設的摘要類型	

4.2 報表設計原則

在 Power BI 中，報表可有一或多個頁面，每個頁面是由視覺效果、獨立影像、文字方塊...等元素所組成。從個別資料點到報表元素，再到報表頁面本身，包含無數的格式化屬性。為了讓報表能夠聚焦在需求上，不迷失在大量的資訊與圖表中，我們歸納出幾種基本設計原則，首先來看報表的分頁配置。

4.2.1 分頁配置與畫布屬性

由於畫布的空間有限，設計時需要思考分頁的邏輯。除了依使用單位或角色來分之外，也可以將畫布當作一幕幕的敘事場景，引導觀看者從摘要畫面逐步深入細節。

舉例來說，一份銷售分析報表包含：銷售額、庫存、訂單、客戶、...等。如圖 4.15，為了引導觀看者先有整體概觀，將第一幕設計為介紹頁面，包含報表主題與選單，接著集中各分析目標的彙總結果，建立儀錶板來呈現指標數據，形成第二幕，以此類推發展至細節資料的頁面。

圖 4.15　報表分頁配置範例

要能完成圖 4.15 的範例效果，還需要熟悉畫布的格式屬性，表 4.5 列出範例使用到的屬性，未提及的部分請自行嘗試或參考線上說明文件。

表 4.5　畫布格式屬性

屬性	子項目	設定說明
畫布設定	鍵入（Type[3]）	報表頁面比例，選項包括：16:9、4:3、Cortana、信件、自訂
	高度	當類型為自訂時，可設定報表頁面高度
	寬度	當類型為自訂時，可設定報表頁面寬度
	垂直對齊	報表畫面對齊，選項包括：上、中

---

[3] 這顯然是繁體版翻譯錯誤，英文的 Type 或可翻譯成「類型」，而非「鍵入」。

屬性	子項目	設定說明
畫布背景	顏色	背景色彩
	影像	加入背景圖片，圖片最適大小分為：標準、填滿與調整
	透明度	背景色彩或圖片的透明度

> **◁》TIP** ••
> 當畫布加入背景圖片之後，應適當地將透明度屬性拉高，避免底圖影響
> 報表閱讀。

4.2.2 獨立報表元素

接續前面的範例，可以注意到畫面中除了視覺效果之外，還有其他獨立
的報表元素。Power BI Desktop 提供的報表元素包含：文字方塊、按鈕、
圖案與影像，各元素的說明如下表：

表 4.6　報表元素

項目	說明
文字方塊	用於註解說明或提供連結。
按鈕	包括向左、向右、重設、上一步、資訊、說明、書籤、空白與導覽器。除導覽器區分為頁面或書籤導覽器外，其他僅圖示不同，功能都相同，能夠跳至其他頁面或連結。
圖案	主要分為矩形、基本圖案、箭號圖案，基本圖案包含圓形、三角形、多邊形、語音泡泡、愛心、線條，可調整圓角、角度等圖案細節。能夠利用圖案來描繪或分割畫布，增添可讀性。
影像	利用外部影像檔讓報表視覺更美觀。

在這個範例中，我們利用「插入」功能區拉出一個矩形「圖案」，當作
放置選單的區域，再拉出三個矩形當作放置頁面連結及說明圖片的區
塊，接著加入「文字方塊」標註報表標題、頁面選單說明，最後插入多

個「影像」作為選單圖示。而要能讓選單連結至不同的報表分頁，還需要新增「按鈕」並指定動作屬性。

指定按鈕的「動作」屬性，如圖 4.16，點選「進貨」的「了解更多」按鈕，於「按鈕」窗格中展開「動作」屬性，將「鍵入[4]」行為選擇「頁面巡覽」，再於「目的地」選單選取特定報表分頁「進貨」，並視需要加入「工具提示」的內容，讓滑鼠移到該影像時，能夠有文字說明浮現。

圖 4.16　設定按鈕的動作屬性，並加入工具提示

除了「按鈕」之外，「圖案」以及「影像」都具備「動作」屬性，可以多加利用。

---

[4]　依然是「Type」被誤譯成「鍵入」。

4.2.3　編排報表元素

報表元素的配置會影響觀看者理解內容，以閱讀方向來說，一般習慣從左到右、由上到下的順序。而位置鄰近或位於相同區塊，會暗示圖表之間具有某些關聯。因此，設計時也要考慮這些細節。

接著就來看 Power BI Desktop 提供哪些功能來協助編排報表元素與管理圖層。

排版格式屬性

首先是報表元素本身的功能，表 4.7 將 Power BI 所有報表元素都具備，且與排版相關的格式屬性單獨列出來，個別視覺效果的特定屬性則留待後文解釋該視覺效果時再討論：

表 4.7　報表元素與排版相關的格式屬性及用途

屬性	子項目	說明
編排用途：定位報表元素並設定大小		
大小	高度	報表元素的高度
	寬度	報表元素的寬度
位置	橫向	距離畫布左邊界的位置
	縱向	距離畫布上邊界的位置
進階選項	回應式	視覺效果會依據畫面調整最適大小
	維持圖層順序	可設定當點選報表物件時是否顯示至最上層
替代文字	鍵入文字	輸入在選取視覺效果時，螢幕助讀程式將會讀出的描述
編排用途：輔助辨識「選取項目」窗格內的項目*		
標題	文字	報表元素標題，也代表選取項目窗格內，項目的名。
	字型	標題字型，目前僅提供英文字型
	字型大小	標題字型大小，值必須介於 8~60 之間
	字型格式	標題字型格式，包括：粗體、斜體、底線
	文字色彩	標題字型色彩

屬性	子項目	說明
	背景色彩	標題背景色彩
	水平對齊	標題對齊方式，選項包括：靠左、置中、靠右
	自動換行	決定是否將標題文字自動換行
編排用途：標示區塊		
背景	色彩	報表元素的背景色彩
	透明度	背景色彩的透明度
視覺效果框限	色彩	決定是否顯示邊界，並設定邊界色彩
	圓角	設定邊界的圓角弧度

*「4.2.3.3 圖層順序」提供範例說明標題如何輔助辨識。

對齊與均分

除了直接移動圖表，或利用「一般」屬性來指定位置外，「對齊」是編排報表元素最實用的功能，只要利用 Ctrl 鍵複選要排列的視覺效果，然後利用「格式功能區」的「對齊」，即可依所選圖表之間的相對位置來排版。

圖 4.17　利用「對齊」排版

圖層順序

當報表元素重疊的時候，可以用以下兩種方式來控制圖層順序。第一種
方式是使用「視覺效果工具」→「上移一層」或「下移一層」來移動層
級。如圖 4.18，明確知道要放在底層的就可以選擇「移到最下層」。

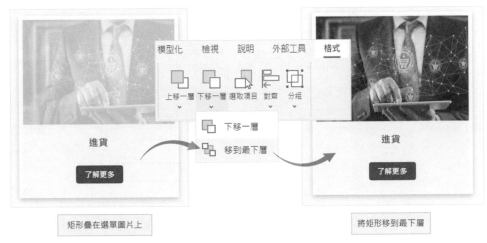

圖 4.18　使用格式功能區來變更圖層順序

當畫面上的報表元素很多，就適合改用第二種方式。於「檢視功能區」
開啟「選取項目」窗格，這個窗格會列出所有報表元素。直接點選要移
動層級的項目，拖曳至所需的位置即可。

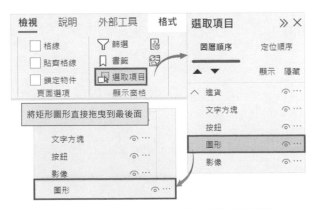

圖 4.19　使用選取項目窗格來變更圖層順序

「選取項目」預設顯示的都是物件名稱，若要改為可識別的內容，需在格式設定中開啟「標題」屬性並加入「標題文字」。設定完後若不希望在圖表中呈現標題，可關閉「標題」屬性，「選取項目」的內容依然會是變更後的文字，如圖 4.20。

圖 4.20　在標題屬性定義報表元素名稱

4.2.4　行動裝置版面配置

Power BI 提供 Windows、iOS 和 Android 裝置使用的應用程式（後面簡稱 App），可以讓使用者隨時隨地存取報表。要控制 App 上的報表排版，需要透過 Power BI Desktop 中「檢視功能區」的「行動裝置版面配置」來設計，如圖 4.21：設定行動裝置版面配置。

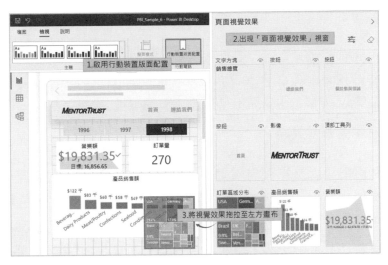

圖 4.21　設定行動裝置版面配置

在「行動裝置版面配置」中的設定變更，並不會影響到「電腦版面配置」的呈現。此外，「行動裝置版面配置」的圖層預設是依擺放順序，可以自行調整，但無法將項目組成群組。

當 App 裝置的螢幕以「直向」使用時，就會呈現「行動裝置版面配置」；切換至「橫向」，則會回到預設的「電腦版面配置」。

特別注意，若在報表設計中有使用「Ctrl 鍵」來複選，需考量到使用行動裝置 App 時，若無外接鍵盤會無法操作，建議將交叉分析器中預設開啟的「以 CTRL 進行多重選取」選項關閉。

圖 4.22　關閉「以 CTRL 進行多重選取」

結論

在應用分頁配置、背景、影像和各種編排效果之後，不要忘了報表的目的在於符合商業分析需求，而不是華麗的外觀。所以應避免過度裝飾，但具備一定程度的美感仍是必要的，能讓觀看者專注於內容，願意花更多時間深入報表意涵。

我們強調的美感是指報表視覺與操作感受的一致性，包含整齊的編排、相近的使用邏輯、空間感、協調的色彩配置...等。其中，色彩配置可以善用「常用功能區」的「切換主題」，對整份報表進行調色。由於主題的效果無法於書中呈現，請參考官方關於佈景主題的說明：https://docs.microsoft.com/zh-tw/power-bi/desktop-report-themes。

4.3 視覺效果設計原則

談完了整體報表的設計安排，接著來看視覺效果的選用與設計原則。Power BI Desktop 提供 32 種內建視覺效果，並支援從市集匯入或自行開發其他視覺效果。要如何在這麼多種類的圖表中選擇最適合的來做呈現，可以從「特性」與「分析情境」兩方面來考量。

4.3.1 圖表特性

不同於需要針對分析情境考量選用時機的「圖表」，我們把特質明確，且使用上不容易混淆的視覺效果歸在這一類，如表 4.8。

表 4.8　依特性選擇視覺效果

特性	說明	視覺效果
篩選器	用來過濾資料的選單	交叉分析篩選器
資料標籤	呈現單一（彙總）值	卡片 / 多列卡片
指標	呈現資料值與目標值的關係	KPI / 量測計

特性	說明	視覺效果
地圖	以地圖樣貌呈現資料分佈	地圖／區域分布圖
表格	以表格形式表列資料值	表格／矩陣

交叉分析篩選器

交叉分析篩選器會依資料行之資料類型自動區分為「文字篩選器」、「數值篩選器」與「日期篩選器」。而這三類篩選器又分別可切換不同的顯示模式，依照不同的篩選器及模式，有以下重點屬性：

表 4.9　「交叉分析篩選器」欄位與格式的重點屬性

屬性	子項目	設定說明	適用模式
欄位	欄位	必要欄位，表示篩選對象	-
一般	方向	清單項目的方向，選項包括：橫向、縱向	清單
交叉分析篩選器標題	-	關閉篩選器標題，將無法切換篩選器模式	全部
選取控制項	單一選取	決定是否啟用單選，開啟後將無法複選	清單
	以 CTRL 進行多重選取	開啟後，須搭配 CTRL 按鍵才能複選項目	
	顯示[全選]選項	決定是否顯示「全選」選項	
滑桿	色彩	決定是否顯示滑桿，並設定滑桿色彩	日期/數值
日期範圍	包含今天	決定日期範圍是否包含今天	日期（相對）
	錨點日期	指定相對日期的基準日，預設為系統日	

文字篩選器

適用於各類資料型態，有「垂直清單」、「磚」與「下拉式清單」三種
模式，以及是否顯示全選項目或限制單一選取。依不同屬性形成的個別
差異如圖 4.23 所示：

圖 4.23　文字交叉分析篩選器設定範例

- 當選單的值很多時，可以於右上角「...」選單中，點選顯示「搜尋」
  功能。讓使用者輸入部分資訊可過濾選單值

圖 4.24　顯示文字篩選器的搜尋功能

日期篩選器

圖 4.25，日期篩選器的「之間」、「之前」與「之後」三種模式，都是藉由輸入明確的日期區間，或移動滑桿來過濾其他視覺效果的資料；「相對」模式則是透過選單與輸入數值，界定出要篩選的相對日期範圍。除「日期/時間」資料型態專屬的這四種模式外，亦可選用前述的清單模式。

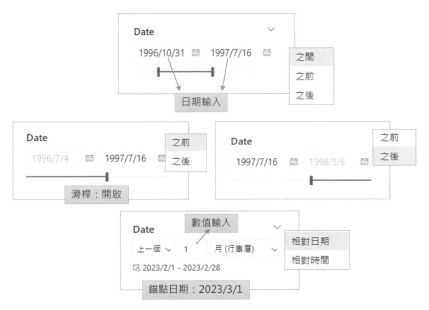

圖 4.25　日期交叉分析篩選器

數值篩選器

包含「清單」、「下拉式清單」、「之間」、「小於或等於」以及「大於或等於」，與日期篩選器的使用模式近似。

若想要將「交叉分析篩選器」的篩選同時套用在數個頁面時，可以使用「同步交叉分析篩選器」功能，在任何頁面上套用篩選都會影響所有同步頁面的視覺效果。

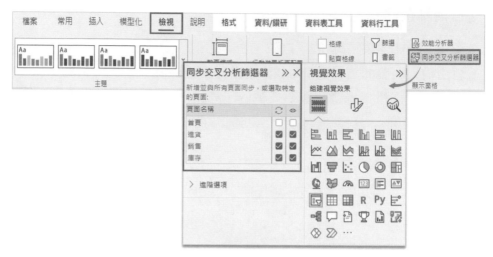

圖 4.26　在「檢視」功能區選取「同步交叉分析篩選器」，功能窗格即出現在「視
　　　　覺效果」窗格左方。

📢 TIP ···

「交叉分析篩選器」在指定欄位時，若與其他視覺效果選用的資料表不
同，應注意資料表之間的關聯性，以免篩選器無法作用。

資料標籤

呈現資料標籤的視覺效果分為「卡片」與「多列卡片」，前者常用來表
示「單一」彙總值；後者可依「多組」類別欄位彙總結果。兩者的視覺
效果如圖 4.27：

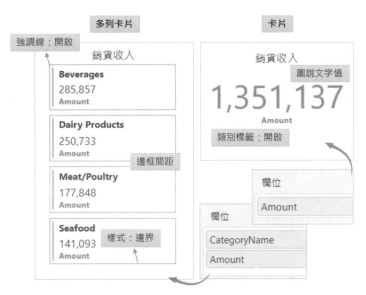

圖 4.27　卡片與多列卡片設定範例

依照不同的卡片類型有下列重點屬性：

表 4.10　「卡片」欄位與格式的重點屬性

屬性	子項目	設定說明	適用圖表
欄位	欄位	必要欄位，表示卡片顯示值，即為資料標籤。當使用多列卡片時，可放入多個欄位。	全部
圖說文字值	顯示單位	欄位值的顯示單位，選項包括：自動、無、千、百萬、十億、兆。	卡片
	值小數位數	欄位值的小數位數，預設為自動，可自行輸入。	卡片
卡片	樣式	定義卡片邊界範圍，自行勾選上、下、左、右。 可調整外框色彩及寬度、背景色彩、「邊框間距」可調整卡片之間的距離，值必須介於 0~20 之間。	多列卡片
	強調線	決定是否顯示卡片左方長條。啟用時，可設定長條色彩及寬度。	

指標

指標是呈現實際值與目標值之間的關係，可用的視覺效果有「KPI」以及「量測計」。

■ KPI

運用標籤色彩變化來表達指標狀態，是設計儀表板最常使用的報表元素之一。使用方式如圖 4.28，從「資料」分別拖曳資料行或量值至「視覺效果」區塊，即可呈現「KPI」數值。

圖 4.28　KPI 設定範例

KPI 有下列重點屬性：

表 4.11　「KPI」欄位與格式的重點屬性

屬性	子項目	設定說明
欄位	值	必要欄位。為 KPI 顯示數據，相對於目標值，用於呈現實際值
	趨勢軸	必要欄位。為日期或數值格式，通常為前者，能呈現 KPI 趨勢圖
	目標	目標值會與指示器選用的資料行比較，以衡量 KPI 色彩變化
圖說文字值	對齊	設定水平對齊、垂直對齊方向
	顯示單位	值的顯示單位，包括：自動、無、千、百萬、十億、兆
	值小數位數	值的小數位數，預設為自動，可自行輸入

屬性	子項目	設定說明
趨勢軸	方向	指示器與目標值的比較基準,包括:「高表示良好」、「低表示良好」
	優良色彩	若「方向」為高表示良好,則當指示器大於目標時,KPI 標籤呈現的顏色;反之呈現不良色彩
	中性色彩	當指示器等於目標時,KPI 標籤呈現的顏色
	不良色彩	若「方向」為高表示良好,則當指示器小於目標時,KPI 標籤呈現的顏色;反之呈現優良色彩
	透明度	設定趨勢軸色彩透明度
目標標籤	目標距離	決定「目標距離」顯示方式及距離方向,前者包括:值、百分比、兩者,後者包括:遞增為正值、遞減為正值

■ **量測計**

與「KPI」相似,都用以呈現實際值與目標值之間的關係,但不像「KPI」具有變色提示效果,而是以色彩填滿的量來表達現況。此外在欄位屬性中,多了「工具提示」的欄位可以顯示額外的資訊。

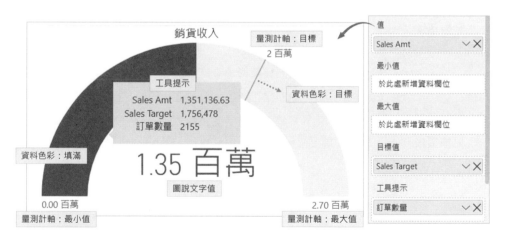

圖 4.29　量測計設定範例

「量測計」有下列重點屬性：

表 4.12　「量測計」欄位與格式的重點屬性

屬性	子項目	設定說明
欄位	值	必要欄位，表示量測計顯示值
	最小值	量測計起始值
	最大值	量測計結束值
	目標值	做為目標指標的資料行
	工具提示	當游標移至量測計資料時，所顯示的資料行值
量測計軸	最小值	若未指定「最小值」欄位，可自行輸入數值
	最大值	若未指定「最大值」欄位，可自行輸入數值
	目標	若未指定「目標值」欄位，可自行輸入數值
色彩	填滿色彩	量測計的量表色彩
	目標色彩	目標值的標示色彩
資料標籤	-	設定是否開啟「最小值」、「最大值」的資料標籤
	色彩	資料標籤的字型色彩
	顯示單位	資料標籤的顯示單位，選項包括：自動、無、千、百萬、十億、兆
	值小數位數	資料標籤的小數位數，需自行輸入
目標標籤	-	設定是否開啟「目標值」的資料標籤
	色彩	目標標籤的字型色彩
	顯示單位	目標標籤的顯示單位，選項包括：自動、無、千、百萬、十億、兆
	值小數位數	目標標籤的小數位數，需自行輸入
圖說文字值	色彩	圖說文字的字型色彩
	顯示單位	圖說文字的顯示單位，選項包括：自動、無、千、百萬、十億、兆
	值小數位數	圖說文字的小數位數，需自行輸入

> **◁)) TIP** ···
>
> 「量測計」在資料呈現的明確度與解讀速度，都不及「卡片」或「KPI」
> 直觀。特別是當多組相關的量測計放在一起，但最大值或最小值區間不
> 相同，且未指定目標值時，容易造成如圖 **4.30** 的視覺誤判。

圖 4.30　量測計誤判狀況

地圖

地圖類型的視覺效果包含「區域分布圖」、「地圖」、「圖形地圖」與
「ArcGIS Map」。其呈現方式分為兩類，一種是以大面積的色塊表達
整個區域，如：「區域分布圖」和「圖形地圖」；另一種是以泡泡標示
位置，如：「地圖」和「ArcGIS Map」。這兩類都可以利用顏色的深
淺變化來表達數據大小。我們以「區域分布圖」和「地圖」為例，來看
這兩種呈現效果的差異。

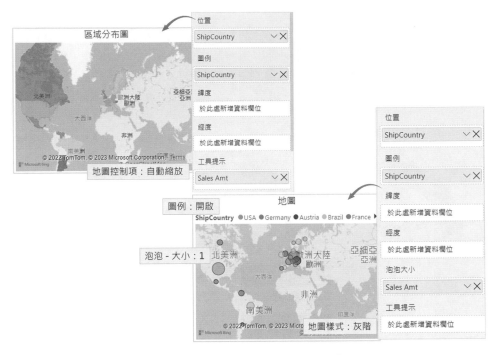

圖 4.31　區域分布圖與地圖的呈現差異

要能正確使用地圖視覺效果，需要在模型功能區中，將資料行的資料類別設定為地址、洲、國家/地區、縣市、...等類型。如圖 4.31 所示，一般來說只要賦予「位置」屬性，即可繪製地圖，

但有時即使設定了資料類別並指定位置，也不夠讓 Bing 正確定位。因為某些位置名稱存在於多個國家或地區，會讓資料顯得模稜兩可。這時就需要更多的欄位資訊標示出特定的國家或提供經緯度。

依照不同的地圖類型有下列重點屬性：

表 4.13　「地圖」欄位與格式的重點屬性

屬性	子項目	設定說明
欄位	位置	必要欄位，為標示位置資訊的資料行。值可以是：國家、城市名稱、地址、...等

屬性	子項目	設定說明
	圖例	要顯示色彩的類別目錄資料行
	緯度	緯度資料行
	經度	經度資料行
	工具提示	當游標移至地圖資料點時，所顯示的值
	泡泡大小	用於調整泡泡相對大小的量值
地圖設定	樣式	設定地圖樣式，選項包括：空照圖、深色、光、灰階、路段圖
	顯示標籤	決定是否顯示地名位置標籤
	自動縮放	決定是否啟用自動縮放功能
	縮放按鈕	在地圖上顯示「＋」和「-」按鈕，以手動縮放地圖
	套索按鈕	在地圖上顯示套索按鈕，以手動圈選地圖範圍
	地理編碼文化特性	選項包括：自動、JA
填滿色彩	預設色彩	未使用「圖例」欄位時，可依格式化條件自訂顏色，或選擇開啟「全部顯示」。
	全部顯示	當指定「圖例」欄位時，會啟用全部顯示，能夠個別指定色彩
泡泡	大小	依「大小」指定的資料行值，決定泡泡的大小。若未指定資料行，將呈現大小一致的泡泡

🔊 **TIP** ･･･

在 Power BI Desktop 建立地圖視覺效果時，欄位屬性的「位置」、「緯度」、「經度」等資料會傳送至微軟的 Bing 服務，以提供預設地圖座標。系統管理員可能需要更新防火牆，允許存取特定的網路位置，Bing 用以進行地理編碼的 URL。包含以下三個：

☐ https://dev.virtualearth.net/REST/V1/Locations

☐ https://platform.bing.com/geo/spatial/v1/public/Geodata

☐ https://www.bing.com/api/maps/mapcontrol

表格式圖表

表格類型的視覺效果分為「資料表」與「矩陣」，經常用於表達細節資料。其中，又以「矩陣」能呈現的複雜度較高。如圖 4.32 的範例，矩陣能夠運用多組資料行與資料列，並可搭配分層式配置與小計，來顯示及運算帶有階層的資料列。

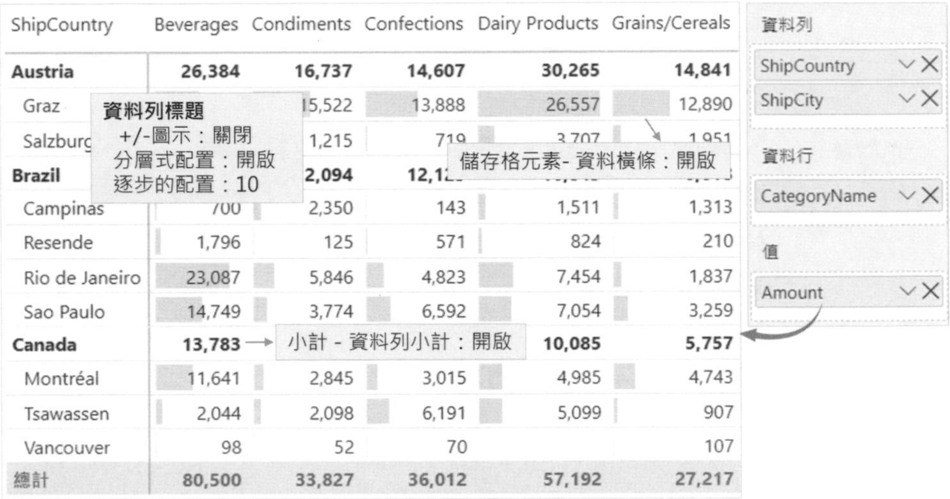

圖 4.32　矩陣設定範例

資料表與矩陣的重點屬性如下表：

表 4.14　「資料表/矩陣」欄位與格式的重點屬性

屬性	子項目	設定說明
欄位	資料列	矩陣的資料列
	資料行	矩陣的資料行
	值	必要欄位，表示資料表/矩陣顯示值
樣式	樣式	表格/矩陣的樣式，包括：預設、無、最小、粗體標頭、替換資料列、對比替換資料列、亮色資料列、粗體標頭亮色資料列、疏鬆、緊縮

屬性	子項目	設定說明
資料列標題	+/-圖示	決定是否開啟+/-圖示
	分層式配置	當有多組資料列時，能以「開啟/關閉」決定是否分階層顯示
	逐步的配置縮排	當「分層式配置」開啟時，設定套用至階層的縮排，值必須介於 0~40 之間
值	文字色彩	奇數列的文字色彩
	背景色彩	奇數列的背景色彩
	替代文字色彩	偶數列的文字色彩
	變更背景色彩	偶數列的背景色彩
	自動換行	決定當值大於欄位寬度時，是否自動換行
	將值切換成資料列	決定是否將值切換成資料列
資料行/資料列小計	-	決定是否顯示資料列（行）群組小計
	套用到標籤	決定是否將小計的格式套用至小計標籤中
	資料列小計位置	小計位置，選項包括：下、上
	每個資料列層級	決定是否將小計套用至每個資料列（行）層級。開啟後，會顯示各資料列（行）欄位，可個別設定開啟/關閉
	每個資料行層級	
儲存格元素	背景色彩	能依值欄位個別設定是否啟用格式化色彩、資料橫條或圖示。啟用後，可於「進階控制項」視窗，建立格式化的規則。
	字型色彩	
	資料橫條	
	圖示	
	Web URL	

🔊 **TIP** ....

由於表格類型富含多樣的格式化屬性，在設計上要避免過度使用。試想當資料行標題、資料列標題、值、小計、總計、背景、色階、…等都進行格式化，將影響閱讀者的理解。此外，也盡量不要放入過多的欄位，以免重點數據失焦。

4.3.2 圖表分析情境

認識基本圖表之後,接著來看如何因應不同的分析情境,選用可凸顯問題的圖表。Power BI 用於分析的圖表種類相當多,由於建立與設定視覺效果的方式均相同,只有屬性多寡的差異,因此僅依情境挑選部分圖表做說明。本節重點在於理解分析目的,以便能在設計時採用適合的視覺效果。

表 4.15 列舉了常見的分析情境。

表 4.15 依分析情境選用視覺效果

分析情境	說明	選用建議
時間序列	觀察資料隨時間推移的變化。適合瞭解趨勢。 如:當年每月的銷售額	折線圖 區域圖
類別比較	比較子類別之間的數據。 如:各產品類別的銷量	直(橫)條圖 群組直(橫)條圖 折線與群組直條圖 緞帶圖
類別分佈	用於解釋「部分與整體」之間的資料關係。 如:各產品種類的出貨國家占比	(100 %)堆疊直(橫)條圖 折線與堆疊直條圖 堆疊區域圖 樹狀圖 圓形圖 / 環圈圖
累計變化	瞭解初始值如何被一系列數據影響,演變為結果。 如:當年季產品類別銷量變化	瀑布圖
相關性	觀察兩個或多個變量的數據,是否呈現正相關或負相關。如:訂單折扣與銷售額關係	散佈圖 關鍵影響因數

分析情境	說明	選用建議
階段追蹤	當資料具有循序性或可分階段計算時，漏斗圖能夠將階段視覺化，呈現每一個階段占總數的百分比。 如：分階段追蹤員工招募流程的通過率	漏斗圖

分別依上表的六種情境來介紹視覺效果。

時間序列 - 折線圖 / 區域圖

當分析需求是觀察資料如何隨時間推移變化時，最合適的視覺效果是折線圖或區域圖。這兩種圖表都能以線條表現出明確的走勢，容易判讀尖峰、低谷、循環和模式。

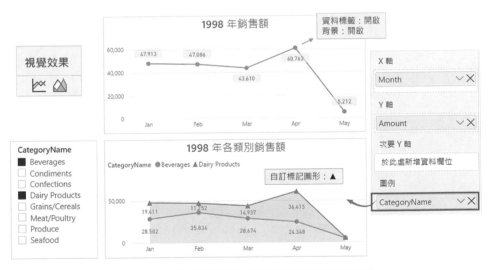

圖 4.33　使用折線圖或區域圖呈現時間序列

折線圖與區域圖只有視覺差異，其他屬性完全相同。這兩種都能加入圖例或多組值，以繪製出時間序列的比較。如圖 4.33 的區域圖，比折線圖多放入 CategoryName，便能夠依產品類別各別繪製出銷售額，進行相同時間段的比較。

類別比較 - 群組或堆疊直(橫)條圖

當分析的面向不是時間,而是一組或多組類別時,可以使用「群組」或「堆疊」的視覺效果,這兩種又分為直條或橫條顯示。圖 4.34 是一個簡單的類別比較範例,當「堆疊」或「群組」圖沒有放「圖例」欄位時,就會呈現為一般直(橫)條圖,此外,若類別標籤較長,使用橫條圖較能完整顯示文字。

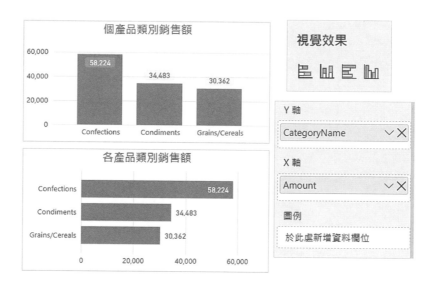

圖 4.34　使用直(橫)條圖比較單一類別

我們接著將 ShipCountry 放入「圖例」欄位,來看「群組」與「堆疊」的使用差異,如圖 4.35。「堆疊」會在各產品類別的數據中,劃分出 ShipCountry;「群組」則是分開呈現。這表示如果想要保留各類別總

額的資訊，應使用「堆疊」，但若要觀察 ShipCountry 之間的落差，則「群組」較合適。

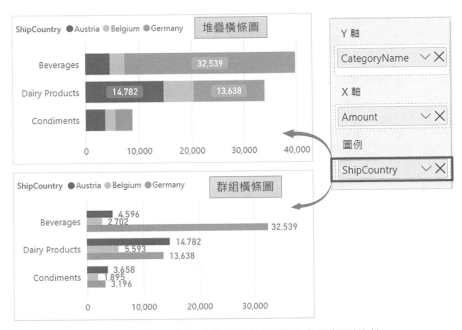

圖 4.35　使用群組或堆疊橫條圖呈現多組類別比較

類別分佈 - 100%堆疊直（橫）條圖 / 圓形圖

除了類別項目間的數據比較之外，另一種類別分析是看分佈，也就是呈現「部分與整體」之間的資料關係。而「部分與整體」的關係有兩種概念，一個是將整份資料視為整體，另一個是將類別資料視為整體。

以較常被使用的「100% 堆疊橫條圖」和「圓形圖」為例，如圖 4.36。同樣是看「各產品種類的出貨國家占比」，數字卻不一樣。因為前者是計算類別百分比，每個產品種類都以總數看各出貨國家的占比；後者是總計百分比，會將所有產品種類納入分母計算。

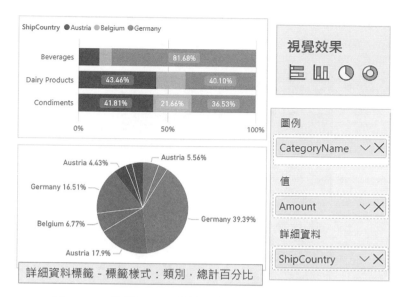

圖 4.36　使用 100% 堆疊圖與圓形圖呈現類別占比

> **🔊 TIP** ···
>
> 雖然圓形圖很常被使用，但它並非最佳選擇。因為視覺上不容易比較扇形大小，造成圖形不具意義。當它包含多種類別時（如圖 4.36 的產品類別和出貨國家），畫面會顯得更雜亂；即便只有一種類別，卻又不如直（橫）條圖來得清楚，因此建議盡量避免使用。更多圓形圖的使用疑慮，可參考：https://www.perceptualedge.com/articles/08-21-07.pdf

類別比較 / 分佈 - 折線與堆疊（群組）直條圖

組合圖（Combo Chart）是結合折線圖和直條圖的單一視覺效果，如圖 4.37：使用組合圖來比較銷售額是否達到目標值。將兩種圖形結合成一張圖可以更快速地比較資料，最多可以有兩條 y 軸。

圖 4.37　使用組合圖來比較銷售額是否達到目標值

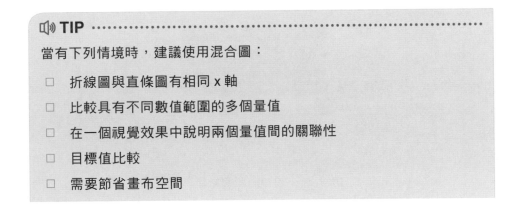

🔊 **TIP** ··

當有下列情境時，建議使用混合圖：

☐　折線圖與直條圖有相同 x 軸

☐　比較具有不同數值範圍的多個量值

☐　在一個視覺效果中說明兩個量值間的關聯性

☐　目標值比較

☐　需要節省畫布空間

累計變化 - 瀑布圖

瀑布圖又稱為橋圖（Bridge Chart），由「初始值」、「中間值」與「最終值」所構成，而「中間值」是一連串的浮動直條，會顯示綠色或紅色來表示值增加或減少，可容易辨識正負數，並能呈現不同類別之差異或

累積總計，很適合用來瞭解初始值如何被一系列數據影響。一般常見的使用情境是：繪製企業年度收益、各部門收支及累積餘額…等。

以圖 4.38 為例，兩張瀑布圖都是呈現 1997 年的季銷售，呈現結果卻大不相同。這是因為第一張圖沒有放入「分解」欄位，所以會將每季數據視為已經與前項比較後的差異結果值，因此若數列本身不包含負數，便會像範例圖那樣不斷累加，最後得出全年累計銷售。

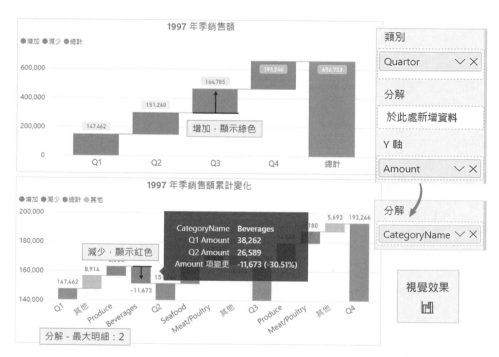

圖 4.38　使用瀑布圖呈現數據變化

若要知道影響每季銷售數據變化最大的產品類別，可以將 CategoryName 加入「分解」欄位，這時會將季之間產品類別的銷售變化表現出來，當類別銷售數值高於前一季，就視為增加，反之為減少。預設 Power BI 會列出影響最大的前五項因素，若只想瞭解前兩項，可以在格式屬性限制「分解上限」，其餘的因素會歸到「其他」。

相關性－散佈圖／關鍵影響因數

當要觀察與呈現兩個以上變量的數據，是否有正負向相關或無關時，可以使用「散佈圖」或「關鍵影響因數」。

「散佈圖」會使用兩個值座標軸，分別顯示一組數字資料，然後繪製 x 與 y 軸交集處的點，依資料點分佈來判斷相關性。以圖 4.39 為例，欲判斷各銷售國家的訂單折扣與銷售額之間的相關性，只要將 Discount 與 Amount 分別放在兩個值座標軸，並將 ShipCountry 作為詳細資料欄位，便能觀察資料的走勢。下圖可以看出資料點沿著相同的方向分佈，藉由加入分析屬性的比率行，能夠畫出分佈線來增加圖表判讀性。更多分析屬性的說明，請參考「4.3.3 視覺效果的分析屬性」小節。

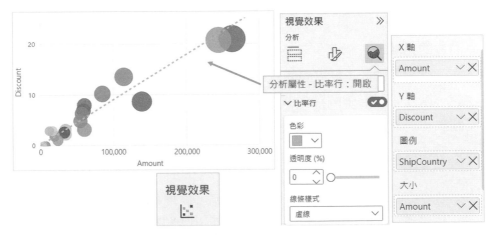

圖 4.39　使用散佈圖呈現數據相關性

同樣用來判斷相關性的「關鍵影響因數」，其表現方式如圖 4.40。與散佈圖不同，關鍵影響因數能夠加入多項可能的影響因子，分析各因子的影響程度並繪製縮圖。

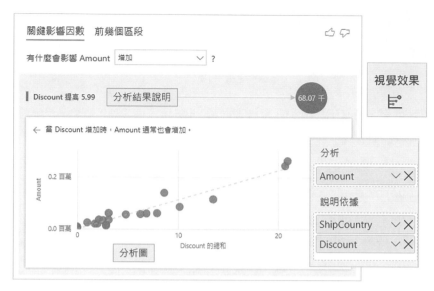

圖 4.40　關鍵影響因數圖表呈現數據相關性

前述的相關性分析範例是為了讓各位簡單理解應用情境和效果,實際上在分析相關性時,更重要的是如何運用產業經驗選擇出有意義的分析內容,以及如何正確解釋相關性,否則畫出「訂單越多銷售金額越高」的圖表,是無法提供價值的 ☹

> 🔊 **TIP** ···
>
> 官方提供完整的分析情境以及更多關於「關鍵影響因數」的應用技巧,請參考:https://docs.microsoft.com/zh-tw/power-bi/visuals/power-bi-visualization-influencers

階段追蹤 - 漏斗圖

當資料具有循序性或可分階段計算時,漏斗圖能夠將階段視覺化,呈現每個階段占總數的百分比。以公司招募員工的通過率為例,圖 4.41 呈現各招募階段的通過人數、占總數和前一階段的百分比,以及起始與最終的轉換率。

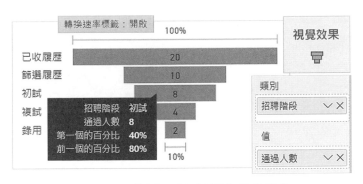

圖 4.41　使用漏斗圖追蹤各階段變化

4.3.3　視覺效果的分析屬性

Power BI Desktop 的分析屬性，能夠將動態參考線新增至視覺效果中，為趨勢類型的圖表提供分析焦點。各類參考線與其適用圖表如下所列：

表 4.16　動態參考線適用圖表

分析線	說明	適用圖表
常數線（Constant Line）	自行定義常數值	（堆疊）區域圖 堆疊（群組）直（橫）條圖 瀑布圖 折線圖 散佈圖
最小值線（Min Line） 最大值線（Max Line） 平均線（Average Line） 中位數線（Median Line） 百分位數線（Percentile Line） 誤差線（Error Bars）	依所選量值計算	折線圖 散佈圖 區域圖 群組直（橫）條圖
對稱網底（Symmetry Shading）	在對稱線之間的區域加上網底	散佈圖

分析線	說明	適用圖表
比率行（Ratio Line）	所有 x 值分之 y 值的點數與總數之比率	
趨勢線（Trend Line）	當 x 軸是連續數列或日期時，能根據資料值繪製趨勢，若有多個量值，可選擇合併或分開繪製趨勢線	折線圖 區域圖 群組直條圖 折線與群組直條圖
趨勢預測（Forecast）	當 x 軸是連續數列或日期時，能根據資料值以及指定的預測長度和信賴區間繪製預測的趨勢	折線圖

參考線能夠提供判讀基準，是管理與分析時的輔助利器。以各月份銷售總額的折線圖為例，先點選分析屬性，接著展開「平均線」選單，按下「加入」並設定格式，即可繪製出圖 4.42 的結果。

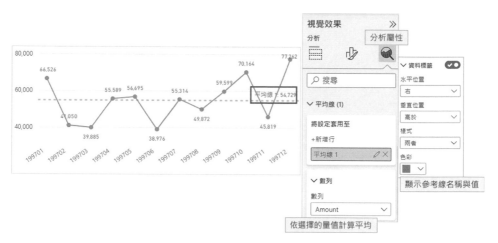

圖 4.42　加入平均參考線

4.3.4　自訂視覺效果

除了前面幾個小節介紹的原生視覺效果外，還可從「視覺效果選單」最後的省略符號「...」選擇「取得更多視覺效果」或「從檔案匯入視覺效果」。若選擇「取得更多視覺效果」，需登入 Power BI Service。在 AppSource 中的視覺效果大致分為八類，包含：篩選、KPI、地圖、進階分析、時間、度量計、資訊圖以及資料視覺效果。這些視覺效果是由社群成員與微軟建立，並在 AppSource[5]上提供，因此，也可以至 AppSource 網站下載，再以檔案形式匯入。

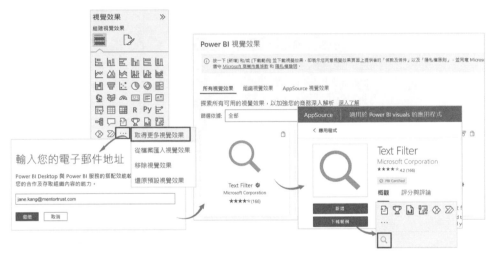

圖 4.43　取得更多視覺效果

---

[5] AppSource 是微軟產品尋找應用程式、增益集和延伸模組的地方，為 Microsoft 365、Azure、Dynamics 365、Cortana 及 Power Platform（包含 Power BI）...等產品的使用者提供尋找解決方案的管道。

AppSource 提供的 Power BI 自訂解決方案分為 2 類：經過核准與經過認證。前者的視覺效果可在瀏覽器、報表及儀表板中執行；後者的視覺效果已通過嚴格測試，且可在其他情況下受到支援，例如電子郵件訂閱以及匯出至 PowerPoint。部分的自訂視覺效果目前雖為免費下載取用，但不確定這些免費提供者未來服務方針是否變動。

匯入的視覺效果是內嵌在檔案中的,即使分享檔案給未匯入的使用者,也能夠看到呈現結果。

但是新開的 Power BI Desktop 檔案,並不會有先前匯入的內容。

若是要在新開的檔案內保留匯入的內容,可以對視覺效果按右鍵釘選進窗格中,如圖 4.44。

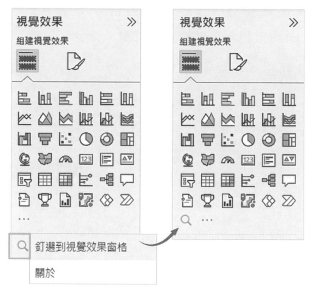

圖 4.44　將視覺效果釘選進窗格中,成為預設的圖表

當不想再使用或是想取消釘選某個自訂視覺效果時,只要在窗格內的「...」選擇「刪除自訂視覺效果」或是對該圖表點選右鍵,選擇取消釘選即可。刪除或取消釘選的視覺效果,日後要使用時,需要重新下載。

自訂視覺效果的使用方式與原生無異,如圖 4.45,我們以匯入的「Attribute Slicer」篩選器為例,將 CategoryName 加入 Items 欄位屬性,即可發揮篩選器功能。比較特別的是它可以呈現指定的計算值,形成小型橫條圖。

圖 4.45　使用自訂視覺效果

另外提醒各位，在使用自訂視覺效果時，需注意支援性。Marketplace
中的視覺效果有部分僅能於「雲端版」的 Power BI Desktop 使用。當地
端 Power BI Report Server（PBIRS）版本不支援匯入之視覺效果時，會
在畫布中顯示如圖 4.46 的錯誤訊息。有些即使能在 PBIRS 版本的 Power
BI Desktop 中呈現，也不一定能在 Power BI Report Server 上使用。這
些適用性會隨著版本不斷異動，無法逐一表列，請各位自行測試。

圖 4.46　視覺效果顯示錯誤

除了 Marketplace 的自訂視覺效果，Power BI 也支援匯入自行開發的檔案。關於如何自行開發視覺效果不在本章討論範圍，可參考下列資源：

■ 使用開發人員工具建立自訂視覺效果：

https://docs.microsoft.com/zh-tw/power-bi/service-custom-visuals-getting-started-with-developer-tools

■ 開發教學：

https://docs.microsoft.com/zh-tw/power-bi/developer/custom-visual-develop-tutorial

■ 讓自訂視覺效果獲得認證：

https://docs.microsoft.com/zh-tw/power-bi/power-bi-custom-visuals-certified

4.3.5 視覺效果的限制

Power BI 呈現視覺效果時，為了讓視覺化作業快速又精確，需要針對每個視覺效果類型設定底層的演算法，好讓圖表有足夠的彈性來處理不同大小的資料集。而這些資料集少則數個資料點，多則數 Petabyte 的資料點。因此，每個視覺效果皆採用一或多個「資料縮減策略」，以避免將整個資料集載入至用戶端。這些策略包含：

■ **資料視窗化（分割）**：能以漸進方式載入整體資料集的片段，讓使用者以捲動方式瀏覽視覺效果中的資料。

■ **前 N 項**：只顯示前 N 個項目

■ **簡單範例**：顯示第一個、最後一個，以及它們之間 N 個平均分佈的項目。

■ **後 N 項**：只顯示最後 N 個項目。適用於監視經常更新的資料。

- **高密度取樣**：一種更顧及極端值或曲線形狀的改良式取樣演算法。進階說明可參考：https://docs.microsoft.com/en-us/power-bi/desktop-high-density-sampling

- **量化線路取樣**：根據某個軸上各個量化中的極端值進行資料點取樣

- **重疊點取樣**：根據重疊值進行資料點取樣以保留極端值

依視覺效果類型區分的策略和資料點限制可參考下表：

表 4.17　視覺效果的資料點限制

視覺效果	資料點限制
交叉分析篩選器	資料視窗化，一次顯示 200 個資料列
KPI	最後 3,500 個
量測計	無縮減策略
卡片	資料視窗化，一次顯示 200 個資料列
直（橫）條圖 / 組合圖	類別目錄模式 • 類別：資料視窗化，一次顯示 500 個資料列 • 數列：前 60 個 純量模式 • 點數上限：10,000 • 類別：500 個值的樣本 • 數列：前 20 個值
環圈圖 / 圓形圖	點數上限：3,500 群組：前 500 個 詳細資料：前 20 個
折線圖 / 區域圖	高密度取樣，點數上限：3,500
散佈圖	高密度取樣，點數上限：10,000 個資料點，預設為 3,500
漏斗圖	點數上限：3,500 類別：前 3,500 個

視覺效果	資料點限制
瀑布圖	當只有類別值區 • 點數上限：3,500 • 類別：前 3,500 個 當類別和明細都存在 • 類別：資料視窗化，一次顯示 30 個資料列 • 明細：前 200 個值
緞帶圖	類別目錄模式 • 類別：資料視窗化，一次顯示 500 個資料列 • 數列：前 60 個 純量模式 • 點數上限：10,000 • 類別：500 個值的樣本 • 數列：前 20 個值
區域分布圖	點數上限：10000 類別：前 500 個 數列（當 X 與 Y 都存在時）：前 20 個
地圖	點數上限：3,500 視設定而定，地圖可以有： • 位置：前 3,500 個 • 位置、大小：前 3,500 個 • 位置、緯度及經度的彙總（+/-大小）：前 3,500 個 • 緯度、經度、大小：前 3,500 個 • 圖例、緯度、經度、大小：前 233 個圖例、前 15 個緯度和經度（可使用統計資料或動態限制） • 位置、圖例、緯度及經度的彙總（+/-大小）：前 233 個位置、前 15 個圖例（可使用統計資料或動態限制）
資料表	資料視窗化，一次顯示 500 個資料列

視覺效果	資料點限制
矩陣	資料列：資料視窗化，一次顯示 500 個資料列 資料行：前 100 個群組資料行 值：有多個值不會計入資料縮減
R / Python	限制為 150,000 個資料列。如果選取超過 150,000 個資料列，則只會使用前 150,000 個資料列
自訂視覺效果	最多 30,000 個，但需由視覺效果作者指示要使用的策略

更多關於策略的說明可參考：https://docs.microsoft.com/zh-tw/power-bi/visuals/power-bi-data-points#data-reduction-strategies

互動式設計

在前一章認識各種報表視覺效果後,我們接著要討論在報表設計上,可以運用的互動特性,包含交叉分析、書籤、鑽研、篩選、資料分組、查看記錄、工具提示...等功能。

一份好的報表並非放入大量視覺效果,就能夠讓觀看者掌握關鍵資訊。在設計過程中,除了耐心建立資料模型並熟悉各種報表元素的特性外,更需要聚焦於需求。而使用者需要的是依使用者自身的重點判讀,與報表互動後才能得到所要的資訊,因此熟悉各類互動設計的效果,才可以提供較佳的使用體驗。

這些互動功能的運用,不僅是報表製作者需要熟悉,終端使用者也應該要瞭解基本操作,才能夠讓自助式分析報表提供的結果具有價值。

5.1 製作互動報表

5.1.1 編輯互動（Interactions）

Power BI 報表的個別視覺效果可篩選頁面上其他視覺效果，其呈現方式又分為「交叉篩選」或「交叉醒目提示」。如圖 5.1，當「交叉分析篩選器」選擇 1997 年，「區域圖」便能夠呈現該年度的銷售金額，這是因為「交叉分析篩選器」與「區域圖」之間的互動模式為「交叉篩選」。

圖 5.1　編輯互動設定

若要變更互動模式或停止互動功能，可先點選視覺效果，在「視覺效果工具」的「格式」功能區啟用「編輯互動」（再次點選，可關閉編輯互動）。接著將滑鼠移至其他視覺效果，即可於浮出的選單切換「互動模式」。如以下範例切換至「無」，原先的 1997 年篩選便會失效，因此列出所有年度的資料。

除了「交叉篩選」的互動模式之外，還有一種是「交叉醒目提示」，這兩者的呈現效果如下：

■ 交叉醒目提示

「交叉醒目提示」是透過色彩深淺差異來強調交叉互動的結果。如圖 5.2，在環圈圖中搭配「Ctrl 鍵」任意點選多個國家，此時橫條圖的產品類別會依據被選到的國家來呈現銷售金額，而未被選取的國家資料會呈現半透明化的效果。

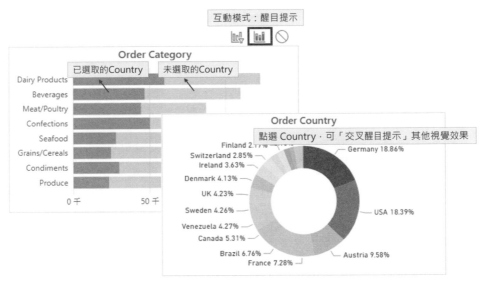

圖 5.2　交叉醒目提示

■ 交叉篩選

與能夠維持完整資料的「交叉醒目提示」不同,當互動模式變更為「篩選」,會直接排除不在選取範圍內的資料,呈現如圖 5.3 的結果。與前者相比,「交叉篩選」能夠直觀表達現況,但無法觀察相對於整體的分佈占比。

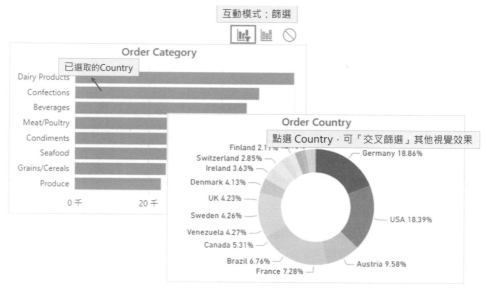

圖 5.3　交叉篩選

對於在視覺上能夠呈現整體與部分的圖表,預設採用「交叉醒目提示」,例如:圓形圖、直/橫條圖、樹狀圖...等;其餘則是「交叉篩選」的形式,如:折線圖、卡片、交叉分析篩選器等。若是希望「交叉篩選」成為預設的互動模式,可以於「檔案」→「選項及設定」→「設定」→「目前檔案」→「報表設定」中的「視覺效果選項」改變預設值。

圖 5.4　將預設視覺效果互動模式變更為交叉篩選

每一個視覺效果都是獨立控制與其他報表元素之間的互動關係，換句話說，要變更互動關係需要兩兩設定。有時為了避免報表元素間相互干擾或是希望互動變更為單向篩選，便會適當地關閉互動模式。在設計互動報表時，需要特別注意，互動功能存在與否取決於資料表之間的關聯性，一旦關聯不存在，即使啟用互動也無法進行交叉過濾。

5.1.2 同步交叉分析篩選器（Sync slicers）

當位於報表不同頁面的「交叉分析篩選器」，使用相同的資料行時，可利用「檢視表」功能區的「同步交叉分析篩選器」窗格，讓各頁面的篩

選器同步運作。該窗格由頁面名稱與兩個圖示組成，循環圖示代表各頁面篩選器的「同步」狀態；眼睛圖示則表示是否「顯示」交叉分析篩選器。

舉例如圖 5.5，先點選年份的篩選器，接著透過「同步交叉分析篩選器」窗格的「同步」和「顯示」屬性得知，該篩選器只「顯示」於 Sample1 這個頁面。

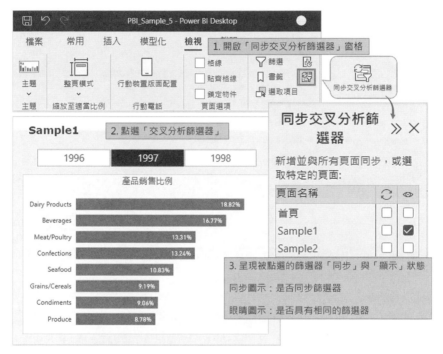

圖 5.5　啟用「同步交叉分析篩選器」窗格

直接在「同步交叉分析篩選器」窗格勾選讓年份篩選器「同步」並「顯示」在 Sample2 的報表頁面中，如圖 5.6 所示。這時切換到 Sample2 頁面，會發現原本不含篩選器的報表自動加入了年份的篩選器，而且兩張報表的篩選器會同步所選擇的內容。

如果只將交叉分析篩選器同步至 Sample2，但未點選讓它顯示在該頁面上，這時在 Sample1 改變年度篩選器的值時，仍然會同步過濾 Sample2 頁面上的資料。

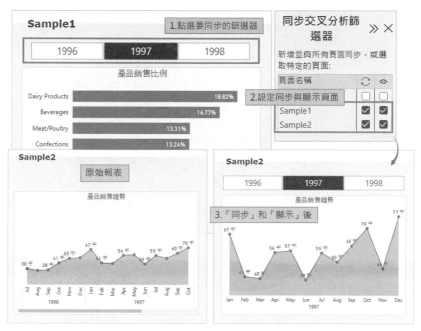

圖 5.6　將篩選器同步顯示至其他報表頁面

請特別注意，若篩選器曾經同步顯示於其他頁面上，後來即使原頁面取消顯示和同步，也不會移除篩選器物件在其他頁面造成的篩選條件。因此如不再需要篩選器，應直接刪除，以免曾經同步篩選的條件還持續影響頁面，但卻看不見篩選器。

另外，「同步交叉分析篩選器」窗格下方的「進階選項」還有以下兩種同步設定：

■ **同步資料行**

　　假如 Sample1 的篩選器從「年」改用另一個資料行「季」，則 Sample2 會同步變更使用的欄位，結果如圖 5.7 所呈現。

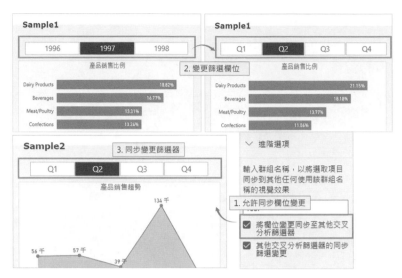

圖 5.7　同步變更篩選器使用的資料行

■ 　同步篩選窗格條件

利用「篩選」窗格過濾該「交叉分析篩選器」的內容時,下方的同步設定可將選取條件同步至其他頁面的篩選器中。如下圖:

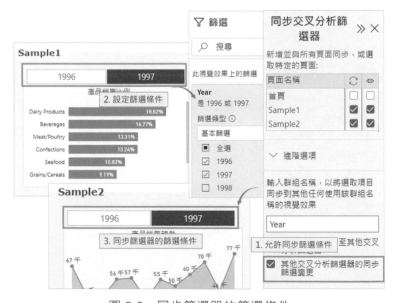

圖 5.8　同步篩選器的篩選條件

上圖中，因為在報表的「篩選」窗格設定當下選取的「交叉分析篩選器」，僅能保有「1996」、「1997」兩個元素。而「同步交叉分析篩選器」窗格中也勾選了「其他交叉分析篩選器的同步篩選變更」選項，因此 Sample2 頁面的篩選器內也僅剩「1996」、「1997」兩個元素。

5.1.3　分組（Groups）

視覺效果是依據「欄位屬性」所指定的資料行，將資料彙總後呈現。但有時為了因應分析需求，會希望以新的分類彙總，這時就可以使用「群組」功能。

Power BI 依資料型態分為「清單」及「量化」兩種分組類型，舉例來說，「清單」能將各種類型的資料，依類別歸納成較大的分類；「量化」則是將數值或日期/時間資料以量化大小或量化數目重分配。

無論怎麼分，都可以很簡單透過「視覺效果工具」的「群組」功能來達成。另外，也可以在模型設計階段就進行分組，可參考「第 6 章 表格式模型－6.9 群組」。

以下僅說明如何在視覺效果上操作分組功能。

以重分類產品為例，預設文字型態的資料行採用「清單」分組，如圖 5.9。要將 Meat/Poultry 與 Seafood 分為同一類別，只要利用「Ctrl 鍵」選取這兩類的資料點，接著透過「資料/鑽研功能區」選擇「群組」，或直接於資料點按右鍵選取「資料分組」，即可形成新的分類，讓視覺效果以群組結果彙總呈現。

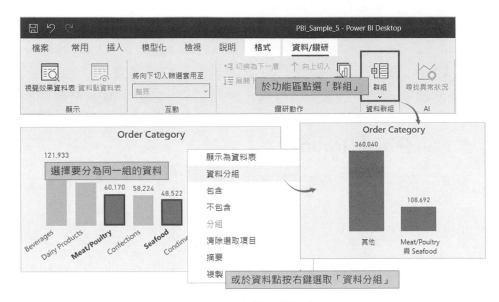

圖 5.9　資料分組設定

當群組建立後，可以在「欄位」窗格中看到新加入的「群組」資料行，資料內容如圖 5.10 所示，其與一般資料行的使用方式相同，能夠拖拉至視覺效果的欄位屬性中，或是作為新增資料行或量值之參考。

CategoryID	CategoryName	Description	CategoryName (群組)
1	Beverages	Soft drinks, coffees, teas, beers, and ales	其他
2	Condiments	Sweet and savory sauces, relishes, spreads, and seasonings	其他
3	Confections	Desserts, candies, and sweet breads	其他
4	Dairy Products	Cheeses	其他
5	Grains/Cereals	Breads, crackers, pasta, and cereal	其他
6	Meat/Poultry	Prepared meats	Meat/Poultry 與 Seafood
7	Produce	Dried fruit and bean curd	其他
8	Seafood	Seaweed and fish	Meat/Poultry 與 Seafood

圖 5.10　群組資料行的內容

若需要編輯群組分類，可如圖 5.11 先點選群組資料行旁邊的「...」，接著於快捷選單選擇「編輯群組」，就能夠叫出「群組」視窗來改變分類方式、群組名稱或增減群組成員。一旦分類變更，視覺效果也會隨之更新。

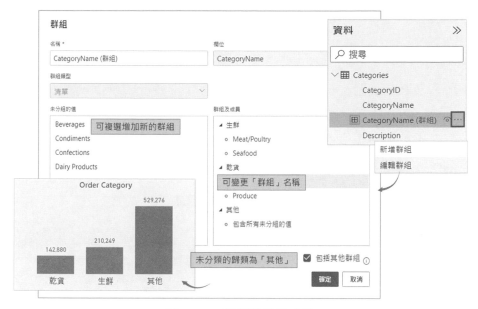

圖 5.11　編輯群組及成員

「分組」可以讓資料以有意義的方式檢視與分析，並能快速反應分類需求，免除重新組織資料的繁複過程。

5.1.4　參數（Parameter）

「參數」功能可以為使用者建立自定義的篩選器內容，分為「數值範圍（Numeric rage）」和「欄位（Field）」[1]，可以依據選取的參數，來變更視覺效果的呈現內容。

有時為了因應不同的觀看需求，會希望能動態地以不同維度觀看資料，這時就可以使用「欄位參數」功能。以「欄位參數」作為範例，如圖 5.12。

---

[1]　欄位參數（Field parameter）為 Power BI Desktop 預覽的功能，目前（2023 年 1 月版本）僅供雲端版本使用。預覽功能需要至以下路徑勾選啟用：「檔案」→「選項及設定」→「選項」→「全域」→「預覽功能」。

先點選「模型化」功能區中的「新增參數」下拉選單，選擇「欄位」選項。

在「參數」對話窗勾選要做為參數篩選的資料行或量值，當「參數」建立後，可以在「資料」窗格中看到新加入的「參數」資料表，其與一般資料表的使用方式相同，能夠將資料行拖拉至視覺效果的欄位屬性中或是作為量值之參考。

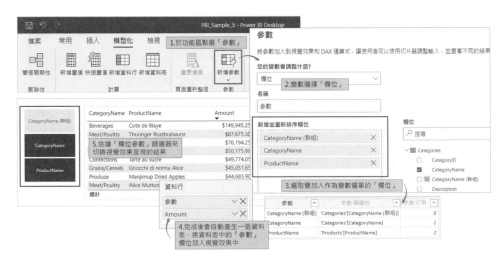

圖 5.12　欄位參數設定

「欄位參數」可以讓使用者依個人需求切換資料檢視的維度，不需要為了每個人的不同檢視需求而重複製作多個類似頁面。

「參數」的詳細說明可以參閱「第 6 章 表格式模型－6.8 參數」。

5.2　深入資料細節

在這一節我們將介紹如何從範圍較大的彙總資料進一步觀察細節資料。Power BI 提供包含：下鑽、鑽研、工具提示、查看資料和查看記錄等功能，來協助深入數據。

5.2.1 下鑽（Drill-down）

「下鑽」是能將資料點作為過濾條件，帶入下一層呈現細節資料的效果。要建立可「下鑽」的視覺效果，分為兩種實作方式，如圖 5.13，一是使用事先定義好的「階層」資料行；一個是直接拖拉多個資料欄位到同一個視覺效果的「資料行」…等欄位屬性。

圖 5.13　建立可下鑽的視覺效果

換句話說，無論哪種作法，都是將欄位拖放至視覺效果的「圖例」、「群組」、「位置」、「類別」、「資料列」、「軸」或「共用軸」等欄位屬性中，亦即無這些屬性的視覺效果無法進行下鑽。

此外，預設情況下，Power BI Desktop 會自動資料類型為「日期/時間」的欄位建立隱藏的日期表，帶有「年」、「季」、「月」、「日」四個「階層」，在鑽研日期維度時，無須再設定。若需要關閉「自動日期/時間」功能，可於「選項」→「全域」或「目前檔案」→「資料載入」→取消勾選「自動建立日期/時間」。更多關於「階層」的內容，可參考「6 章 表格式模型」。

經過上述步驟建立的視覺效果已經具有下鑽功能，如圖 5.14 要使用該功能需開啟「向下切入」的模式，否則將停留在「互動」模式。啟用切入模式後，即可點選資料點來向下切入查看細節資料；若要回上一層，需點擊左上方的「向上切入」。

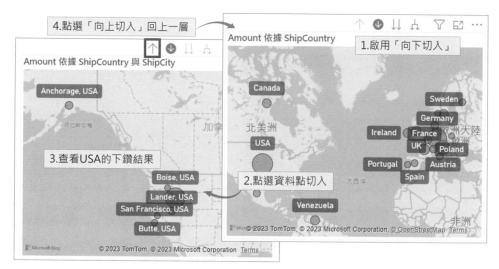

圖 5.14　啟用「向下切入」模式，並以單一資料點下鑽

在「向下切入」的模式中，切入行為都是對單一資料點進行，會將上層點選的資料作為過濾條件帶入下一個階層。如圖 5.14 為點選「USA」的切入結果，因篩選而看不到其他國家的資料。

若希望保留下個階層的完整資料點，可以使用「前往階層中的下一個等級」或「向下一個階層等級展開全部」這兩種切入方式。兩者的差別如圖 5.15 所示，前者僅切入顯示下一個層級；後者除了切入下一層級外，還展開了上一個階層的資料，也就是為父層級所有的資料點展開其所有對應的子階層資料點。

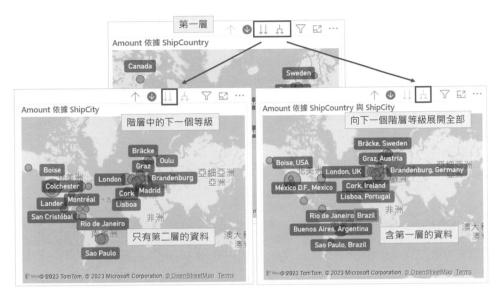

圖 5.15　向下展開多個資料點

「下鑽」功能的應用介紹到此，提醒各位「切入模式」與「互動模式」無法並存，在使用時需記得於視覺效果浮出的選單點擊「向下切入」來開啟或關閉切入功能。若在下鑽的同時；要以下鑽的目標當作其他視覺效果的篩選條件，可以參考「5.3.3 篩選種類」一節的「向下切入」。

5.2.2 鑽研（Drillthrough）

與「下鑽」利用單一視覺效果切入下層資料的概念不同，「鑽研」是連結至另一張報表頁面，搭配「鑽研篩選」將過濾條件帶入目的頁面中，以呈現篩選後的圖表資訊。

以圖 5.16「銷售總覽」和圖 5.17「區域銷售概況」這兩張報表頁面來說明「鑽研」的實作方式。前者作為儀表板呈現整體銷售狀況；後者是某一國家的銷售報表頁面，用來表達銷售細節。而鑽研功能在這兩張頁面的用法，是能在「銷售總覽」指定「訂單運送國家」，將國家資訊帶入

鑽研「區域銷售概況」報表頁面中，查看該國家各產品類別的銷售比例、各城市銷量...等。

首先，如圖 5.16 建立「銷售總覽」頁面，包含營業額、訂單數量、產品銷售額與訂單區域分布等資訊，稍後將利用訂單區域分布所選取的國家來進行鑽研。

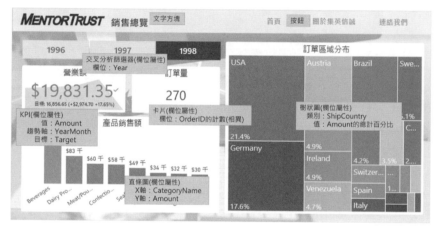

圖 5.16　建立銷售總覽報表

接著建立「區域銷售概況」頁面，包含國家名稱、產品銷售比例、各城市銷售地圖...等，並將 ShipCountry 欄位拖曳至右下方「鑽研」篩選，該欄位即為「銷售總覽」報表用來鑽研的資料行。

圖 5.17　建立區域銷售概況報表，並加入鑽研篩選

由於指定「ShipCountry」作為鑽研篩選的欄位，因此「總覽報表」使用到相同資料欄位的「樹狀圖」就能夠運用鑽研功能。鑽研方式如圖5.18，在「樹狀圖」對 USA 資料點按右鍵選擇「鑽研」→「目的頁面」；或是先點選「樹狀圖」，接著在主選單「視覺效果工具」中的「資料/鑽研」功能區啟用「鑽研」功能，再點擊「特定資料點」，以移至鑽研頁面。此時便會將點選的資料值傳遞至「區域銷售概況」中，作為「鑽研篩選」的條件，呈現篩選後的結果。

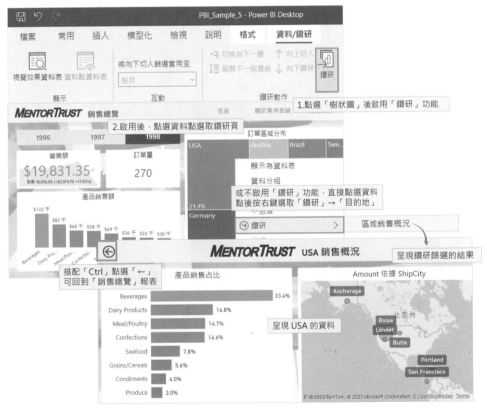

圖 5.18　將 USA 帶入鑽研，呈現過濾國家後的結果

也可以將來源頁面的其他各種篩選條件套用至鑽研頁面，方式如圖
5.19，開啟「保留所有篩選」選項，會將來源視覺效果中的篩選帶入鑽
研頁面內，並以斜體呈現。另外鑽研欄位也可以放入「量值」，只要該
「量值」存在於來源視覺效果中，即可啟用鑽研功能，並且會自動開啟
「保留所有篩選」。

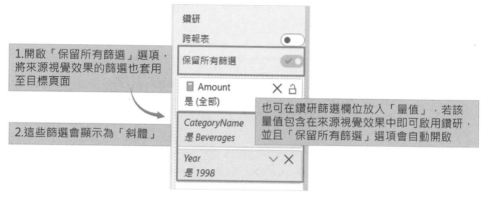

圖 5.19　鑽研中的「保留所有篩選」

如本範例所示，要呈現每個國家或產品的銷售概況並不需要個別獨立設
計報表頁面，只要善加運用鑽研功能，便能夠簡化報表頁面的數量並聚
焦重點資訊。此外，鑽研並沒有數量或方向性的限制，也能夠從目的報
表鑽研至來源。預設加入鑽研篩選的報表頁面會自動在頁面左上方產生
「←」的按鈕，在 Power BI Desktop 設計環境中能夠搭配「Ctrl」鍵跳
回前一個報表，若發佈到網頁，則滑鼠點選會觸發超連結跳回來源報表
頁面。

> 🔊 **TIP** ••
>
> 提醒各位，若是透過主選單「視覺效果工具」來開啟「鑽研」，會關閉
> 報表的互動模式，如要回到互動模式，需再次點擊「鑽研」功能。為了
> 減少模式切換的麻煩，建議還是直接對視覺效果點選滑鼠右鍵開啟快捷
> 選單，或是增加「按鈕」物件來鑽研至其他報表。

5.2.3　工具提示（Tooltip）

「工具提示」能以浮動視窗顯示指定的資料行值，亦可將其他報表頁面當作提示內容，呈現圖表畫面。對於終端使用者來說，工具提示的使用方式比較直覺，無需切換模式（如：下鑽、鑽研…等），適合作為替代方案，提供給不熟悉工具特性的使用者。

接續前一小節「鑽研」所製作的「區域銷售概況」報表，我們希望當滑鼠移至特定產品類別時，能夠出現浮動窗格顯示該類別的各品項銷售數量，如下圖所示。

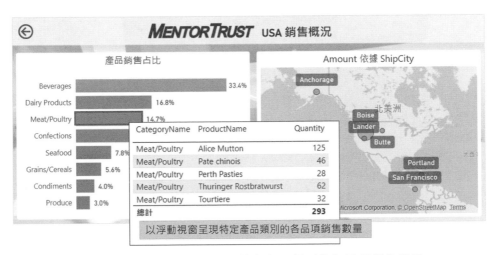

圖 5.20　使用工具提示呈現特定產品類別的各品項銷售數量

要能呈現該效果，首先需要製作「工具提示」頁面。新增一頁面並於頁面的格式屬性中設定「頁面資訊」→ 啟用工具提示，接著在「頁面大小」選擇「工具提示」，這樣製作出來的浮動窗格才會適合閱讀。

圖 5.21　製作工具提示頁面

接著回到「區域銷售概況」報表，點選橫條圖設定「格式屬性」，選擇工具提示要使用的頁面，這時也可於「欄位屬性」看到工具提示有報表的圖示，代表設定成功。

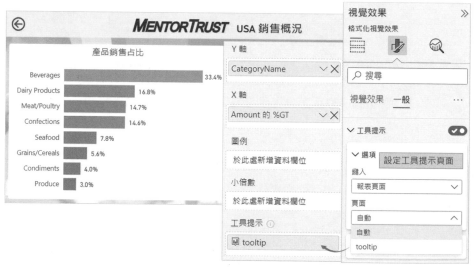

圖 5.22　於格式屬性中指定工具提示頁面

工具提示頁面並沒有限制可使用的視覺效果或數量,因此也能夠放折線圖、直條圖等。但僅具有「工具提示」格式屬性的視覺效果,才能運用該功能,且只能指定單一工具提示頁面。

此外,必須確認工具提示頁面所使用的欄位與報表其他視覺效果的欄位彼此之間有關連性,才可以依視覺效果的資料點篩選工具提示的內容。

5.2.4 查看資料 / 記錄(See Data / Record)

Power BI 提供兩種資料查閱方式,包含「視覺效果資料表」與「資料點資料表」,其能調閱視覺效果所使用的資料彙總值或明細。以下分別介紹這兩種資料查閱方式的差異。

視覺效果資料表 / 顯示為資料表

用於呈現視覺效果的「彙總」資料,適用於大多數的視覺效果,但「卡片」與「多列卡片」無法使用。

查閱方式如圖 5.23,選取要查閱的圖表後,在「視覺效果工具」中的「資料/鑽研」功能區點選「視覺效果資料表」,或是直接對視覺效果按右鍵選擇「顯示為資料表」,便會在視覺效果下方或右方開啟資料窗格,表列形成該圖表的彙總值。

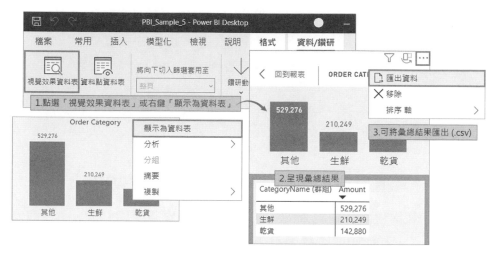

圖 5.23　使用「視覺效果資料表」呈現彙總數據

資料點資料表 / 將資料點顯示為資料表

用於呈現所選取資料點之「明細」資料，適用的視覺效果較少且有限制，例如視覺效果使用「量值」，便無法調閱「明細」。

查閱方式如圖 5.24，直接對資料點按右鍵選擇「將資料點顯示為資料表」，或是在主選單「視覺效果工具」中的「資料/鑽研」功能區啟用「資料點資料表」功能，再點擊「特定資料點」以查詢記錄內容。前者不會變更報表的「互動模式」；後者會啟用「資料點資料表模式」，因此視覺效果的「互動模式」會被關閉，這時點選資料點都會顯示明細資料，需再次點擊「資料點資料表」功能，才能回到互動模式。

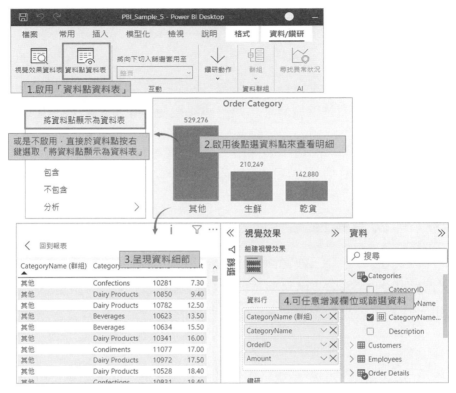

圖 5.24　使用「資料點資料表」呈現單一資料點的明細資料

進入到左下方的呈現資料細節的表格頁面後，除了資料粒度不同外，最大的差異是「視覺效果資料表」能夠直接從右方「資料」窗格拖拉欄位；以增減欄位或進行資料篩選，預設會將點選的資料值加入篩選條件中，亦可視需求調整。但需注意過多的資料可能導致 Power BI 發生非預期的錯誤。

這兩種查閱方式都可以利用視覺效果的功能選單，將彙總資料匯出成 csv 檔案。若是要避免資料外流，應於「檔案」→「選項及設定」→「設定」→「目前檔案」→「報表設定」中，限制匯出資料。這樣一來終端使用者透過 Power BI 服務或 Power BI Report Server 檢視報表時，就無法使用匯出功能。

5.3 套用篩選條件

從最開始的互動、下鑽、鑽研、工具提示到查看記錄，這些看似不同的功能其實都是套用篩選條件的結果。本節將彙整 Power BI Desktop 所具備的篩選種類，並以範例示意如何觀察視覺效果受哪些篩選影響。

首先來介紹「篩選」窗格的運用，將呈現「日期」、「數字」以及「文字」這三種資料型別可過濾的條件變化，並說明篩選類型之間的差異。

5.3.1 篩選窗格

「篩選」窗格分為三種過濾層級，分別是「視覺效果」、「頁面」、「所有頁面」。視覺效果層級是依照當前點選的焦點物件來切換顯示，且當報表有視覺效果存在時，會自動把用到的欄位加入視覺效果層級的篩選中。

以圖 5.25 為例，「產品銷售額」是由 CategoryName 和 Amount 兩個欄位組成，因此點選該圖表，會看到視覺效果所使用的欄位已加入該層級的「篩選卡」中，也可以自行從「資料」窗格帶入其他資料行或量值，以新增更多的「篩選卡」。需注意的是，除「視覺效果」過濾層級外，其餘兩種層級的「篩選卡」無法加入量值，僅能使用資料行篩選。

而根據帶入的層級不同，可以過濾的範圍可能為特定視覺效果、單一頁面或整份 Power BI 檔案的所有頁面。

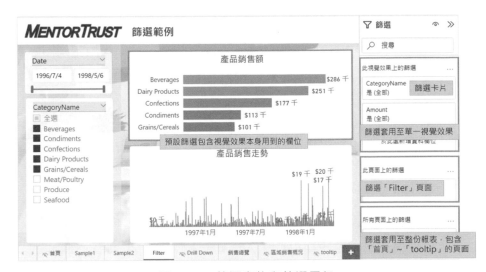

圖 5.25　篩選窗格與篩選層級

在「篩選」窗格中，無論哪個層級都是由「篩選卡」所組成。不同的「篩選卡」之間能夠依欄位名稱進行排序、按右鍵點擊「移動」來指定次序、自訂篩選卡名稱、摺疊或展開過濾內容、鎖定篩選條件、顯示或隱藏卡片、以及設定篩選條件等。而「篩選卡」的篩選類型會依欄位資料型別而略有差異，如圖 5.26 所示：

圖 5.26　資料型態與篩選卡設定

以下說明篩選卡所具備的重點設定：

■ **鎖定**：啟用鎖定的篩選卡，在報表部署至 Power BI 服務或 Power BI Report Server 後，不允許使用者變更篩選條件。

■ **顯示 / 隱藏**：設定隱藏的篩選卡，在報表部署後無法被看見，也不能變更篩選條件。

■ **篩選類型**：各資料型別都具備以下前三種篩選類型，日期/時間資料還多了「相對篩選」。

□ 基本篩選：會將資料行的值逐一表列，能夠設定單選或複選。

□ 進階篩選：能利用「且」與「或」以及不同資料型別的選單來指定多項條件。

□ 前N項：依選用的資料行或量值，決定回傳前 N 筆資料。

□ 相對日期篩選：透過選單與指定數值，界定出要篩選的相對日期/時間範圍。

特別注意，Power BI Desktop 預設不允許終端使用者變更報表篩選類型，也就是說報表部署後就無法改變篩選方式。若要同意使用者變更，需要在設計階段先選擇「檔案」→「選項及設定」→「選項」→目前檔案「報表設定」→勾選「允許使用者變更篩選類型」。

5.3.2 篩選圖示

雖然篩選窗格能夠查看不同層級的篩選條件，但卻不能完整顯示視覺效果實際受到的篩選影響，因為報表中的交叉分析篩選器、圖表間的互動切入...等行為，都不會呈現在篩選窗格中。

舉例來說，圖 5.27 對「產品銷售額」指定「視覺效果層級」的 ShipCountry 過濾條件，接著於 Date 和 CategoryName 這兩個交叉分

析篩選器限制資料值，最後點選直條的 199705 資料點來形成圖表之間的互動篩選。

若要能觀察上述這些不同種類所形成的篩選，需藉由該橫條圖「標題圖示」的篩選圖示來查看。當滑鼠移至篩選圖示時，會以浮動視窗列出「影響此視覺效果的篩選與交叉分析篩選器」。

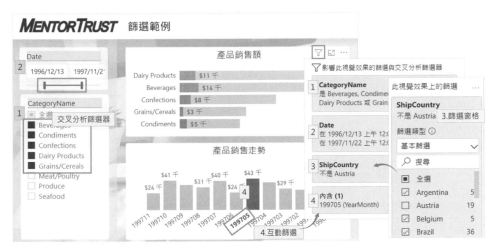

圖 5.27　透過篩選圖示查看影響視覺效果的篩選條件

若在設計階段中，將視覺效果「格式」屬性中的「標題圖示」關閉，則報表部署後無法查看篩選圖示或顯示其他標題上的快顯功能。

5.3.3　篩選種類

現在我們知道 Power BI Desktop 會將視覺效果所使用的資料欄位，自動加入視覺效果層級的篩選，也知道互動或交叉分析篩選器的過濾條件會顯示於「篩選」圖示的浮動視窗。以下彙整 Power BI Desktop 所具備的各類篩選功能：

- **自動篩選**：是建置視覺效果時，自動新增至篩選窗格「視覺效果層級」的篩選條件。這些篩選條件是以構成視覺效果的欄位為基礎。

對報表具有編輯權限的使用者可在「篩選卡」中編輯、清除、隱藏、鎖定、重新命名或排序此篩選條件，但無法刪除自動篩選，因為視覺效果會參考這些資料行。

■ **手動篩選**：是在篩選窗格中自行加入欄位與過濾條件所形成的篩選。能夠完整使用「篩選卡」的各種設定。

■ **互動篩選**：是由圖表間互動形成的交叉過濾，不會顯示在篩選窗格中，但會呈現在視覺效果標題的篩選圖示內。

■ **內含與排除篩選**：對視覺效果右鍵點選「包含」或「不包含」，以將選取的資料值加入篩選窗格中，呈現為「內含」或「排除」資料。

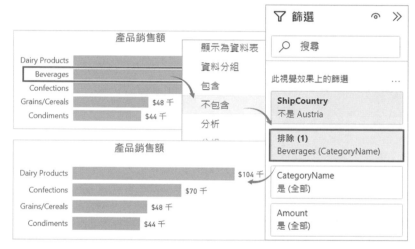

圖 5.28　使用「不包含」選單，排除資料

■ **向下切入**：使用下鑽功能所形成的篩選，會將上層資料點值帶入下層作為過濾條件。下鑽的篩選條件會顯示在篩選窗格內，可以清除篩選或變更條件，但無法移除、更名或排序。「將向下切入篩選套用至」的功能可以選擇下鑽動作套用的範圍，在單一視覺效果切入資料點的同時，讓其他視覺效果能夠以相同的資料點進行過濾。提醒一點，欲使用這個功能，先要讓視覺效果能夠下鑽，該視覺效果必須具備兩個以上的資料行或是使用「階層」資料行。

如圖 5.29，直條圖能夠由年下鑽至月，並設定「將向下切入篩選套用至」功能至「整頁」，因此當直條圖下鑽至 1997 年時，橫條圖也會同時將該年度加入「視覺效果層級」的篩選內，呈現過濾後的結果。

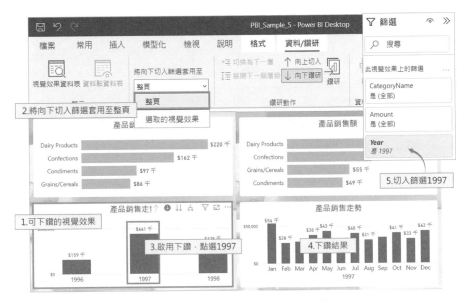

圖 5.29　將向下切入篩選套用至整頁

需注意，該功能是個別套用至具下鑽功能的視覺效果，且被切入篩選的其他視覺效果，無法將篩選條件移除。

■ **鑽研篩選**：鑽研篩選條件會透過鑽研功能從某一頁面傳遞至另一頁面。這些條件會顯示在鑽研窗格中。鑽研篩選分為兩種類型，第一種是叫用鑽研的篩選條件，「5.2.2 鑽研（Drillthrough）」小節的範例即屬於該類。報表編輯者可以編輯、刪除、清除、隱藏或鎖定這種類型的篩選條件。第二種是根據來源頁面的「頁面層級」篩選傳遞至目標頁面的鑽研篩選條件，屬於暫時性的鑽研篩選，無法鎖定或隱藏此篩選條件。若要避免來源頁面的「頁面層級」篩選跟著鑽研帶入目標頁面，應於目標頁面的「鑽研」窗格中，關閉「保留所有篩選」的功能。

■ URL 篩選：使用 URL 搭配 filter 參數來傳遞資料表欄位的過濾條件，更多細節說明可參閱「10.8.1 網頁內嵌 Power BI 報表」。利用 URL 設定的過濾條件會加入「所有頁面層級」的篩選中，將影響整份 Power BI 檔案的視覺效果。雖能在篩選窗格中編輯以變更條件，但無法直接刪除，需自行將 URL 帶入的過濾移除。撰寫規則與效果如圖 5.30：

```
規則：<URL>?filter=<資料表>/<欄位名稱> eq '<過濾值>'
範例：<報表 URL>?filter=Categories/CategoryName eq 'Seafood'
```

當 URL 指定 CategoryName = Seafood，報表平台的篩選窗格中，即呈現該篩選條件。

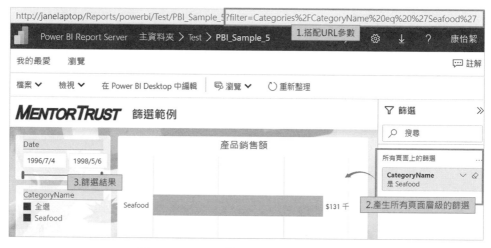

圖 5.30　URL 搭配過濾參數篩選報表

各篩選種類適用的篩選設定整理如下表：

表 5.1　各篩選種類可使用的篩選設定

篩選種類 Filter type	編輯 Edit	清除條件 Clear	刪除篩選 Delete	隱藏 Hide	鎖定 Lock	排序 Sort	更名 Rename
手動 Manual filters	Y	Y	Y	Y	Y	Y	Y
自動 Auto filters	Y	Y	N	Y	Y	Y	Y

篩選種類 Filter type	編輯 Edit	清除條件 Clear	刪除篩選 Delete	隱藏 Hide	鎖定 Lock	排序 Sort	更名 Rename
互動	N	N	N	N	N	N	N
包含/排除 Include/Exclude filters	N	N	Y	Y	Y	Y	N
向下切入 Drill-down filters	Y	Y	N	N	N	N	N
交叉切入 Cross Drill filters	N	N	N	N	N	N	N
鑽研 Drillthrough filters（Invokes drillthrough）	Y	Y	Y	Y	Y	N	N
鑽研 - 暫時性	Y	Y	Y	N	N	N	N
URL - 暫時性 URL filters - transient	Y	Y	Y	N	N	N	N

5.4 建構報表故事

後面小節將說明如何搭配書籤、按鈕及其他功能窗格來讓報表的設計更
細緻，建構想要透過視覺效果和報表頁面述說的故事。

5.4.1 書籤（Bookmark）

「書籤」的概念就如同照片，可以將報表頁面當下的狀態保留起來，其
能夠記載的狀態包含：

■ **篩選**：「篩選」窗格的過濾條件與顯示或隱藏的狀態

■ **交叉分析篩選器**：篩選器的選單類型與選取狀態

■ **視覺效果選取狀態**：圖表間的互動結果，例如交叉醒目提示篩選
  條件

- **排序次序**：視覺效果的排序依據與次序
- **下鑽位置**：切入階層或展開層級
- **可見度**：「選取項目」窗格所設定的物件可見度
- **聚焦模式**：視覺效果當下的焦點或焦點模式

要能使用書籤，需在「檢視」功能區啟用「書籤」窗格，開啟後可以看到「新增」與「檢視表」兩個基本功能，前者用來建立書籤；後者用於播放書籤。

最簡單的書籤建立方式如圖 5.31，將報表頁面和視覺效果排列成想要呈現的樣子，然後從「書籤」窗格中選取「新增」來加入書籤。預設書籤命名是「書籤 1」，可以選取書籤名稱旁的省略符號「...」，從快捷選單中選擇「重新命名」給予可識別的書籤名稱。

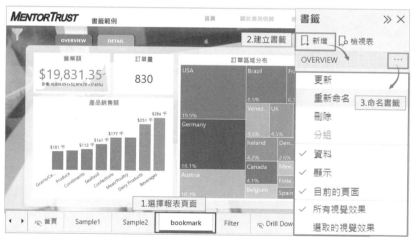

圖 5.31 建立書籤

若要改變現有書籤所留存的內容，例如將圖 5.31 的直條圖排序變更為「遞增排序」，並啟用「焦點」功能讓其他視覺效果淡化，那麼只要把報表調整成想變更的結果，再於書籤的快捷選單中，點選「更新」即可改變原有的書籤。

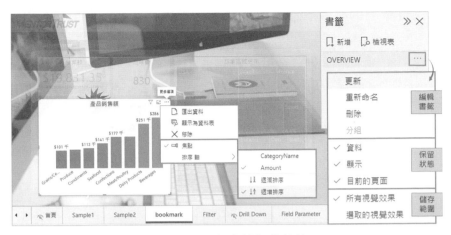

圖 5.32　更新書籤記錄狀態

一旦有了書籤，便能在「書籤」窗格中點選任一張書籤來切換各書籤所保留的狀態，且每一張書籤都具備圖 5.32 所顯示的屬性設定。分別說明如下表：

表 5.2　書籤屬性

類型 Filter type	屬性	說明
編輯書籤 Manual filters	更新	更新書籤所記錄的各種狀態
	重新命名	變更書籤名稱
	刪除	將書籤移除
	分組	將多張書籤結集成群組
保留狀態 Auto filters	資料	套用篩選、鑽研與排序狀態
	顯示	套用視覺效果的顯示狀態，如焦點和可見性
	目前的頁面	切換至相關聯的頁面，若取消則無法切換顯示書籤內容
變更範圍	所有視覺效果	套用變更至所有視覺效果
	選取的視覺效果	變更僅套用至新增或更新書籤時，所選取的視覺效果

在保留狀態的相關屬性中，可以指定書籤是否要記載篩選或互動的結果，預設會保留所有的狀態，因此圖 5.32 的範例才能夠套用「焦點」的狀態。如果不希望視覺效果的狀態被記錄下來，可以取消勾選「顯示」屬性，這時書籤便無法留存「焦點」的效果，各位可以自行嘗試。

若是在建立書籤之後，才新增或是移動視覺效果，這些變化都會直接反應在書籤中。換句話說，增加的視覺效果會顯示在每張書籤裡，若要變更可見性或其他狀態，都需要更新書籤。

瞭解如何新增書籤之後，接著來看書籤的另一個功能－「檢視表」。

「檢視表」能夠以投影片的效果放映書籤，且播放次序即為「書籤」窗格內每張書籤的順序，因此在使用「檢視表」功能時，可能碰到建立順序與要呈現給觀眾的順序不同，這時就需要先重新排列書籤。如下圖所示，在「書籤」窗格中，只要上下拖放書籤就可以變更順序，且於書籤之間移動時，會標示綠色列以指定所拖曳的書籤將要放置的位置。

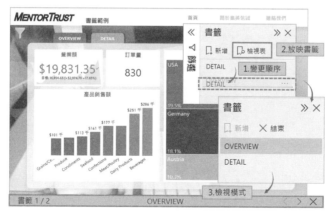

圖 5.33　於書籤窗格編排次序並放映書籤

開啟「檢視表」模式後，書籤的名稱會出現在畫布底部的標題列中，可以點選「＜」或「＞」來切換書籤頁面。若要關閉「檢視表」模式，可點選「X」或於「書籤」窗格中選擇「結束」。

若是書籤頁面很多，可以搭配群組功能來分類，在放映時也僅會播放相同群組內的書籤頁。要建立書籤群組，只需按住「Ctrl」鍵並選取希望納入群組中的書籤，然後點選任一所選書籤旁的省略符號，接著從快捷選單中點選「分組」，Power BI Desktop 便會建立書籤群組並自動將其命名為「群組 1」，建議重新命名為可識別的群組名稱。

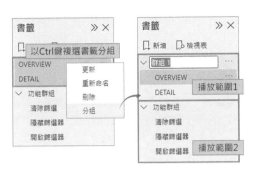

圖 5.34　建立書籤群組

在建立群組之後使用「檢視表」功能時，會出現兩種情況：若所選書籤位於群組中，則只有該群組中的書籤才顯示在檢視工作階段中；若所選書籤並未屬於任一群組，即會播放整個報表的所有書籤，包括其他群組中的書籤。

若要解除群組關係，可點選群組或群組內任一書籤的快捷選單，選擇「取消群組」，這時會將所有屬於該群組的書籤移出，並刪除群組。因此若只想將單一書籤移出，需用拖曳的方式將特定書籤拉出群組外。

5.4.2　選取項目窗格與書籤應用

透過主選單「檢視」功能區中的「選取項目」可以叫出窗格，該視窗會列出目前頁面上的所有物件清單，可用來選取物件、指定物件間的「圖層順序」與「定位順序」、群組視覺效果物件，並能設定物件或群組是否「顯示/隱藏」。由於書籤會記載物件的可見狀態，因此能夠搭配「選取項目」窗格來建立更細緻的書籤變化。以兩種使用情境來說明：

情境一：報表內容切換

要在同一張報表頁面上，能夠依「overview」和「detail」按鈕來切換顯示不同的圖表內容，就需要利用「選取項目」窗格隱藏物件的功能。作法如圖 5.35，在建立 overview 書籤的時候，將 detail 物件群組隱藏；而建立 detail 書籤時，隱藏 overview 物件群組。最後即可於按鈕的動作屬性中，分別指定至對應的書籤，完成切換功能的效果。為了讓圖表維持在畫布相同位置，這些視覺效果實際上是疊放在一起的。

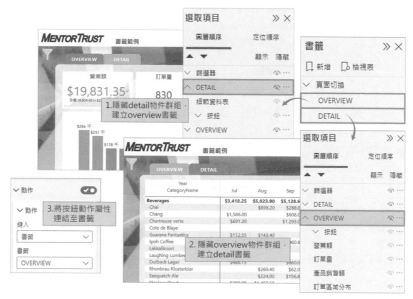

圖 5.35　運用「選取項目」窗格的可見性功能來建立書籤

情境二：模擬展開收合選單

報表的空間是有限的，因此如果可以將交叉分析篩選器以展開收合的形式呈現，就能夠保留更多的空間。如圖 5.36 所示，當點選「<」收合按鈕時，能夠將選單隱藏；選擇「▼」則展開選單。

要完成圖 5.36 的效果，除了利用可見性，分別建立「開啟篩選器」與「隱藏篩選器」兩張書籤外，還需要特別注意兩個部分：一是「選取項目」

窗格的「圖層順序」，為了讓選單能夠在展開時置於最上層，需要確保其順序能夠優先於畫面中其他圖表；另一個是要取消勾選兩張書籤的「資料」屬性，因為要讓書籤能夠依選單的篩選來過濾，所以不該保留建立書籤當下的過濾狀態，才不會在書籤切換時，仍呈現留存的篩選。

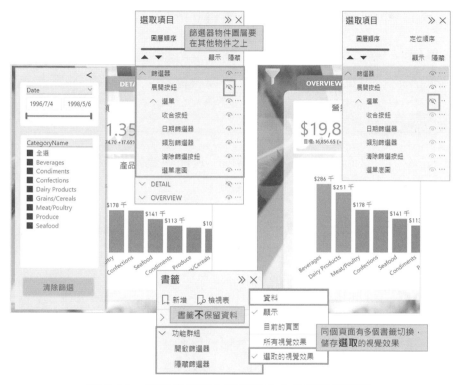

圖 5.36　利用書籤建立可展開收合的篩選器選單

由前面兩個範例可知，書籤搭配功能窗格的使用，能夠於單一頁面上製作出非常複雜的報表。在微軟 Power BI Gallery 中，有一個相當精采的書籤運用案例，製作者在一個頁面內放入多達 70 個物件，建立 8 張書籤來引導讀者瞭解氣候變遷的影響。各位可以自行參考以下檔案：
https://community.powerbi.com/oxcrx34285/attachments/oxcrx34285/DataStoriesGallery/1548/2/Climate%20Change.pbix

5.4.3 建立頁面及書籤導覽器（Navigator）

不論是「按鈕」、「圖案」、「影像」皆可以加入動作屬性，但當有多個頁面或書籤時，就必須逐一去設定。在按鈕元素中的「導覽器」會自動產生一組按鈕清單，只要點點滑鼠，使用者就能快速地建置和管理頁面或書籤的「導覽器」，省去反覆建立按鈕的重複行為。

要使用「導覽器」功能，需在「插入」功能區點選「按鈕」，在下拉選單中選取「導覽器」，其分為「頁面導覽器」和「書籤導覽器」兩種。

頁面導覽器

首先說明「頁面導覽器」，當點選「頁面導覽器」時，會自動產生一組與報表內的頁面同步的選項，意即：

■ 按鈕的選項符合頁面顯示名稱

■ 按鈕的順序符合報表頁面的順序

■ 選取的按鈕是目前的頁面

■ 在報表中新增或移除頁面時，選項會自動更新

■ 重新命名頁面時，按鈕的選項會自動更新

若想要進一步自訂「頁面導覽器」所要顯示或隱藏的頁面內容，請至「視覺效果窗格」中的「格式」→「頁面」中設定。

圖 5.37　自訂「頁面導覽器」中顯示或隱藏的頁面

書籤導覽器

要使用「書籤導覽器」，先決條件是必須已有書籤。另外，若要在同一張頁面上重複放入「書籤導覽器」，必須先為書籤建立不同的群組。如圖 5.38。

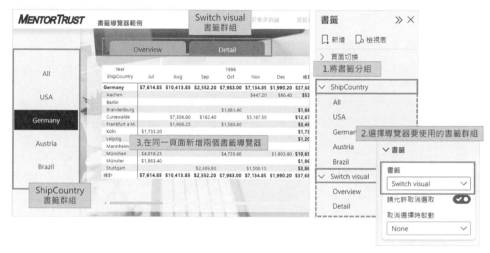

圖 5.38　在同一個頁面使用多個「書籤導覽器」

與「頁面導覽器」相同，「書籤導覽器」也會自動產生一組與報表內的書籤同步的選項：

- 按鈕選項與書籤名稱一致

- 按鈕順序與書籤順序一致

- 被選取的按鈕會是最後一個點選的書籤

- 新增或移除書籤時，導覽器會自動更新

- 重新命名書籤時，按鈕選項會同步更新

上述介紹了預設的兩種「導覽器」按鈕，再另外說明一種由一般按鈕元素來建立的「頁面導覽器」方法。

條件格式化頁面導覽器

此處介紹的並非內建的「頁面導覽器」按鈕,而是一般的按鈕元素,但是一樣可依使用者選擇導覽至目的頁面,作法如圖 5.39。

先建立一張做為頁面導覽器選項的資料表,注意,資料行名稱必須與實際頁面名稱一致,接著將剛新增的資料表的「頁面名稱」資料行放入交叉分析篩選器並設定為「單選」,再建立一個按鈕,開啟「動作」選項後設定鍵入為「頁面巡覽」,點選目的地右方的「設定格式化條件(fx)」,選取剛建立的「頁面名稱」資料行,即可透過按鈕巡覽至不同頁面。

圖 5.39　條件格式化設定頁面巡覽

以上三種設定報表導覽功能的方式,都可以協助報表設計者讓使用者在操作上更加簡易,能流暢地透過視覺效果和報表頁面述說故事。

表格式模型

當 Power BI Desktop 透過「Mashup 引擎/M 語言」整理好來源資料後，會將其載入並存放到 .pbix 檔案內，並依照「表格式模型（Tabular model）」的定義來解釋這些資料。

「表格式模型」是由資料行、屬性、資料表、關聯性、量值、KPI、計算群組、階層、安全性角色…等多種元素組成的。報表設計者需事先將模型定義好，才能正確地計算及呈現結果，這一章將會說明這些組成模型的物件，以及適合搭配使用的外部工具。

6.1 維護資料表

要直觀、正確、有效地分析，首先資料表的內容不能龐雜。換句話說，刪掉不用的資料行，隱藏報表用不到但計算公式需要的資料行，同時將資料行更名為分析時所需要的名稱。

當從資料源取得資料時是採用「匯入（Import）」模式，資料會以「資料行（Columnar）」結構進行壓縮，儲存在 pbix 檔案內，查詢時會載進記憶體（RAM）儲存計算。由前述可知，資料行與資料列的數量會

影響報表大小及效能，當資料量太大，除了效能慢，甚至可能因電腦記憶體不足而無法開啟檔案。

可以在「資料」窗格或是「資料檢視」中，對資料行點選「右鍵」，便可針對特定資料行進行「重新命名」、「刪除」、「在報表檢視中隱藏」。

圖 6.1　對資料行「重新命名」、「刪除」或「隱藏」

「重新命名」和「刪除」選項，其實是修改 Mashup 引擎的「查詢」，也可以透過功能窗格中的「轉換資料」開啟「Power Query 編輯器」，完成相同的動作。需特別注意的是，刪除資料表即是刪除查詢，無法以 Ctrl-Z 復原，需要重新「取得資料」，而報表中引用到被刪除的資料行/表之視覺效果與計算都將會出錯，請務必小心。

「在報表檢視中隱藏」選項，可以避免在「報表檢視」互動分析時，出現太多用不到的資料表/行，顯得雜亂。被隱藏的項目右方會顯示「　　」，隱藏的項目並未被刪除，若在現有的視覺效果使用了隱藏欄位，資料仍存在於視覺效果中，只是不顯示在「資料」窗格中而已。

順帶一題，在「資料檢視」中對瀏覽資料進行「遞增/減排序、篩選」時，並不會影響報表呈現結果，換句話說在「報表檢視」時，只是要讓

設計者了解資料的全貌，不會因為在「資料檢視」頁使用「排序」、「篩選」而對報表造成變化。

6.2 　格式化與屬性

要能直觀地分析，且預設用對資料，最好一開始就先賦予資料行正確的類型、格式與用途。

6.2.1 　格式化

「格式化」主要是設定資料行的「資料類型」與呈現「格式」。

資料類型

在資料載入時，Power BI Desktop 會嘗試將來源資料行的資料類型轉換成較有效地儲存、計算和呈現的資料類型。如果匯入的資料行值沒有小數，Power BI Desktop 會將整個資料行轉換成較適合儲存的「整數」資料類型。

DAX 通常會隱含轉換資料型態，但有例外。例如，使用需要「日期」資料類型的 DAX 函數，但資料行的資料類型為「文字」，DAX 函數將無法正常運作。因此，為資料行定義正確的資料類型很重要。

在「Power Query 編輯器」和「報表」都可以指定資料行的資料類型。但要注意的是兩者所提供與使用的資料型態不盡相同，如圖 6.2。「百分比」、「日期/時間/時區」和「持續時間」這三種型態僅在「Power Query 編輯器」中，當這些資料類型的資料行載入模型後，其對照如下：

- 「百分比」→「小數」
- 「日期/時間/時區」→「日期/時間」

■ 「持續時間」→「小數」

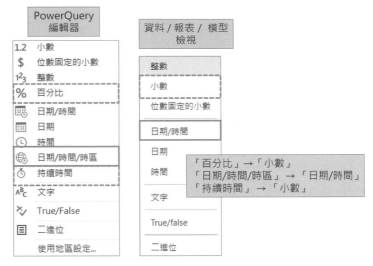

圖 6.2 「PowerQuery 編輯器」與「報表」所呈現的資料類型差異

提供「報表」中的資料類型參考，如下：

表 6.1 報表中的資料類型

資料類型		說明
數值類型	整數	64 位元整數。介於 -9,223,372,036,854,775,808(-2^{63}) 到 9,223,372,036,854,775,807(2^{63}-1) 間的正/負整數，19 位數。它可以代表各種數值資料類型的最大可能數字。
	小數	64 位元浮點數。可以處理帶小數值的數字和整數。值域為 -1.79E +308 到 -2.23E -308 的負值、0，以及 2.23E -308 到 1.79E + 308 的正值。例如，1、1.2 和 -1.234 等都是有效的。「小數」類型可以表示的最大值長度為 15 位數。
	位數固定的小數	小數分隔符號右邊一律為 4 位數，並允許 19 個有效位數。最大值為 922,337,203,685,477.5807（正/負值）。在進位可能導致誤差的情況下可用「位數固定的小數」類型。當處理其小數值很小的大量數字時，有時候累積值會有數字誤差。由於「位數固定的小數」類型中，超過 4 位數小數的值會遭到截斷，因此可避免這類錯誤。

資料類型		說明
日期類型	日期/時間	代表日期和時間值。基本上,「日期/時間」值會儲存為「小數」類型。所以這兩種類型彼此能夠轉換。
	日期	只有日期(沒有時間部分)。「日期」等同於小數值為零的「日期/時間」值。
	時間	只有時間(沒有日期部分)。「時間」值等同於小數位數左邊沒有整數的「日期/時間」值。
文字類型	文字	使用 Unicode 編碼字串。最大字串長度為 268,435,456 個 Unicode 字元(2.56 億個字元)或 536,870,912 個位元組。
布林	True / False	True 或 False 布林值。
二進位類型	二進位	表示具有二進位格式的任何資料。

隱含與明確的資料類型轉換

每個 DAX 函數對於輸入與輸出之資料類型都有要求。

下方範例的 DATEADD 函式,需要日期、整數及間隔(DAY/MONTH/QUARTER/YEAR)三項引數。

```
DATEADD( 'DateTable'[Date] , +1 , DAY )
```

若引數的型別與函式所需的不同,多數情況下會傳回錯誤訊息,但 DAX 有可能嘗試將資料隱含轉換成所需的資料類型。

先建立新增資料表含三個資料行,分別為字串、數值、布林值,再用 DAX 新增三個資料行,分別為字串加數值、數值串聯數值以及布林值加數值,結果如圖 6.3。

圖 6.3　DAX 中的隱含轉換

圖 6.3 中的三個新增資料行 DAX 運算式如下：

```
result1 = [col1] + [col2]
```

資料行 result1 是由字串加上數值的結果，在這個例子中，DAX 將[col1] 的字串隱含轉換成了數值，因此運算結果分別為 2 和 4。

```
result2 = [col2] & 1
```

而資料行 result2 是兩個數值串聯的結果，DAX 會將串聯結果都呈現為 字串，所以 "1"&"1"="11"。

```
result3 = [col3] + 1
```

資料行 result3 則是布林值加上數值的結果，在這範例中，DAX 將布林 值轉換為數值，TRUE 為 1 而 FALSE 為 0。

格式

資料本身是不帶呈現方式的，例如 SalesAmount 資料行只會存放數值， 而不會存放貨幣格式。但當視覺效果呈現該資料，套用格式可以讓人一 目了然數值的意義，例如貨幣符號及千分位。

圖 6.4　格式化資料

由圖 6.4 可見，未設定格式的資料不易閱讀，運用「格式化」功能，可將資料加上千分位符號、設定小數位數或指定貨幣格式等，讓視覺效果更為明確。

6.2.2 屬性

用於指定「摘要」以及「資料類別」。

■ 摘要：當資料行用於視覺效果中，預設的摘要方式，如加總、平均、最大、最小等。

■ 資料類別：可定義地圖、URL、條碼類型的資料，會影響視覺效果的呈現，如圖 6.5。

圖 6.5　將影像 URL 進行分類

6.3　依其他資料行排序

當資料行要以特定的順序排序，而非依照當前欄位的數值或文字大小排序，例如月份不是依英文名稱字母 Apr、Aug、Dec、Feb…等排序，而是依月份數字大小排序，呈現順序為 Jan、Feb、Mar、Apr…等。

當報表呈現的成員要依特定順序排序，可以透過自訂的欄位設定數值，作為另一個資料行的排序依據，如圖 6.6。

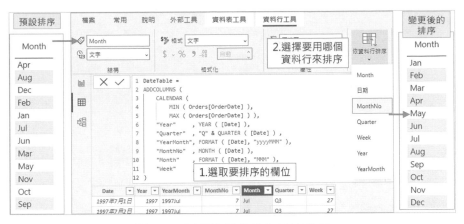

圖 6.6　以其他欄位作為排序依據

當欄位要以另一欄作為排序依據時，兩欄之間的值是必須是一對一的，舉例來說，若月份欄位要以日期欄位排序時，就會出現圖 6.7 的錯誤訊息。

圖 6.7　當一欄依照另一欄排序時，兩欄間的記錄值要一對一

因為每個月份皆會有多個日期，不符合一對一的條件，所以無法依 Date 來排序 Month 欄位。

6.4　關聯性（Relationships）

在表格式模型中，關聯性的目的是在查詢模型時傳遞篩選條件，將資料表的資料行上之篩選傳遞至另一張資料表，其具有方向性，可遞延傳遞至多張資料表。

圖 6.8　北風資料庫的關聯圖

在 Northwind 範例資料庫中，Categories 到 Order Detail 的關聯如圖 6.8。若是斷開這三者間的某個關聯，因為無法判斷彼此間的關係，也無法傳遞篩選，所以就會如同圖 6.9，通通變成相同的總數。

斷開關聯性		彼此間有關連性	
CategoryName	Amount	CategoryName	Amount
Beverages	1,351,137	Beverages	285,857
Condiments	1,351,137	Condiments	113,360
Confections	1,351,137	Confections	176,617
Dairy Products	1,351,137	Dairy Products	250,733
Grains/Cereals	1,351,137	Grains/Cereals	100,506
Meat/Poultry	1,351,137	Meat/Poultry	177,848
Produce	1,351,137	Produce	105,122
Seafood	1,351,137	Seafood	141,093
總計	**1,351,137**	總計	**1,351,137**

圖 6.9　將 Products 和 Order Detail 間的關聯移除

關聯具有方向性，可以從圖 6.10 看出，當篩選 Categories 時，會將過濾傳遞到 Products 再到 Orders；當篩選 Products 時，過濾只能傳遞到 Orders 而無法反向到 Categories；而 Orders 只能過濾自己。若想要變更關聯的方向性，又怕使模型的關聯性變得複雜，建議可以從 DAX 下手，CROSSFILTER 函式能夠調整關聯性的方向，且不會影響到除了該計算以外的資料。

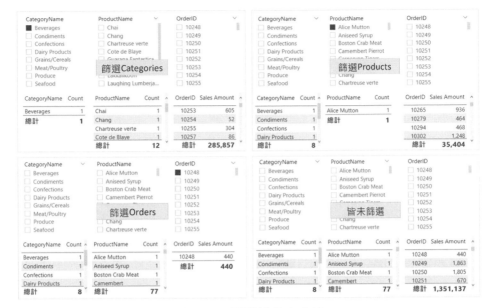

圖 6.10　關聯性的方向性

在多數的情況下，Power BI Desktop 會自動偵測表與表之間的關聯性，但不一定準確，有時候，可能需要自行建立關聯型，或對關聯性進行變更。若要手動管理，可以從「模型化」功能區找到「管理關聯性」功能。

圖 6.11　管理關聯性

圖 6.11 左下方的「基數」選項有「一對一(1:1)」、「一對多(1:*)」、「多對一(*:1)」和「多對多(*:*)[1]」。「一對一」常用於連結參考資料表中的單一項目。「一對多」與「多對一(*:1)」意義相同,僅是設定關聯時;對應對話窗上下資料表的位置,指定誰是一誰是多。

表格式模型的關聯性無法在單一資料表中選擇兩個以上資料行建立關聯,關聯每個資料表只能用一個欄位,若超過一個欄位才能建立關聯(一般稱之為複合鍵),或是需要透過複雜的計算才能建立關聯,可以先利用 DAX 在個別資料表各自建立新增資料行,而後以這兩個資料表內的新增資料行建立關聯。

兩個資料表間可以有多個關聯,但僅能有一個關聯處於作用中,避免分析時 PBI 不曉得要採用哪條關聯。若是建立多條關聯,除了作用中的是實線,其他關聯性都會以非作用中的虛線來表示,若重複勾選「將此關聯性設為作用中」,就會出現警告提示,且無法完成設定,如圖 6.12 所呈現的訊息,雖然訊息內容與實際的問題有些出入。當資料表之間有多條關聯,可以透過 USERELATIONSHIP 函式在 DAX 運算式中採用未作用中的關聯性,可以參考「6.5.4 計算群組(Calculation groups)」中所舉的範例。

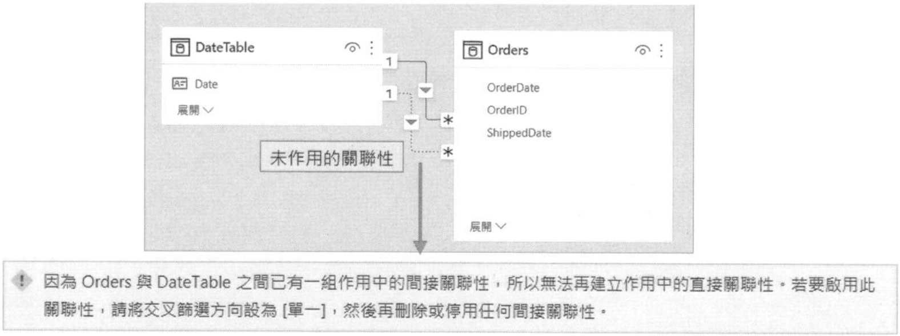

圖 6.12　當兩張表間已經有作用中的關聯性,則無法再新增作用中的關聯性

---

[1] 目前(2023.01)僅雲端版本支援多對多關聯性。

圖 6.12 是 DateTable 與 Orders 兩個資料表間已經有了 Date 和 OrderDate 欄位作用中的關聯，再啟用 Date 和 ShippedDate 欄位間的關聯，造成設定失敗的警示。

此外，關聯不可以形成循環。在圖 6.13 中，DateTable 和 Orders 有關聯性，而 Employees 和 Orders 之間也有，若是將 DateTable 和 Employees 再拉一條關聯性的話，這三張表就會產生循環而導致混淆。

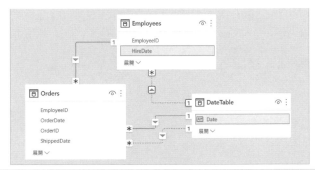

圖 6.13　資料表間的關聯變得模稜兩可

6.5　計算

在 Power BI 中，除了「PowerQuery」中的操作，其他所有計算都是基於 DAX（Data Analysis eXpressions）來運算，可協助報表設計者從模型中既有的資料建立新資訊，以符合使用者的分析需求。

下面小節僅簡易帶過內容，更多關於 DAX 的使用及說明可參閱「第 7 章 初探 DAX 語言」及「第 8 章 深入 DAX 應用」。

6.5.1 量值（Measure）

在 Power BI 的模型中，「量值」是段利用 DAX 計算單一值的公式。通常會用來計算彙總值，利用 DAX 中的彙總函式（例如 SUM、MIN、MAX、AVERAGE 等）在查詢時產生運算結果，值並不是儲存在模型中，而是隨著報表的操作動態運算。

本節以內建的快速量值功能為例，報表設計者可以直接點選操作介面產生量值，不僅快速，也是學習 DAX 語法的好方法，因為自動建立的語法可供檢閱修改。點選「模型化」功能區→「快速量值」即可開啟快速量值設計窗格，如圖 6.14。

圖 6.14　產生快速量值

需要特別注意的是，當使用「時間智慧」類型的計算時，「日期」放入的值必須標示為日期資料行。選取要作為「日期資料表」的表物件後，會出現「資料表工具」功能區，點選「標示為日期資料表」來設定，如圖 6.15。

圖 6.15　標示為日期資料表

最後提供快速量值的各種計算類型給各位參考。

表 6.2　快速量值的計算類型

計算類型	計算
每個類別的彙總	每個類別的平均值
	每個類別的變異數
	每個分類的最大值
	每個分類的最小值
	每個類別的加權平均
篩選	篩選過的值
	與篩選後值的差值
	與篩選後值的百分比差異
	來自新客戶的銷售量
時間智慧	年初迄今的總計
	季初迄今的總計
	月初迄今的總計
	與去年相比的變化
	與上季相比的變化

計算類型	計算
	與上月相比的變化
	移動平均
總計	計算加總
	分類總計（套用篩選）
	分類總計（不套用篩選）
算術運算	加法
	減法
	乘法
	除法
	差異百分比
	相互關聯係數
文字	星級評等
	值的串聯清單

6.5.2 新增資料行（Calculated column）

從資料源匯入資料表後，可以再透過「新增資料行」來擴充資料表的內容。「新增資料行」是儲存透過 DAX 逐列計算後的資料行，在每次重新整理資料來源時重新運算。計算資料行可能提升查詢效能，但因為有隱藏處理資料與儲存成本，所以在以下兩種情形，才應將計算資料行納入選項：

■ 分組或篩選資料：例如將產品以價格分為低、中、高三組，而使用者會依此值作篩選條件。

■ 預先計算複雜公式：新增資料行可以儲存複雜的運算結果，但不受執行時的過濾條件影響。

點選欲新增資料行的資料表後，功能區會出現「資料表工具」及「資料行工具」的標籤，兩者皆有「新增資料行」功能可供點選。

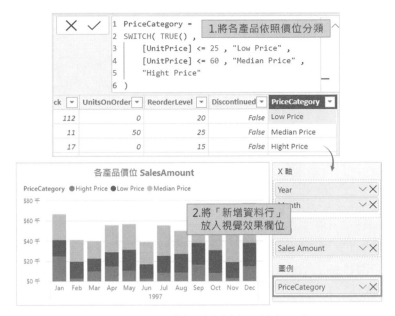

圖 6.16　利用「新增資料行」進行分組

在圖 6.16 中利用「新增資料行」將產品分組,透過 SWITCH 函式依序判斷價格,將產品依價格區分為低、中、高三組,讓視覺效果可以透過此欄位來分析。

6.5.3　新增資料表(Calculated table)

若想執行不同類型資料表的合併/聯結,也就是類似 SQL 語法的 Union/Join,或是根據計算結果來快速建立新的資料表,可以考慮使用「新增資料表」。

建立分析模型時,通常會需要一張獨立的日期資料表,若資料來源並未提供,可以透過 DAX 自行產生。如圖 6.17 中透過 DAX 建立出時間範圍介於 Orders 資料表中最小及最大的 OrderDate 的年份間的完整日期,並利用 ADDCOLUMNS 新增年、季、月、週資訊的欄位。

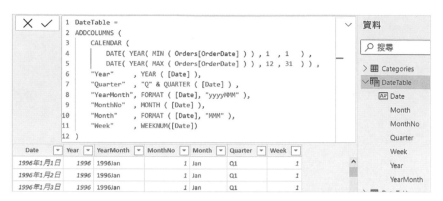

圖 6.17　透過 DAX 新增日期資料表

在「模型化」功能區，點選「新增資料表」，即會出現可撰寫 DAX 的窗格，提供圖 6.17 中建立日期資料表的範例語法供各位參考。

```
DateTable =
ADDCOLUMNS (
    CALENDAR (
        DATE( YEAR( MIN ( Orders[OrderDate] ) ) , 1 , 1 ) ,
        DATE( YEAR( MAX ( Orders[OrderDate] ) ) , 12 , 31 ) ) ,
    "Year"     , YEAR ( [Date] ),
    "Quarter"  , "Q" & QUARTER ( [Date] ) ,
    "YearMonth", FORMAT ( [Date], "yyyyMMM" ),
    "MonthNo"  , MONTH ( [Date] ),
    "Month"    , FORMAT ( [Date], "MMM" ),
    "Week"     , WEEKNUM([Date])
)
```

6.5.4　計算群組（Calculation groups）

「計算群組」是將量值分組以減少模型中量值數目。也可用於建立一些有創意的報表功能，例如：透過交叉分析篩選器來切換量值、動態格式化設定等。

Ordered			Shipped				

Year	Amount	Quantity	Products		Year	Amount	Quantity	Products
⊟ 1996	225,651	9,581	74		⊟ 1996	209,532	8,717	74
Jul	30,075	1,462	40		Jul	22,387	1,123	36
Aug	26,550	1,322	44		Aug	26,788	1,352	38
Sep	27,592	1,124	35		Sep	18,669	889	38
Oct	41,052	1,738	47		Oct	47,141	1,856	49
Nov	49,612	1,735	39		Nov	43,583	1,560	38
Dec	50,770	2,200	49		Dec	50,965	1,937	48
總計	1,351,137	51,317	77		總計	1,323,764	50,119	77

圖 6.18　透過交叉分析篩選器切換顯示的量值

舉例來說，若想像圖 6.18 中利用篩選器來切換顯示 OrderDate 或
ShippedDate 的數字，在沒有使用「計算群組」時，Amount、Quantity、
Products 這些要切換的欄位，背後都需要比看到的更多的量值。在不採
用 計 算 群 組 的 範 例 中 ， 整 組 Shipped 相 關 的 量 值 須 採 用
Orders[ShippedDate]和 DateTable[Date] 間未啟用的關聯性。

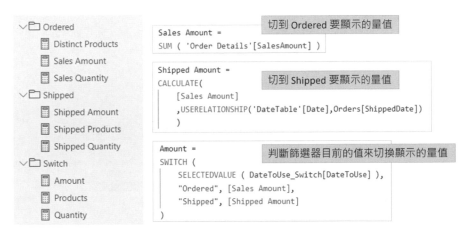

圖 6.19　未使用計算群組時，所需要撰寫的量值

Power BI Desktop 中並沒有使用者介面可用於建立計算群組，需要透過
外部工具「Tabular Editor」連接至報表背後的模型進行操作及管理。工
具的下載連結如下：

```
https://www.sqlbi.com/tools/tabular-editor/
```

開啟 Tabular Editor 後，依照圖 6.20 的操作，可以連接至 Power BI 背後的資料模型設定。

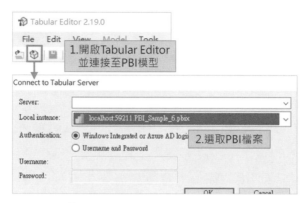

圖 6.20　利用「Tabular Editor」連接至 Power BI 資料模型

接著會出現「Model」的樹狀結構，對「Table」按右鍵，選擇「Create New」→「Calculation Group」新增「計算群組」，建立的計算群組會以「資料表」的型態出現在模型。

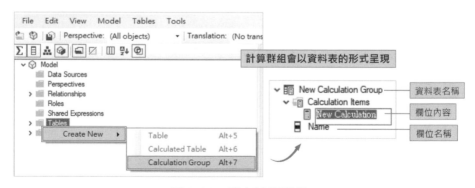

圖 6.21　建立計算群組

以圖 6.18 的範例來說，要讓 Amout、Quantity、Products 可以依據 OrderDate 或 ShippedDate 資料行的關聯性做切換，要在「New

Calculation Group」下建立兩個「計算項目（Calculation Item）」。這兩個計算項目的定義如圖 6.22 所示，分別是：

- Ordered：原始量值的彙總定義

- Shipped：在計算原始量值的彙總定義時，要採用另一個關聯

```
USERELATIONSHIP('DateTable'[Date],Orders[ShippedDate])
```

在建立完成後，將表格的 Amout、Quantity、Products 放入使用原始的 OrderedDate 的量值，並將篩選器欄位改成「計算群組」資料表中的「Name」資料行當作切換選單。

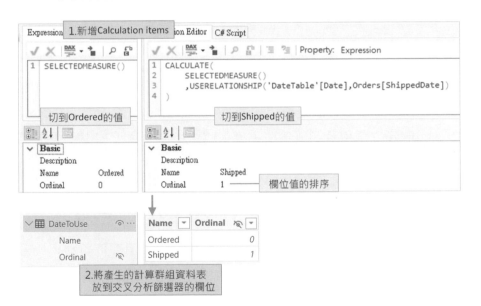

圖 6.22　新增 Ordered 及 Shipped 這兩個計算項目

以此範例來說，原先圖 6.19 需要用到 9 個量值，在使用了計算群組後只需要原始 Measures 量值表 Ordered 目錄下的 3 個量值（Distinct Products、Sales Amount、Sales Quantity），就可以配合篩選器動態套用不同的關聯關係，以此看出計算群組能降低建立和維護所需的量值數目。

但需要特別注意的是，一旦模型中有使用到「計算群組」後，將不再支援隱含量值，意即無法在視覺效果中直接將「資料行」拖曳到「值」進行摘要計算。

6.6 安全性

表格式模型中的安全性，是藉由定義「角色」來限制的。表格式模型中的角色會定義模型的成員許可權，成員依角色權限對模型執行動作。有讀取權限的角色可以加上資料列和物件層級篩選以細化權限。

在「模型化」功能區的安全性區塊，有「管理角色」以及「檢視身分」，分別可以定義角色和規則，以及模擬角色定義的呈現結果。

實際套用 Power BI 的角色與安全功能是在使用者透過 Power BI 服務或是 Power BI 報表伺服器檢視報表時，所以此處僅說明如何在 Power BI Desktop 建立角色及測試，在「第 10 章 安裝與管理 PBIRS 伺服器」再說明如何在 Power BI Report Server 搭配設定。

6.6.1 資料列層級安全性（Row Level Security, RLS）

「資料列層級安全性（RLS）」可限制指定使用者存取資料，篩選會限制資料列層級的資料存取，可以在角色中定義篩選。在此先建立簡單的角色做為範例，如圖 6.23，首先在「管理角色」建立角色「SEAFOOD」：只有看到產品類別為海鮮的權力。定義資料表篩選的 DAX 運算式只能傳回 True 或 False，篩選透過表與表間的關聯性傳遞，讓整體資料都符合權限過濾，因此要注意設定資料表篩選時的方向。

圖 6.23　建立角色及其定義

設定完成後，再透過「檢視身份」來模擬該角色的視角，確認權限的設定是否正確。

圖 6.24　利用「檢視身份」模擬角色的權限

若角色搭配權限表一起使用，則可以動態切換不同使用者的觀看權限。首先透過 DAX 建立一個範例權限表：

```
Auth = // 權限表
 DATATABLE(
     "UserName" , STRING , "UserEmail" , STRING , "Category" , STRING ,
     {
         {"Jane" ,"test1@mentortrust.com","Beverages"} ,
         {"Jane" ,"test1@mentortrust.com","Seafood"} ,
```

```
        {"Catty","test2@mentortrust.com","Beverages"} ,
        {"Catty","test2@mentortrust.com","Meat/Poultry"} ,
        {"Byron","test3@mentortrust.com","Produce"}
    }
)
```

接著新增一個角色，針對剛才建立的 Auth 以及 Categories 進行資料表篩選，語法如下：

■ Auth

```
[UserEmail] = USERPRINCIPALNAME()
```

■ Categories

```
[CategoryName]
 IN CALCULATETABLE (
        VALUES ( Auth[Category] ),
        FILTER (
                ALL ( Auth ),  [UserEmail] = USERPRINCIPALNAME ()
            )
        )
```

這裡用到的函式 USERPRINCIPALNAME 傳回的值為主體名稱格式（例如：username@網域）。透過這個函式來篩選出目前登入者所對應的權限及資料，也可以新增量值抓取 Auth 資料表中的自訂義 User 名稱來顯示問候語，語法如下：

```
Hello = "Hi, " & SELECTEDVALUE(Auth[UserName],"Stranger")  & " ~ "
```

套用剛才新增權限表及角色後，呈現的結果就會如圖 6.25。

圖 6.25　搭配權限表使用 RLS，並因人而異顯示問候語

若要有管理者角色可以查看所有的資料，只要建立一個角色名為
Admin，不賦予任何篩選條件，亦即可以看所有資料，任何群組或帳號
加入到這角色來就沒有篩選。

6.6.2　物件層級安全性（Object Level Security, OLS）

「物件層級安全性（OLS）」可保護特定資料表或資料行不讓報表檢視者
觀看。例如，可以限制包含個人資料的資料行，僅讓特定檢視者可以看到
並與其互動。此外，也可以限制物件名稱和中繼資料，防止沒有適當存取
層級的使用者探索業務關鍵或敏感性個人資訊，例如員工或財務記錄。對
於沒有許可權的檢視者，受保護的資料表或資料行就如同不存在。

和資料列層級安全性相同，物件層級安全性也是在模型的角色內定義。
但目前 Power BI Desktop 尚無法設定「物件層級安全性」，需要透過外
部工具，例如 Tabular Editor 來定義。

要設定物件層級安全性，首先要先建立角色，接著針對模型中的資料表
或資料行物件，選取「Object Level Security」選項，從中定義各個角色
對此物件的權限。

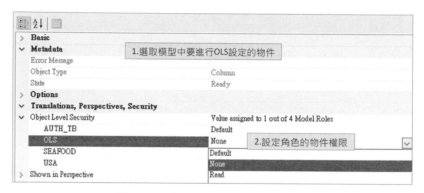

圖 6.26　設定各角色的 OLS 權限

需要特別注意以下兩點：

■　量值不可設定物件層級安全性

■　物件層級安全性只適用於報表**檢視者**，若是使用者具有下載或編輯資料集的權限，下載下來的報表將不受限制，能看見所有資料。而若報表來源是使用「即時連接」到 Analysis Model，其角色權限會隨著 Analysis Services 的設定，在平台及下載的報表會因權限而看到不同程度的資料。

6.7　檢視方塊（Perspectives）

表格式模型中的檢視方塊會定義可檢視的模型子集，提供具體的特定觀點。模型內可能有大量的資料表、資料行、量值，對於僅需操作部分模型即可滿足分析及報表需求的使用者來說，可能會過於複雜。

假設資料模型中包含了員工、財務、產品、客戶、訂單這些資料，但是銷售人員只需要觀看產品、客戶跟訂單，而人資可能只需要看到員工、財務的資料。在這情況下，可以為定義不同的檢視方塊，選取個別可以檢視的模型物件。

在 Power BI Desktop 並沒有使用者介面進行檢視方塊的設定，必須透過
「6.5.4 計算群組（Calculation groups）」中提到的外部工具 Tabular
Editor 來管理操作。

圖 6.27　在 Tabular Editor 中定義檢視方塊

檢視方塊可以和 Power BI Desktop 雲端版本的「個人化視覺效果」搭配
使用，從「檔案」→「選項」→「目前檔案」→「報表設定」勾選「將
視覺效果個人化」開啟個人化視覺效果功能。

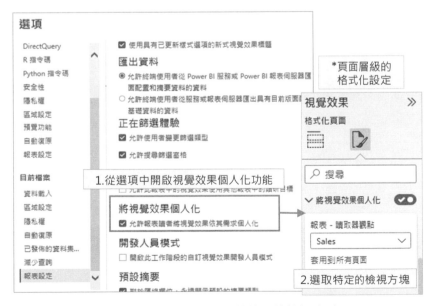

圖 6.28　設定個人化視覺效果的檢視方塊

檢視方塊並非安全性機制,只是用來提供較佳的使用者體驗的工具。檢視方塊中的安全性都是繼承自「6.6 安全性」中的基礎模型設計。

6.8 參數

在 Power BI Desktop 中,可以建立「參數」作為交叉分析篩選器,並讓視覺效果與之互動。透過「模型化」功能區,可以新增「參數」,分為「數值範圍」及「欄位」[2]兩種。

首先以「數值範圍」參數舉例,當建立參數後,會產生一張參數資料表以及有參數值的量值,接著只要將參數放入計算及視覺效果中,就能夠互動計算,如圖 6.29 以及圖 6.30。

圖 6.29 建立數值範圍參數

---

[2] 欄位參數目前(2023.01)僅提供雲端版本使用。

圖 6.30　使用數值範圍參數作為折扣百分比，動態計算銷售額與折扣後金額

而「欄位參數」可讓使用者動態變更報表內要分析的量值或維度，如圖 6.31 利用欄位參數來切換 X 軸要顯示為產品類別或是運送地區。

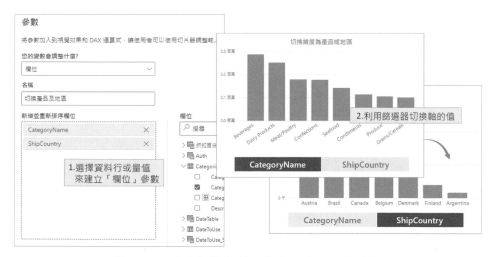

圖 6.31　建立欄位參數，作為圖表可切換的軸

關於欄位參數的詳細分析，可以參考以下影片：

https://www.youtube.com/watch?v=TufnsAxJsjs&t=937s

使用參數有一些限制需要注意：

- 數值範圍參數只能有 1000 個唯一值，若超過 1000 個唯一值的參數，會採平均取樣。

- 欄位參數無法使用隱含量值，必須要建立明確的 DAX 量值。

- 在視覺效果中使用欄位參數時，要注意視覺效果屬性限制的欄位類型或數量。

- 欄位參數無法作為鑽研或工具提示的連結欄位，假設欄位參數是使用 CategoryName 和 ShipCountry 的話，可以直接將這兩個欄位新增為鑽研欄位。

6.9 群組

分析時經常需要分群，好分門別類地比較，找出目標群組。一般會在整理資料時，定義分群的商業邏輯。而利用 Power BI Desktop 設計視覺效果時，也是根據在基礎資料中找到的值，將資料彙總成區塊或群組。

若基礎資料未提供分群的依據，要在模型內自訂群組邏輯，可以在模型內選擇某個資料行後，再點選「資料行工具」功能區上的「資料群組」按鈕來新增，如圖 6.32。

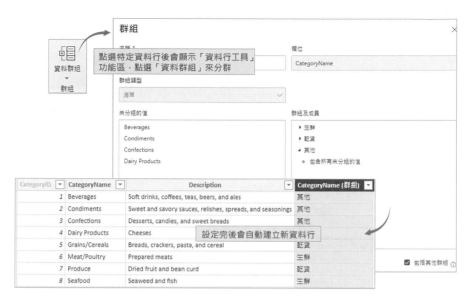

圖 6.32　依據 CategoryName 來分群

群組設定精靈會為模型內的資料表新增資料行，並依照中的「群組及成員」定義，填入該新增資料行紀錄值。

當資料是數值型時，可以採用「量化」類型的群組，量化類型可分為「量化大小」以及「量化數目」，如圖 6.33。

圖 6.33　數值型資料行可以依照量化分組

若「量化類型」選擇「量化大小」，就是利用設定的「量化大小」值當作區間的遞增值。圖 6.34 使用量化大小的設定值為 2。

圖 6.34　CategoryID 依照量化大小分組

圖 6.35　CategoryID 依量化數目分組

若是選擇「量化數目」，則是用下面公式計算的結果當作每一組的遞增區間：

（最大值-最小值）/量化計數

圖 6.35 中 CategoryID 欄位的值域是 1 到 8，若分成 4 組，代表每組值從 1 開始，並以 (8-1)/4=1.75 遞增，所以各組邊界是 1、1+1.75、1+1.75*2、1+1.75*3，各筆紀錄依 CategoryID 欄位值大於等於所屬邊界值，小於下個邊界值的方式賦予「CategoryID（二進位）」各組值。

要注意的是兩種分組的起始值，比較圖 6.34 和圖 6.35 可以看出「量化大小」的邊界值是「量化大小」的倍數，所以從 0 開始。若「CategoryID」數列的最小值是 -1，分組的邊界值會從 -2 開始。但「量化數值」是採用原數列的最小值。

6.10 階層（Hierarchies）

「階層」是中繼資料，可定義資料表中兩個以上的資料行或群組之間的關聯性。透過階層，可以讓模型更利於瀏覽分析，亦即對使用者提供預設的瀏覽路徑，以展開/收合細節或彙總資料。例如，街道在城市中，而城市在國家之中。階層的特性如下：

- 一個資料行可以出現在多個階層中

- 僅能以同一資料表內的資料行為基礎，若需要其他資料表的欄位，需要使用新增資料行

- 無法包含非資料行物件，例如量值或 KPI

要建立階層，首先要設定為對階層中最高層級的資料行按「右鍵」→「建立階層」，接著在「模型檢視」下選擇屬性，設定名稱以及階層內的欄位，接著套用層級變更即可完成，步驟如圖 6.36。

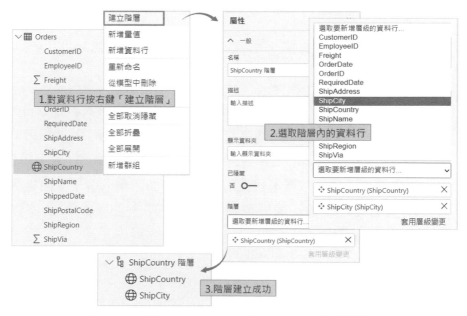

圖 6.36　建立 ShipCountry 和 ShipCity 的「階層」

6.11 複合式模型（Composite model）

Power BI Desktop 可以連線到不同類型的資料來源：

- 將資料匯入至 Power BI，這是取得資料最常見的方式
- 透過 DirectQuery 直接連線到資料來源，分析的當下動態查詢來源

只要是結合多個「DirectQuery」不同來源的資料，或是結合「DirectQuery」動態查詢和「匯入」儲存兩種方式，都稱為「複合式模型」。

目前[3]若採用 Power BI Pro 授權，資料集有最大容量為 1GB 的限制，或是 Power BI Premium 有 10GB 限制：

```
https://learn.microsoft.com/zh-tw/power-bi/connect-data/service-get-data#considerations-and-limitations
```

使用記憶體也有限制：

```
https://learn.microsoft.com/zh-tw/power-bi/create-reports/desktop-set-visual-query-limits
```

當要載入的資料量太過龐大，例如：單一的來源資料表即有數百 GB，無法使用匯入的儲存方式，通常會採用「DirectQuery」的連線方式，但因為 DirectQuery 是即時連線查詢，可能會導致效能瓶頸，若再搭配「匯入」的彙總表，就可以增進報表的效能。前面所舉的例子，便是應用複合式模型的最好時機。關於彙總表，會在下一節「6.12 彙總資料表（Aggregation table）」說明。

---

[3] 目前指的是 2023.01

不同存取資料源的模式會以不同形式表示，即使資料表來自不同的來源，一樣可以建立關聯性，如圖 6.37，但是有限的關聯性，將無法用 RELATED 函式擷取「一」端的值，並強制 RLS 具有拓樸限制。

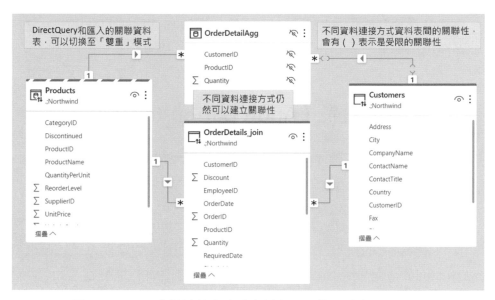

圖 6.37　不同資料連結方式的資料表，一樣可以建立關聯性

複合式模型的資料表屬性內有「儲存模式」，顯示出資料表目前是以何種方式取得，並有「匯入」、「DirectQuery」、「雙重（Dual）」三種儲存模式的選項可供切換。可以在「模型檢視」中的資料表屬性中找到這項設定。

圖 6.38　在屬性中設定資料表的儲存模式

當將資料表儲存模式變更為「雙重（Dual）」時，資料表能以「匯入」或「DirectQuery」兩種形式運作，會依照與視覺效果互動傳回的查詢條件而定。

要注意當資料的儲存模式變更為「匯入」是無法復原的動作。若設定此屬性後，便無法變更為「DirectQuery」或「雙重」。

6.12 彙總資料表（Aggregation table）

當資料量龐大時，每次重新整理視覺效果的時間會很久，在 Power BI Desktop 建立使用者自訂義的彙總表，能改善查詢效能。

承接上一節「6.11 複合式模型（Composite model）」中所提到應用情境：當要載入的資料量太過龐大，無法使用匯入的儲存方式，但又因為 DirectQuery 是即時連線查詢，會導致效能瓶頸，若搭配匯入的彙總表，就可以增進報表的效能。

在圖 6.37 中，雖然使用「雙重」模式可以載入後快取，但若視覺效果透過 OrderDetail_Join 計算 Quantity 時，仍會因為該表屬於 DirectQuery 而需要回資料源取即時資料。因此，若計算 Quantity 可以直接使用彙總表，將能再進一步提高效率。然而 OrderDetail_Join 與彙總表 OrderDetailAgg 間的欄位關係並無明確定義，需利用「管理彙總」的功能，定義彙總與細節資料表欄位的關係。

圖 6.39　定義彙總資料表

範例圖 6.39 中使用的 OrderDetailAgg 彙總表是由 DAX 所建立的新增資料表，語法如下：

```
OrderDetailAgg =
    SUMMARIZE(
        'OrderDetails_join'
        ,OrderDetails_join[ProductID]
        ,OrderDetails_join[CustomerID]
        ,"Quantity",SUM(OrderDetails_join[Quantity])
    )
```

針對 OrderDetail_Join 資料表按右鍵，點選「管理彙總」，即可開啟管理介面。將匯總資料表選為 OrderDetailAgg 並定義匯總資料行的摘要資訊，如圖 6.39。

需要注意的是，對應後的彙總資料表將被隱藏。

建立彙總表後，原先 Quantity 總計為 51317，再將資料庫的測試資料重複插入，讓 Quantity 總計增加為 205268。如圖 6.40 所示，使用彙總表前視覺效果所需的重新整理時間為 263 毫秒，在使用彙總表後，變成了 90 毫秒，因為不需要在檢視資料的當下，對資料源下彙總查詢，但是資

料的彙總結果存有時間差，細節資料是當下資料源的，但彙總結果是之前處理資料產生的：

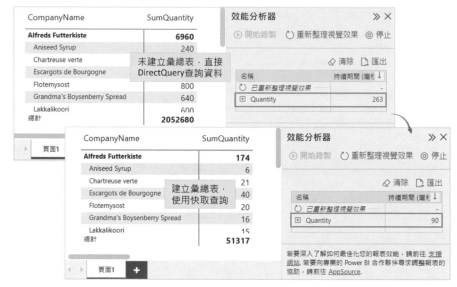

圖 6.40　建立彙總表前後的查詢速度差異，以及因時間差導致的結果落差

從圖 6.40 可以看出，查詢效能確實有提高，但因為在彙總表更新處理完成後，DirectQuery 資料源又更新與彙總相關的細節紀錄，所以彙總表當下也必須要重新整理，否則呈現與計算出來的數字會有時間落差。

初探 DAX 語言

DAX（Data Analysis Expressions）是一種專門設計用於資料模型中，計算商業分析的語言。它的程式庫具備 200 多種函數、運算子與建構函式，可以在 Azure Analysis Services、SQL Server Analysis Services、Excel Power Pivot 和 Power BI Desktop 中，建立新增資料表、資料行和量值。提供極大的組合彈性，結合函數及運算子，以計算各類資料分析需求的結果。

依用途可將 DAX 分為兩種，一是作為計算語言，一是查詢語言。前者用於建立新增資料行/表或量值，能夠建立計算的工具如前述提及的 AS、Excel Power Pivot[1]以及 Power BI Desktop，本章將以 Power BI Desktop 為工具，說明計算語言的使用方式；後者則用於查詢，常見可用來執行 DAX 查詢的工具，包含：DAX Studio 與 SQL Server Management Studio。我們比較推薦 DAX Studio，其操作介面簡單易懂，並可連接當前開啟的 Power BI Desktop 進行查詢。

---

[1] Excel Power Pivot 至今（2019 版）不支援以 DAX 建立新增資料表，近似的功能是利用工作表（worksheet）當作連結資料表（linked table）。

DAX 的使用方式與 Excel 公式近似，兩者都屬於函數語言（Functional Languages），也就是以函數包函數的方式撰寫。但兩個語言最大的不同是資料的計算範圍，Excel 是以資料格（Cell）為單位，未套用的資料格不會被計算，而 DAX 是以資料表和資料行為計算單位。

若與同樣是處理資料的 SQL（Structure Query Language）語言相比，雖然都是以資料表和資料行為計算單位，但兩者對於關聯性的使用方式不同。SQL 若要用到關聯資料表的欄位，必須明確在語法中撰寫 JOIN；DAX 則是在關聯表所形成的擴充資料表中運作。

接下來我們將從 DAX 語句的基本結構開始說明，逐步引導各位理解這個語言是如何依語境（Context）評估計算結果、資料間的關聯性對語句的影響為何。

7.1 基本觀念

7.1.1 語法結構

DAX 語法可以簡單到只由一個數字組成，也可能複雜到包含上百行的計算。但無論語法有多龐雜，其基本結構都是由計算名稱、函數、資料表、資料行、運算子等項目所組合而成，如圖 7.1 所示。

圖 7.1　DAX 語法組成

以下分別描述基本組成項目：

- **計算名稱**

  計算名稱是自行定義的，允許全/半形文/數字或符號。依不同的計算類型，可能為「新增資料行」、「新增資料表」或「新增量值」的名稱。

  命名時需注意，在同一張資料表中，「新增資料行」與「新增量值」命名不能重複；同一個資料模型中也不可有相同名稱的「新增資料表」或「新增量值」。

- **函數**

  DAX 函數是預先定義的公式，包含一組括號()，其內含零（如:Blank()）或多個引數，依特定順序或結構來執行計算。引數視使用的函數定義，可能為其他函數、運算式、資料行參考、數值、文字、TRUE 或 FALSE 等邏輯值。函數具備以下特性：

  - 參考完整的資料行或資料表

    不同於 Excel 能參考單一資料格，DAX 函數是使用整個欄位或表格。因此，若只想用資料表或資料行中的特定值，需要搭配篩選函數，才能將條件加入公式。

  - 依回傳結果的類型，分為純量函數（Scalar Functions）與資料表函數（Table Functions）

    前者回傳「值」，後者回傳單欄或多欄的「資料表」。關於這兩類函數，我們會在下一節做說明。

- **資料表**

  通常作為函數的引數，使用時以單引號「'」框住資料表。若資料表名稱不含空格、非數字開頭、非保留字（如：Date），則可省略單引號，但為了增加語法的易讀性，建議保留。

■ **資料行**

搭配資料表使用，欄位必須以中括號「[]」框住，不可省略符號。

■ **註解**

作為語法的附註說明，應撰寫於計算名稱的等號之後。單一列註解可使用「//」或「--」，如有多列註解內容，需在開頭與結尾分別用「/*」和「*/」框住內容。

■ **運算子（Operators）**

運算子用於算數運算、條件比較、邏輯判斷、文字串接等行為。其使用說明與範例如表 7.1。在使用運算子時，需注意它可能造成資料型別轉換的效果，若要回顧資料類型與轉換，請參考「6.2.1 格式化」小節。

表 7.1　運算子

運算子類型	運算子	說明	範例
算數 （Arithmetic）	+	加	3+3
	-	減或負號	-3-1
	*	乘	3*3
	/	除	3/3
	^	指數	16^4
比較 （Comparison）	=	等於	[Region] = "TW"
	==	嚴格相等	[Region] == "TW"
	>	大於	[Year] > "2019"
	<	小於	[Year] < "2019"
	>=	大於或等於	[Amount] >= 2000
	<=	小於或等於	[Amount] <= 10
	<>	不等於	[Region] <> "TW"
串聯（Text concatenation）	&	將多個值串接為 單一值	[Region] & ", " & [City]

運算子類型	運算子	說明	範例
邏輯 （Logical）	&&	和，表示須滿足兩個條件	([Region] = "TW") && ([Age] > 18)
	||	或，表示則一滿足條件	([Region] = "TW") || ([Age] > 18)
	IN	包含	[Region] IN { "TW", "JP", "UK" }

其中，需要注意比較運算子「=」和「==」的使用時機，邏輯上除了「==」之外的所有比較運算子都會將 BLANK 視為數字 0，透過圖 7.2 的兩個運算式可以看見此差異，只有在嚴格相等的比較條件下，才會認定 BLANK 不等於 0。

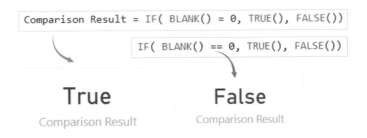

圖 7.2　嚴格相等與相等的差異

另外，邏輯運算子的「&&」和「\|\|」也可以用 DAX 函數 AND 與 OR 替換，但缺點是一次只能放兩個條件，當條件較多時會形成巢狀結構，反而難以閱讀。

```
AND ( [Region] = "TW", [Age] > 18 )
OR ( [Region] = "TW", [Age] > 18 )
```

當運算式中包含多個運算子時，會依表 7.2 的次序計算，若屬於同個次序等級，則會由左到右執行，如要提高執行優先權，需使用括號 ()。

表 7.2　運算子執行順序

次序	運算子	說明
1	^	指數
2	-	負號
3	* , /	乘, 除
4	+, -	加, 減
5	&	串聯
6	=, ==, <, >, >=, <=, <>	比較

7.1.2　變數（Variables）

變數能夠提高語法可讀性與效能，是相當重要的存在。在這小節將說明變數的使用方式、特性及有效範圍。

使用方式與有效範圍

DAX 使用「VAR」關鍵字來宣告變數，接著指定變數名稱，並於等號後定義運算式，其可為常數、資料表函數、純量函數、邏輯值等。當宣告變數時，須搭配「RETURN」關鍵字以指定回傳結果。

定義變數時，須注意變數名稱不可與既有的資料表名稱相同，非數字開頭、非保留字、無空白、無特殊符號或分隔符號。為能容易識別，可使用底線「_」作為前置詞。

語法結構如下：

```
計算名稱 :=                        SalesAmt :=
    VAR 變數名1 = 運算式              VAR _Amt =
    VAR 變數名2 = 運算式                  SUMX (
    ...                                  'Order Details',
                                         'Order Details'[Quantity] *
    RETURN 回傳結果                        'Order Details'[UnitPrice]
                                     )
                                 VAR _Discount = 0.9
                                 RETURN
                                     IF ( _Amt >= 1000 , _Amt * _Discount,
                             _Amt )
```

DAX 引擎是由上而下依序評估變數，故宣告時需考慮次序。舉例來說，上述語法若於 VAR _Amt 中引用 _Discount，會因後者尚未定義而產生「無法解析名稱 _Discount」的錯誤。

除了獨立宣告外，變數還可在函數內定義，亦能包含多組 VAR/RETURN 的區塊，常用於疊代計算以取得當前資料列，如以下範例（該計算僅示意變數用法，無實際意義）：

```
SalesAmt :=
SUMX (
'Order Details',
        VAR _Qty = 'Order Details'[Quantity]
        VAR _Price = IF( _Qty > 50, 0.95, 1) * 'Order Details'[UnitPrice]
        RETURN
            VAR _Amt = _Qty * _Price
            VAR _Discount = 0.9
            RETURN
                IF ( _Amt >= 1000 , _Amt * _Discount, _Amt )
)
```

由於變數只在相同的 VAR/RETURN 區塊有效，從上述範例可觀察到變數都在 SUMX() 內宣告及回傳，故一旦離開 SUMX()，變數即失效。

變數的計算特性

變數有延遲計算（Lazy Evaluation）的特性，這表示一段語法中，沒有實際引用到的變數，不會被計算。若是多次使用到，也只會計算一次，之後每次叫用都是讀取先前已計算的值，故可作為優化的技巧，既簡化語法又能減少重複運算。

變數是依宣告指定的運算式來計算，因此計算當下參考的語境[2]與後續引用變數時的語境無關，且一旦被賦予值，就等同於常數（Constant），無法再修改。例如：要呈現各年銷售金額占銷售總額的比例，如圖 7.3 左半部的結果，應避免在需要重新評估語境的計算中引用變數，如範例程式 7.1。

未引用變數			引用變數	
Year	各年度銷售占比		Year	各年度銷售占比
1996	16.71%		1996	100.00%
1997	48.61%		1997	100.00%
1998	34.68%		1998	100.00%
總計	**100.00%**		總計	**100.00%**

圖 7.3　引用變數影響各年銷售金額占銷售總額的比例

範例程式 7.1：依當前語境計算各年度銷售占比

```
各年度銷售占比 :=
  VAR _Amt = SUMX ( 'Order Details', 'Order Details'[Quantity] * 'Order
  Details'[UnitPrice] )
  RETURN
    DIVIDE (
      _Amt      //分子：銷售金額
      ,CALCULATE (   //分母：銷售總額
        SUMX ( 'Order Details', 'Order Details'[Quantity] * 'Order Details'[UnitPrice] )
```

---

[2]　關於語境的說明，請參考 7.4 理解 DAX 語境（Context）小節

```
      ,REMOVEFILTERS( 'Dates'[Year] )
    )
  )
```

在視覺效果中呈現時，VAR _Amt 會受到 Year 欄位的影響形成資料篩選，計算出各個年度的銷售金額，而為了取得銷售總額作為分母，需要透過 REMOVEFILTER 函數來忽略 Year 對銷售金額的過濾行為，意即要重新評估語境後再計算，因此，雖然分母的運算式與變數定義相同，但不應於分母中引用。

若分母引用變數值，如範例程式 7.2 所示，由於_Amt 的值已在 VAR 階段定義，後續叫用時，會帶入常數值，並不會忽略 Year 重新計算變數值，這將導致分子與分母的數字永遠相同，呈現如圖 7.3 右半部的結果。

範例程式 7.2：引用變數計算各年度銷售占比

```
各年度銷售占比 :=
  VAR _Amt = SUMX ( 'Order Details', 'Order Details'[Quantity] * 'Order
  Details'[UnitPrice] )
    RETURN
      DIVIDE (
        _Amt     //分子：銷售金額
        ,CALCULATE (   //分母：銷售總額
          _Amt,
          REMOVEFILTERS( 'Dates'[Year] )
        )
      )
```

7.1.3　錯誤處理

在剛開始學習使用 DAX 時，經常會碰到語法錯誤卻不明所以的情況，為此我們整理出新手常見的三種錯誤類型，說明發生的情境、可攔截錯誤的函數，以及預防錯誤作法。

錯誤類型

■ 資料型態轉換錯誤

在前面的章節中，我們提過 DAX 會受到運算子影響，自動在文字與數字之間做型別轉換，但若是資料行或運算式的內容包含無法轉換的結果時，就會發生如圖 7.4 的錯誤。

圖 7.4　資料型態轉換錯誤

■ 算術運算錯誤

最常見的算術運算錯誤包含數值除以 0 和負數取平方根，前者在 Power BI 中並不會出現錯誤訊息，而是顯示為無限（Infinity）或 NaN，如圖 7.5 的結果；後者則會出現錯誤，訊息為「有計算錯誤函數 'SQRT' 的引數的資料類型錯誤，或結果太大或太小」。

Expression	Result
0 / 0	NaN
10 / 0	無限

圖 7.5　除以 0 的運算結果

■ 空值

除了前述兩種明顯的錯誤之外，還有較模糊的情況，像是資料存在空值，可能導致計算傳回非預期的結果。DAX 處理空值或空白都

是使用 BLANK，與 SQL 的 NULL 不同，DAX 的 BLANK 值在運算時可能會視為 0 或 BLANK[3]，因此在不同情況下有不同的結果。

Expression	Result
BLANK() / 5	
5 / BLANK()	inf
BLANK() / BLANK()	
IF (BLANK() = 0, 1, 0)	1

圖 7.6　BLANK 運算結果

■ **攔截與提示錯誤**

為了避免發生如前述的錯誤或非預期情況，DAX 有三種函數能夠攔截或提示例外狀況，包含 IfError、IsError 與 Error。

□ IfError 函數

IfError 會檢查運算式是否傳回錯誤，並對攔截到的錯誤指定傳回結果；若無錯誤發生，將回傳運算式計算結果。語法結構如下：

```
IFERROR ( <運算式>, <錯誤時，要顯示的值> )
```

特別注意：IfError 的兩個引數值，最好使用相同的資料型態，避免應用時造成其他的錯誤。

---

[3] SQL 定義中，NULL 是狀態，代表無從定義，但空字串是值，NULL 不可比較，無法計算與轉換，但空字串可以。就以下的查詢：
declare @v varchar(1)=null,@w varchar(1)='';
select cast(@v as int),cast(@v as date) ,cast(@w as int),cast(@w as date)
分別傳回：NULL、NULL、0、1900-01-01
DAX 的 Blank() 較接近 SQL 的空字串而非 NULL。

□　IsError 函數

IsError 會檢查運算式是否錯誤,並傳回檢查結果為 TRUE 或 FALSE。

```
ISERROR ( <運算式> )
```

由於 IsError 只能做布林判斷,故常與 If 函數搭配使用。而這兩個函數的搭配組合,效果就相當於 IfError 函數,如圖 7.7 所示。

```
IFERROR( A, B ) := IF ( ISERROR( A ), B, A )
```

因此,若是錯誤發生時,要回傳的運算式都相同,可使用 IfError 取代 If + IsError,以提高可讀性。

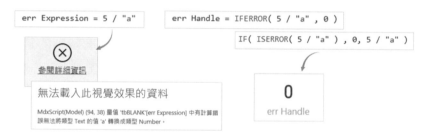

圖 7.7　DAX 錯誤處理

□　Error 函數

前面兩種攔截錯誤的函數雖然能夠讓報表穩定地呈現結果,卻有隱匿資料異常與誤導判讀的可能。比方說,計算客戶違約率時,使用 IfError 將錯誤的結果都代換為 0,會造成無違約的客戶與帶有異常資料的客戶無法區分,進而影響決策。

因此,適當的呈現錯誤仍是必要的,然而 DAX 預設的錯誤訊息往往需要資訊人員才能解讀,為了提供使用者指引,可以利用 Error 函數加注說明。

```
ERROR ( "錯誤說明" )
```

圖 7.8　自訂 ERROR 訊息

預防錯誤

無論使用哪種攔截方式，都會因為引發錯誤，導致額外增加計算成本進而影響效能，最好的做法是預防。

- **確保資料品質**

  善用 Power Query 編輯器來取代或移除無效值，或是在模型屬性中，將資料行「可為 Null」的設定關閉，這會讓 blank 的資料在重新整理時失敗，搭配 Power Query 移除錯誤資料列的功能，來控制載入模型的資料品質。

- **使用容錯函數**

  容錯函數會測試及補償錯誤情況，能輸入替代結果來取代原本的錯誤回傳，例如 DIVIDE 函數。其用於除法運算，替代結果的引數須為常數，預設為 Blank()，可省略。

  ```
  DIVIDE ( <分子>, <分母> [,<發生錯誤的替代結果>] )
  ```

  過去碰到許多使用者會寫運算式 [A] / [B] 而不用除法函數，或是撰寫 If 判斷來避免分母為 0，如：IF ([B] = 0, 0, [A] / [B])，建議改用 DIVIDE 搭配替代值取代邏輯判斷，因為 DIVIDE 函數經過最佳化，有較簡潔的執行計畫，會比 IF 判斷的速度快。

■ 使用 IF 函數

當計算沒有相應的容錯函數可用時，使用 IF 判斷會比 ISERROR 與 IFERROR 好，雖然也會增加判斷成本，但不需要引發錯誤，能有更好的執行效率。

7.2 純量函數（Scalar Functions）

熟悉基本觀念後，接下來的兩小節將介紹常用的 DAX 函數。依其回傳的類型，可分成兩大類，一是回傳值的純量函數（Scalar Functions），以及回傳表格的資料表函數（Table Functions）。

若需要完整的 DAX 函數列表、語句結構、回傳值及使用範例，請參考微軟線上說明文件，亦可下載 PDF：https://learn.microsoft.com/zh-tw/dax/

7.2.1 彙總函數（Aggregation Functions ）

彙總是資料分析最基本的需求，DAX 提供一系列可彙總資料行的函數，包含加總、平均、（相異）計數、最大值與最小值。依彙總特性可分成：數值彙總、文字彙總和疊代彙總。

數值彙總

對「數值」或「日期」型態進行彙總的函數，如：Sum、Average、Count、DistinctCount、Min、Max。語法結構如下：

```
SUM （ <資料行> ）
```

若彙總的欄位型態是文字類型，會傳回錯誤。

圖 7.9　數值彙總函數用於文字型態的資料行會傳回錯誤

文字彙總

與 Excel 函數相同，對「數值」或「非數值」型態進行彙總的函數，通常是以 **A** 結尾，如：AverageA、CountA、MinA、MaxA。語法結構如下：

```
AVERAGEA ( <資料行> )
```

雖然種類很多，卻唯有 CountA 較具計算意義，能計數各類型態的資料行，但計數並不包含空白。若要計算空白值的數量，可改用 CountBlank；若是要計算資料總筆數（含空白），則使用 CountRows。這三者的關係如下：

```
COUNTA ( table[column] ) + COUNTBLANK( table[column] ) = COUNTROWS ( table )
```

除了 CountA 之外，其他文字彙總函數對 DAX 來說沒有計算意義，因為只有資料行是數值或布林型別時才能運算（TRUE=1、FALSE =0），若資料行是文字型態，無論欄位值是什麼，都會被視為 0。

與 Excel 函數的邏輯不同，DAX 是以整個資料行來做運算，無法像 Excel 函數能夠分別處理各個資料格。舉例來說，使用圖 7.10 的交易資料與函數，分別以 Excel 和 DAX 做運算，其結果如圖 7.11 與圖 7.12 所示。

代號	金額
123	1
124	20
125	n/a
126	
126	TRUE

```
= AVERAGEA （ ［金額］ ）
= AVERAGE （ ［金額］ ）
```

圖 7.10　交易資料與使用公式

由圖 7.11 可知，Excel 會嘗試將資料格內容轉換成數值後再運算，對能夠接受文數字的 AverageA 來說，結果是 22 / 4 = 5.5，而只能接受數值的 Average 則為 21 / 2 = 10.5；如圖 7.12 使用 DAX 時，因為整個資料行的資料型別必須一致，故無法將文字欄位內的值轉換為數值做運算，所以傳回 0，而 Average 則是不能用於文字欄位，因此無法顯示。

代號	金額	AVERAGEA 型別轉換	AVERAGEA 計算	AVERAGE 型別轉換	AVERAGE 計算
123	1	1	5.5	1	10.5
124	20	20	5.5	20	10.5
125	n/a	0	5.5	#DIV/0!	10.5
126		#DIV/0!	5.5	#DIV/0!	10.5
126	TRUE	1	5.5	#DIV/0!	10.5

圖 7.11　Excel 計算結果

代號	金額	AVERAGEA
123	1	0.00
124	20	0.00
125	n/a	0.00
126		0.00
126	TRUE	0.00

圖 7.12　DAX 計算結果

疊代彙總

疊代（Iteration）是指對資料表進行逐筆計算，而具有疊代行為的函數又稱疊代器函數（Iterator Functions），彙總類型的疊代器函數通常以 X 結尾，如：SumX、AverageX、CountX、CountAX、MinX、MaxX... 等。語法結構如下：

```
SUMX （ <用來逐筆計算的資料表>，<運算式> ）
```

前面介紹的函數都是對「特定欄位或資料表」進行彙總；疊代彙總函數則是依「運算式」逐筆計算後再彙總。舉例來說，計算銷售總額會使用加總函數，如：

```
銷售總額 := SUM ( 'Order Details' [銷售金額] )
```

但若是訂單資料只有各品項的單價、折扣與銷售數量，沒有銷售金額欄位的話，在不增加欄位的前提下計算銷售總額，要先逐筆算出銷售金額再彙總結果，故需使用「疊代彙總函數」來建立量值：

```
銷售總額 :=
SUMX ( 'Order Details',
        'Order Details'[UnitPrice] * 'Order Details'[Quantity] * ( 1 - 'Order
        Details'[Discount] )
  )
```

上述語法的意思是，要對「訂單明細表」進行逐筆計算，而每一筆計算的條件是「單價 * 數量 *（1 - 折扣）」，取得各筆明細的銷售金額後，再依 SumX 回傳加總結果。

7.2.2 邏輯函數（Logical Functions）

邏輯函數包含 And、Or、In、Not、If、Switch、IfError、True 和 False。要能在運算式中進行邏輯判斷，或是依邏輯比較的結果採用不同的運算，都需要借助邏輯函數。

在 7.1 一節已經介紹過 And、Or、In、IfError 和 If，接著來看另一個常用的邏輯判斷函數 Switch。

Switch 能將資料行的值替換為不同的呈現結果，語法結構如下：

```
SWITCH ( <運算式>, <值> , <結果> [,<值> , <結果>]...[, <其他結果>] )
```

Switch 在處理單一欄位的邏輯判斷上，較 If 簡潔。例如，將問卷滿意度的數據（1~3）變更為滿意度說明（不滿意~滿意），其餘結果均視為無效。使用 If 的寫法：

```
IF (`問卷調查表'[滿意度] = 1 , "不滿意",
    IF (`問卷調查表'[滿意度] = 2 , "無意見",
        IF (`問卷調查表'[滿意度] = 3 , "滿意", "無效" ) ) )
```

改用 Switch 則簡化許多：

```
SWITCH ( 問卷調查表[滿意度],
         1, "不滿意",
         2, "無意見",
         3, "滿意",
         "無效"
       )
```

邏輯函數也經常與變數搭配使用，簡單示意：

```
VAR  _TotalQuantity = SUM ( Sales[Quantity] )
RETURN
    IF (
        _TotalQuantity > 1000,
        _TotalQuantity * 0.95,
        _TotalQuantity * 1.25
    )
```

7.2.3 日期時間函數（Date and Time Functions）

資料分析往往需要呈現及比較不同時間維度的結果，為此先掌握日期時間函數，後續更能活用時間智慧函數。基本的日期時間函數可依用途分為「擷取」、「取得」、「轉換」與「計算」四種類型。

擷取

用於擷取單一資訊，包含 Year、Quarter、Month、Day、WeekDay、WeekNum、Hour、Minute 和 Second。這些函數需要使用日期/時間類型的資料行，或可轉換為日期/時間類型的文字資料行（如 "2019/08/02"、"16:30:00"）作為引數。語法結構如下：

```
YEAR ( <日期/時間或文字類型的日期> )
WEEKDAY ( <日期>, <週起始日 1~3> )
1：始於週日(1)～終於週六(7)
2：始於週一(1)～終於週日(7)
3：始於週一(0)～終於週日(6)，傳回數值介於 0 到 6
```

擷取函數經常用在邏輯判斷或建立資料行，例如使用下列語法個別建立「新增資料行」，結果如圖 7.13 所示。

```
Month = MONTH ( 'Calendar'[DataDate] )
Day = DAY ( 'Calendar'[DataDate] )
Minute = MINUTE ( 'Calendar'[DataDate] )
WeekDay = WEEKDAY ( 'Calendar'[DataDate], 2 )   // 2 表示星期一是週的起始日，傳回數值
介於 1~7
```

DataDate	Month	Day	Minute	WeekDay
2019/8/3 上午 12:00:00	8	3	0	6
2019/8/4 上午 12:00:00	8	4	0	7
2019/8/5 上午 12:00:00	8	5	0	1

圖 7.13　擷取日期時間

取得

用於取得當下的日期/時間，包含 Today 和 Now。兩者的差異是 Today 只有日期資訊，時間永遠是上午 12:00:00，而 Now 會包含當下精確的時間。函數均無引數，且能以天為單位進行運算。如圖 7.14 為 2019/8/3 下午 13:42:30 使用 Now 與 Today 做算術計算的結果。

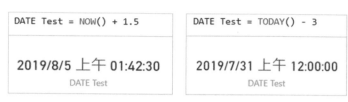

圖 7.14　取得當下日期函數

轉換

將數值或字串轉換為日期/時間格式，如 Date、DateValue、Time 及 TimeValue。

語法結構如下：

```
DATE ( <年>, <月>, <日> )
DATEVALUE ( <文字格式的日期> )
```

需要注意的是，DATE 的引數有以下特性，這些特性的效果如圖 7.15：

■　年介於 -1800~99 時，會以 1900 年為基準來計算

■　若月 >12 或日 >31 或 <=0，會增加或減少日期

圖 7.15　DATE 函數特性

DateValue 函數則需使用正確的日期文字格式作為引數，但可以省略年份，預設會帶入當年度。

計算

取得對日期欄位計算後的結果，像是 EDate、EoMonth 和 DateDiff。語法結構分別如下：

```
EDATE （<起始日>, <月數> ）  //傳回起始日加上指定的月數
EOMONTH （<起始日>, <月數> ）  //起始日加上指定的月數後，傳回該月月底
DATEDIFF （ <起始日>, <結束日>, <間隔單位> ） //計算兩個日期的間隔
間隔單位：YEAR、QUARTER、MONTH、WEEK、DAY、HOUR、MINUTE、SECOND
```

以 DateDiff 函數為例，建立新增資料行計算員工年紀，結果如右圖：

Age = DATEDIFF(Employees[BirthDate], TODAY() ,YEAR)

LastName	BirthDate	Age
Dodsworth	1966/01/27	57
Leverling	1963/08/30	60
Suyama	1963/07/02	60
King	1960/05/29	63

圖 7.16　DATEDIFF 計算年紀

要計算時間差，除了使用函數外，也可以利用日期型別實際上為數值的特性，進行四則運算，如圖 7.17。DAX 的日期/時間型別的起始日是 1899/12/30，每個日期都能替換成與這一天的差異日數，故可直接以日期相減，並把日換算為年後，將計算完的結果轉型成整數。

圖 7.17　使用運算子計算年紀

DAX 除了前述的日期時間函數外，還有能在不同的時間單位做累計分析、同期比較...等函數，將會在「8.2 時間智慧（Time Intelligence）」一節使用案例來說明。

7.3 資料表函數（Table Functions）

到目前為止，介紹的函數都是直接取用資料表（行）做計算，而實務上通常需要先對資料表過濾、排除重複等加工後再運算，這些加工行為便要透過資料表函數來滿足。

與傳回「單一結果值」的純量函數不同，資料表函數回傳「一或多個資料行」作為結果，所以在 Power BI Desktop 中，只能用於「新增資料表」的計算類型，若要用於「新增量值」或「新增資料行」，必須搭配純量函數。後文將以常見的資料表函數為例，帶各位瞭解如何將資料表函數作為純量函數的引數。

7.3.1 篩選函數（Filter Functions）

DAX 常用的篩選函數包含 FILTER、CALCULATE/CALCULATETABLE、ALL、ALLSELECTED、ALLEXCEPT 等，其中 CALCULATE/CALCULATETABLE 雖是高使用率的篩選函數，但語法應用相當複雜，將獨立於「7.6 CALCULATE 函數」一節，建議先理解語境之後再使用。

篩選 - FILTER

Filter 是用來過濾資料列的疊代器函數，它會逐筆判斷資料值是否符合篩選條件，傳回滿足條件的資料列，並包含原始資料表完整的資料行。語法結構如下：

```
FILTER ( <資料表>, <篩選條件> )
```

舉例來說，「銷售總額」是各筆「單價 * 數量 * （1 - 折扣）」後再加總；但若是要算「訂購量 >30 的銷售總額」，則需先從訂單明細表中，篩選出符合條件的資料後再計算。語法與呈現結果如圖 7.18。

```
1  銷售總額 = // 銷售總額 = 各筆(單價 * 數量 * ( 1 - 折扣 ))的加總
2    SUMX (
3      'Order Details',    資料表
4      'Order Details'[UnitPrice] * 'Order Details'[Quantity] * (1 - 'Order Details'[Discount])
5    )
```

```
1  訂購量>30的銷售總額 =
2    SUMX (
3      FILTER (            過濾後的資料表
4        'Order Details',
5        'Order Details'[Quantity] > 30
6      ),
7      'Order Details'[UnitPrice] * 'Order Details'[Quantity] * (1 - 'Order Details'[Discount])
8    )
```

Year	銷售總額	訂購量>30的銷售總額
1996	208,083.97	102,621.59
1997	617,085.20	295,797.35
1998	440,623.87	232,725.81

圖 7.18　依 FILTER 結果計算銷售總額

由於 SumX 是純量函數，它的第一個引數是「用來逐筆計算的資料表」，因此能夠替換成任何一種會回傳資料表的函數。這裡使用 Filter 函數將訂單明細表符合條件的紀錄，以資料表的形式提供給 SumX 逐筆計算後彙總，所以最後結果仍是純量值。

若想要看到資料表函數的計算結果，可以透過「新增資料表」功能來查看，如圖 7.19。

```
1  Filter Quantity =
2    FILTER (
3      'Order Details',
4      'Order Details'[Quantity] > 30
5    )
```

OrderID	ProductID	UnitPrice	Quantity	Discount
10522	1	NT$18	40	0.20
10689	1	NT$18	35	0.25
10918	1	NT$18	60	0.25
10285	1	NT$14.4	45	0.20

圖 7.19　新增資料表呈現 FILTER 結果

Filter 可以搭配邏輯函數、邏輯運算子或將 Filter 寫成巢狀結構來滿足多個過濾條件，語法結構如下：

```
FILTER ( <資料表>, AND ( <篩選條件 1>, <篩選條件 2> ) )
FILTER ( <資料表>,<篩選條件 1> && <篩選條件 2> )
FILTER ( FILTER ( <資料表>, <篩選條件 1> ), <篩選條件 2> )
```

特別注意，當寫成巢狀結構時，執行順序是由內層至外層，因此可將過濾範圍較大的條件放進內層，以提高執行效率。例如要找出運送國家是 UK 且運費大於 30 的資料，若寫成如下的語法，會先將非 UK 的資料也進行運費判斷。

```
FILTER (
    FILTER (
        'Orders',
        'Orders'[Freight] > 30
    ),
    'Orders'[ShipCountry] = "UK"
)
```

若將內外層條件對調，就能夠確保兩次 Filter 都是作用在需求上。

```
FILTER (
    FILTER (
        'Orders',
        'Orders'[ShipCountry] = "UK"
    ),
    'Orders'[Freight] > 30
)
```

DAX 有過濾資料的 FILTER 函數，也有能忽略篩選的函數，以下介紹常用的 All、AllExcept 和 AllSelected。另外還有 AllNoBlankRow、AllCrossFiltered 等，語法結構可參考線上說明文件。

忽略篩選 - ALL

All 會忽略已套用的篩選條件，並回傳資料表或指定資料行的所有值。適用於要對完整資料列建立計算的需求。語法結構如下：

```
ALL( [ [<資料表或資料行>] [, <資料行>[, <資料行>[,…]]] )
```

當 All 的引數是資料行時，會傳回該資料行排除重複後的結果，如圖 7.20 所示。

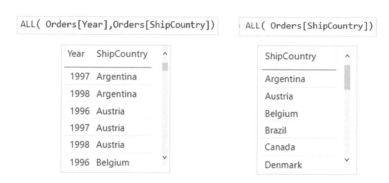

圖 7.20　ALL 使用資料行作為引數

若要在計算上忽略篩選，可將 All 作為其他函數的資料表參考引數，如圖 7.21 的情境，計算各國家銷售總額，同時呈現各年度以及歷年銷售總額。當要計算各年度銷售時，必須讓運算式忽略國家（ShipCountry）的篩選，但保留年度的篩選，因此使用 [ShipCountry] 作為 All 的引數；而要計算歷年銷售時，則是要忽略所有可能的篩選，故將整個資料表作為引數。

銷售總額 = SUM('Order Details'[SalesAmount])

年度銷售總額 = SUMX(ALL('Orders'[ShipCountry]), [銷售總額]) --忽略對[ShipCountry]的篩選

歷年銷售總額 = SUMX(ALL('Orders'), [銷售總額]) --忽略對'Orders'的篩選

Year 國家	1996			1997			1998		
	銷售總額	年度銷售總額	歷年銷售總額	銷售總額	年度銷售總額	歷年銷售總額	銷售總額	年度銷售總額	歷年銷售總額
Austria	29,253.35	225,651.50	1,351,136.63	62,947.63	656,752.85	1,351,136.63	46,919.25	468,732.28	1,351,136.63
Belgium	6,435.55	225,651.50	1,351,136.63	12,056.05	656,752.85	1,351,136.63	16,585.18	468,732.28	1,351,136.63
Brazil	23,775.15	225,651.50	1,351,136.63	44,424.86	656,752.85	1,351,136.63	46,492.62	468,732.28	1,351,136.63
Canada	7,930.80	225,651.50	1,351,136.63	34,873.20	656,752.85	1,351,136.63	12,374.65	468,732.28	1,351,136.63
Denmark	3,010.45	225,651.50	1,351,136.63	27,117.05	656,752.85	1,351,136.63	4,576.20	468,732.28	1,351,136.63
Finland	3,205.20	225,651.50	1,351,136.63	14,252.75	656,752.85	1,351,136.63	2,284.00	468,732.28	1,351,136.63

圖 7.21　使用 ALL 忽略篩選

忽略篩選 - ALLEXCEPT

與 All 的用法相對的是 AllExcept，代表除了指定的資料行外，忽略資料表其餘欄位的篩選條件，將回傳指定資料行以外的所有欄位。結構如下：

```
ALLEXCEPT ( <資料表>, <資料行>[,<資料行>[,…]])
```

也就是說，若有一張資料表 Categories 包含（CategoryID, CategoryName, Description）三個資料行，則以下兩種寫法將呈現相同的結果。

```
ALL ( 'Categories'[CategoryName] )
ALLEXCEPT ( 'Categories', 'Categories'[CategoryID], 'Categories'[Description] )
```

因此，承上圖 7.21 的範例，也可以將年度銷售總額改用 AllExcept 撰寫如下：

```
年度銷售總額 = SUMX( ALL('Orders'[ShipCountry]), [銷售總額] ) --忽略對[ShipCountry]的篩選
年度銷售總額 = SUMX( ALLEXCEPT( 'Orders', 'Orders'[Year] ), [銷售總額] ) --保留[Year]的篩選，移除其他篩選
```

圖 7.22　ALL 與 ALLEXCEPT 的相對寫法

保留外部篩選 - ALLSELECTED

回傳資料表或資料行的所有值，忽略在查詢內套用的篩選，但保留來自外部的過濾。

```
ALLSELECTED ( [<資料表或資料行>] [, <資料行> [, <資料行>[,…]]] )
```

最常見的情境是，想要依照交叉分析篩選器所選取的結果作為總數來進行計算。延續圖 7.21 的範例，額外加入一個 ShipCountry 的篩選器，並計算年度銷售佔比如圖 7.23：

```
銷售總額 = SUM( 'Order Details'[SalesAmount] )

年度銷售總額 = SUMX( ALL('Orders'[ShipCountry]), [銷售總額] )

銷售佔比 = DIVIDE( [銷售總額], [年度銷售總額] )
```

ShipCountry	Year	1996			1997		
	國家	銷售總額	年度銷售總額	銷售佔比	銷售總額	年度銷售總額	銷售佔比
☑ Austria	Austria	29,253.35	225,651.50	12.96%	62,947.63	656,752.85	9.58%
☑ Belgium	Belgium	6,435.55	225,651.50	2.85%	12,056.05	656,752.85	1.84%
☑ Brazil	Brazil	23,775.15	225,651.50	10.54%	44,424.86	656,752.85	6.76%
☑ Canada	Canada	7,930.80	225,651.50	3.51%	34,873.20	656,752.85	5.31%
☑ Denmark	Denmark	3,010.45	225,651.50	1.33%	27,117.05	656,752.85	4.13%
☑ Finland	**Total**	**225,651.50**	**225,651.50**	**100.00%**	**656,752.85**	**656,752.85**	**100.00%**
☑ France							
☑ Germany							
☑ Ireland							

ShipCountry	Year	1996			1997		
	國家	銷售總額	年度銷售總額	銷售佔比	銷售總額	年度銷售總額	銷售佔比
☑ Austria	Austria	29,253.35	225,651.50	12.96%	62,947.63	656,752.85	9.58%
☐ Belgium	Brazil	23,775.15	225,651.50	10.54%	44,424.86	656,752.85	6.76%
☑ Brazil	Denmark	3,010.45	225,651.50				
☐ Canada	Finland	3,205.20	225,651.50				
☑ Denmark	Ireland	10,496.90	225,651.50				
☑ Finland	**Total**	**69,741.05**	**225,651.50**	**30.91%**	**172,598.49**	**656,752.85**	**26.28%**
☐ France							
☐ Germany							
☑ Ireland							

> ALL 忽略 ShipCountry 的過濾,
> 使分母未被篩選,導致佔比 <> 100%

圖 7.23　ALL 函數無法依外部篩選計算總數

由圖 7.23 可以發現,當 ShipCountry 篩選器是全選的時候,計算結果看似正確,一旦進行挑選,就會發現「年度銷售總額」因為使用 ALL 函數而忽略篩選器的過濾結果,無法依選取的項目計算總數,使得銷售佔比的總額不等於 100%。

為了保留交叉分析篩選器的過濾,將「年度銷售總額」改用 AllSelected,呈現如圖 7.24。

```
年度銷售總額 = SUMX( ALLSELECTED('Orders'[ShipCountry]), [銷售總額] )
```

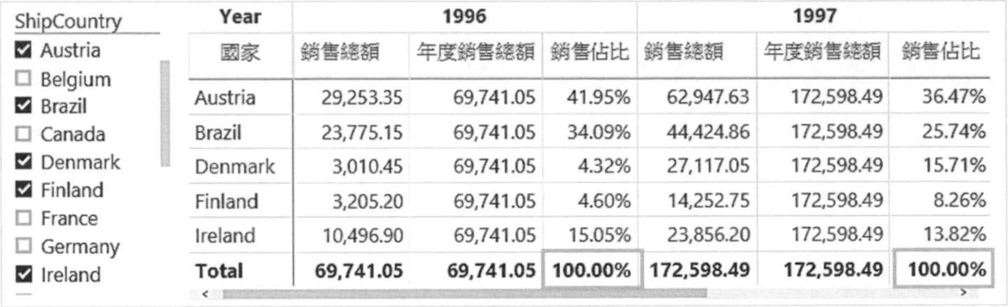

ShipCountry	Year	1996			1997		
☑ Austria	國家	銷售總額	年度銷售總額	銷售佔比	銷售總額	年度銷售總額	銷售佔比
☐ Belgium							
☑ Brazil	Austria	29,253.35	69,741.05	41.95%	62,947.63	172,598.49	36.47%
☐ Canada	Brazil	23,775.15	69,741.05	34.09%	44,424.86	172,598.49	25.74%
☑ Denmark	Denmark	3,010.45	69,741.05	4.32%	27,117.05	172,598.49	15.71%
☑ Finland	Finland	3,205.20	69,741.05	4.60%	14,252.75	172,598.49	8.26%
☐ France	Ireland	10,496.90	69,741.05	15.05%	23,856.20	172,598.49	13.82%
☐ Germany	**Total**	**69,741.05**	**69,741.05**	**100.00%**	**172,598.49**	**172,598.49**	**100.00%**
☑ Ireland							

圖 7.24　改用 ALLSELECTED 保留外部篩選條件

ALL 系列開頭的函數鮮少獨自使用，多是當作中繼函數，於執行過程中改變要計算的資料範圍。需要留意的是，當 ALL 系列函數用於 CALCULATE/CALCULATETABLE 時，會做為篩選條件修飾詞（Filter Modifier）而有不同的行為，可參閱「7.6.2 運用篩選修飾詞函數（Filter Modifier Functions）」的說明。

7.3.2 資料表操作函數（Table Manipulation Functions）

排除重複資料 - VALUES、DISTINCT

雖然 All 系列函數會傳回唯一組合的結果，但並非其主要用途，且會忽略篩選條件而無法滿足依不同類別計算不重複個數的需求。DAX 提供 Values 和 Distinct 函數用於排除重複值，兩者的語法結構相同，差別是 Values 只能指定既存的資料表，而 Distinct 可使用資料表函數作為引數。

```
VALUES  ( <資料表或資料行> )
DISTINCT  ( <資料表或資料行或運算式> )
```

同樣是排除重複，結果也有些不同，當函數參考的資料表與其他資料表間存在關聯性時，若使用 VALUES，不存在於參考表的項目會指向 Blank

資料列,使得回傳結果多一筆空白資料。例如,圖 7.25 左半部,Dim table 與 Fact table 是以 Pet 欄位做關聯,但 Fact table 包含 Dim table 未定義 的資料值－Fish,這時若分別以下列語法建立「新增資料表」呈現內容 時,可以看到 tbValues 的回傳結果多一筆 Blank,這樣的特性很適合用 來尋找遺漏的關聯資料。

```
tbDistinct = DISTINCT ( 'Dim table' )
tbValues = VALUES ( 'Dim table' )
```

圖 7.25　DISTINCT 與 VALUES 差異

新增/選取資料行 - ADDCOLUMNS、SELETECOLUMNS

當需要對既存或計算產生的資料表加工,以建立新的資料欄位時,可使 用這兩個函數。語法結構分別如下:

```
ADDCOLUMNS ( <要加入新欄位的資料表>, <新增欄位名稱>, <運算式> [, ...] )
SELECTCOLUMNS ( <要挑選欄位的資料表>, <新增/挑選欄位名稱>, <運算式> [, ...] )
```

以範例程式 7.3 為例,若要建立日期資料表,先利用 CALENDAR 函數 產生日期區間後,即可透過 ADDCOLUMNS 對 CALENDAR 建立出的 Date 資料行加工,以新增日期之外的欄位。

範例程式 7.3：使用 ADDCOLUMNS 加入日期維度欄位

```
DateTable =
VAR _Calendar = CALENDAR( DATE( 2020, 1, 1 ), DATE( 2022, 12, 31 ))
RETURN
ADDCOLUMNS (
    _Calendar,
    "Year", YEAR([Date]),
    "MonthNo", MONTH([Date]),
    "Month", FORMAT([Date], "MMM"),
    "YearMonth", FORMAT([Date], "yyyyMM"),
    "DateKey", YEAR([Date]) * 1000 + MONTH([Date]) * 100 + DAY([Date])
)
```

結果如下圖所示：

Date	Year	MonthNo	Month	YearMonth	DateKey
2020/1/1 上午 12:00:00	2020	1	Jan	202001	2020101
2020/1/2 上午 12:00:00	2020	1	Jan	202001	2020102
2020/1/3 上午 12:00:00	2020	1	Jan	202001	2020103
2020/1/4 上午 12:00:00	2020	1	Jan	202001	2020104
2020/1/5 上午 12:00:00	2020	1	Jan	202001	2020105

圖 7.26　使用 ADDCOLUMNS 加入日期維度欄位

若同樣一段語法，將 ADDCOLUMNS 換成 SELECTCOLUMNS，同樣也可以新增指定的欄位，但 CALENDAR 原有的資料行－Date 會消失，因為語法沒有明確定義要選取既有資料表的欄位。由此可知，ADDCOLUMNS 會將第一個引數所包含的欄位全數列出，再加入新的資料欄，而 SELECTCOLUMNS 則是從空表開始，僅呈現指定的欄位。

群組資料 - SUMMARIZECOLUMNS

SUMMARIZECOLUMNS 能夠依群組計算，近似 SQL 的彙總函數搭配 GROUP BY 的行為，語法結構如下：

```
SUMMARIZECOLUMNS ( [<群組欄位> [, [<篩選資料表>] [,[<欄位名稱>] [, [<運算式>]
[,...]]]]]])
```

舉例來說，要依產品類別欄位彙總並計算銷售金額，可以使用以下寫法：

範例程式 7.4：使用 SUMMARIZECOLUMNS 彙總資料表

```
GroupByCategory =
SUMMARIZECOLUMNS(
    Categories[CategoryName]
    ,"SalesAmt", SUM('Order Details'[SalesAmount])
)
```

結果呈現如圖：

CategoryName	SalesAmt
Beverages	NT$286,526.95
Condiments	NT$113,694.75
Confections	NT$177,099.1
Dairy Products	NT$251,330.5
Grains/Cereals	NT$100,726.8
Meat/Poultry	NT$178,188.8
Produce	NT$105,268.6
Seafood	NT$141,623.09

圖 7.27 使用 SUMMARIZECOLUMNS 彙總資料表

DAX 有一個與 SUMMARIZECOLUMNS 很像的函數 — SUMMARIZE，雖然具相同功能，但該函數作用於資料表引數的所有欄位，而非指定的群組欄位，當同時新增計算欄位時，受到叢集分組（clustering）的行為影響，可能計算出非預期且不容易判讀的結果，因此不推薦使用。

SUMMARIZE 較適合的情境是僅用來群組資料表，且不新增其他計算欄位，或是搭配 ADDCOLUMNS 來加入其他欄位。關於 SUMMARIZE 更深入的介紹，可參考：https://www.sqlbi.com/articles/all-the-secrets-of-summarize/

在製作分析報表的過程中，資料表函數很少透過「新增資料表」的方式建立並獨立存在，大多是量值中的變數或純量函數的資料表參數，做為後續即時運算的依據。然而這些混和運用需要清楚地認識 DAX 語言解析之原理，才不會迷失。

7.4　理解 DAX 語境（Context）

至此，我們已經對於如何使用 DAX 語言有了基本瞭解，接著要說明 DAX 計算的運作邏輯，理解觀念，往後才能夠進行更複雜的資料分析，否則將難以深入應用 DAX。要理解 DAX 的運作，首先必須知道它如何評估語境（Evaluate Context），再進一步瞭解語境是如何影響數據。

7.4.1　何謂語境

語境（Context），意為 DAX 語句身處的情境，微軟官方又譯為「內容」或「上下文」，但它不只考量 DAX 函數之間的前後文，其外在環境也包含在內，像是交叉分析篩選器、視覺效果用到的欄位、圖表之間的互動過濾、資料表關聯性...等。DAX 在評估語境時，會考量「資料列語境（Row Context）」和「篩選語境（Filter Context）」，兩者的差異分別說明如後。

資料列語境（Row Context）

資料列語境代表「目前資料列」，會包含特定資料表所有資料行的值。要建立資料列語境，可使用具疊代特性的函數，如：SumX、Filter、AddColumns...等，或是建立「新增資料行」，這是最容易觀察資料列語境的方式。例如，以圖 7.28 的公式新增資料行 SalesAmount：

圖 7.28　計算每一列的 SalesAmount

可以看到 SalesAmount 的 DAX 公式本身只包含單價、數量與折扣這三個資料行，並沒有資料列的資訊，但卻能夠逐筆計算出銷售金額。這是因為 DAX 會從資料表的第一列開始疊代（iteration）運算，建立出只包含第一筆資料的資料列語境，然後依公式計算出該筆銷售金額，接著移至第二列，建立第二筆資料的資料列語境並計算銷售金額...以此類推完成整張資料表的每一列運算[4]。

前面提到，除了新增資料行外，具疊代特性的函數也會建立資料列語境來取得當前要計算的紀錄，但若是在建立「新增資料行」時使用彙總函數，如：Sum、Min、Max，DAX 會忽略「資料列語境」僅考慮「篩選語境」。如圖 7.29，在忽略資料列語境又沒有篩選語境的情境下，計算的結果會是整個資料行的值。

---

[4]　這裡的描述是邏輯上的概念，實際運作為了提高計算效率，並不會逐筆建立出與資料筆數相等的資料列語境。

圖 7.29　在新增資料行使用彙總函數

篩選語境（Filter Context）

篩選語境代表 DAX 計算的「資料子集」。定義資料子集的方式可以是報表視覺效果套用到的資料行，也可以使用 Calculate/CalculateTable 明確定義。當使用者將量值或其他值欄位放入樞紐分析表中，或是以表格式模型為基礎的報表中時，引擎會檢查資料列和資料行標頭、交叉分析篩選器和報表篩選來判斷語境，接著過濾資料來取得正確的資料子集，並執行公式所定義的計算，以填入樞紐分析表或報表中的每一個資料點。

舉例來說，以下這個銷售總額的量值，分別以資料表視覺效果呈現，如圖 7.30 及圖 7.31。

```
銷售總額 := SUM ( 'Order Details'[SalesAmount] )
```

銷售總額
1,265,793.04

圖 7.30　銷售總額量值

Year	銷售總額
1996	208,083.97
1997	617,085.20
1998	440,623.87

圖 7.31　以年度切分銷售總額量值

單看 DAX 公式與圖 7.30，我們會直覺地認為銷售總額是「訂單明細表的銷售金額加總」，若是如此，圖 7.31 應該要呈現相同的數據（三筆紀錄值都與圖 7.30 相同），但它卻能夠依年度個別彙總。這是因為 DAX 是先評估語境，再依照語境形成的資料子集進行計算。

分別來看這兩張圖對於「銷售總額」量值的語境評估：

表 7.3　「銷售總額」量值的語境評估

圖號	銷售總額量值（圖 7.30）	以年度切分銷售總額量值（圖 7.31）
語境	資料列語境：無，因未使用疊代函數或新增資料行。 篩選語境：無	資料列語境：無，因未使用疊代函數或新增資料行。 篩選語境：Year 資料行
評估結果	只呈現銷售總額量值，無其他外在環境影響，因此訂單明細表進行銷售金額加總後得到總額。	受「Year」影響，以第一筆資料來說，因 Year = 1996，故計算量值時，訂單明細表的 Year 資料行已被篩選為 1996，才進行銷售金額加總，得到該年總額，以此類推形成每一格資料值

從表 7.3 的評估過程可知，對銷售總額量值正確的理解應是「訂單明細表符合條件的資料子集的銷售金額加總」，所以即使語法都相同，但能帶入不同的資料子集，就可以呈現不同的數據。這也表示在不知道語境的前提下，我們無法確知公式的運算結果。

瞭解篩選語境的概念後，就能更清楚地定義圖 7.32 粗線方框所計算的銷售總額，是由訂單資料表屬於 1997 年 Q3 在英國倫敦的銷售金額加總而成。

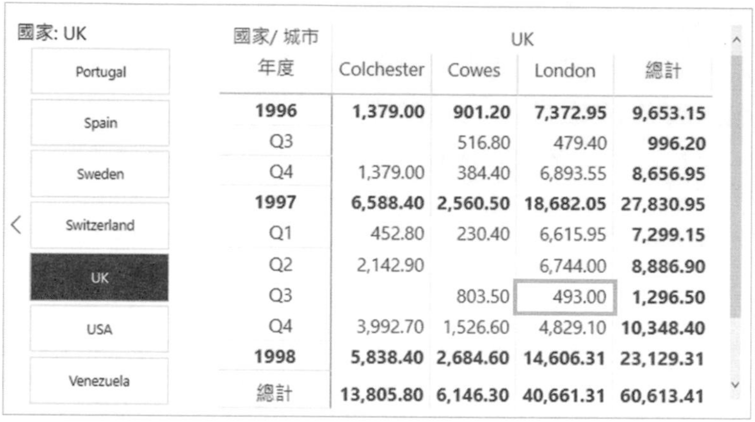

國家/ 城市 年度	UK Colchester	 Cowes	 London	 總計
1996	**1,379.00**	**901.20**	**7,372.95**	**9,653.15**
Q3		516.80	479.40	**996.20**
Q4	1,379.00	384.40	6,893.55	**8,656.95**
1997	**6,588.40**	**2,560.50**	**18,682.05**	**27,830.95**
Q1	452.80	230.40	6,615.95	**7,299.15**
Q2	2,142.90		6,744.00	**8,886.90**
Q3		803.50	493.00	**1,296.50**
Q4	3,992.70	1,526.60	4,829.10	**10,348.40**
1998	**5,838.40**	**2,684.60**	**14,606.31**	**23,129.31**
總計	**13,805.80**	**6,146.30**	**40,661.31**	**60,613.41**

圖 7.32　語境是由 DAX 公式身處的情境定義而成，此處包含欄、列和篩選器

現在我們知道兩種語境的差異：

表 7.4　語境差異

資料列語境（Row Context）	篩選語境（Filter Context）
• 由新增資料行或具疊代特性的函數產生 • 疊代資料表，逐筆建立資料列語境以指出當前資料列，並無過濾行為	• 由視覺效果選用的資料行、交叉分析篩選器、篩選或 Calculate/ CalculateTable 函數產生 • 過濾資料表，無逐筆疊代行為

各位可以藉由以下範例來驗證是否確實理解 DAX 語境。首先新增量值 NumOfOrders 用來計算訂單筆數，接著使用資料表視覺效果，並加入 ShipCountry 資料行以及 NumOfOrders 量值，結果呈現如圖 7.33。

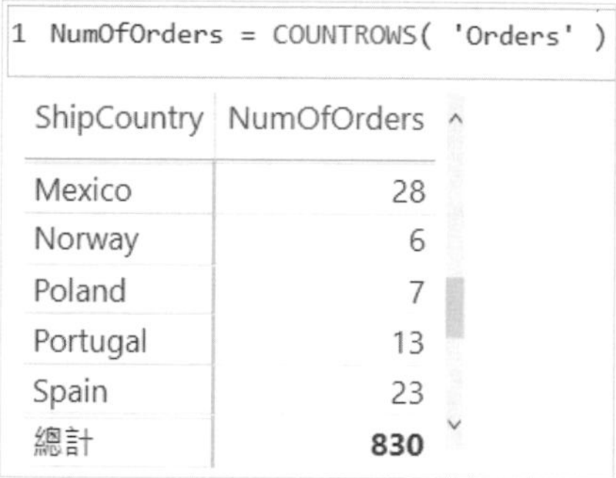

```
1 NumOfOrders = COUNTROWS( 'Orders' )
```

ShipCountry	NumOfOrders
Mexico	28
Norway	6
Poland	7
Portugal	13
Spain	23
總計	**830**

圖 7.33　計算當前語境的訂單筆數

我們知道這樣的結果是受到「篩選語境」的影響，使得計算筆數能夠依 ShipCountry 形成的資料子集而有所不同。那麼請試想，以下量值加入資料表視覺效果會得出什麼結果呢？

```
Sum NumOfOrders :=
    SUMX( 'Orders',
            COUNTROWS( 'Orders' )
    )
```

SUMX 是疊代函數，會對 Orders 資料表逐筆建立「資料列語境」，以上圖的 Norway 為例，受到「篩選語境」的影響，Orders 的資料子集只包含 6 筆訂單，也代表會有 6 次疊代行為。因此 COUNTROWS('Orders') 的評估結果會是 6 筆經過 6 次疊代後加總，最後呈現為 36。

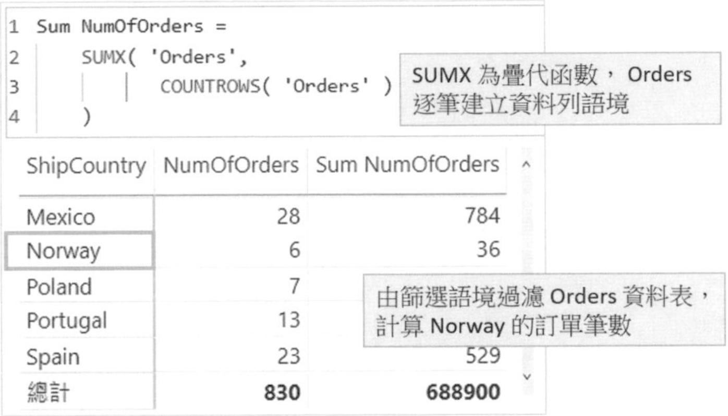

圖 7.34　理解語境對計算結果的影響

對於初學者來說，非常容易忽略語境的存在或是誤認為「資料列語境」會過濾資料，導致計算不如預期，也容易建立過多不必要的計算。再次強調，DAX 語言是由「篩選語境」過濾出要用於計算的資料子集，同時由「資料列語境」指出當前要計算的資料列，才開始運算。

7.4.2 語境與篩選函數

在瞭解什麼是語境後,我們回過頭重新觀察篩選函數和語境間的交互影響。以 7.3 節曾介紹過的函數為例,Filter 是自帶篩選功能的疊代函數,All 是可忽略篩選的函數,再加上 DAX 還有能過濾資料的「篩選語境」,當這些要同時考量,會產生怎麼樣的結果呢?

首先,要重新理解字義,在「7.3.1 篩選函數(Filter Functions)」小節提及 All 函數會「忽略已套用的篩選」,這邊提到的篩選是指「篩選語境」。舉例來說,個別建立以下量值計算 UK 的訂單筆數,接著加入 ShipCountry 篩選器,並使用矩陣視覺效果顯示 ShipCity 與量值,如圖 7.35 所示:

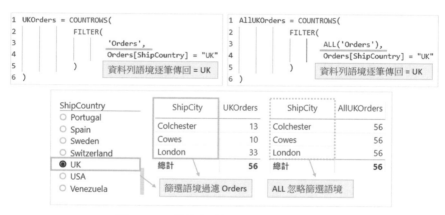

圖 7.35 篩選函數和語境的交互影響

我們可以這樣理解圖 7.35 左半部的結果:受到「篩選器」與「矩陣資料行」所形成的「篩選語境」影響,過濾 Orders 資料表的 ShipCountry 和 ShipCity,同時 Filter 為疊代函數,會對 Orders 資料表逐筆建立「資料列語境」判斷 ShipCountry 是否為 UK,最後將傳回的資料子集進行 CountRows 計算;而右半部由於 All 函數的特性,忽略篩選器與矩陣資料行形成的「篩選語境」,僅保留 Filter 的「資料列語境」影響,因此 Orders 始終傳回 UK 的資料列,使得矩陣結果無視 ShipCity。

試著切換 ShipCountry 篩選器能夠更清楚呈現語境互動後的結果：

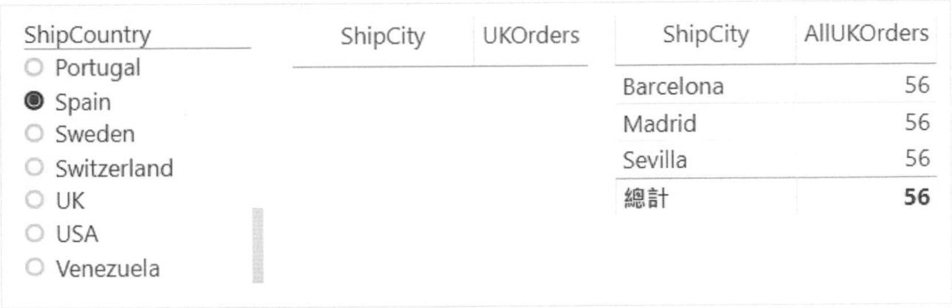

ShipCountry	ShipCity	UKOrders		ShipCity	AllUKOrders
○ Portugal				Barcelona	56
◉ Spain				Madrid	56
○ Sweden				Sevilla	56
○ Switzerland				總計	**56**
○ UK					
○ USA					
○ Venezuela					

圖 7.36　ALL 函數忽略篩選語境

圖 7.36 的左半部，由於「篩選語境」會以 ShipCountry = Spain 來過濾 Orders 資料表，同時 Filter 逐筆判斷 ShipCountry = UK，導致沒有符合條件的資料子集回傳，因此矩陣結果是空的；而右半部由於「篩選語境」被忽略，因此依然維持 UK 的訂單筆數結果。

從這個範例可知，FILTER 能夠過濾資料，但它的篩選條件並不會改變「篩選語境」，僅是對資料表逐筆疊代，並傳回同時符合「篩選語境」與「FILTER 條件判斷」的資料子集。而 ALL 是忽略「篩選語境」，同樣沒有改變它。在 DAX 函數中，唯一能夠改變「篩選語境」的是 CALCULATE / CALCULATETABLE，我們將在 7.6 節介紹這個函數。

7.5　關聯性（Relationships）

在第 6 章中，已經介紹表格式模型建立關聯的方式。這一小節會說明在資料表關聯建立後，對於 DAX 邏輯上的影響以及關聯函數的運用。

7.5.1　擴充資料表

在表格式模型中，每一張資料表都有對應的擴充版本，稱為「擴充資料表（Expanded Table）」。其包含自身資料表的所有欄位，若資料模型

中的資料表之間已有關聯存在，會將關聯「一」方的資料行擴充至「多」
方的資料表中。

例如以下三張關聯表，分別是兩個「多對一」的關係，其形成的 Products
擴充資料表，將會包含原生 Products 資料行，和來自關聯的 Categories
與 Suppliers 的資料行。

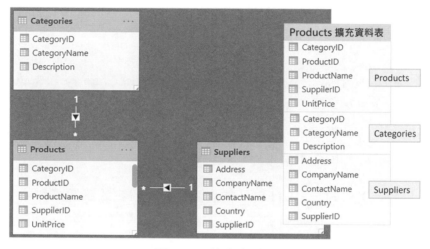

圖 7.37　擴充資料表

資料表擴充並非真的建立出實體表，VertiPaq 引擎僅儲存原生資料表。
然而，DAX 語意是基於擴充資料表的概念在運作的。

例如，圖 7.38 是兩張獨立報表的比對結果，在這兩張報表分別加入篩選
器與資料表視覺效果，其中 A 篩選器使用 Categories 的 CategoryID 資
料行，B 篩選器使用 Products 的 CategoryID 資料行；資料表視覺效果
部分，一個使用 Products 的欄位，另一個使用 Categories 的欄位。這時
會發現左邊的資料表能夠被 A 篩選器過濾，而右邊的 B 篩選器卻無法
影響資料表，也就是選擇 Products 資料表內的任一個 CategoryID 值（如
圖中右側的篩選器選擇 5，其右方的 Categories 還是呈現全部的
CategoryID 和 CategoryName）。

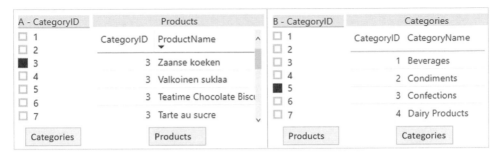

圖 7.38　使用欄位影響過濾結果

為了更清楚理解圖 7.38 的結果，我們將圖 7.37 的每張資料表所形成的「擴充資料表」以及報表篩選器的作用範圍畫成以下圖表。淺灰色表示自身資料表的欄位，深灰色是透過關聯而納入的欄位，X 為擴充資料表沒有該欄位。

原生資料表	資料行	擴充資料表			篩選器
		Categories	Products	Suppliers	
Categories	CategoryID			X	A
	CategoryName			X	
	Description			X	
Products	CategoryID	X		X	B
	ProductID	X		X	
	ProductName	X		X	
	SupplierID	X		X	
	UnitPrice	X		X	
Suppliers	Address	X			
	CompanyName	X			
	ContactName	X			
	Country	X			
	SupplierID	X			

圖 7.39　DAX 基於擴充資料表進行過濾

從圖 7.39 可知，A 篩選器的影響範圍包含 Categories 以及 Products，其之所以能夠過濾 Products 是因為 Products 擴充資料表包含 Categories 的 CategoryID；而 B 篩選器影響範圍僅有 Products，無法過濾 Categories 是因為 Categories 的擴充資料表沒有 Products 的 CategoryID。

這個範例能夠瞭解「篩選語境」會受到關聯性的影響，讓「一對多」的「一」方能夠過濾「多」方。那「資料列語境」又如何呢？假設「資料列語境」也能夠經由關聯運作，是否能在 Products 資料表中直接將關聯的 Categories 資料表之 CategoryName 欄位值，以新增資料行的方式加入呢？

```
1  CategoryName = 'Categories'[CategoryName]
```

Cannot find name '[CategoryName]'.

CategoryID ▼	ProductID ▼	ProductName	▼	UnitPrice ▼	CategoryName ▼
1	1	Chai		NT$18	#ERROR
1	2	Chang		NT$19	#ERROR
2	3	Aniseed Syrup		NT$10	#ERROR
2	4	Chef Anton's Cajun Seasoning		NT$22	#ERROR

圖 7.40　資料列語境無法透過關聯交互作用

然而，圖 7.40 很清楚的呈現錯誤訊息：「找不到 CategoryName」，這也就表示「資料列語境」是由「當前資料表」疊代形成，因此無法直接經由關聯性取得被關聯的資料行。從這個角度看，便能得知「篩選語境」的作用範圍並非特定資料表，而是能擴及整個表格式模型，因此可以透過關聯性影響它表。

下一小節，我們將說明如何使用「關聯函數」，來解決圖 7.40 的錯誤。

7.5.2　關聯函數

當資料表之間有關聯性存在時，要取用關聯資料表的欄位來運算，就需要 Related 或 RelatedTable 這兩個關聯函數，以下分別介紹兩種函數的使用時機與語法結構。

Related

Related 函數可取得擴充資料表的欄位，會傳回與當前資料列相關之「一」方的對應值。該函數需要在「資料列語境」中運作，故應搭配疊代函數或用於「新增資料行」的運算式。語法結構如下：

```
RELATED ( <資料行> )
```

例如：在 Products 資料表中，新增資料行來取得擴充欄位 CategoryName。

```
1 CategoryName = RELATED(Categories[CategoryName])
```

CategoryID ▼	ProductID ▼	ProductName ▼	UnitPrice ▼	CategoryName ▼
7	7	Uncle Bob's Organic Dried Pears	NT$30	Produce
2	8	Northwoods Cranberry Sauce	NT$40	Condiments
6	9	Mishi Kobe Niku	NT$97	Meat/Poultry
8	10	Ikura	NT$31	Seafood
4	11	Queso Cabrales	NT$21	Dairy Products

圖 7.41　使用 RELATED 取得擴充資料行

RelatedTable

與 Related 使用方向相反，RelatedTable 用於「一」取「多」。會傳回與當前疊代資料表相關的「多」方所有資料行。語法結構如下：

```
RELATEDTABLE ( <資料表> )
```

由於 Related 用於多對一，每筆資料只會對應到一個結果，所以能直接使用。而 RelatedTable 是一對多，每筆資料都可能對應到多個值，通常會搭配純量函數來計算。例如：在 Categories 資料表中新增資料行，以彙總各個類別所對應到的 Product 數量。

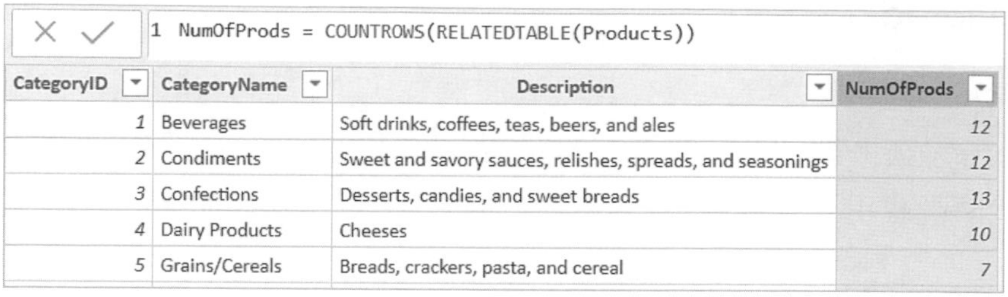

CategoryID	CategoryName	Description	NumOfProds
1	Beverages	Soft drinks, coffees, teas, beers, and ales	12
2	Condiments	Sweet and savory sauces, relishes, spreads, and seasonings	12
3	Confections	Desserts, candies, and sweet breads	13
4	Dairy Products	Cheeses	10
5	Grains/Cereals	Breads, crackers, pasta, and cereal	7

NumOfProds = COUNTROWS(RELATEDTABLE(Products))

圖 7.42　使用 RELATEDTABLE 計算一對多的結果

至此，我們都只針對「多對一」關聯來描述這兩個函數的用法，且無法互換；但若兩張表是「一對一」關係時，則雙方都可以使用 Related 或 RelatedTable，兩者對於當前資料列而言，都是對應到一筆結果，差別是前者傳回對應的欄位值，後者以資料表形式回傳。

總結這兩個小節的的重點，表格式模型的關聯性是建立在擴充資料表的概念上，而語境與關聯性交互作用之後，基本會分為以下四種情況：

表 7.5　語境與關聯性的交互作用

	資料列語境（Row Context）	篩選語境（Filter Context）
一方 （One Side）	• 無法直接透過關聯性交互作用 • 若要帶回「多」方的資料需使用 RelatedTable	• 可直接透過關聯性交互作用 • 當篩選時，會經由關聯性過濾「多」方
多方 （Many Side）	• 無法直接透過關聯性交互作用 • 若要帶回「一」方的資料需使用 Related）	• 可直接透過關聯性交互作用 • 會受「一」方的篩選影響，而被過濾

另外關聯性還有雙向過濾的選項，因影響相當複雜，本書暫不深入討論。各位可以先知道，若是啟用雙向過濾，則「多」方亦會篩選「一」方，同時會降低效能，或是計算時因為多方所具有的過濾傳遞至一方導致計算結果混淆，需謹慎使用。其更詳細的說明，可參考：https://www.sqlbi.com/articles/bidirectional-relationships-and-ambiguity-in-dax/

7.6 CALCULATE 函數

我們獨立說明 DAX 最強大的函數，CALCULATE 的語法結構很單純，特別的是它能夠透過新增、取代或移除篩選條件，來修改已存在的篩選語境。另一個與 Calculate 很像的是 CalculateTable，兩者的運作方式相同，差別在於前者回傳值，後者回傳資料表。為了方便解說，以下均使用 Calculate 作為範例。

7.6.1 使用 CALCULATE

Calculate 函數會依指定的篩選條件來評估運算式，可省略不寫或以逗號分隔數個條件，各個條件之間是交集（Intersect）的關係。語法結構如下：

```
CALCULATE( <運算式>, <篩選條件 1>, ... <篩選條件 N> )
```

篩選條件可以是「布林運算式」或「資料表運算式」。當使用「布林運算式」做為篩選條件時，會建立出新的「篩選語境」，並忽略篩選引數使用到的資料行原已存在的過濾條件，改用新條件來評估計算，例如以下語法：

範例程式 7.5：使用 CALCULATE 搭配布林篩選條件

```
TestCalculate1 :=
CALCULATE(
    SUM( 'Order Details'[SalesAmount] ),
    'Orders'[ShipCountry] = "UK"
)
```

TestCalculate1 量值將會忽略 ShipCountry 既存的過濾條件，改用 ShipCountry = UK 作為計算 SalesAmount 的資料子集，如圖 7.43 所呈

現的視覺效果，每一筆原始的 ShipCountry 過濾都被 UK 的結果取代，得到相同的銷售金額。

原有的篩選= Sweden 被新的篩選語境取代 = UK，傳回 UK 的值

ShipCountry ▲	SalesAmount	TestCalculate1
Sweden	54,495.14	58,971.31
Switzerland	31,692.66	58,971.31
UK	58,971.31	58,971.31
USA	245,584.61	58,971.31
Venezuela	56,810.63	58,971.31
總計	**1,265,793.04**	**58,971.31**

圖 7.43　Calculate 的布林運算式會取代既存的篩選語境

然而 Calculate 的「布林運算式」能有取代語境的功能：

```
CALCULATE(
    SUM( 'Order Details'[SalesAmount] ),
    'Orders'[ShipCountry] = "UK"            //布林運算式 (轉換前)
)
```

因為 DAX 會將其轉換成等值的「資料表運算式」，如下所示：

範例程式 7.6：CALCULATE 布林運算式等值轉換為資料表運算式

```
CALCULATE(
    SUM( 'Order Details'[SalesAmount] ),
    FILTER(                                  //資料表運算式 (轉換後)
        ALL( 'Orders'[ShipCountry] ),
        'Orders'[ShipCountry] = "UK"
    )
)
```

從這個等值轉換即可理解，受到 ALL 忽略外部篩選語境的影響，對 ShipCountry 的過濾結果僅剩下 UK，因此彙總函數計算結果均相同。

若是自行撰寫「資料表運算式」，則需要注意 FILTER 所引用的資料表，在沒有 ALL 系列函數影響語境評估的情況下，外部視覺效果所形成的篩選語境也會同時過濾資料表，影響計算結果。以範例程式 7.7 為例。

範例程式 7.7：CALCULATE 使用資料表運算式，未指定 ALL 系列函數時的影響

```
CALCULATE(
    SUM( 'Order Details'[SalesAmount] ),
    FILTER(
        'Orders',
        'Orders'[ShipCountry] = "UK" || 'Orders'[ShipName] = "QUICK-Stop"
    )
)
```

為了清楚表達，圖 7.44 呈現交叉分析篩選器過濾前後的結果對照：

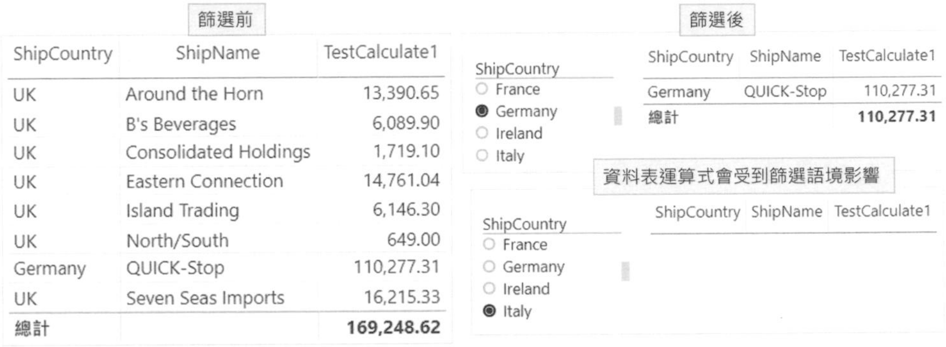

圖 7.44　資料表運算式會受到篩選語境影響

當交叉分析篩選器指定 ShipCountry = Germany，Orders 資料表受到篩選語境影響，只剩下 Germany 的資料，接著逐筆判斷是否符合篩選條件 ShipCountry = UK 或 ShipName = QUICK-Stop，將符合資料的 SalesAmount 加總，從篩選前的結果可看出符合資料僅有一筆；若交叉分析篩選器 ShipCountry = Italy，則會因為與 FILTER 條件無任何交集，評估彙總值的資料子集是空的，而無計算結果。

因此，若要讓計算結果不受篩選語境影響，僅考慮 FILTER 內的條件時，可以改用布林運算式，或是在資料表運算式內使用 All 函數，如範例程式 7.8：

範例程式 7.8：CALCULATE 使用資料表運算式，並搭配 ALL 函數忽略語境

```
CALCULATE(
    SUM( 'Order Details'[SalesAmount] ),
    FILTER(
        ALL('Orders'[ShipCountry], 'Orders'[ShipName]),
        'Orders'[ShipCountry] = "UK" || 'Orders'[ShipName] = "QUICK-Stop"
    )
)
CALCULATE(
    SUM( 'Order Details'[SalesAmount] ),
    'Orders'[ShipCountry] = "UK" || 'Orders'[ShipName] = "QUICK-Stop"  //布林運算式
)
```

在上述的改寫中，有個細節需要注意，我們把 FILTER 的第一個引數從資料表改成有用到的欄位，加上 ALL 函數可排除重複的資料，這能大幅減少要疊代的資料量。除非資料表很小，否則 FILTER 應盡量避免引用完整資料表，以免隨著資料累積產生效能問題。

接著來觀察當 CALCULATE 在巢狀結構中時，對於篩選語境的影響為何，參考以下範例：

範例程式 7.9：巢狀 CALCULATE

```
CALCULATE(
    CALCULATE(
        SUM('Order Details'[SalesAmount]),
        Orders[ShipCountry] = "UK"
    ),
    Orders[ShipCountry] = "Germany"
)
```

CALCULATE 在執行運算式之前會先評估篩選條件，故外層的 CALCULATE 依條件產生新的篩選語境－ShipCountry = Germany，接著執行運算式，即內層的 CALCULATE。內層的 CALCULATE 也循相同次序，建立新的篩選語境－ShipCountry = UK。CALCULATE 對於相同欄位的兩個篩選語境將會交互影響，由新產生的覆寫已存在的，故留下 UK。因此，當這個量值放進視覺效果時，結果將與前圖 7.43 相同。

總結來說，在對應**相同欄位**的前提下，若有多個篩選條件在同一個 CALCULATE 中，則彼此會取交集；若篩選條件在巢狀的 CALCULATE 中，則內層條件會覆寫外層。

最後須注意，CALCULATE 的布林運算式有這些限制：無法參考量值、不允許使用巢狀 Calculate、彙總函數，以及任何會掃描資料表或傳回資料表的函數，否則會有以下錯誤。

```
1 TestCalculate2 =                    1 TestCalculate2 =
2 CALCULATE                           2 CALCULATE
3 (                                    3 (
4     COUNTROWS('Order Details'),      4     COUNTROWS('Order Details'),
5     [TotalSales] > 5000              5     SUM('Order Details'[Quantity]) > 10
6 )                                    6 )
```

⚠ 在做為資料表篩選運算式使用的 True/False 運算式中使用到函數 'SUM'。不允許這種作法。

圖 7.45　布林運算式的使用限制

7.6.2　運用篩選修飾詞函數（Filter Modifier Functions）

在瞭解 CALCULATE 的條件與巢狀結構對篩選語境的影響後，接著來看幾個常跟 CALCULATE 搭配並作為篩選修飾詞（Modifilers）的函數，這些函數能夠增加或移除篩選語境。

新增篩選語境 - KEEPFILTERS

KEEPFILTERS 會新增篩選語境，由於不會覆寫，故能保留先前的篩選。評估時 CALCULATE 將在不同的篩選語境間取得交集。如以下範例：

範例程式 7.10：使用 KEEPFILTERS 保留篩選

```
TestCalculate1 :=
    CALCULATE(
        SUM('Order Details'[SalesAmount]),
        KEEPFILTERS( Orders[ShipCountry] = "UK" )
    )
```

以圖 7.46 的第一筆為例，視覺效果產生的篩選語境為 Sweden，CALCULATE 的條件建立新的篩選語境為 UK，由於使用 KEEPFILTERS，UK 與 Sweden 會同時保留並以交集方式合併篩選，結果為空。整個表格僅有外部語境也同為 UK 的結果回傳。

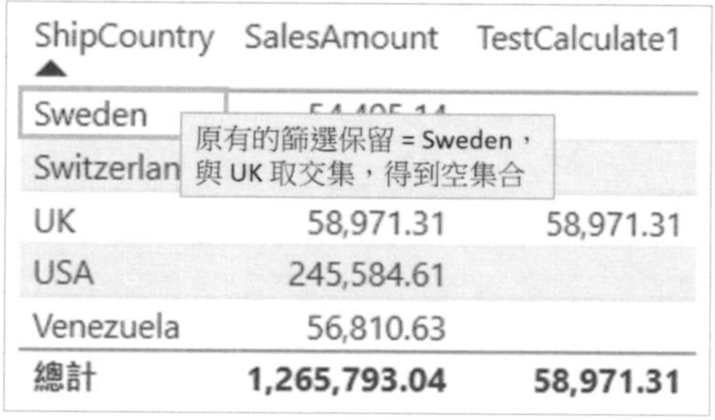

圖 7.46　使用 KEEPFILTERS 保留篩選

移除篩選語境 - ALL 系列、REMOVEFILTERS

ALL 系列函數原本是資料表函數，但在 CALCULATE 內使用時，會變成篩選修飾詞，並不回傳資料表，而是標注要移除篩選的欄位，且參考原本函數的特性在移除篩選的細節上有些不同，例如 ALL 與 ALLSELECTED 都可移除指定欄位的篩選，但後者能保留來自交叉分

析篩選器的過濾。至於 REMOVEFILTERS 則是 PBI 更新後才加入的函數，名稱較直覺，使用上與 ALL 意義相同。

舉例來說，要計算銷售金額占各產品類別的比例，新增以下兩個量值：

範例程式 7.11：使用 REMOVEFILTERS 移除篩選

```
TotalSales := SUM( 'Order Details'[SalesAmount] )

% of Category:=
DIVIDE(
    [TotalSales],
    CALCULATE(
        [TotalSales],
        REMOVEFILTERS( 'Categories'[CategoryName] )
    )
)
```

其結果如下：

CategoryName	SalesAmount	% of Category
Beverages	267,868.18	21.16%
Condiments	106,047.09	8.38%
Confections	167,357.23	13.22%
Dairy Products	234,507.29	18.53%
Grains/Cereals	95,744.59	7.56%
Meat/Poultry	163,022.36	12.88%
總計	1,265,793.04	100.00%

加入產品欄位

CategoryName	SalesAmount	% of Category
⊟ **Beverages**	**267,868.18**	**21.16%**
Chai	12,788.10	100.00%
Chang	16,355.96	100.00%
Chartreuse verte	12,294.54	100.00%
Cote de Blaye	141,396.74	100.00%
Guarana Fantastica	4,504.37	100.00%
總計	1,265,793.04	100.00%

分子：依類別形成的篩選計算
分母：REMOVEFILTERS 移除類別篩選，取得總計

分子：依類別與產品形成的篩選計算
分母：REMOVEFILTERS 僅移除類別篩選，不影響產品篩選，故分子與分母數值相同

圖 7.47　使用 REMOVEFILTERS 移除篩選

上圖左半部可以看到 CALCULATE 移除類別名稱的過濾後，分母便能取得總額，計算各類別占總額的比例，但若再加入產品欄位，如圖右半部，受到產品篩選的影響，使得分母與分子的值都是相同產品，而非全品項總額，因此計算結果都是 100%。

若要正確呈現，可再加入 REMOVEFILTERS('Products') 的條件，不過這也表示未來當圖表要以時間、客戶或其他維度來分析時，語法將要多次調整，這不是開發者所樂見的。因此在開發階段需要更細緻的理解需求，一旦確定目標是「無論放入什麼欄位都計算銷售佔總額的比例」時，應直接移除對事實資料表的篩選－REMOVEFILTERS('Order Details')，而非對維度表個別排除過濾。

7.6.3 語境轉換（Context Transition）

除了能改變篩選語境外，CALCULATE 還有一個特殊的特性－語境轉換（Context Transition），這是指當 CALCULATE 在「資料列語境」內執行時，將「資料列語境」轉換成「篩選語境」的過程。

這個行為會發生在 CALCULATE 評估完篩選條件後，以及套用篩選修飾詞函數之前。

舉例來看語境轉換的行為，在「7.4.1 何謂語境」小節中曾提及，當在「新增資料行」使用彙總函數時，會忽略「資料列語境」僅考量「篩選語境」，如圖 7.48 上半部。假若在 SUM 前面加上 CALCULATE，這時會因為 CALCULATE 在「資料列語境」中執行，而觸發語境轉換，將「資料列語境」變成同等的「篩選語境」，也就是說疊代的當前資料列變成過濾值，因此 SUM 的資料子集都是單一資料列，而表現出完全不同的結果。

從這個範例可以很清楚看出語境轉換的效果，但 DAX 複雜之處在於使用情境千變萬化，而不容易直覺地判讀。舉例來說，假如上述的 SUM('Order Details'[SalesAmount]) 語法不直接用於新增資料行，而是先建立為量值，再於新增資料行取用該量值時，會有什麼不同呢？

2. 導出資料行使用彙總函數，將忽略資料列語境

```
1  Calculate column of SUM = SUM('Order Details'[SalesAmount])
```

ProductID	UnitPrice	Quantity	Discount	SalesAmount	Calculate column of SUM
39	NT$18	10	0.00	180.00	NT$1,265,793.0395
35	NT$18	3	0.00	54.00	NT$1,265,793.0395
76	NT$18	50	0.00	900.00	NT$1,265,793.0395
35	NT$18	30	0.00	540.00	NT$1,265,793.0395

1.逐筆建立資料列語境

3. 忽略資料列語境，因此結果均相同

2. CALCULATE 將「資料列語境」轉換為「篩選語境」

```
1  Calculate column of SUM = CALCULATE( SUM ( 'Order Details'[SalesAmount] ) )
```

ProductID	UnitPrice	Quantity	Discount	SalesAmount	Calculate column of SUM
39	NT$18	10	0.00	180.00	NT$180
35	NT$18	3	0.00	54.00	NT$54
76	NT$18	50	0.00	900.00	NT$900
35	NT$18	30	0.00	540.00	NT$540

1.逐筆建立資料列語境

3. 因篩選語境不同，而有不同計算結果

圖 7.48　語境轉換

依照先前的觀念，新增資料行會建立資料列語境，而使用彙總函數將忽略該語境，故將呈現相同的彙總值，然而圖 7.49 顯然有不一樣的結果。

圖 7.49　量值隱含 CALCULATE 計算

這個範例沒有使用 CALCULATE，卻呈現出語境轉換的效果，這是因為量值在 DAX 中隱含 CALCULATE 計算，也就是說圖 7.49 的新增資料行公式等同於以下語法：

```
Calculate column of SUM = CALCULATE ( [TotalSales] )
```

語境轉換的說明就到這邊。提醒各位，由於量值隱含 CALCULATE 計算，而 CALCULATE 具有語境轉換的特性，因此在疊代函數中使用時，需要注意非預期的轉換影響計算結果。

7.6.4 CALCULATE 評估順序

CALCULATE 函數有明確的評估順序，當篩選條件、修飾詞函數或語境轉換混和發生時，都是遵循同樣的次序來解析，與條件撰寫的先後順序無關。次序如下：

1. 在現有的語境中評估篩選條件（Filter arguments）

2. 語境轉換（Context Transition）

3. 評估篩選修飾詞（Modifiers）

4. 套用 1. 評估的篩選條件

例如新增一個量值，並加入表格視覺效果如後：

範例程式 7.12：觀察 CALCULATE 評估順序

```
CalculateOrder :=
CALCULATE(
    [TotalSales],
    KEEPFILTERS( Categories[CategoryName] = "Beverages" ),
    REMOVEFILTERS( Categories[CategoryName] )
)
```

在計算 CalculateOrder 時，會依下圖順序評估：

圖 7.50　觀察 CALCULATE 評估順序

以視覺效果第二筆類別計算值為例，說明各步驟行為：

1. **在現有的語境中評估篩選條件（Filter arguments）**

   首先是視覺效果產生的篩選語境－CategoryName = Condiments，
   會在這個語境中評估 CALCULATE 的篩選條件，由於該條件以
   KEEPFILTERS 包住，表示不覆寫而是新增篩選語境－
   CategoryName = Beverages，並保留原本語境，因此，在這個階段
   會存在兩個篩選語境。

2. **語境轉換（Context Transition）**

   CALCULATE 並未在資料列語境中執行，故無語境轉換。

3. **評估篩選修飾詞（Modifiers）**

   REMOVEFILTERS 將移除現有 CategoryName = Condiments 的篩
   選語境。

4. 套用 1. 評估的篩選條件

將 KEEPFILTERS 產生的新篩選與原有篩選進行交集運算，但原有篩選已在第 3 步被移除，故僅剩下新的篩選－CategoryName = Beverages 用來計算彙總值，結果即為 Beverages 的銷售額。

至此，我們已經認識語境，以及 CALCULATE 能對語境造成的強大影響。下一章會以常見的計算需求來介紹 DAX 的綜合運用，在練習的過程中，若能多觀察語境的變化，將能更深入瞭解這個語言 ☺

深入 DAX 應用

8

有了第 7 章對 DAX 的基本認識後，本章挑選出常見的分析需求，透過 DAX 實作與步驟說明，當面臨同樣需求時，可直接引用，或其中的解法能提供靈感，據以開發出所需的 DAX 邏輯。

8.1 資料歷程（Data Lineage）

8.1.1 何謂資料歷程

資料歷程（Data Lineage）是個標籤，它會分配給資料表函數所傳回的每個欄位，以標示各欄位的值是源自資料模型中的哪個實體資料行，故資料表之間的關聯及其形成的擴充資料表都因此有效。即使改變資料行名稱，資料歷程仍可識別對應的欄位，唯有資料表函數使用運算式取代參照欄位時，才會打斷既有的資料歷程。

舉例來說，透過 DAX 運算式新增資料表如下：

```
CategoryLineage = VALUES( Categories[CategoryName] )
```

執行結果如圖 8.1 所示：

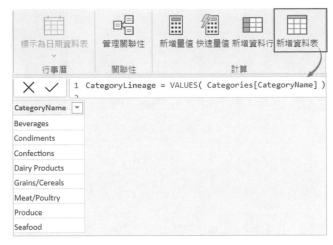

圖 8.1　使用 Values 函數新增資料表

Values 回傳包含 8 筆字串的資料表，然而這不僅是字串，DAX 知道這些字串來自 Categories 資料表的 [CategoryName] 欄位，既然是 Categories 資料表的欄位，就繼承了在模型內透過擴充資料表篩選其他資料表的能力，即語境傳播（Context Propagation）。例如，在原語法中新增銷售額欄位：

範例程式 8.1：透過關聯傳遞資料歷程所攜帶的過濾條件

```
CategoryLineage =
ADDCOLUMNS(
    VALUES( Categories[CategoryName] ),
    "Sales", [TotalSales]
)
```

此處的 TotalSales 量值可以參照前章範例程式 7.11。

結果如圖 8.2 所示，CategoryName 能篩選 Order Details 資料表，回傳各產品類別的銷售額：

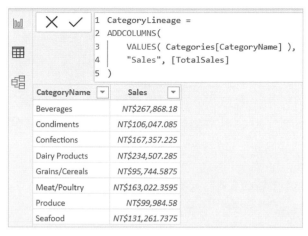

圖 8.2　透過關聯傳遞資料歷程所攜帶的過濾條件

若無資料歷程的存在，僅是與產品類別相同的字串如 Beverages、Seafood 等，並不能經由語境傳播篩選 Order Details 資料表，可執行以下語法來觀察結果：

範例程式 8.2：自訂資料值無法透過關聯篩選資料

```
CategoryLineage =
VAR _tbCategories =
    DATATABLE (
        "CategoryName", STRING,
        { { "Beverages" }, { "Produce" }, { "Seafood" } }
    )
RETURN
    ADDCOLUMNS ( _tbCategories, "Sales", [TotalSales] )
```

範例程式 8.2 的_tbCategories 資料表沒有直接參照欄位，而是自行定義字串，故不存在對應至 Categories[CategoryName] 的資料歷程，結果如圖 8.3 所示：

CategoryName	Sales
Beverages	NT$1,265,793.0395
Produce	NT$1,265,793.0395
Seafood	NT$1,265,793.0395

圖 8.3　自訂資料值無法透過關聯篩選資料

所有紀錄都傳回相同的銷售額，表示_tbCategories 變數資料表與
TotalSales 量值所使用的 Order Details 資料表無關聯，在沒有過濾條件
的情況下，TotalSales 即為全類別加總。

從前述範例可知，欄位的名稱與值都不重要，具影響力的是欄位的資料
歷程，即值是從哪個來源資料行取得的，就算過程中重新命名欄位，資
料歷程仍舊維持著，例如以下寫法：

範例程式 8.3：重新命名資料行不會移除資料歷程

```
CategoryLineage =
ADDCOLUMNS (
    SELECTCOLUMNS (
        VALUES ( Categories[CategoryName] ),
        "New Category", [CategoryName]
    ),
    "Sales", [TotalSales]
)
```

執行結果如圖 8.4 所示，查詢
過程中將 CategoryName 更名
為 New Category，不會影響資
料歷程：

New Category	Sales
Beverages	NT$267,868.18
Condiments	NT$106,047.085
Confections	NT$167,357.225
Dairy Products	NT$234,507.285
Grains/Cereals	NT$95,744.5875
Meat/Poultry	NT$163,022.3595
Produce	NT$99,984.58
Seafood	NT$131,261.7375

圖 8.4　重新命名資料行不會移除資料歷程

真正中斷資料歷程的是使用運算式來取代欄位參照，例如範例程式
8.4，刻意在 Categories[CategoryName] 後方加入空字串，雖不會改變
欄位值，但回傳的資料行已是「計算後的結果」而非「直接參照的欄位」，
故打斷了資料歷程：

範例程式 8.4：因運算打斷資料歷程，無法經由關聯篩選

```
CategoryLineage =
ADDCOLUMNS (
    SELECTCOLUMNS (
        VALUES ( Categories[CategoryName] ),
        "New Category", [CategoryName] & ""
    ),
    "Sales", [TotalSales]
)
```

由於資料歷程遺失，New Category
與模型中任何來源欄位都無關，沒
有關聯所形成的篩選，銷售額也就
都相同了：

New Category ▾	Sales ▾
Beverages	NT$1,265,793.0395
Condiments	NT$1,265,793.0395
Confections	NT$1,265,793.0395
Dairy Products	NT$1,265,793.0395
Grains/Cereals	NT$1,265,793.0395
Meat/Poultry	NT$1,265,793.0395
Produce	NT$1,265,793.0395
Seafood	NT$1,265,793.0395

圖 8.5　因運算打斷資料歷程，無法經
　　　　由關聯篩選資料

當新定義的資料表是由源自不同資料表的欄位所組成，每個欄位都會保
有各自的資料歷程。所以資料表運算式可套用多個篩選至多張資料表。
例如範例程式 8.5，分別自 Categories 和 Employees 兩張不同的資料表
取得欄位，並計算銷售額：

範例程式 8.5：引用不同資料表的欄位亦可維持資料歷程

```
CategoryLineage =
FILTER (
    ADDCOLUMNS (
        CROSSJOIN (
            VALUES ( Categories[CategoryName] ),
            VALUES ( Employees[FirstName] )
        ),
        "Sales", [TotalSales]
    ),
```

```
    [Sales] > 30000
)
```

圖 8.6 呈現 Categories[CategoryName] 和 Employees[FirstName] 這兩欄
篩選後的銷售金額：

CategoryName	FirstName	Sales
Beverages	Nancy	NT$46,599.355
Dairy Products	Nancy	NT$36,022.98
Beverages	Andrew	NT$40,248.25
Beverages	Janet	NT$44,757.405
Confections	Janet	NT$33,622.3955
Dairy Products	Janet	NT$32,320.835
Beverages	Margaret	NT$50,308.21
Dairy Products	Margaret	NT$33,549.8
Meat/Poultry	Margaret	NT$30,867.136

圖 8.6　引用不同資料表的欄位亦可維持資料歷程

瞭解資料歷程的意義後，接下來說明如何利用 TreatAs 函數自訂所需的
資料歷程。

8.1.2　改變資料歷程（TreatAs）

除了表格式模型引擎自動維繫的資料歷程，DAX 也提供 TreatAs 函數，
能手動改變指定資料行的資料歷程，其定義如下：

```
TreatAs ( 資料表運算式, < 參照的目標資料行 > [ , < 參照的目標資料行 > [ ,… ] ] } )
```

- **資料表運算式**：自行定義或欲重建資料歷程的資料表，當有多欄
  時，需逐欄與「參照的目標資料行」對應
- **參照的目標資料行**：模型中的實際資料行，作為資料表運算式所參
  考的資料歷程。其數量與順序要跟第一個參數回傳的資料表相同。

若資料表包含的某個值未存在於所參照之歷程欄位內，TreatAs 會移除該值。

例如，以下查詢用多個字串值的列表定義資料表，其中 "Pet Supplies" 在模型中沒有對應的值，當使用 TreatAs 指定該表套用 Categories[CategoryName] 的資料歷程時，會排除這筆紀錄：

範例程式 8.6：使用 TreatAs 將計算欄位對應至實體資料行

```
CategoryLineage =
VAR _tbCategories =
    DATATABLE (
        "CategoryName", STRING,
        { { "Beverages" }, { "Produce" }, { "Seafood" }, {"Pet Supplies"} }
    )
RETURN
    ADDCOLUMNS (
        TREATAS ( _tbCategories, 'Categories'[CategoryName] )
        , "Sales", [TotalSales]
    )
```

結果僅呈現新定義的 _tbCategories 與原模型中 Categories[CategoryName] 交集後的項目，並能依其歷程所參考到的關聯來篩選 Order Details，計算出各類別的銷售額：

CategoryName ▼	Sales ▼
Beverages	NT$267,868.18
Produce	NT$99,984.58
Seafood	NT$131,261.7375

圖 8.7　使用 TreatAs 將計算欄位對應至實體資料行

運用 TreatAs 建立資料歷程的特性，可讓使用者切換分析維度，以相同的視覺效果呈現不同的資料內容。效果如圖 8.8 所示：

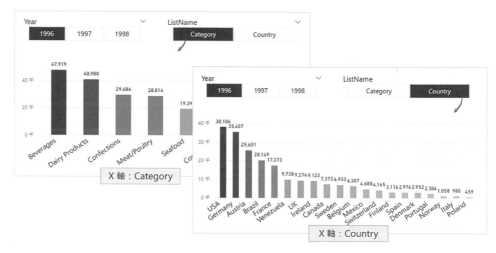

圖 8.8　動態切換軸的分析維度

當點選 ListName 交叉篩選器的 Category 選項時，下方直條圖的 X 軸呈現 Categories 資料表內的 CategoryName 資料行，以產品類別來分析銷售金額；若 ListName 選擇 Country，則直條圖的 X 軸改以 Orders 資料表的 ShipCounty 欄位來彙總銷售金額。

為此，需先做出同時具備 Categories[CategoryName] 和 Orders[ShipCounty] 的資料表，故在模型中建立「新增資料表」，其定義如下：

範例程式 8.7：串接不同資料表的欄位作為分析維度

```
SlicerList =
VAR tbCategory =
    SELECTCOLUMNS (
        VALUES ( 'Categories'[CategoryName] ),
        "ListName", "Category",
        "Description", [CategoryName]
    )
VAR tbCountry =
    SELECTCOLUMNS (
        VALUES ( 'Orders'[ShipCountry] ),
        "ListName", "Country",
```

```
            "Description", [ShipCountry]
    )
RETURN
    UNION ( tbCategory, tbCountry )
```

用 Values 取出 Categories[CategoryName] 後，透過 SelectColumns 函數
新增值為 "Category" 字串的 [ListName] 資料行，並將 [CategoryName]
重新命名為 [Description]，然後以相同的方式擷取 Orders[ShipCountry]
的內容，搭配 "Country" 字串作為 [ListName] 的值。最後用 Union 函
數將這兩張資料表合併。語法執行結果如下：

圖 8.9　串接不同資料表的欄位作為分析維度

接著定義量值 SalesAmt：

範例程式 8.8：依選單切換維度所對應的資料歷程

```
SalesAmt :=
SWITCH (
    SELECTEDVALUE ( 'SlicerList'[ListName] ),
    "Category",
        CALCULATE (
            [TotalSales],
            TREATAS ( VALUES ( 'SlicerList'[Description] ), 'Categories'
            [CategoryName] )
        ),
    "Country",
        CALCULATE (
            [TotalSales],
          TREATAS ( VALUES ( 'SlicerList'[Description] ), 'Orders'[ShipCountry] )
        )
)
```

範例程式 8.8 中，由 SELECTEDVALUE 函數取得篩選器選取的 [ListName] 值，透過 Switch 判斷各選取值要套用的邏輯，並分別用 TreatAS 來定義 [Description] 對應的資料歷程，以於計算中視為 [CategoryName] 或 [ShipCountry] 資料行。最後即可設計報表，如下圖設定：

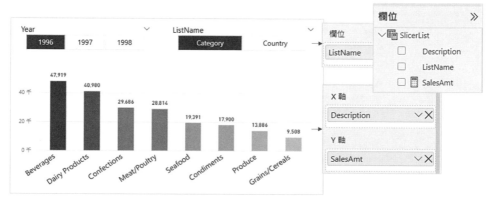

圖 8.10　設定可依使用者選擇切換軸定義的報表效果

圖 8.10 以「交叉分析篩選器」讓使用者單選 [ListName] 的值，並建立「群組直條圖」，於「X 軸」呈現 [Description]，「Y 軸」計算 SalesAmt 量值。實際切換效果可參考本章範例檔的 dynamic X-axis 頁籤。

8.2 時間智慧（Time Intelligence）

在分析商業需求時，多少會與時間有關。DAX 提供一系列時間智慧函數，能夠比較和彙總一段區間內的資料，例如，計算年初、季初或月初至今（Year to Date, YTD、Quarter to Date, QTD、Month to Date, MTD）、同期比較（Year over Year , YOY）等。完整時間智慧函數可參考線上文件：https://docs.microsoft.com/zh-tw/dax/time-intelligence-functions-dax

使用時間智慧函數前，資料模型需具備獨立的日期資料表，且該表應滿足以下要求：

- **完整的日期與年度**

  1/1 - 12/31 每一天都要存在，中間不可間斷。若報表只參考會計年度，則須涵蓋完整的一年，假如 2022 會計年度從 2022/7/1 開始，則日期表須包含從 2022/7/1 - 2023/6/30 的所有日期。

- **具日期資料類型欄位且唯一**

  日期資料表作為過濾其他資料表的維度，應具備唯一值，且必須有一個資料行是日期（Date）或日期/時間（Date/Time）格式，若是後者須確保時間都是 00:00:00。

- **在模型中標注為日期資料表**

  必須在模型中明確標注日期資料表，並指定日期欄位，設定方式可回顧「6.5.1 量值（Measure）」一節。

8.2.1 累計至今

即依時間序列完成指定週期時間段的計算，常見以年、季、月累計。以「年初至今」為例，就是從年初第一天逐日彙總（通常是加總）到當下，換言之，任一天要計算的結果，是以該年初到該天所形成的日期集合當作「篩選語境」。若要計算累計至 2023 年 1 月 2 日的結果，篩選條件即為 { DATE(2023, 1, 1), DATE(2023, 1, 2) } 兩天形成的篩選語境，到了 1 月 3 日，自然就是 { DATE(2023, 1, 1), DATE(2023, 1, 2)，DATE(2023, 1, 3) } 三天。

依照上述邏輯，DAX 寫法如下：

範例程式 8.9：以對日的篩選計算年初至今的彙總

```
SalesYTD :=
VAR LastDay = MAX ( 'Dates'[Date] )
RETURN
CALCULATE (
    [TotalSales],
    'Dates'[Date] <= LastDay && YEAR( 'Dates'[Date] ) = YEAR ( LastDay )
)
```

將日期資料表的年、季、月資料行拉入「矩陣」視覺效果的「資料列」，並將「TotalSales」和範例程式 8.9 所定義的「SalesYTD」量值加入到值欄位，以呈現隨時間累積的計算結果，如圖 8.11 所示：

Year	TotalSales	SalesYTD
⊞ 1996	208,083.97	208,083.97
⊟ 1997	617,085.20	617,085.20
⊟ Q1	138,288.93	138,288.93
January	61,258.07	61,258.07
February	38,483.64	99,741.71
March	38,547.22	138,288.93
⊟ Q2	143,177.05	281,465.97
April	53,032.95	191,321.88
May	53,781.29	245,103.17
June	36,362.80	281,465.97
⊞ Q3	153,937.77	435,403.74
⊞ Q4	181,681.46	617,085.20
⊟ 1998	440,623.87	440,623.87
⊟ Q1	298,491.55	298,491.55
January	94,222.11	94,222.11
February	99,415.29	193,637.40
March	104,854.16	298,491.55
⊟ Q2	142,132.31	440,623.87

資料列：
Year　∨×
Quarter　∨×
MonthNameLong　∨×

資料行：
於此處新增資料欄位

值：
TotalSales　∨×
SalesYTD　∨×

圖 8.11　呈現年初至今的銷售總額

此範例利用 CALCULATE 覆寫篩選語境的特性,將每一個要計算的日期區間寫入篩選條件,例如視覺效果上 1998 年 3 月的篩選條件即為:完整日期清單 <= 1998 年 3 月,且年份 = 1998 的計算結果。

由此可知,無論是年、季、月的累計,都能用 CALCULATE 搭配篩選條件來產生要計算的集合,而 DAX 為了簡化撰寫時間分析的語法,提供了相關的函數,可直接產生對應的日期集合,故能以 DatesYTD 函數取代範例程式 8.9:

```
SalesYTD := CALCULATE( [TotalSales], DATESYTD( Dates[Date] ) )
```

DatesYTD 會傳回單欄資料表,其包含目前語境中,年初至今的日期資料行。函數定義如下:

```
DatesYTD ( <日期資料行> [ , <年結束日期> ] )
```

除了第一個參數一般給予日期資料表的日期資料行外,還可給第二個選擇性參數,用於定義年度結束日期,預設為 12 月 31 日,會自動忽略年份。

前述範例若以會計年度來看,假設銷售額是從 7 月 1 日起算,可改寫量值如下:

```
SalesYTD := CALCULATE( [TotalSales], DATESYTD( Dates[Date], "06-30" ) )
```

結果如圖 8.12 所示，銷售額會從 July 開始累計至隔年的 06-30：

Year		TotalSales	SalesYTD
⊞	1996	208,083.97	208,083.97
⊟	1997	617,085.20	335,619.23
⊞	Q1	138,288.93	346,372.90
⊟	Q2	143,177.05	489,549.94
	April	53,032.95	399,405.85
	May	53,781.29	453,187.14
	June	36,362.80	489,549.94
⊟	Q3	153,937.77	153,937.77
	July	51,020.86	51,020.86
	August	47,287.67	98,308.53
	September	55,629.24	153,937.77
⊟	Q4	181,681.46	335,619.23
	October	66,749.23	220,687.00
	November	43,533.81	264,220.81
	December	71,398.43	335,619.23
⊟	1998	440,623.87	
⊟	Q1	298,491.55	634,110.79
	January	94,222.11	429,841.34

新年度

圖 8.12　依會計年度計算年初至今

除了 DatesYTD 外，類似函數還有「季初至今（DatesQTD）」和「月初至今（DatesMTD）」，這三個都是資料表函數，差別是能提供不同區間的日期清單給 CALCULATE 作為篩選語境，可自行替換函數觀察累計結果。

另外，DAX 有一組函數能取代 CALCULATE + DATES_TD 系列的寫法，包含：TotalYTD、TotalQTD、TotalMTD。其定義如下：

```
TOTALYTD ( <運算式>, <日期資料行> [, <篩選> ] [, <年結束日期> ] )
```

前述依會計年度計算的寫法，對應如下：

```
SalesYTD2 = TotalYTD( [TotalSales], 'Dates'[Date], "06-30" )
```

雖然 Total_TD 系列讓語法更簡潔，但建議初學者避免使用。在前一章我們已瞭解到 CALCULATE 函數的複雜性，任意用替代函數隱藏 CALCULATE 的存在，很可能讓開發者忽略語境轉換、覆寫等各種行為。

至此我們看到的都是日期區間不固定的累計，像是對 2022/3/5 而言，MTD 的日期區間是 5 天；對 2022/3/22 而言是 22 天。但分析上也經常需要固定區間的滾動彙總（Running Total），有別於變動的時間段，滾動計算的範圍是以當日推算固定的日期間隔，可使用以下函數：

```
DATESINPERIOD ( <日期資料行>, <起始日期>, <要移動的間隔值>, <週期> )
```

- **要移動的間隔值**：可為正或負數，正表示往後移動，負則是往前移。
- **週期**：表示移動的週期單位，包含：YEAR、QUARTER、MONTH、DAY。

舉例來說，若要計算以過去一季為單位的滾動累計，可撰寫量值如下：

範例程式 8.10：以 DATESINPERIOD 函數計算滾動累計值

```
SalesPeriod :=
CALCULATE (
    [TotalSales],
    DATESINPERIOD ( Dates[Date], MAX ( Dates[Date] ), -1, QUARTER )
)
```

加入視覺效果後，呈現如圖 8.13。以 1996 年 10 月為例，其數值累計不同於原本 DATESQTD 的季概念，而是 1996/10/31 向前抓一季的區間，即 1996/8/1 – 1996/10/31 的彙總值；11 月則是 1996/9/1 – 1996/11/30，以此類推的滾動計算，對每一個月份或是每一天而言，計算的區間都是當前日回推相同的週期。

Year	TotalSales	SalesPeriod
⊟ 1996	208,083.97	128,355.40
⊟ Q3	79,728.57	79,728.57
July	27,861.90	27,861.90
August	25,485.28	53,347.17
September	26,381.40	79,728.57
⊟ Q4	128,355.40	128,355.40
October	37,515.73	89,382.40
November	45,600.05	109,497.17
December	45,239.63	128,355.40
⊟ 1997	617,085.20	181,681.46
⊟ Q1	138,288.93	138,288.93
January	61,258.07	152,097.75
February	38,483.64	144,981.34
March	38,547.22	138,288.93

圖 8.13 以 DATESINPERIOD 函數計算滾動累計值

8.2.2 同期比較

同期比較是計算相對於當下日期維度的前 n 個週期值，例如：去年、前一季、上個月、昨日等。常見用來取相對日期的函數有 DATEADD、SAMEPERIODLASTYEAR、PARALLELPERIOD。

舉例來說，要計算銷售額的去年同期值，首先須取得去年的時間段作為 CALCULATE 的篩選條件，以覆寫當前日期的過濾，讓視覺效果在當下的日期能顯示去年的值。寫法如下：

```
Sales PY DATEADD := CALCULATE( [TotalSales], DATEADD( 'Dates'[Date], -1, YEAR ) )
```

透過 DateAdd 函數取得相對於指定週期的日期清單，例如視覺效果上 1998 年 4 月的篩選條件為：當下日期往前移一年的日期清單，即是 1997 年 4 月，結果如圖 8.14 所示：

Year	TotalSales	Sales PY DATEADD
⊟ 1996	208,083.97	
⊞ Q3	79,728.57	
⊞ Q4	128,355.40	
⊟ 1997	617,085.20	208,083.97
⊞ Q1	138,288.93	
⊟ Q2	143,177.05	
April	53,032.95	
May	53,781.29	
June	36,362.80	
⊞ Q3	153,937.77	79,728.57
⊞ Q4	181,681.46	128,355.40
⊟ 1998	440,623.87	617,085.20
⊟ Q1	298,491.55	138,288.93
January	94,222.11	61,258.07
February	99,415.29	38,483.64
March	104,854.16	38,547.22
⊟ Q2	142,132.31	143,177.05
April	123,798.68	53,032.95
May	18,333.63	53,781.29
June		36,362.80
⊞ Q3		153,937.77

資料列

Year ∨×
Quarter ∨×
MonthNameLong ∨×

資料行

於此處新增資料欄位

值

TotalSales ∨×
Sales PY DATEADD ∨×

圖 8.14　計算去年同期比較

DateAdd 函數可依指定週期，回傳相對於該週期的單欄日期資料表，其定義如下：

```
DateAdd ( <日期資料行>, <要移動的間隔值>, <週期> )
```

- 要移動的間隔值：可為正或負數，正表示往後移動，負則是往前移。
- 週期：表示移動的週期單位，包含：YEAR、QUARTER、MONTH、DAY。

由於週期參數能改變間隔移動的單位，若圖 8.14 要改為呈現前一個月的比較值，只需將週期由 YEAR 變更為 MONTH 即完成；若是要看後一個月，則將 -1 改為 1，以此類推便能在不同週期間比較。

此外，對於「去年同期」－ DATEADD (<Dates>, -1, YEAR) 的寫法，DAX 另提供相等的簡化函數，可自行替換測試。

```
SAMEPERIODLASTYEAR ( <日期資料行> )
```

接著來看與 DateAdd 語法近似的函數－ ParallelPeriod，其定義如下：

```
ParallelPeriod ( <日期資料行>, <要移動的間隔值>, <週期> )
```

- 要移動的間隔值：可為正或負數，正表示往後移動，負則是往前移。
- 週期參數值可以是下列其中一項：YEAR、QUARTER、MONTH，沒有 DAY。

兩者的語法結構雖然相近，但取日期的方式有些不同。試新增以下量值來觀察：

```
Sales PY Parallel = CALCULATE( [TotalSales], PARALLELPERIOD( 'Dates'[Date], -1,
YEAR ) )
```

搭配日期資料行，比較這兩個量值計算的結果，如圖 8.15 所示：

Year			TotalSales	Sales PY DATEADD	Sales PY Parallel
⊟	1996		208,083.97		
	⊞	Q3	79,728.57		
	⊟	Q4	128,355.40		
		October	37,515.73		
		November	45,600.05		
		December	45,239.63		
⊟	1997		617,085.20	208,083.97	208,083.97
	⊞	Q1	138,288.93		208,083.97
	⊞	Q2	143,177.05		208,083.97
	⊞	Q3	153,937.77	79,728.57	208,083.97
	⊟	Q4	181,681.46	128,355.40	208,083.97
		October	66,749.23	37,515.73	208,083.97
		November	43,533.81	45,600.05	208,083.97
		December	71,398.43	45,239.63	208,083.97
⊟	1998		440,623.87	617,085.20	617,085.20
	⊞	Q1	298,491.55	138,288.93	617,085.20
	⊞	Q2	142,132.31	143,177.05	617,085.20
	⊞	Q3		153,937.77	617,085.20
	⊞	Q4		181,681.46	617,085.20

資料列

Year ∨ ×
Quarter ∨ ×
MonthNameLong ∨ ×

資料行

於此處新增資料欄位

值

TotalSales ∨ ×
Sales PY DATEADD ∨ ×
Sales PY Parallel ∨ ×

圖 8.15　比較 DateAdd 和 ParallelPeriod 兩個函數的差異

ParallelPeriod 不像 DateAdd 僅取相對週期前的成員，ParellelPeriod 會擷取日期資料行的整組日期，並將第一個日期和最後一個日期依指定間隔數移位，然後傳回兩個已移位日期之間的所有連續日期。如果間隔是月、季或年的部分範圍，則結果中任何不完整的日子也會填滿，以完成整個間隔。

以圖 8.15 為例，圖中的 1997 Q3 代表的範圍是 1997/07/01 到 1997/09/30 這段日子。若是以年為週期，DateAdd 函數就是取 1996/07/01 到 1996/09/30，但 ParallelPeriod 函數則會把年週期的日子補滿，因此會取前一整年（1996）的資料。

8.2.3　半加計算（Semi-Additive）

對 BI 開發人員而言，不管採用什麼資料語言或分析平台，半加（semi-additive）計算都是有挑戰性的，DAX 也不例外。這些量值不難計算，複雜的部分是在精確地理解所需行為。

首先，什麼是半加計算？任何計算可以是「加（additive）」，「非加（non-additive）」或「半加（semi-additive）」，其間的差異如下：

- **加（Additive）**

  「加」的量值使用 Sum 來彙總任何屬性，例如：銷售額、總人次、總瀏覽數等。一般情境是：所有客戶的銷售額即是每位客戶個人銷售額之總和；同時，年的金額也是每個月金額的加總。以不同面向的維度來分析量值，該量值的父項都是加總所有子項。

- **非加（Non-additive）**

  「非加」的量值不在任何維度上使用 Sum。常見的情境是「唯一計數（Distinct Count）」，例如：月銷售產品的種類不是每日銷售種類的總和。

- **半加（Semi-additive）**

  「半加」計算是最難的，只在部分維度使用 Sum 彙總，典型的例子是取特定時間點的值。例如：庫存對產品維度而言是加，所有產品的總庫存量或金額是個別產品的庫存量或金額之加總。然而，從時間維度來看，卻無法使用 Sum 函數。季庫存量不是個別月庫存量的總和，而是該季最後一個月的值。其他像是信用額度、帳戶餘額也是如此。

瞭解「半加」的概念後，接著來看技術上怎麼處理這類需求。以下範例將藉由不同階段對需求理解的變化來多次改寫語法，提供讀者作為選用 DAX 函數的參考。

首先在原模型中，手動加入每月庫存量紀錄的資料表，為簡化範例，僅選用兩個產品，建立兩季的庫存資料，並刻意設計庫存量未改變、尚未盤點，或是漏了盤點的情境，因此兩項產品各缺一個月的紀錄，且 12 月不是在 31 號盤點庫存。語法如下：

範例程式 8.11：新增庫存量資料表

```
tbInventory =
DATATABLE (
    "ProductID", INTEGER, "DateID", DATETIME, "Amount", INTEGER,
    {
        { 1, "1996-7-31", 70 },  { 2, "1996-7-31", 80 },
        { 1, "1996-8-31", 60 },  { 2, "1996-8-31", 70 },
        { 1, "1996-9-30", 50 },  { 2, "1996-9-30", 60 },
        { 1, "1996-10-31", 40 }, { 2, "1996-10-31", 50 },
        { 1, "1996-11-30", 30 }, { 2, "1996-12-20", 20 }
    }
)
```

分別將自建的 tbInventory[ProductID] 與原模型中的 Products[ProductID]，
以及 tbInventory[DateID] 與 Dates[Date] 建立多對一關聯，如圖 8.16
所示：

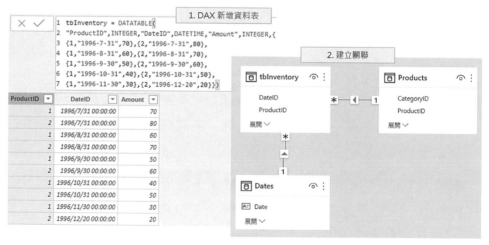

圖 8.16　手動在模型中建立庫存量的資料表

接著把 tbInventory[Amount] 加到「矩陣」視覺效果內，使用 Sum 彙總該值。從下圖可觀察到庫存量在季和年層級的結果有誤：

圖 8.17　預設的 Sum 彙總行為會造成季和年的庫存值是全部加總

對於存貨而言，季或年層級的結果並非加總各月的量，而是該季或年最後一天的值。為了修正這個問題，可使用 LastDate 函數來傳回篩選語境內最後一個可見的日期，並搭配 CALCULATE 來覆寫原本季或年層級的日期區間，其寫法如下：

```
LastInv := CALCULATE ( SUM ( tbInventory[Amount] ), LASTDATE ( 'Dates'[DATE] ) )
```

如圖 8.18，將量值加入矩陣後，與原先的數值相比，Q3 的結果從加總三個月變成該季最後一天的值，看似修正了問題，但若觀察 Q4 以及年層級，卻無法提供正確結果。這是因為 LastDate 函數作用於 Dates 資料表，會傳回各層級的最後一天。對 Q4 及年層級都是傳回 12 月 31 日，而在模型中該日期並沒有資料，因產品 Chai 無 1996 年 12 月的紀錄，且產品 Chang 在 12 月的盤點日期並非月底，故量值回傳 Blank。

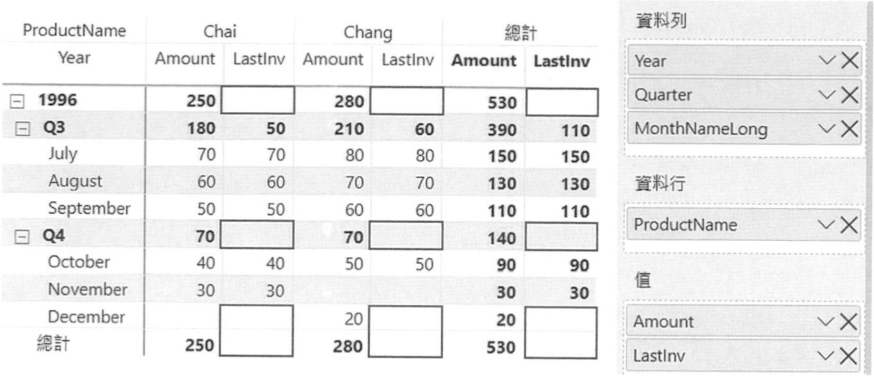

ProductName	Chai		Chang		總計	
Year	Amount	LastInv	Amount	LastInv	**Amount**	**LastInv**
⊟ **1996**	**250**		**280**		**530**	
⊟ **Q3**	**180**	**50**	**210**	**60**	**390**	**110**
July	70	70	80	80	**150**	**150**
August	60	60	70	70	**130**	**130**
September	50	50	60	60	**110**	**110**
⊟ **Q4**	**70**		**70**		**140**	
October	40	40	50	50	**90**	**90**
November	30	30			**30**	**30**
December			20		**20**	
總計	**250**		**280**		**530**	

資料列

Year	∨ ✕
Quarter	∨ ✕
MonthNameLong	∨ ✕

資料行

ProductName	∨ ✕

值

Amount	∨ ✕
LastInv	∨ ✕

圖 8.18　透過 LastDate 函數傳回篩選語境範圍內最後可見的日期

重新思考這個商業情境，為避免盤點提早或尚未發生，可能的解法是找最後有值的日期，例如：取 tbInventory[DateID]在當下語境中最大的值，而非 Dates 資料表的最後日期。調整如下：

範例程式 8.12：計算最大日期的庫存量

```
LastInv :=
VAR lastInvDate = MAX ( tbInventory[DateID] )
RETURN
CALCULATE( SUM( tbInventory[Amount] ), 'Dates'[DATE] = lastInvDate )
```

利用 Max 函數計算 tbInventory 資料表的最後日期，確認回傳的日期有庫存紀錄，結果如圖 8.19，可看到各產品的 Q4 與年層級數值正確，但整體總計（Grand Total）仍有誤：

| ProductName | Chai | | Chang | | 總計 | |
Year	Amount	LastInv	Amount	LastInv	**Amount**	LastInv
⊟ **1996**	**250**	**30**	**280**	**20**	**530**	20
⊟ **Q3**	**180**	**50**	**210**	**60**	**390**	110
July	70	70	80	80	150	150
August	60	60	70	70	130	130
September	50	50	60	60	110	110
⊟ **Q4**	**70**	**30**	**70**	**20**	**140**	20
October	40	40	50	50	90	90
November	30	30			30	30
December			20	20	20	20
總計	250	30	280	20	530	20

圖 8.19　透過篩選取回每個產品最後有填入庫存量的日期，
再取回該日期的庫存量

由於總計欄沒有產品所形成的篩選語境，依語法僅能過濾整份資料的日
期，撈出該年或季最大日期的值。參照範例程式 8.11 的最大日期，可知
量值只計算 1996/12/20 那一筆資料。這也是寫 DAX 經常碰到的狀況，
並非是公式計算錯誤，而是開發者定義的語意模糊。這個數字的正確與
否取決於使用者的需求，可能的情境如下：

- 總庫存量 = 年底已盤點的產品庫存總和

- 總庫存量 = 當前的產品庫存總和

若是第一種情境，目前總計反而是對的，但尚未完成 Q4 最後盤點的 Chai
產品，在 Q4 與 1996 年應為空白。可加入 All 來避免依當前產品計算最
後日期：

範例程式 8.13：以所有產品最後有記錄庫存量的日子呈現整體庫存的資訊

```
LastInv :=
VAR lastInvDate =
    CALCULATE ( MAX ( tbInventory[DateID] ), ALL ( Products[ProductName] ) )
RETURN
    CALCULATE ( SUM ( tbInventory[Amount] ), Dates[DATE] = lastInvDate )
```

結果如圖 8.20 所示，Chai 的
庫存量顯示空白且總計值正
確，整體效果比圖 8.19 合理：

Year		Chai	Chang	總計
⊟ 1996			20	20
	⊟ Q3	50	60	110
	July	70	80	150
	August	60	70	130
	September	50	60	110
	⊟ Q4		20	20
	October	40	50	90
	November	30		30
	December		20	20
總計			20	20

圖 8.20　以所有產品最後有記錄庫存量的
日子呈現整體庫存的資訊

若需求是第二種情境，則可加總個別值來計算總和，利用 SumX 對所有
產品逐筆計算：

範例程式 8.14：透過 SumX 將各週期內各產品的最後一次庫存值加總

```
LastInv :=
SUMX (
    VALUES ( tbInventory[ProductID] ),
    VAR lastInvDate = CALCULATE ( MAX ( tbInventory[DateID] ) )
    RETURN
        CALCULATE ( SUM ( tbInventory[Amount] ), 'Dates'[DATE] = lastInvDate )
)
```

結果如下：

Year		Chai	Chang	總計
⊟ 1996		30	20	50
	⊟ Q3	50	60	110
	July	70	80	150
	August	60	70	130
	September	50	60	110
	⊟ Q4	30	20	50
	October	40	50	90
	November	30		30
	December		20	20
總計		30	20	50

圖 8.21　透過 SumX 將各週期內各產品的最後一次庫存值加總

圖 8.21 的結果雖符合需求，但 SumX 的疊代運算在資料量多且重複性低時，會降低效能。較佳的寫法是，先列出各產品盤點的最後日期，於定義資料歷程後，作為 Calculate 的篩選條件，寫法如下：

範例程式 8.15：以資料歷程取代 SUMX 疊代彙總

```
LastInv :=
VAR lastInvDate =
    ADDCOLUMNS (
        VALUES ( tbInventory[ProductID] ),
        "LASTDAY", CALCULATE ( MAX ( tbInventory[DateID] ) )
    )
VAR lastDatesWithLineage = TREATAS ( lastInvDate, tbInventory[ProductID],
Dates[Date] )
RETURN
    CALCULATE ( SUM ( tbInventory[Amount] ), lastDatesWithLineage )
```

若更進一步觀察細節，由於各產品的最後盤點日可能在當前篩選語境外，導致該月結果為 Blank，以圖 8.21 為例，Chai 在 12 月沒有紀錄，其庫存量應填入 11 月的值，即盤點日不在當下語境的也要計算，改寫如下：

範例程式 8.16：若當期無盤點紀錄，帶入前期結果

```
LastInv :=
VAR maxDate = MAX ( 'Dates'[Date] )
VAR lastInvDate =
    ADDCOLUMNS (
        ALL ( tbInventory[ProductID] ),
        "LASTDAY", CALCULATE ( MAX ( tbInventory[DateID] ), Dates[Date] <= maxDate )
    )
VAR lastDatesWithLineage = TREATAS ( lastInvDate, tbInventory[ProductID],
Dates[Date] )
RETURN
    CALCULATE ( SUM ( tbInventory[Amount] ), lastDatesWithLineage )
```

範例程式 8.16 以變數 maxDate 保留視覺效果當前篩選語境的最大日期，在小於該日期的前提下，找出 tbInventory 所有 [ProductID] 的最大 [DateID] 紀錄，接著為該表建立資料歷程，作為 Calculate 的覆寫條件，讓各月篩選語境的產品都能以其最後的盤點日呈現，結果如右圖：

Year	Chai	Chang	總計
⊟ **1996**	**30**	**20**	**50**
⊟ **Q3**	**50**	**60**	**110**
July	70	80	**150**
August	60	70	**130**
September	50	60	**110**
⊟ **Q4**	**30**	**20**	**50**
October	40	50	**90**
November	30	50	**80**
December	30	20	**50**
總計	**30**	**20**	**50**

圖 8.22　將該月沒有盤點記錄的值以先前日期最後的紀錄填入

與圖 8.21 相比，圖 8.22 可看到產品 Chai 的 12 月盤點紀錄呈現 11 月的值；產品 Change 的 11 月盤點紀錄則呈現 10 月的結果。

至此，可見對需求不同的詮釋，DAX 從判斷盤點日的函數是 LastDate 或 Max，到取得日期的來源為日期維度表或庫存資料表，再到是否需用 ALL 避免產品形成篩選語境等，這些寫法都沒有一定的標準，完全視需求而異。

8.3　排名與前幾名（Ranking）

商業分析的過程中，經常有排名，以及回傳集合中的前幾名紀錄等需求。在這一小節，將以範例來說明這些需求的實作方式。

8.3.1　排名（RankX）

DAX 提供 RankX 函數，能依當前語境來計算排名，其語法定義如下：

```
RankX ( <資料表運算式>, <運算式> [, <值> [, <排序方式> [, <排名關係> ] ] ] )
```

- **運算式**：傳回單一值的運算式或量值。會逐筆計算「資料表運算式」的資料列，以產生比對排名的值

- **值（選擇性）**：DAX 運算式，傳回用以在前兩個參數形成的資料表中，尋找排名的值。省略此參數時，會改用目前資料列語境計算「運算式」之值來計算排名

- **排序方式（選擇性）**：指定排名順序，預設值為 DESC，表示由大到小遞減排序，最大的值為第一名；若要遞增則使用 ASC

- **排名關係（選擇性）**：

  - Skip（預設值）：相同值之後的下個排名值跳過相同值的數量。例如有三個相同值的第一名，則下一個值排名在第四

  - Dense：相同值之後的下個排名值接續名次。例如有三個相同值的第一名，而下個值排名第二

RANKX 是疊代函數，故在使用上有些細節需要注意，舉例來說，當要依產品的銷售總額計算排名時，直覺的寫法如下：

```
SalesRank := RANKX( 'Products' , [TotalSales] )
```

接著將產品名稱、銷售總額與排名加入表格視覺效果，其結果如圖 8.23：

ProductName	TotalSales	SalesRank
Alice Mutton	32,698.38	1
Aniseed Syrup	3,044.00	1
Boston Crab Meat	17,910.63	1
Camembert Pierrot	46,825.48	1
Carnarvon Tigers	29,171.88	1
總計	**1,265,793.04**	**1**

圖 8.23　使用 RANKX 函數

由於 RANKX 會疊代 Products 資料表，逐筆計算 TotalSales 的值，但 Products 受到視覺效果篩選語境的影響，對於表格的每一列來說，評估 Products 時都只剩下該筆資料，沒有其他可比較大小的值，故排名結果均為 1。

當我們在比較排名時，預期的是「當前的資料列」與「完整資料清單」相比，來判斷相對的大小，為了讓 Products 在評估計算時，保留完整的清單，應視需要搭配 ALL 系列的函數來忽略篩選語境，可改寫語法如下：

```
SalesRank := RANKX( ALL( 'Products' ), [TotalSales] )
```

其結果如圖 8.24，各產品計算出正確的排名：

ProductName	TotalSales	SalesRank
Alice Mutton	32,698.38	8
Aniseed Syrup	3,044.00	71
Boston Crab Meat	17,910.63	21
Camembert Pierrot	46,825.48	5
Carnarvon Tigers	29,171.88	9
總計	1,265,793.04	1

圖 8.24　使用 RANKX 函數搭配 ALL，避免篩選語境過濾要排名的清單

除了資料表參數要留意之外，進一步觀察 RANKX 函數的第二個參數，在定義中說明其為運算式，範例語法則是引用量值，但若將 TotalSales 量值的公式展開作為運算式如下：

```
SalesRank := RANKX( ALL( 'Products' ) ,SUM( 'Order Details'[SalesAmount] ) )
```

其結果將如同圖 8.23 的排名，原因則不同，是由於 ALL 忽略篩選語境，在逐筆疊代的資料列語境中，沒有過濾條件的彙總函數會計算出相同的結果，使得當前資料列與完整清單相比，沒有大小差異，排名均為 1。

若要用運算式呈現正確的結果，應搭配 CALCULATE 函數，把當前資料列語境轉成篩選語境，以對 Products 逐筆計算出正確的值。語法改寫如後，該寫法即等同於引用量值 TotalSales。

```
SalesRank := RANKX( ALL( 'Products' ) ,CALCULATE( SUM( 'Order Details'
[SalesAmount] ) ) )
```

由於量值隱含 CALCUALTE，以及 CALUCUATE 在資料列語境中執行時，會發生語境轉換，這兩點特性很容易忽略，建議初學者撰寫 RANKX 時，都用量值取代運算式，以形成隱含語境轉換，避免計算結果錯誤。

此外，若不想在「總計」呈現無意義的排名，可透過 HasOneValue 函數，判斷是否只有單一產品存在當前的篩選語境中，該函數傳回 True 或 False；搭配 IF 判讀條件成立才排名，否則回傳 BLANK：

範例程式 8.17：移除總計排名並加入類別呈現排名結果

```
SalesRank :=
IF(
    HASONEVALUE( Products[ProductName] )
    ,RANKX( ALL( 'Products' ) ,[TotalSales] )
    ,BLANK()
)
```

另一個常見的情境是依階層排名，當有多個層級存在時，預期「當前資料列」能與「該層清單」相比，而不是跟「完整資料清單」比較；這需要對 DAX 語法更細緻地思考，例如現有語法在視覺效果中加入 CategoryName 後，結果會如下圖左半部，除了類別沒有排名之外，產品也未依類別重排。

此處之所以忽略 CategoryName 的影響，是由於該欄屬於 Products 資料表的擴充欄位，當 ALL 套用至整張 Products 時，會連同擴充資料表的欄位一併忽略，導致無法依各類別排名。

CategoryName	TotalSales	SalesRank		CategoryName	TotalSales	SalesRank
⊟ **Meat/Poultry**	**163,022.36**			⊟ **Meat/Poultry**	**163,022.36**	
Thuringer Rostbr...	80,368.67	2		Thuringer Rostbr...	80,368.67	1
Alice Mutton	32,698.38	8		Alice Mutton	32,698.38	2
Perth Pasties	20,574.17	18		Perth Pasties	20,574.17	3
Pate chinois	17,426.40	22		Pate chinois	17,426.40	4
Mishi Kobe Niku	7,226.50	52		Mishi Kobe Niku	7,226.50	5
Tourtiere	4,728.24	61		Tourtiere	4,728.24	6
⊟ **Produce**	**99,984.58**			⊟ **Produce**	**99,984.58**	
Manjimup Dried ...	41,819.65	7		Manjimup Dried ...	41,819.65	1
Rossle Sauerkraut	25,696.64	10		Rossle Sauerkraut	25,696.64	2
Uncle Bob's Org...	22,044.30	14		Uncle Bob's Org...	22,044.30	3
總計	1,265,793.04			總計	1,265,793.04	

圖 8.25　移除總計名次並加入類別欄位

為了避免擴充資料表欄位的篩選語境被忽略，應先限制 ALL 的範圍，調整語法如下：

範例程式 8.18：依所屬類別計算排名

```
SalesRank :=
IF(
    HASONEVALUE( Products[ProductName] )
    ,RANKX( ALL( Products[ProductName] ) ,[TotalSales] )
    ,BLANK()
)
```

其結果如圖 8.25 右半部，此時 ALL 僅忽略產品，故各產品所歸屬的類別會作為篩選語境，在比較銷售總額以列出排名時，只與同類別的相比。若要在類別層級也呈現排名，需另對類別欄位計算 RANKX，可改寫如下：

範例程式 8.19：按不同階層各自排名

```
SalesRank :=
VAR CurrentProductAMT = [TotalSales]
VAR ProductRank = RANKX( ALL( Products[ProductName] ) ,[TotalSales] )
VAR CategoryRank = RANKX( ALL( Categories[CategoryName] ) ,[TotalSales] )

RETURN
IF( NOT ISBLANK ( CurrentProductAMT )
    ,SWITCH(
        TRUE()
        ,HASONEVALUE(Products[ProductName])
        ,ProductRank
        ,HASONEVALUE(Categories[CategoryName])
        ,CategoryRank
        ,BLANK()
    )
)
```

結果如圖 8.26 所示，除了按階層排名之外，還可搭配視覺效果層級切換的功能，決定名次比較的範圍，例如使用「↓↓」前往下一層級時，由於沒有 CategoryName 的篩選語境，當前資料列將與全產品清單來比。

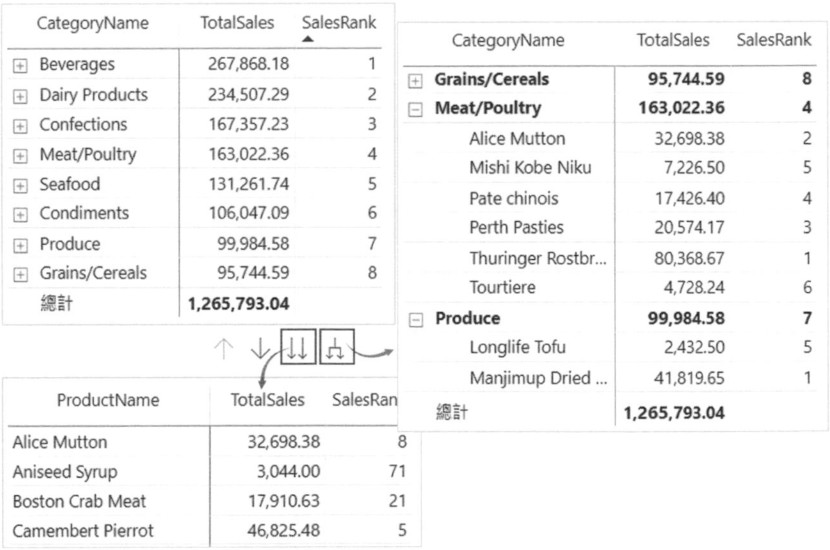

CategoryName	TotalSales	SalesRank
⊞ Beverages	267,868.18	1
⊞ Dairy Products	234,507.29	2
⊞ Confections	167,357.23	3
⊞ Meat/Poultry	163,022.36	4
⊞ Seafood	131,261.74	5
⊞ Condiments	106,047.09	6
⊞ Produce	99,984.58	7
⊞ Grains/Cereals	95,744.59	8
總計	**1,265,793.04**	

CategoryName	TotalSales	SalesRank
⊞ **Grains/Cereals**	**95,744.59**	**8**
⊟ **Meat/Poultry**	**163,022.36**	**4**
Alice Mutton	32,698.38	2
Mishi Kobe Niku	7,226.50	5
Pate chinois	17,426.40	4
Perth Pasties	20,574.17	3
Thuringer Rostbr...	80,368.67	1
Tourtiere	4,728.24	6
⊟ **Produce**	**99,984.58**	**7**
Longlife Tofu	2,432.50	5
Manjimup Dried ...	41,819.65	1
總計	**1,265,793.04**	

↑ ↓ ↓↓ ⇕

ProductName	TotalSales	SalesRan
Alice Mutton	32,698.38	8
Aniseed Syrup	3,044.00	71
Boston Crab Meat	17,910.63	21
Camembert Pierrot	46,825.48	5

圖 8.26　依階層改變排名

範例程式 8.19 有兩個細節要留意，首先是利用 SWITCH 函數，判斷視覺效果的每一筆要呈現產品排名或類別排名，這部分要從最子層開始往父層判斷，因 SWITCH 的第一個值符合之後，就不會再判斷其他值，若先判斷是否只有單一類別，對於每個產品來說都是成立的，便無法計算正確的產品排名。

第二點是應排除不屬於該層的資料，由於 CategoryRank 變數使用 ALL 來忽略類別形成的篩選語境，故非該類別的產品也會展開，如圖 8.27。可於 SWITCH 判斷類別時，或直接在外層加上 NOT ISBLANK (CurrentProductAMT) 的條件，避免此問題。

CategoryName	TotalSales	SalesRank
⊟ **Beverages**	**267,868.18**	**1**
Cote de Blaye	141,396.74	1
Alice Mutton		2
Aniseed Syrup		2
Boston Crab Meat		2

圖 8.27　各類別展開所有產品

至此，對於 RANKX 的前兩個參數使用已有一定瞭解，目前都是以 Products 或 Categories 的列表作為排名比較的依據。但若想依自訂的數值區間來排名，其與原本類別列表值不相同時，就需要使用三個參數來達成。例如，定義銷售額的區間如下：

```
RankRange = DATATABLE( "Range", INTEGER, {{200000},{160000},{96000}} )
```

若僅要判斷類別的 TotalSales 大於等於 200,000 排第一，小於 200,000 且大於等於 160,000 排第二，以此類推；而產品依原金額大小來排，可改寫範例程式 8.19 的 CategoryRank 如下：

範例程式 8.20：類別使用自訂區間來排名

```
SalesRank :=
VAR CurrentProductAMT = [TotalSales]
VAR ProductRank = RANKX( ALL( Products[ProductName] ) ,[TotalSales] )
VAR CategoryRank = RANKX( RankRange, RankRange[Range] ,[TotalSales])
RETURN
SWITCH(
    TRUE()
    ,HASONEVALUE(Products[ProductName])
    ,ProductRank
    ,HASONEVALUE(Categories[CategoryName]) && NOT ISBLANK ( CurrentProductAMT )
    ,CategoryRank
    ,BLANK()
)
```

執行結果如下：

CategoryName	TotalSales	SalesRank
⊞ **Beverages**	**267,868.18**	**1**
⊞ **Dairy Products**	**234,507.29**	**1**
⊞ **Confections**	**167,357.23**	**2**
⊞ **Meat/Poultry**	**163,022.36**	**2**
⊞ **Seafood**	**131,261.74**	**3**
⊞ **Condiments**	**106,047.09**	**3**
⊞ **Produce**	**99,984.58**	**3**
⊟ **Grains/Cereals**	**95,744.59**	**4**
Gnocchi di nonn...	42,593.06	1
Wimmers gute S...	21,957.97	2
Singaporean Ho...	8,575.00	3
Ravioli Angelo	7,661.55	4
總計	**1,265,793.04**	

圖 8.28　類別使用自訂區間來排名

8.3.2 前幾名（TopN）

除了算出排名外，另一個常見的需求是取回前 n 名的紀錄表，最簡單的做法是利用 TopN 函數，其語法結構如下：

```
TopN（<取N筆>,<資料表運算式>[,<排名依據>,<排序方式>[,<排名依據>,[<排序方式>]]…]）
```

- **取 N 筆**：常數，從資料表運算式回傳指定筆數。若值小於等於 0，將回傳空資料表
- **排名依據（選擇性）**：傳回單一值的運算式或量值。會逐筆計算「資料表運算式」的資料列，以產生排名值
- **排序方式（選擇性）**：指定排名順序，預設值為 DESC，表示由大到小遞減排序，最大的值為第一名；若要遞增則使用 ASC

TOPN 會傳回一個內含 N 筆紀錄的資料表，但不保證回傳紀錄的順序。若要依特定值排名後才回傳，需指定第三個參數。與 RANKX 函數相同，TOPN 也是疊代函數，故作為排名依據的運算式亦建議使用量值，以產生隱含的語境轉換。

例如，使用 DAX 新增資料表來觀察結果，TOPN 會疊代 Categories 資料表內的每一筆紀錄，逐筆算出銷售金額，接著依預設排序方式，由大到小排定後，回傳前 3 筆紀錄：

範例程式 8.21：透過 TopN 取回資料表內的前 n 筆紀錄

```
tbTopN =
TOPN (
    3,
    'Categories',
    [TotalSales]
)
```

其結果如圖 8.29 所示：

圖 8.29　透過 TopN 取回資料表內的前 n 筆紀錄

TOPN 指定的資料表 Categories 會傳回完整的資料行，且不包含用來排名的值－TotalSales。若要自訂回傳的內容，需改用資料表運算式。例如想傳回產品類別和銷售額，可先用 VALUES 取得 CategoryName，再以 ADDCOLUMNS 加入 TotalSales，寫法如下：

範例程式 8.22：傳回 TopN 指定欄位的前 N 筆紀錄

```
tbTopN =
TOPN (
    3,
    ADDCOLUMNS (
        VALUES ( 'Categories'[CategoryName] ),
        "Sales", [TotalSales]
    ),
    [Sales]
)
```

TOPN 能以資料表運算式所定義的欄位做為排名依據，故範例程式 8.22 的 TOPN 的第三個參數無須再寫 TotalSales，可直接用 ADDCOLUMNS 新增的 Sales 欄位，這也能避免重複計算量值。結果如圖 8.30 所示：

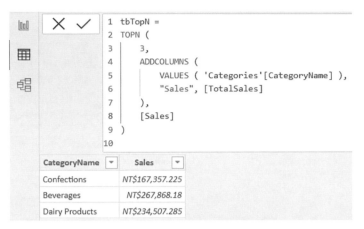

圖 8.30　傳回 TopN 指定欄位的前 N 筆紀錄

從圖 8.30 可見，TOPN 回傳的資料表紀錄順序並不會依量值大小排序，即便賦與排序方式的參數，也僅影響回傳哪些紀錄，而不能固定資料表的排列次序。

另外，TOPN 也不保證回傳紀錄數一定等於指定的筆數，當排名依據有重複數值時，傳回數會多於指定的筆數；若是要求傳回大於資料表所擁有的紀錄數，亦無法滿足。例如圖 8.31 所示，在沒有篩選語境的情況下，疊代彙總的每一筆金額都相同，其排名均為 1，指定回傳小於等於 3 的結果，即為全資料表紀錄數。

```
1  tbTopN = TOPN( 3, Categories, SUM('Order Details'[SalesAmount]) )
```

CategoryName	CategoryID	Description
Beverages	1	Soft drinks, coffees, teas, beers, and ales
Condiments	2	Sweet and savory sauces, relishes, spreads, and seasonings
Confections	3	Desserts, candies, and sweet breads
Dairy Products	4	Cheeses
Grains/Cereals	5	Breads, crackers, pasta, and cereal
Meat/Poultry	6	Prepared meats
Produce	7	Dried fruit and bean curd
Seafood	8	Seaweed and fish

圖 8.31　當有重複排名值時，TOPN 會傳回多於指定的筆數

TOPN 會將指定的資料表視為一個整體來尋找前幾名,若是要依照某個欄位個別尋找前幾名,可利用 GENRERATE 疊代指定資料行,逐筆判斷 TOPN 的結果。例如,呈現各 ShipCountry 銷售額前三名的產品類別,寫法如下:

範例程式 8.23:依指定欄位各別計算 TopN 的結果

```
tbTopN =
GENERATE (
    VALUES ( 'Orders'[ShipCountry] ),
    CALCULATETABLE (
        TOPN (
            3,
            ADDCOLUMNS (
                VALUES ( 'Categories'[CategoryName] ),
                "Sales", [TotalSales]
            ),
            [Sales]
        )
    )
)
```

結果如圖 8.32,GENERATE 函數會疊代每個 ShipCountry,並利用 CALCULATETABLE 將該 ShipCountry 的資料列語境轉成篩選語境,以列出屬於該國家銷售前三名的產品類別:

ShipCountry	CategoryName	Sales
France	Confections	NT$12,816.2725
France	Beverages	NT$12,997.47
France	Seafood	NT$15,165.45
Germany	Confections	NT$35,878.5965
Germany	Beverages	NT$54,634.12
Germany	Dairy Products	NT$49,640.95
Brazil	Seafood	NT$12,887.135
Brazil	Beverages	NT$37,193.445
Brazil	Dairy Products	NT$15,680.45

圖 8.32　依指定欄位各別計算 TopN 的結果

8.3.3 動態呈現前 N 名

除了對資料完整排名及直接限制取前幾名外，Power BI 也能利用選單，以互動方式讓使用者動態決定視覺效果要呈現的排名筆數。為了製作名次選單，可使用 Power BI Desktop「模型化」功能區的「新增參數」功能，或是自行以 DAX 建立「新增資料表」，利用 GenerateSeries 函數產生從 3 開始到 10 結束，且遞增為 1 的數列：

```
RankSlicer = GENERATESERIES ( 3, 10, 1 )
```

接著於該表再加入一個「新增資料行」，呈現選項的說明：

```
desc = "前 " & RankSlicer[RankSlicer] & " 名"
```

完成後的資料表內容如圖 8.33 所示：

```
1 RankSlicer = GENERATESERIES(3, 10, 1)
```

RankSlicer	desc
3	前 3 名
4	前 4 名
5	前 5 名
6	前 6 名
7	前 7 名
8	前 8 名
9	前 9 名
10	前 10 名

圖 8.33　透過 GenerateSeries 函數產生數列資料表

有了名次選單的資料源，接著建立量值「RankSlicerValue」，用來取得過濾「RankSlicer」資料表的紀錄，也就是判斷目前選取了哪一個名次的選項，並設定若沒有任何篩選，就使用 3 作為預設值。SELECTEDVALUE 函數只在資料行僅有一筆過濾結果時，才回傳該值，否則會回傳預設值。

```
RankSlicerValue := SELECTEDVALUE( 'RankSlicer'[RankSlicer], 3 )
```

最後建立排名量值「ShowRank」，先透過 RankX 函數算出當下產品的
銷售總額在整個 Products 資料表中的排名，而後以 Filter 函數篩選排名
值，僅呈現使用者選擇的前 N 名紀錄：

範例程式 8.24：建立可依所選名次顯示排名的量值

```
ShowRank :=
VAR _Rank = RANKX( ALL( 'Products' ), [TotalSales] )
RETURN
CALCULATE(
    [TotalSales],
    FILTER(
        VALUES( 'Products' ),
        _Rank <= [RankSlicerValue]
    )
)
```

建立完相關的資料表、資料行與量值之後，於報表中新增交叉分析篩選
器和矩陣，其執行效果如圖 8.34 所示：

圖 8.34　動態呈現使用者選擇的前 n 名紀錄

上方的交叉分析篩選器包含 3 到 10 的選項，切換選單值可讓下方矩陣
呈現前 n 名的紀錄。範例可參考本章附檔的「Top & Rank」頁籤。

8.4 資料分類（Classification）

常用的資料分類有兩種做法，一是靜態的分類區間，有明確的起訖與對應的級別，像是分數評等（如：A = 90 - 100、B = 80 - 90 ...）、課稅級距（如：54 萬以下 = 5 %、54 - 121 = 12 % ...）等；另一種是動態的區間，以總數為基準，判定不同比例的分類級別，例如，統計柏拉圖採用的 80/20 法則，找出占總數百分之 80 的關鍵項目。分別以實例來看這兩種分類做法。

8.4.1 靜態資料分群

靜態分群的基本原則是能建立分類表，供分析標的判斷結果落在哪個區間。舉例來說，公司有制定業績目標，欲分析每年達標的業務人數有多少，藉此來分配獎金或重新評估目標制定標準，便可套用此範例。首先以 DAX 建立績效資料表如下：

範例程式 8.25：建立績效資料表

```
tbPerformance =
DATATABLE (
    "seqNo", INTEGER, "Segment", STRING, "MinSales", INTEGER, "MaxSales", INTEGER,
    {
        { 1, "Very Low", 0, 30000 },
        { 2, "Low", 30000, 60000 },
        { 3, "Medium", 60000, 80000 },
        { 4, "High", 80000, 100000 },
        { 5, "Very High", 100000, 999999 }
    }
)
```

由於不同分析維度對應的績效結果不同，例如，以 1996 年或 Beverages 類別來看，業績屬於 High 的人數計算基準不同，故無法直接將銷售資料與績效資料表建立關聯，需新增量值依分析語境評估級距，寫法如下：

範例程式 8.26：計算業務績效歸屬區間

```
Performance :=
VAR _MinSales = MIN( tbPerformance[MinSales])
VAR _MaxSales = MAX( tbPerformance[MaxSales])
RETURN
    COUNTROWS(
        FILTER( Employees,
            VAR _Sales = [TotalSales]
            RETURN
                _Sales > _MinSales && _Sales <= _MaxSales
        )
    )
```

利用變數取得當前篩選語境的級距起訖，接著以 FILTER 過濾銷售額介於該區間的業務清單，並使用 COUNTROWS 計算該清單的資料筆數，結果如圖 8.35 的下半部：

業績				
FirstName	1996	1997	1998	總計
Andrew	21,757.06	70,444.14	74,336.56	**166,537.76**
Anne	9,894.52	26,310.39	41,103.16	**77,308.07**
Janet	18,223.96	108,026.16	76,562.73	**202,812.84**
Laura	22,240.12	56,032.62	48,589.54	**126,862.28**
Margaret	49,945.12	128,809.79	54,135.94	**232,890.85**
Michael	16,642.61	43,126.37	14,144.16	**73,913.13**
Nancy	35,764.52	93,148.08	63,195.01	**192,107.60**
Robert	15,232.16	60,471.20	48,864.88	**124,568.24**
Steven	18,383.92	30,716.47	19,691.90	**68,792.28**
總計	**208,083.97**	**617,085.20**	**440,623.87**	**1,265,793.04**

業績達標人數						資料列
Segment	1996	1997	1998	總計		Segment ∨ ✕
Very Low	7	1	2			
Low	2	3	4			資料行
Medium		2	3	3		Year ∨ ✕
High		1				
Very High		2		6		值
總計	**9**	**9**	**9**	**9**		Performance ∨ ✕

圖 8.35　業務績效歸屬區間

圖 8.35 上半部列出各業務每年的銷售額供參考，比對範例程式 8.25 建立的績效資料表，可驗證每個業績級距的業務人數。特別注意，圖下半部年度的總計值依然是以績效資料表的級距來判斷，並非各年度的人數加總。例如：三年累計銷售達十萬以上的業務有 6 位，故 Very High 的總計為 6。

若加入 Segment 篩選器，不連續勾選時，會發現業績級距的總計異常，如下圖：

業績達標人數

Segment	1996	1997	1998	總計
Very Low	7	1	2	
Medium		2	3	**3**
總計	**9**	**6**	**9**	**3**

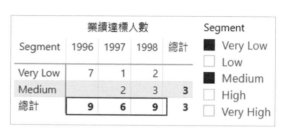

圖 8.36　篩選造成總計結果不如預期

因範例程式 8.26 僅判斷銷售額介於當前語境最小至最大的業績區間，故會包含勾選等級間的所有範圍，得出 Very Low + Low + Medium 的達標人數。為修正此問題，應逐筆彙總已套用篩選語境的 tbPerformance 所符合的人數，避免未勾選的項目納入總計，改寫如下：

範例程式 8.27：依篩選後的 tbPerformance 計算總計

```
Performance :=
SUMX (
    tbPerformance,
    COUNTROWS(
        FILTER( Employees,
            VAR _Sales = [TotalSales]
            RETURN
                _Sales > [MinSales] && _Sales <= [MaxSales]
        )
    )
)
```

使用 SUMX 疊代 tbPerformance，由於存在資料列語境，能直接叫用 [MinSales] 及 [MaxSales] 欄位，逐一判斷銷售金額落在哪一個區間，

無需再用變數來比較；而在評估總計時，tbPerformance 經交叉分析篩
選器過濾為兩個 Segment，故能彙總正確範圍。

圖 8.37　疊代篩選後的資料表來計算總計

疊代經篩選後的資料表能改變總計的範圍，若分析需求希望年度總計為
各年人數加總，可於範例程式 8.27 外層再加一層 SUMX 來疊代年欄位，
其效果如下。

```
1  Performance =
2  SUMX(
3      VALUES(Dates[Year])
4      ,SUMX (
5          tbPerformance,
6          COUNTROWS(
7              FILTER( Employees,
8                  VAR _Sales = [TotalSales]
9                  RETURN
10                      _Sales > [MinSales] && _Sales <= [MaxSales]
11              )
12          )
13      )
14  )
```

圖 8.38　疊代年欄位，計算年度達標人次

相同概念可套用至其他維度，惟需注意累計數值是否具分析意義。

8.4.2　柏拉圖分析（Pareto Chart）

無論是處理問題或服務客戶，往往採行 80/20 原則，即解決 20% 的主要
問題，或是針對累積達 80% 收入的主要客戶提供較優質服務。換句話

說，累積影響最大的前幾項要素，其總和值超過某個門檻值的，作為重點關注的內容，而柏拉圖就是用來幫助找出這 80/20 分布的分析方式。與使用固定區間值來分群的作法不同，柏拉圖會基於目前的維度來看占總額的比例，或是依維度建立分群。

以 Northwind 的產品銷售為例，依 CategoryName 選單指定的單一類別，將產品分為 ABC 三群，貢獻銷售額達七成的產品分類為 A，進一步累積營業額達九成的歸為 B，剩餘的是 C，繪製出如下圖的分析樣貌：

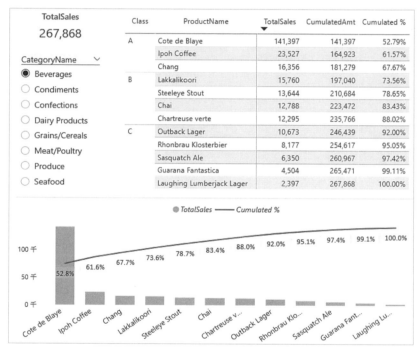

圖 8.39　柏拉圖分析

在 Products 資料表以 DAX 分別新增四個資料行，首先是每個產品的銷售金額：

```
SalesAmt = [TotalSales]
```

新增資料行會建立資料列語境，叫用量值會將資料列語境轉為篩選語境，故能把每一列的欄位值當作過濾條件，得出每一項產品的銷售金額。

接著將各項產品的銷售額由大到小累計計算：

範例程式 8.28：計算累計銷售額

```
CumulatedAmt =
VAR _CurrentAmt = [TotalSales]
RETURN
    CALCULATE (
        [TotalSales],
        ALLEXCEPT ( Products, 'Categories'[CategoryName] ),
        Products[SalesAmt] >= _CurrentAmt
    )
```

範例程式 8.28，利用變數取得當前產品的金額，搭配 ALLEXCEPT 函數移除 Products 的過濾，僅保留產品類別的篩選，逐筆判斷每個 CategoryName 所有的 Products，將大於等於當前銷售額的產品金額全數加總。

然後以累積的金額除上所屬類別的銷售總額，以得到累計占比，其寫法如下：

範例程式 8.29：計算累計銷售占比

```
Cumulated % =
    DIVIDE (
        Products[CumulatedAmt],
        CALCULATE (
            [TotalSales],
            ALLEXCEPT ( Products, Categories[CategoryName] )
        )
    )
```

最後依占比將產品分為 ABC 三群：

範例程式 8.30：依累計銷售占比將產品分類

```
Class =
    IF (
        Products[Cumulated %] <= 0.7,
        "A",
        IF (
            Products[Cumulated %] <= 0.9,
            "B", "C"
        )
    )
```

切換至資料頁面中，可以看到每一個產品都是按所屬的產品類別，各自計算累計金額、占比以及分類，如圖 8.40 所示：

ProductName	SalesAmt	CumulatedAmt	Cumulated %	Class	Category
Thuringer Rostbratwurst	80368.672	80,369	49.30%	A	Meat/Poultry
Alice Mutton	32698.38	113,067	69.36%	A	Meat/Poultry
Perth Pasties	20574.17	133,641	81.98%	B	Meat/Poultry
Pate chinois	17426.4	151,068	92.67%	C	Meat/Poultry
Mishi Kobe Niku	7226.5	158,294	97.10%	C	Meat/Poultry
Tourtiere	4728.2375	163,022	100.00%	C	Meat/Poultry

ProductName	SalesAmt	CumulatedAmt	Cumulated %	Class	Category
Manjimup Dried Apples	41819.65	41,820	41.83%	A	Produce
Rossle Sauerkraut	25696.64	67,516	67.53%	A	Produce
Uncle Bob's Organic Dried Pears	22044.3	89,561	89.57%	B	Produce
Tofu	7991.49	97,552	97.57%	C	Produce
Longlife Tofu	2432.5	99,985	100.00%	C	Produce

圖 8.40　依產品類別各別計算累計值與占比

柏拉圖分析的範例可參考本章附檔的「Pareto」頁籤，本練習是透過「新增資料行」來實作，若分析需求要動態根據不同選單的結果計算，或是要能複選維度，就需要改用「量值」來設計柏拉圖，才能用當下互動的語境來即時運算，這部分的轉換就留待各位自行練習了。

8.5　其他常見分析

8.5.1　依所屬階層計算

當分析目標是依不同層級改變計算範圍時，需要使用能確認所處層級的 ISINSCOPE 函數。語法結構如下：

```
ISINSCOPE ( <所屬層級的資料行> )
```

如果指定的資料行在篩選語境中，且為當前資料的群組欄位時，ISINSCOPE 會回傳 TRUE。舉例來說，要計算各產品銷售額分別占所屬產品類別的比例，且各產品類別占所有類別總額的比例時，由於每一層分母的計算範圍不同，可利用 ISINSCOPE 來判斷身處哪一個層級，寫法如下：

範例程式 8.31：計算銷售額占所屬層級的比例

```
% by level :=
VAR CurrentSales = [TotalSales]
VAR CurrentCategorySales = CALCULATE ( [TotalSales], ALLSELECTED
( Products[ProductName] ) )
VAR AllCategorySales = CALCULATE ( [TotalSales], ALLSELECTED ( Products ) )
RETURN
    IF (
            ISINSCOPE ( Products[ProductName] ),
            DIVIDE ( CurrentSales, CurrentCategorySales ),
            IF (
                    ISINSCOPE ( Products[Category] ),
                    DIVIDE ( CurrentSales, AllCategorySales )
            )
    )
```

將量值加入矩陣視覺效果，呈現結果如下圖：

Category	TotalSales	% by level
⊞ **Beverages**	267,868.18	21.16%
⊞ **Condiments**	106,047.09	8.38%
⊞ **Confections**	167,357.23	13.22%
⊞ **Dairy Products**	234,507.29	18.53%
⊞ **Grains/Cereals**	95,744.59	7.56%
⊞ **Meat/Poultry**	163,022.36	12.88%
⊟ **Produce**	99,984.58	7.90%
Longlife Tofu	2,432.50	2.43%
Manjimup Dried Apples	41,819.65	41.83%
Rossle Sauerkraut	25,696.64	25.70%
Tofu	7,991.49	7.99%
Uncle Bob's Organic Dried Pears	22,044.30	22.05%
⊞ **Seafood**	131,261.74	10.37%
總計	1,265,793.04	

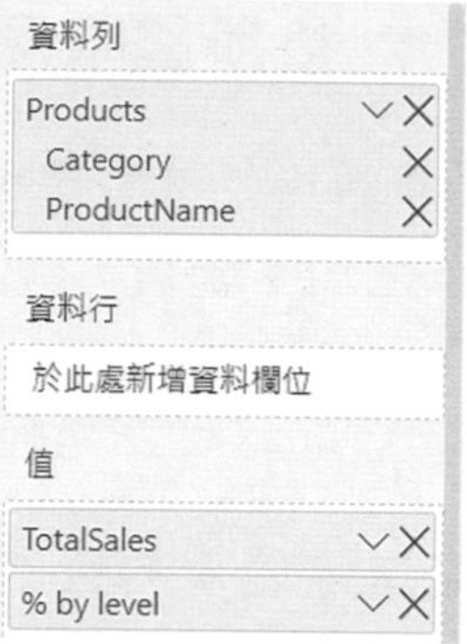

資料列
Products
Category
ProductName

資料行
於此處增加資料欄位

值
TotalSales
% by level

圖 8.41：計算銷售額占所屬層級的比例

以圖 8.41 的 Produce 產品類別為例，底下所展開的各項產品的銷售占比，分母均是 Produce 類別的總額，而要能取得特定類別的銷售總額，需保留類別的篩選並移除對產品的過濾條件，如範例程式 8.31 的 CurrentCategorySales 變數寫法；然而對 Produce 這一類別層級來說，分母則是所有類別的總額，故應移除套用至 Product 資料表的篩選語境，寫法如變數 AllCategorySales 所示。

在依不同層級定義分母的計算後，接著透過 IF 條件式搭配 ISINSCOPE 函數來判斷自身資料格在篩選語境中是否為資料的群組欄位，若當前資料是隸屬於[ProductName]，就採用 CurrentCategorySales 當分母；若是 [Category]，則使用 AllCategorySales。

其中，有個細節須注意，ISINSCOPE 是判斷資料行在篩選語境中是否為資料的群組欄位，所以對最底層的產品而言，[ProductName] 和 [Category] 都會在篩選語境中且是群組資料行，故 ISINSCOPE

（Products[Category]）也會是 TRUE。為了讓產品層級使用正確的分母，應仔細考量 IF 判斷的次序，從層級最小的條件開始撰寫。

8.5.2 移動平均（Moving Average）

當分析標的的短期波動有很大幅的震盪時，藉由一段時日（週期）的平均，能平緩震盪，以消除短期波動，突出長期趨勢或週期。以 Northwind 的銷售量為例，當用折線圖呈現每日的銷量時，可觀察到起伏很大：

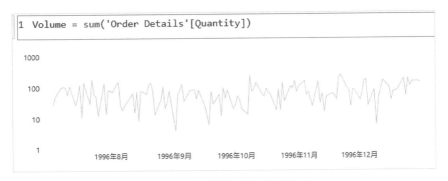

圖 8.42　以折線圖呈現銷售量

而透過移動平均的技巧，能讓圖表呈現明顯的走勢。以下將介紹兩種移動平均的概念與作法。

簡單移動平均（Simple Moving Average, SMA）

每個資料點都是前 n 天的點平均值。例如，對於 n 天的銷售量樣本，簡單等權重移動平均是前 n 天銷量的平均。若銷售量為 P_M，前一天為 P_{M-1}，以此類推至 $P_{M-(n-1)}$，則公式為：

$$SMA = \frac{P_M + P_{M-1} + \cdots + P_{M-(n-1)}}{n} = \frac{1}{n}\sum_{i=0}^{n-1} P_{M-i}$$

為了讓週期天數 n 能夠動態選擇，可用「新增參數」的功能或使用以下
語法來建立資料表，將其作為選單來源：

```
MovingDays = GENERATESERIES( 5, 50, 5 )
```

然後建立一量值，取得當前選取的天數：

```
SelectedMovingDays := SELECTEDVALUE('MovingDays'[MovingDays],5)
```

接著加入簡單移動平均的量值，寫法如下：

範例程式 8.32：簡單移動平均

```
SMA :=
VAR Interval = [SelectedMovingDays]
VAR LastCurrentDate = MAX ( 'Dates'[Date] )
VAR Period = DATESINPERIOD ( 'Dates'[Date], LastCurrentDate, - Interval, DAY )
VAR Result =
    CALCULATE (
        AVERAGEX (
            VALUES ( 'Dates'[Date] ),
            [Volume]
        ),
        Period
    )
RETURN  Result
```

範例程式 8.32 利用時間智慧函數 DATESINPERIOD，取得每個資料點
要向前移動取得的日期清單，並作為 CALCULATE 計算平均的範圍，
其結果呈現如下圖。隨著 MovingDays 的增加，每個資料點向前累計平
均的區間越長，折線走勢越平緩。

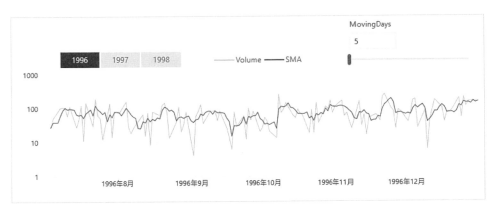

圖 8.43　利用簡單移動平均平緩波動

加權移動平均（Weighted Moving Average, WMA）

是遞減加權的移動平均，假定各數值的加權影響力隨時間而遞減，越近期的資料加權影響力越重，但較舊的數據也給予一定的加權值。在計算平均值時，會將個別資料點乘以不同的權重值，例如，n 日 WMA 的最近數值乘以 n、次近的乘以 n-1，如此類推，一直到 0。公式如下：

$$WMA = \frac{nP_M + (n-1)P_{M-1} + \cdots + 2P_{M-(n-2)} + P_{M-(n-1)}}{n + (n-1) + \cdots + 2 + 1}$$

建立加權移動平均量值如下：

範例程式 8.33：加權移動平均

```
WMA :=
VAR Interval = [SelectedMovingDays]
VAR LastCurrentDate = MAX ( 'Dates'[Date] )
VAR Period =
    TOPN(
        Interval
        ,FILTER(
            SELECTCOLUMNS( ALL(Dates), "DT", 'Dates'[Date], "Volume", [Volume])
            ,[Volume] > 0 && [DT] <= LastCurrentDate
        )
        ,[DT]
```

```
        ,DESC
    )
VAR Weighted =
    ADDCOLUMNS(
        ADDCOLUMNS(
            Period
            ,"n", RANKX( Period, [DT],,ASC)
        )
        ,"nP", [n] * [Volume]
    )
VAR Result = DIVIDE( SUMX( Weighted, [nP] ), SUMX( Weighted, [n] ) )
RETURN Result
```

範例程式 8.33 用變數 Weighted 建構權重資料表，將指定週期的資料點
清單各自乘上對應的加權值，接著使用 SUMX 函數分別疊代權重資料
表，計算出分子分母後，以 DIVIDE 求得結果。

將 WMA 加入至折線圖中：

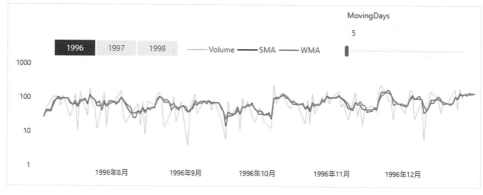

圖 8.44　利用加權移動平均平緩波動

不同於 SMA 每個資料點重要性均相同，WMA 加入了時間加權的概念，
對於反應近期現況的變化會比 SMA 來的靈敏；兩者並沒有優劣差異，
全視商業分析需要而定。

Power BI 效能

使用者對於報表的需求是有增無減，隨著資料來源越來越多，資料量越來越大，資料間的關係越來越複雜，需要計算的商業邏輯可能要用上百行的 DAX 才算得出來，報表數量與同時存取的使用者人數都與日俱增，伺服器資源不足，報表也就越跑越慢。

要調校效能，先要了解 Power BI 背後建立資料模型的 VertiPaq 引擎運作原理，依其特性最佳化模型；使用者抱怨報表效能不佳時，也需熟悉用來找尋效能瓶頸的工具程式，能找到瓶頸才能對症下藥。

9.1 認識 DAX 引擎

SQL Server Analysis Services 表格式模型（Tabular model）、Power BI 模型、Excel Power Pivot...等資料結構的引擎都是相同的，以下將分別說明 DAX 引擎的架構及資料模型儲存的形式。

9.1.1 DAX 引擎架構

Tabular Model 以 DAX 定義物件、安全，可使用 DAX / MDX 兩種語言查詢。其依「公式運算」和「資料存取」兩個不同面向的行為，可分成「公式引擎（Formula Engine, FE）」與「儲存引擎（Storage Engine, SE）」，如以下架構圖所示：

圖 9.1　DAX 引擎架構

公式引擎（Formula Engine, FE）

FE 用於處理 DAX / MDX 運算要求（Requests）。FE 會分析語法結構與意義，產生執行查詢所需的邏輯運作列表，建立出邏輯查詢計畫（Logical Query Plan），接著將其轉換為一組實際運作的步驟列表，形成實際查詢計畫（Physical Query Plan）後，據此執行。

當需要從底層資料表擷取資料運算時，會將部分要求送至 SE，待收到 SE 回傳的資料快取（Data Cache）後，再繼續進行計算。FE 有以下特性：

- 單一執行緒（Single-threaded），每個要求都是循序一次一個，無平行處理能力
- 不同於 SE，FE 沒有快取機制，無法保留運算結果

儲存引擎（Storage Engine, SE）

SE 用於存取資料。在收到 FE 傳來的要求後，SE 會掃描資料模型，以擷取 FE 需要的資料，並建立資料快取來存放擷取結果。快取資料會以未壓縮的形式儲存在記憶體中（in-memory table），並回傳給 FE 使用。

SE 以兩種方式實作，同時也是資料的連接模式：

■ VertiPaq：當使用匯入模式連接，從資料源取得資料後，會將內容轉換為 Columnar Database 的結構儲存，並在記憶體中存有一份經過壓縮的複本，該複本可定期從資料源更新。VertiPaq 儲存引擎的特性如下：

　　□ 多執行緒（Multi-threaded），每個資料行區段（Segment）可用一條執行緒，當有多個區段時，具平行效益

　　□ 資料經過壓縮，掃描效率比 FE 好，因 FE 掃描的是未壓縮的資料快取

■ DirectQuery：將查詢導向至資料源，以來源系統（如：SQL Server、Oracle...）作為 SE，不建立資料複本。其特性如下：

　　□ 由於不持有複本，從 FE 送來的查詢會導向資料源，因此，當有效能瓶頸時，需調校資料源。例如，可直接於資料庫中建立索引，改善查詢效能

　　□ 相對於使用 VertiPaq，FE 只能產生有限的計算；當使用 DirectQuery 時，FE 會建立更進階的執行計畫，例如：可直接用 T-SQL upper 函數，VertiPaq 則無對應函數能處理

儘管 SE 可以平行處理，但受限於 FE 只能循序送要求，且在傳送下一個請求前，會等待 SE 傳回前一個請求的結果，故整體效益因 FE 的平行性不足而降低。因此在開發上，會盡可能讓資料在 SE 完成篩選與彙總，降低資料快取的大小，並避免 FE 形成反覆呼叫。

在實作最佳化方法之前，需進一步認識 VertiPaq 儲存引擎的特性，其對於資料運算效率、記憶體用量等影響至關重大。

9.1.2 VertiPaq 儲存引擎

VertiPaq 的官方名稱是 xVelocity in-memory Analytical Engine，在 SQL Server 引擎內，同樣的技術則稱為「資料行存放區索引（Columnstore Index）」。當資料是以匯入（Import）模式連接至來源，Tabular Model 即採用 VertiPaq 儲存，其特徵是－以**資料行**為基礎的資料儲存和查詢處理。

一般交易型資料庫的結構是「資料列存放區（Row Store）」，舉例來說，觀察以下產品資料表：

表 9.1　Products 資料表

ProductID	ProductName	UnitPrice	UnitsInStock
1	Chai	18.00	39
2	Chang	19.00	17
3	Aniseed Syrup	10.00	13
4	Chef Anton's Cajun Seasoning	22.00	53
5	Chef Anton's Gumbo Mix	21.35	0

資料列存放區是將每一列資料視為一組，在記憶體中的結構概念如下：

```
ProductID,ProductName,UnitPrice,UnitsInStock|1,Chai,18.00,39|2,Chang,19.00,17|
3,Aniseed Sy...
```

這樣的結構適合有許多增/刪/改的交易型資料庫，經常依某個欄位值來修改其他資料行，查詢時往往也是一整筆紀錄提供使用者檢視，因此橫向掃描一筆資料的每個欄位。這種結構依狀況啟用壓縮，因修改流程會變為解壓縮->修改->再壓縮，可能拖慢講究效率的增/刪/修作業，但因

為 CPU 計算壓縮的速度快過記憶體/硬碟 I/O 的速度，所以總體效能是否提升要看壓縮率與系統 CPU 是否忙碌有關，需實際測試才知適用語法。

而分析型的需求是大量查詢，資料異動都是批次更新，故適合壓縮，通常為整批載入資料並壓縮。分析多為欄位彙總、篩選等單欄行為，若用資料列存放區的結構會浪費運算力，例如要計算 UnitsInStock 的總額，資料列存放區的結構會讀出整筆，包含與 UnitsInStock 無關的其他欄位，且需全部讀完並排除不需要的資料行後才能計算，使得過程很耗費資源。

若以資料行計算，會直接挑出 UnitsInStock 欄位，垂直往下找出每一筆庫存值來加總，並不理會其餘資料行。這個概念即為「資料行存放區（Column Store）」，其將每一欄的資料視為一組，在記憶體中的結構概念如下，每欄都是個別儲存：

```
ProductID, 1,2,3,4,5
Product, Chai, Chang, Aniseed Syrup, Chef Anton's Cajun Seasoning, Chef Anton's
Gumbo Mix
UnitPrice, 18.00, 19.00, 10.00, 22.00, 21.35
UnitsInStock, 39, 17, 13, 53, 0
```

可以想見，比起同列視為一組，資料行存放區由於同一欄的資料屬性相同，更容易有重複的值，可大幅增加資料壓縮率；且相較於未壓縮的資料，最高可達 10 倍資料壓縮率[1]。

---

[1] 以 SQL Server 而言，資料列以頁（Page）為單位存取，頁的壓縮率平均為 3 倍。但壓縮率取決於資料的重複性、順序、資料型別...等因素，故此處討論的壓縮率是取平均，最終資料壓縮率要真實壓縮完才知道。

高度壓縮的特性是省 I/O，當此引擎為 Analysis Services 等系列產品提供分析功能時，會將所有資料結構載到記憶體（SQL Server 的「資料行存放區索引」是放在硬碟，用到才載入），避免查詢時還需從硬碟中讀出，因此要小心記憶體不足以載入整個模型，導致存取失敗；儘量使用 64 位元版本才能取用超過 4G 的記憶體[2]。

VertiPaq 引擎從硬碟、記憶體讀寫資料的單位是資料行，單欄資料一次壓縮一百萬（1024*1024）筆紀錄為一個區段（Segment）[3]，讀取時會完整掃描該區段。區段的大小決定 CPU 運算量，而壓縮率成了效能關鍵。基本的壓縮方法如下：

- **數值編碼（Value Encoding）**

  例如原本用整數（32 bit）存 100000、100001、100001、100002、100003 等數值，壓縮後改以 100000 為基底存放 0、1、1、2、3，只需 2 個 bit 即可記載所有變化。減少 bits 數能降低記憶體用量，但計算時會額外耗用 CPU 加回來。

- **字典/雜湊編碼（Dictionary/Hash Encoding）**

  為資料行不同的值建立字典，再以字典索引（整數）替換原本的值。例如，原以變動長度字元存放的 Latte、Espresso、Macchiato 等，建立對應的字典（雜湊）表，改以 1、2、3 存放。

---

[2] 32 位元的應用程式執行在 64 位元的作業系統上，可以使用多大的記憶體會依設定而不同。請參閱：https://docs.microsoft.com/zh-tw/windows/win32/memory/memory-limits-for-windows-releases?redirectedfrom=MSDN

[3] SQL Server 提供的資料行存放區索引和 Power BI Desktop、Excel Power Pivot 都是一百萬筆紀錄為一區段，但若用的是 Analysis Services 的表格式模型則是八百萬筆（8*1024*1024）為一區段。Analysis Services 可以透過 SSMS 修改「VertiPaq\DefaultSegmentRowCount」屬性，或直接修改設定檔案內的 DefaultSegmentRowCount 屬性，以定義區段大小，前述其他的產品則不行。

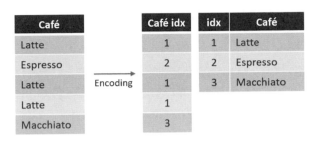

圖 9.2　Hash Encoding

由此可知，影響壓縮率的關鍵是重複性，即欄位「唯一值（在執行計畫中名為 Cardinality）」的數量。

■ 變動長度編碼（Run Length Encoding, RLE）

當重複性資料群集，例如依時間序發生事件的資料行，其擺放日期的欄位通常是一群接一群相同的日期，例如連續 100 筆 20191201，再 200 筆 20191202、50 筆 20191203...等，則 RLE 編碼後，會存放（20191201,100）、（20191202,200）、（20191203,50）...。此編碼技術可再整合前述的編碼技巧，將 20191201、20121202 換成 0、1、2 等。

瞭解 DAX 引擎架構和儲存結構後，可歸納出以下結論：

■ 選擇適當的資料存取模式

對 Vertipaq 儲存引擎而言，掃描單一資料行很容易，但若 DAX 語法有多個欄位交互影響，就會導致複雜的運算，效能會變差，甚至不如 row store 搭配索引。這時除了簡化邏輯、減少紀錄數外，可採用 Direct Query 模式，在使用者查詢時 Analysis Services 會直接產生來源端的查詢語法，請資料源（例如 SQL Server、Oracle...）計算並回傳結果。另一個選項是複合模型（composite model）搭配儲存模式（storage mode），可參閱「6.11 複合式模型（Composite model）」，其行為類似多維資料結構的預先計算。

■ **基數（Cardinality）越小越好**

基數是資料行/表唯一值的總筆數，即 Distinct 的結果。VertiPaq 不走二分搜尋，是採用暴力掃描的方式掃資料行區段，當下一個區段存放的值超過篩選條件，即停止掃描；故與 Tabular Model/Power BI 效能至關重要的是不重複的資料量，它決定了 CPU 要運算的次數。

基數在關聯關係中更是重要。當基數很大時，不只沒有壓縮率，掃描資料行需要記錄與比對的數量都會大增；透過關聯在資料表間找尋相關紀錄時，亦是在關聯結構中取得大量紀錄值，再掃描需計算的目標欄位，取出對應位置符合的結果，這是相當耗 CPU 的比對。

■ **考量資源配置**

由於 Formula Engine 執行時無法平行運算，用再多顆的 CPU 也無法提高耗效能 DAX 語法的速度，僅能靠更快的 CPU。意思是，多 CPU 僅對同時查詢的多位使用者有幫助，或 Storage Engine 掃描多區段時可平行執行，但無助於複雜的 DAX 邏輯。

針對單一查詢，因為是單顆 CPU 在 RAM 上計算大量資料，所以除了 CPU 要快之外，RAM 的速度也要快，且需容納模型內所有的資料，故越大越好。而硬碟則不影響效能，因系統啟動後，會將資料全部載入到記憶體。

9.2 模型分析工具

當以 Power BI 互動分析資料時，可理解成使用者操作介面，Power BI 即時產生查詢語法存取儲存引擎，以取回資料呈現結果。若目標引擎不同，產生的語法也就不同[4]。

本節以存取 Power BI Desktop 背後的 Analysis Services 表格式模型為主題，說明如何搭配以下工具來觀察資料模型、查詢語法與其執行效能：

- DAX Studio（內含 VertiPaq Analyzer）

- SQL Server Profiler

9.2.1 DAX Studio

DAX Studio 是免費的工具程式，可編寫、執行、錄製與分析 DAX 查詢。工具可連接至 Power BI Desktop 背後的 Analysis Services，運用追蹤（Traces）功能，能觀察語法的執行計畫及 SE/FE 的執行時間分布等資訊，亦可檢視表格式模型的組成，作為模型效能調校的輔助工具。官方載點如下：

```
https://daxstudio.org/
```

---

[4] 若 Power BI Desktop 是存取 Analysis Services，基本上採用 DAX 語法，不管 Analysis Services 提供的是多維度還是表格式模型。但若是以 Import 方式選擇要載入 Analysis Services 的模型資料，精靈採用的是 MDX。此外，若採用 Direct Query 模式，則 Power BI 會產生資料源所使用的資料語言，例如 SQL Server 使用的是 T-SQL，而 Oracle 則是 PL-SQL。

連接至表格模型（Connection）

開啟 DAX Studio 後，可透過「Connect」對話窗的「Power BI/SSDT Model」選項，來選擇並連接到執行中的 PBI 檔案；若要連線至 AS Server 則點選「Tabular Server」以選取伺服器名稱。此外，工具也能連到 Excel 的 PowerPivot 增益集內之表格模型，但 PowerPivot 是以 DLL 的形式與 Analysis Services 整合，DAX Studio 無法直接連結，需從 Excel 來啟動。

以連接 PBI 檔案為例，結果如圖 9.3 所示：

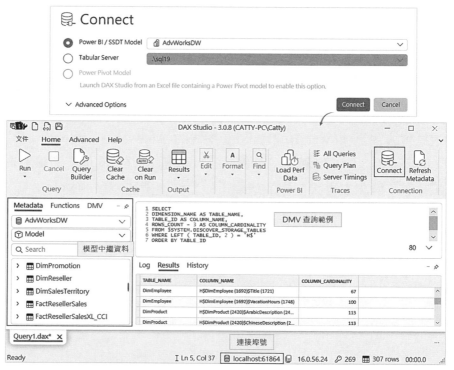

圖 9.3　連結至開啟的 Power BI 檔案，存取背後的表格模型

當連接成功時，左方的物件導覽區會列出模型的中繼資料（Metadata），
包含資料表、行、量值、筆數等資訊，可對資料表按右鍵選擇預覽資料
或是列出所有量值定義等；此外，於窗格上方能切換表列「DAX 函數
（Functions）」或「動態管理檢視（Dynamic Management View, DMV）」。

如同 SQL Server，Analysis Services 也提供非常多 DMV 來查詢其內資
料庫的中繼資料，以及當下執行的狀況。如圖 9.3 範例所示，使用以下
語法查詢$SYSTEM.DISCOVER_STORAGE_TABLES 動態檢視：

```
SELECT
DIMENSION_NAME AS TABLE_NAME,
TABLE_ID AS COLUMN_NAME,
ROWS_COUNT - 3 AS COLUMN_CARDINALITY
FROM $SYSTEM.DISCOVER_STORAGE_TABLES
WHERE LEFT ( TABLE_ID, 2 ) = 'H$'
ORDER BY TABLE_ID
```

其傳回各欄位有多少筆唯一的紀錄（Cardinality），由於資料的壓縮率
與該值直接相關，利用查詢 DMV 可作為模型最佳化調整的輔助參考。

若欲使用其他工具如 SQL Server Management Studio（SSMS）、Profiler
來連線，則可參考圖 9.3 最底端的狀態列，其顯示一組動態埠號，作為
Analysis Services 的連接方式。直接在 SSMS 連線的 Server Name 輸入
localhost:61864 即可。

VertiPaq Analyzer 分析模型組成

若要瞭解 Power BI 檔案或 Analysis Services 表格模型內的資料分布情
形，找出最耗資源的資料欄位，進而確認其存放方式，除了自行查詢
DMV 來觀察模型中繼資料外，DAX Studio 也整合模型分析功能
（VertiPaq Analyzer），能一鍵彙整出表格模型內，各類型物件的資料

結構，包含 Tables、Columns、Relationship、Partitions 所占空間、基數、字典大小、區段數量等，並可將分析結果匯出。

點選「Advanced」頁籤的「View Metrics」功能執行 VertiPaq Analyzer，便可依資料量或基數排序，找出最耗資源的物件，如圖 9.4 所示，能看到我們改自範例資料庫 AdventureWorksDW，重複新增 FactResellerSales 資料表內的紀錄，讓其擴增到一千多萬筆紀錄。就其佔據最大空間的 CarrierTrackingNumber 資料行而言，不重複的筆數（Cardinality）是一百多萬，分 12 個區段（Segments）存放。除資料本身（Data Size）耗用 31Mbyte 外，用於壓縮的資料字典有 58Mbyte，加速查詢的階層結構（Columns Hierarchies）占用 13Mbyte，總使用空間為 102Mbytes。

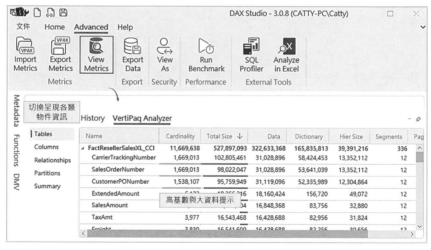

圖 9.4　檢視各資料行的資料量與唯一紀錄數

以圖 9.4 的分佈統計對應圖 9.5 的原始資料內容，可觀察到大量相異的值難以壓縮，導致字典本身非常龐大，這將佔據大量記憶體空間，若該欄用於計算也會耗費 CPU 效能。

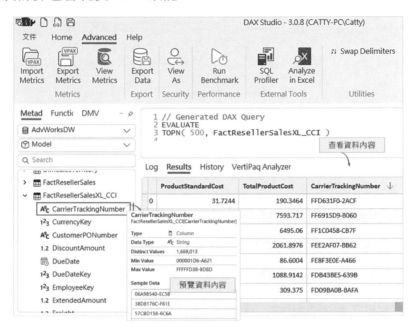

圖 9.5　利用語法或預覽功能檢視原始資料

以此為例，若 CarrierTrackingNumber 欄位無分析需求，最好從模型內刪除，以降低整體基數。

接著切換到「Relationships」頁籤觀察兩兩資料表間的關聯，如圖 9.6 所示：

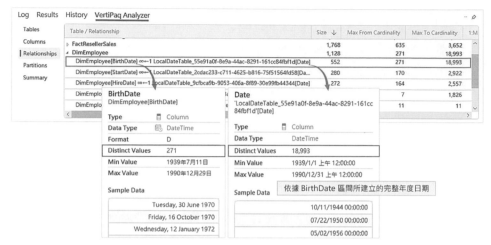

圖 9.6 「Relationships」檢視資料表間的關聯並預覽對應的欄位內容

從圖 9.6 可以看到 Power BI Desktop 自動為 DimEmployee 資料表不同的日期型別欄位建立各自的日期資料表，並以 LocalDateTable_<GUID>命名。其依 BirthDate、StartDate、HireDate…資料行內最大/最小日期的年份，分別建立對應年份自 1 月 1 號到 12 月 31 號的資料，以及與原參照欄位之間的關聯。以 DimEmployee[BirthDate]為例，資料預覽呈現相異計數為 271 筆，而要包含整個 BirthDate 的完整日期資料是 1939/01/01 到 1990/12/31 中的每一日，其相異計數為 18,993 筆；可分別對應到關聯的「Max From Cardinality」和「Max To Cardinality」兩個欄位。

由此可知，每個日期欄位都產生一張日期資料表，即便不同欄位之間可能涵蓋相同範圍，這導致無意義的佔用空間。建議自行設計日期資料表，並建立資料表間的關聯。為避免 Power BI Desktop 的好意，可透過「選項及設定」停用「自動建立日期/時間」屬性，如圖 9.7：

圖 9.7　停用 Power BI Desktop 為日期類型資料行建立日期資料表

停用後重新執行 VertiPaq Analyzer，會發現 LocalDateTable 系列的資料表與關連全數消失，對模型大小的影響各位可自行測試。

最後補充，「VertiPaq Analyzer」功能另有獨立的 Excel 版本可下載：

```
https://www.sqlbi.com/tools/vertipaq-analyzer/
```

該網址有提供使用說明，能運用 Excel 檔案內已寫好的 Power Pivot，分析欲調校效能的表格模型。僅需修改要連接的 Analysis Services 對象，即可解析模型的資料特徵，如下所示：

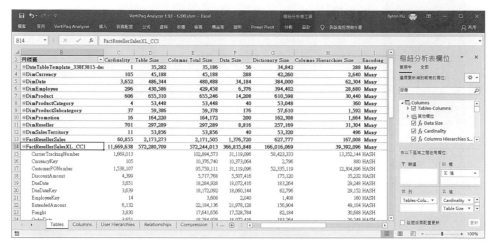

圖 9.8　透過 VertiPaq Analyzer 分析表格模型內的資料分布特徵

追蹤（Traces）

DAX Studio 提供 All Queries、Query Plan 及 Server Timings 三種追蹤功能，分別說明如下：

- ### All Queries

    「All Queries」功能可錄製連接到的 Analysis Services 當下執行的所有語法，無論連接的是獨立的 Analysis Services，還是群集在 Power BI Report Server 或 Power BI Desktop 背後的 Analysis Services，都能做為錄製對象，故適合用於尋找耗時語法。

    以連接到 Power BI Desktop 為例，點選 All Queries 啟動錄製，接著操作報表的視覺效果，讓 DAX Studio 擷取報表所建立並傳送到 Analysis Services 執行的 DAX 查詢：

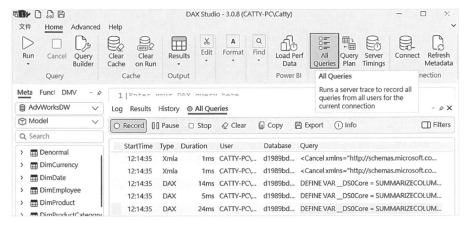

圖 9.9　錄製 Power BI Desktop 當下執行的 DAX 查詢

圖 9.9 錄製結果呈現各視覺效果形成的 DAX Query 及 Duration，可當作查找效能瓶頸的參考。

若以獨立執行的 Analysis Services 作為錄製對象，來觀察與圖 9.9 資料內容的差異，如下圖所示：

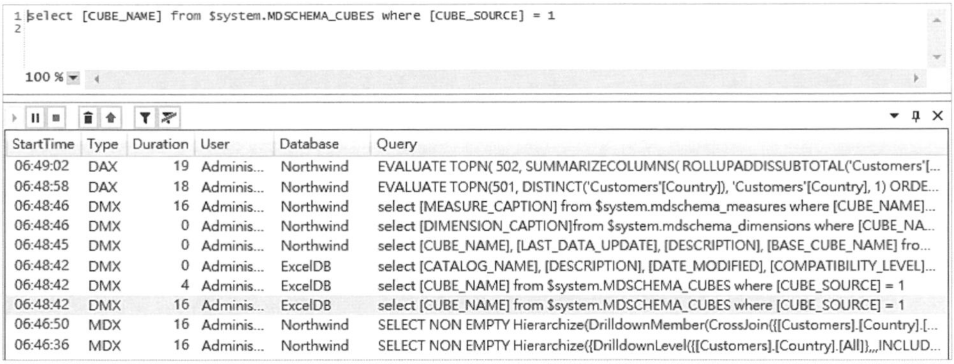

圖 9.10　錄製獨立執行的 Analysis Services 當下執行的 DAX 查詢

由於獨立的 Analysis Services 可讓各種前端程式存取，圖 9.10 顯示有不同的「Type」（下方從左算起第二欄）對 AS 進行查詢，如：Excel 工具程式使用的是 MDX 語法，而非 Power BI 或 Tabular Model 預設的 DAX 語言。另外，標示為 DMX 的查詢不是針對

Analysis Services Mining Model 的 Data Mining eXpression（DMX），而是查詢 DMV。

■ Query Plan

「Query Plan」功能用於擷取 DAX 語法的邏輯查詢計畫（Logical Query Plan）與實際查詢計畫（Physical Query Plan）。以簡單的 DAX 查詢為例：

```
EVALUATE
{SUM('FactResellerSales'[OrderQuantity])}
```

在 DAX 查詢編輯環境輸入上述語法並開啟「Query Plan」後，結果如下：

圖 9.11　擷取 DAX 查詢的查詢計畫

邏輯查詢計畫對應的是拆解 DAX 查詢所要執行的步驟，如同圖 9.11 下方所示。其為樹狀結構，每一列都是一個運算子（Operator），在運算子後方的是它的參數，Line 1~Line 4 的語意可以解讀如下：

(a) AddColumns：新增欄位[Value]至資料表，用來呈現回傳結果

   (a.1)　Sum_Vertipaq：使用 Vertipaq SE 執行 SUM 彙總

      (a.1.1) Scan_Vertipaq：使用 Vertipaq SE 掃描資料表欄位紀錄

      (a.1.2) 'FactResellerSales'[OrderQuantity]：擷取來源，取得資料行

實體查詢計畫則是真正要執行的作業，與邏輯查詢計畫相似，都是運算子搭配參數的方式呈現；雖是從邏輯查詢計畫展出的結果，但使用完全不同的運算子，且計畫經最佳化後不見得會直觀對應。查詢計畫分解如下：

(a) AddColumns：新增欄位[Value]至資料表，用來呈現回傳結果

   (a.1)　SingletonTable：回傳由表建構子建立的資料表

   (a.2)　SpoolLookup：從資料快取（Data Cache）中搜尋送到 SE 的查詢所得到的值，並進行彙總

      (a.2.1) ProjectionSpool：反映 Cache 運算子的結果

         (a.2.1.1) Cache：取得資料並存放於資料快取，回傳的筆數可從 ProjectionSpool 得知

在查詢計畫中，父步驟是要完成的目的，需呼叫下層的子步驟才能獲取所需的內容；意即，子步驟的執行結果是父步驟運算資料的來源。若對查詢計畫的運算子有興趣，可參考以下網址內的子網頁：

```
https://docs.sqlbi.com/dax-internals/vertipaq/
```

■ Server Timings

「Server Timings」能分解語法執行細節，呈現耗用的資源、掃描的資料筆數、具體化的資料量、公式引擎（Formula Engine）和儲存引擎（Storage Engine）所運行的時間等，其為 DAX 語法調校提供有效的指引。

使用時，建議搭配功能區的「Clear on Run」來清除快取資料，避免重複執行語法時，資料已存在於 Storage Engine 的快取中，導致無 Storage Engine 讀取資料的執行時間。執行範例如下：

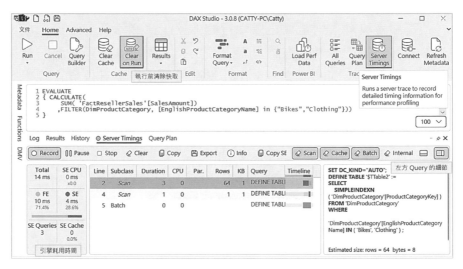

圖 9.12　分析執行語法時，各自所耗用的資源與時間

圖 9.12 下方的「Query」欄位（圖中資料表從右方算起第二欄）會列出 SE 執行時，所對應的邏輯 SQL(pseudo-SQL)，完整語法見右方窗格。這段 pseudo-SQL 僅是讓分析者容易理解 FE 送到 SE 的要求和將要存取、掃描的資料，並非真正解析與執行 SQL 語法。若模型是採用 Direct Query 連接，則會看到通用的 T-SQL 查詢。

其餘各項目的說明，請參考下表：

表 9.2　Server Timings 說明

項目	描述
Total	Server 的總執行時間（毫秒），取自 Query End 事件。
SE CPU	Storage Engine 耗費的 CPU 時間，為粗略的估計值。底下數字為 SE CPU 與 SE 的比值，作為平行運算的參考。
FE	Formula Engine 的執行時間，是以 Total – SE 的結果。底下數字為 FE/Total。
SE	Storage Engine 的執行時間，是以 SE Queries 的耗時累計而成。底下數字為 SE/Total。
SE Queries	執行時，送至 Storage Engine 的查詢次數。
SE Cache	執行時，使用來自 Cache 的次數。當「Clear on Run」啟用時，該值為 0。

在效能調校的過程中，會參考 Query Plan、Pseudo-SQL 及表 9. 2 的資訊，期望將語法調整為更少的查詢計畫步驟、較有效率的邏輯 SQL 語法、SE 的時間多於 FE，因前者可多執行緒處理，能運用多顆 CPU 核心來平行運算；另外也會避免 FE 多次送出 SE Queries，卻無法有效利用快取...等。實際調校 DAX 語法的範例，將於「9.4 常見的效能瓶頸」一節介紹。

9.2.2　SQL Server Profiler

SQL Server 從 7.0 版開始提供 SQL Server Profiler 工具程式，經由彈性的設定方式，以友善的圖形介面與使用者互動，可設定各種條件，追蹤 Database Engine 或 Analysis Services 執行個體的事件，以供除錯、效能調校、安全控管等工作之參考佐證。若是 SQL Server 的老手，相信能很快上手，運用 Profiler 分析 Power BI Desktop 或 Analysis Services 表格模型的各種執行狀況。

當應用程式與 SQL Server 或 Analysis Services 溝通有問題時，如遇到效能不足，或想要做安全監控，多人同時上線時引發複雜的交互作用，抑或是觀察某些應用程式如何使用服務，都可透過 SQL Server Profiler 工具程式定義追蹤，藉由錄製 SQL Server 或 Analysis Services 循序發生的事件，如使用者登入、登出、執行 SQL、MDX、DMX、DAX、XMLA、TMSL 等，將其儲存至檔案或資料表來分析。

SQL Server Profiler 是免費的工具程式，其包含在 SQL Server Management Studio 或 Azure Data Studio 的 extension 內，下載連結如下：

```
https://learn.microsoft.com/zh-tw/sql/ssms/download-sql-server-management-stud
io-ssms?view=sql-server-ver15
```

連接至表格模型（Connection）

啟動 SQL Server Profiler 後，可選擇「檔案」→「新增追蹤」，或是點選功能區的第一個按鈕，即可開啟連線視窗。於「伺服器類型」選取 Analysis Services[5]，並輸入要連接的伺服器名稱，如圖 9.13 所示。

---

[5] SQL Server 2005 版後提供擷取 Analysis Services 執行個體運作時所觸發的事件。

圖 9.13　建立 Profiler 對 Analysis Services 引擎的連接

由於 Power BI Desktop 背後的 Analysis Services 是動態埠號，需以「localhost:埠號」的格式讓 Profiler 連接，可參考前一節的圖 9.3，使用 DAX Studio 連接，以檢視狀態列的連線資訊。或是透過 PowerShell 查詢動態埠號，語法如下：

```
#列出 AS 相關的 Process
get-process | where name -like msmd*

#查詢特定 Process ID 接聽的 TCP 埠號
netstat -ao -p tcp | where {$_ -like '*填入前一段查詢到的 Process ID*'}
```

Analysis Services 的伺服器執行個體是個可執行檔，名為 msmdsrv.exe，Power BI Desktop 背後也是呼叫相同的執行檔，只是未像 SQL Server Analysis Services 註冊成服務。可以使用工作管理員來看 Process ID，或使用語法查詢。找到 Power BI Desktop 背後 msmdsrv.exe 對應的 ID，即可查詢其接聽的 TCP 動態埠號，結果如下圖所示：

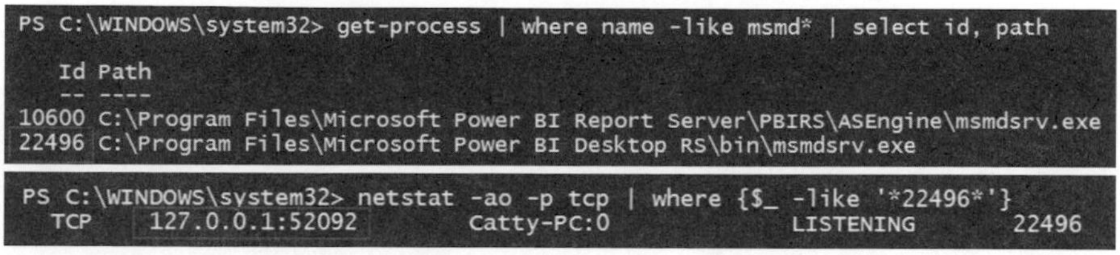

```
PS C:\WINDOWS\system32> get-process | where name -like msmd* | select id, path

    Id Path
    -- ----
 10600 C:\Program Files\Microsoft Power BI Report Server\PBIRS\ASEngine\msmdsrv.exe
 22496 C:\Program Files\Microsoft Power BI Desktop RS\bin\msmdsrv.exe

PS C:\WINDOWS\system32> netstat -ao -p tcp | where {$_ -like '*22496*'}
  TCP    127.0.0.1:52092          Catty-PC:0              LISTENING       22496
```

圖 9.14　使用 PowerShell 查詢連接資訊

追蹤（Traces）

連接到 msmdsrv.exe 後，會看到如圖 9.15 的「追蹤屬性」對話窗，它是整個 Profiler 設定的核心，包含兩個設定頁籤：「一般」頁籤可指定追蹤結果的存放位置、追蹤的結束時間；「事件選取範圍」頁籤則是用來勾選要關注的 Analysis Services 事件。「一般」頁籤的內容如圖 9.15：

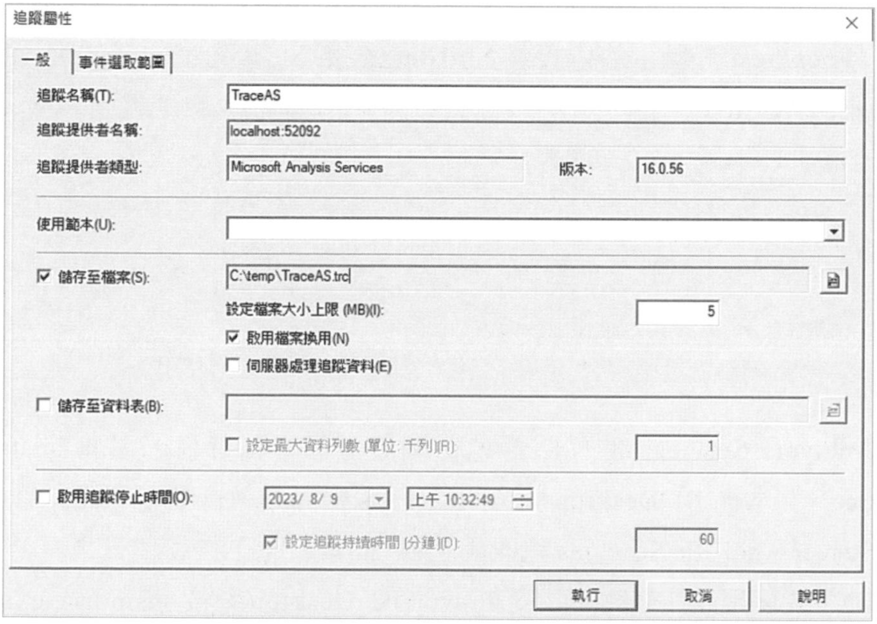

圖 9.15　「追蹤屬性」對話窗

上方區塊會列出目前連線的服務名稱與版本編號。在「使用範本」的下拉選單提供因應不同需求的錄製事件範本，但在此連結到 Power BI

Desktop 後端的 Analysis Services 並未提供範本，需自行調整想追蹤的事件。

常用的設定如下：

- **設定最大檔案大小（MB）**：若儲存追蹤資料至檔案，需指定追蹤檔案的最大容量。當記錄資料量達到設定極限，但沒有勾選「啟用檔案換用」時，會自動停止追蹤。

- **啟用檔案換用**：預設會啟動此功能。當達到檔案大小的最大值時，開啟新的檔案來繼續儲存追蹤資料。新檔案的名稱為原有的.trc 檔名加上數字，例如，原始名稱為 myTrace.trc，則新增的名稱為 myTrace_1.trc、myTrace_2.trc...，只要達到檔案大小的最大值，即以此方式命名新檔案。

- **伺服器處理追蹤資料**：若不想遺失任何事件，可設定這個選項。若指定被追蹤的伺服器自行輸出追蹤檔案，寫入的檔案要透過 UNC 的命名方式設定檔名：「\\伺服器名稱\共享路徑名稱\檔案名稱」，否則會有錯誤訊息。

- **儲存至資料表**：擷取追蹤資料，將其儲存到 SQL Server 資料庫內的資料表，供後續的檢視與分析。然而，將追蹤資料儲存到資料表會對儲存追蹤的伺服器造成負擔，建議不要將錄製結果存回要錄製的來源伺服器。我們曾遇過的案例，原先 SQL Server 已經效能吃緊，結果 DBA 還將錄製的結果存回該伺服器，導致 SQL Server 無法提供服務。

- **設定最大列數（單位：千）**：儲存到資料表的筆數上限。當達到最大列數後，追蹤依然持續，只是不再寫入資料庫，也就是可透過 Profiler 觀察追蹤結果，但資料表不會新增筆數。

- **啟用追蹤停止時間**：設定自動關閉追蹤的日期與時間。

接著切換到「事件選取範圍」頁籤，在此可挑選需錄製的 Analysis Services 事件，針對所選事件觸發後，指定要回傳的資料欄位並設定過濾條件，如圖 9.16 所示。

在設定錄製的範圍時，應慎選與分析目標相關的事件，一是減少錄製事件所花的記憶體或硬碟空間，避免因錄製影響服務執行個體之效能。特別是某些事件會大量發生，除非有特殊需求，否則儘量不要錄製這類內容。然而某個事件是否頻繁發生，因應用場景不同，無法一概而論。可先觀察一陣子錄製的內容，評斷是否可用所設定的事件、資料欄位與過濾條件。

另一是只記錄相關事件才能突顯問題，否則過多資料會失焦；當然若錄製的事件選錯了，根本未錄到會呈現問題的事件，也是徒勞。

圖 9.16　設定當滿足過濾條件時，要追蹤的 Analysis Services 事件與資料欄位

首先勾選右下方的「顯示所有事件」以及「顯示所有資料行」，以列出所有能追蹤的項目。重點名詞及功能說明如下：

- **事件**：階層式呈現，上層為事件集合，底下包含該集合相關的事件。例如，與查詢相關的事件集合（Queries Events）底下，包含 Query Begin 與 Query End 兩個事件。

- **事件資料行**：事件發生時，各自可被錄製的資料內容。在個別事件右方可勾選要記錄的欄位，無核取方塊的資料行表示對應的事件沒有該資料內容。常見欄位如：「Duration」可觀察哪些語法特別耗時；若要找尋使用大量 CPU 的事件則看「CPU Time」欄位…等。

- **資料行篩選**：過濾某個事件資料行的內容。點選圖 9.16 右下角的「資料行篩選」或特定欄位表頭，可叫出「編輯篩選」視窗，能定義篩選條件。例如 Profiler 預設會排除追蹤自身所引發的事件；當使用 Profiler 進行效能調校時，通常不想記錄 Profiler 背後對目標服務所發出的命令。若要避免錄到其他應用程式產生的事件，可在「類似」或「不類似」節點設定如「SQL%;MS%」等包含萬用字元（%）與分號（;）的字串，以進行多重篩選。

  要注意的是，設定篩選時，若要錄製的事件沒有支援該資料行，則不會濾掉該事件，除非勾選下方「排除不包含值的資料列」。

以錄製常用的事件為例，像是查詢計畫、查詢耗時、使用 CACHE 的狀況等，勾選結果如圖 9.17。通常帶有 Begin 與 End 的事件會選擇 End（除非是要分析錯誤，有 Begin 沒有 End），因結束時觸發的事件，才能收集到總耗時（Duration）的資訊。

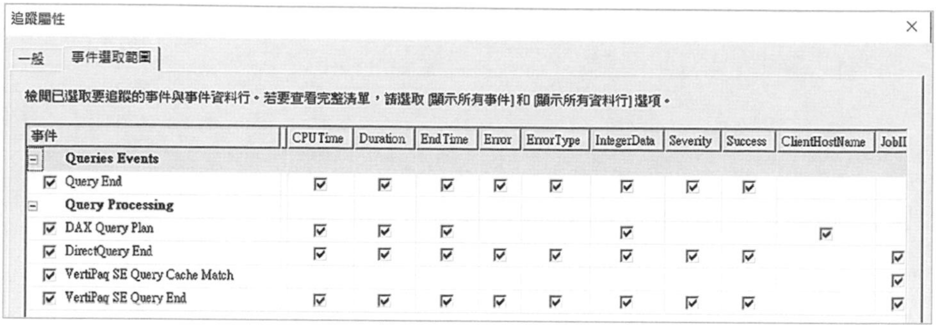

圖 9.17　常用的追蹤事件

設定完後，點選「執行」啟動追蹤，可即時觀察 msmdsrv.exe 執行個體
處理當下需求的執行狀況，如圖 9.18 所示。能透過主選單「檔案」的「執
行追蹤」、「暫停追蹤」以及「停止追蹤」，或功能區相關的按鈕，決
定是否要繼續追蹤。

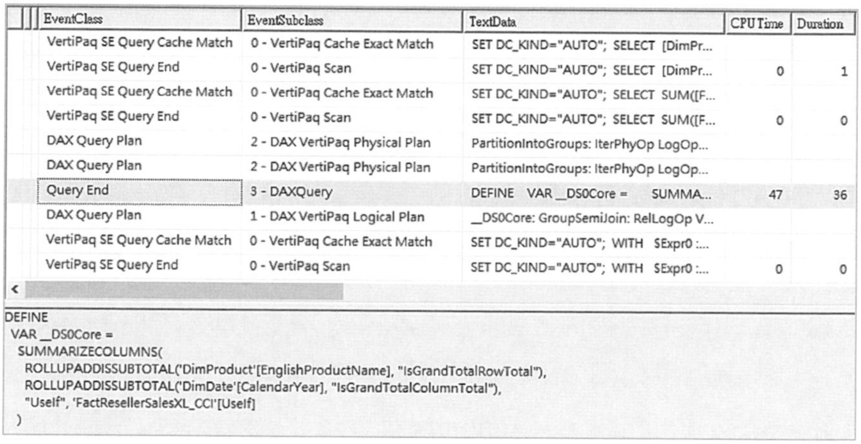

圖 9.18　追蹤 Analysis Services 執行個體當下所發生的事件

相較於 DAX Studio 已將各時間與佔比分別呈現，使用 Profiler 則需自
行利用 Duration 來計算：

- SE = 所有 VertiPaq Scan 加總

- FE = Query End – SE

亦可將追蹤結果存放於 SQL Server 資料庫內資料表，以 T-SQL 或 Power BI Desktop 來分析，依執行總耗時排序，找出需要調校的 DAX 語法。

最後提醒，SQL Server Profiler 雖能收集 Power BI Desktop 背後的 msmdsrv.exe，但缺少各種範本，且經常操作一半就當掉，建議還是多利用 DAX Studio。

9.3 最佳化 VertiPaq

認識 VertiPaq 的基本原理與模型特徵後，接著討論最佳化模型的作法。特別提醒，任何最佳化的技巧，在評估現況與可能的影響前，都不該盲目地遵循，亦即沒有絕對的 Best Practice。例如，相同的資料表在不同的資料分佈下，有不一樣的壓縮率，導致同樣的最佳化技術，會有結果差異。因此，本章重點在於學習各種最佳化技巧，了解每一個適用的情境，並搭配模型分析工具來收集資訊，以輔助選擇。

由於 VertiPaq 引擎採用暴力掃描，不像一般資料庫會設計不同情境用的索引，且沒有交易/鎖定、爭搶硬碟子系統 I/O 等讀/寫互相干擾的狀況。為建立有效率的資料模型，其基本的目標是「提高壓縮率」與「減少關聯」，可從以下方向著手：

- 只載入有分析需求的內容，減少資料量及基數（cardinality）以加速疊代（iteration）與篩選（filter）。善用 Power Query Editor 的「資料行散發（Data distribution）」功能，觀察各欄位基數，直接進行可能的調整。例如：剔除不必要的鍵值欄位、降低小數精確度等，以減少資料表或欄位基數。

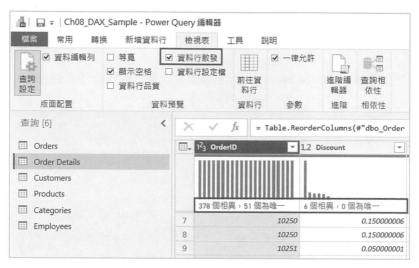

圖 9.19　利用資料行散發觀察基數

■ 反正規化

當兩個資料表間的關聯數大於百萬,將不利於互動分析,需要重新設計架構。一般原則是大於 10 萬筆,就要注意其對效能的影響,畢竟資料通常是持續增長。可利用 DAX Studio 或 VertiPaq Analyzer 收集模型的關聯資訊。

以下分別就這兩點目標說明實際做法。

9.3.1 提高壓縮率

移除資料行

移除未用於分析的資料,特別是:鍵值、交易代碼、時間戳記、圖片、描述性欄位、多種資訊組合成的資料行,這類欄位通常重複性低,因此壓縮率不佳,容易占用大量記憶體。若前述欄位有分析需求,可參考其他技巧來減少資料量。

降低欄位基數（Cardinality）

基數與資料行大小息息相關，會直接影響 VertiPaq 的掃描效能。許多 DAX 行為（例如：疊代和篩選）的執行時間也取決於這個數字。由於資料會壓縮，通常欄位的基數比資料表的列數影響更大，減少基數雖能最佳化儲存空間及效能，同時也會遺失部分資訊或降低準確性，需要審慎考量。

- **欄位拆分**

  通常針對多種資訊組合成的資料行，例如：醫院床位號 H1-A9-MED-0301，表示 H1 院區、A 棟、9 樓、內科部、03 病房、01 床號，當組合在一起時，資料的重複性低，建議拆分成不同欄位來減少唯一值，藉此提高壓縮效率。

  另一個建議拆分的類型是日期/時間，當兩個資訊在一起時，會形成大量唯一值，然而無論是哪一天的時間資訊都是相同的，應盡量避免日期和時間在同一個資料行，且不要讓時間單位太過精細（例如：毫秒），這會使得查詢性能降低、大量消耗記憶體。

- **降低數值精確度**

  視商業需要調整，若分析結果只看到小數第一位，可預先彙總並調整小數位數。一般對於數值精度誤差較敏感的資料行，如匯率、交易金額...等，不更動精度；若數字表示帶浮點數的值，如溫度、體重、年齡，則可去掉沒意義的小數來降低精度。

減少使用計算資料行

與原本就存在於模型內的欄位相比，用 DAX 定義的「計算資料行」壓縮率較低，因其未參與 VertiPaq 分區段尋找最佳排序的部分，且會使相關聯的資料表重新整理時間變長。此外，模型處理計算資料行，是單一執行緒工作（single-thread job），會疊代資料表的所有列來計算資料行。

當有多個計算資料行存在時,是一次計算一行,導致該操作成為資料表的執行瓶頸。

基於上述原因,不建議在大型資料表上新增計算資料行,應盡可能加在資料源或是於 Power Query Editor 中建立欄位。

預先彙總

要減少載入模型的資料量,可在「資料倉儲/超市」建立「彙總/快取」資料表,將多筆細節資料依需要的分析維度做群組計算,寫入彙總資料表後,新增「檢視(View)」讓使用者查詢。避免讓使用者直接存取基礎資料表,有以下優點:

■ 保留變更彈性

因資料倉儲/超市的設計會隨著時間演進,分析越來越廣泛、深入、累積,而需一再修改基礎資料表,如增減欄位、切割、改變資料行型態、更改存取授權...等;透過「檢視」存取可避免基礎表修改後,造成前端查詢失敗。

■ 增加易讀性,且能限制資料量

在「檢視」內可依使用者熟悉的稱謂重新命名欄位,且只提供必要的資料行與過濾後的資料列,以減少載入模型的資料量。在自助分析中,可直觀且快速地取得所要的結果。

■ 可特殊調整

「檢視」內的查詢定義能搭配權限資料表限制範圍,或加入「提示(hint)」,如 T-SQL 提供的 with(nolock)、option(maxdop n) 等,讓查詢語法不被鎖定,並可平行使用更多的 CPU,則處理模型較有效率。

使用者若想分析細節資料，建議仍以「檢視」包裝後提供。除了利用跨表鑽研叫用其他 Power BI 報表外，也可連結到 Reporting Services 的編頁報表，來呈現明細結果。

9.3.2　減少關聯

在以資料行為單位存放的表格模型中，透過關聯找資料時，會耗損運算力。故針對效能不佳的查詢，若要減少關聯，常見的作法是「反正規化（Denormalization）」，將多張資料表合併成單一資料表。但前提是合併的資料表只取必要之欄位。例如，產品資料表內有 10 個品牌，1000 個產品，連結 100 萬筆銷售紀錄；若要分析品牌與銷售，可直接把品牌反正規化放入銷售資料表，而不透過產品表與銷售表之間的關聯，來分析品牌的銷售數值。

一般在設計資料倉儲/超市時，採用的作法是星狀結構，將要分析的數值集中在「事實（Fact）」資料表，如 AdventureWorksDW 範例資料庫中的 FactResellerSales。分析解釋的角度放在「維度（Dimension）」資料表，如範例中的 DimDate、DimEmployee、DimProduct、DimProductSubcategory、DimProductCategory[6]…等，此類星狀結構已依分析粒度完成某種程度的反正規化。若要進一步提升效能，例如，僅想分析 Category 的銷售數量，可將 DimProductCategory 的欄位放入 FactResellerSales 資料表內，藉以避免分析時要經由關聯掃描與計算各個資料行。

---

[6] 在微軟提供的 AdventureWorksDW 範例資料庫中，將產品維度切成三個資料表來存放：DimProduct、DimProductSubcategory、DimProductCategory。一般稱這種「維持多個資料表間三階正規化關係；一起組成某個維度」的設計為「雪花式（snowflake）」結構。

依上述情境來做個試驗，除了將 DimProductCategory、DimProduct
Subcategory、DimProduct、FactResellerSalesXL（我們自行產生千萬筆
的銷售紀錄資料表，非原範例資料庫的 FactResellerSales）等資料表載
入 Power BI Desktop 外，也透過以下 T-SQL 語法，將欲查詢的兩欄資
料連結在一起後載入，命名為 Denormal，作為反正規化的範例。

```sql
select OrderQuantity,EnglishProductCategoryName
from DimProductCategory c join DimProductSubcategory s
on c.ProductCategoryKey = s.ProductCategoryKey
join DimProduct p on s.ProductSubcategoryKey = p.ProductSubcategoryKey
join FactResellerSalesXL a on p.ProductKey = a.ProductKey
```

新增表格視覺效果，從維持四張資料表關聯的架構中，取出
DimProductCategory[EnglishProductCategoryName] 和 FactReseller
SalesXL[OrderQuantity] 欄位；接著再加入一個表格視覺效果，使用反
正規化的資料源，用以比較兩種來源的效能差異，如圖 9.20 所示：

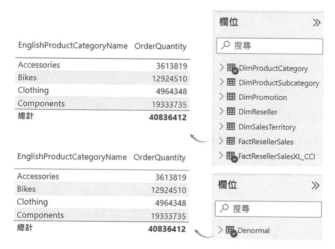

圖 9.20　比較使用關聯來源與使用反正規化的資料源所形成的差異

利用 Power BI Desktop 的「效能分析器（Performance Analyzer）」來錄製這兩個視覺效果的查詢語法，執行「重新整理視覺效果」後，將各自使用的 DAX 查詢分別貼至 DAX Studio。

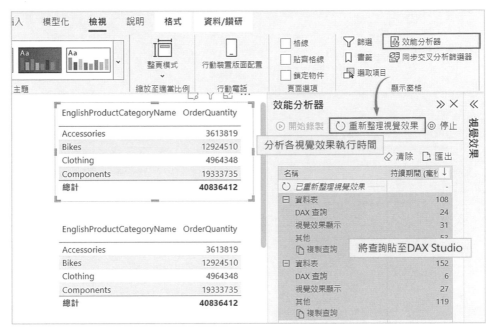

圖 9.21　使用效能分析器錄製視覺效果的查詢語法

接著在 DAX Studio 中，點選功能區的「Query Plan」和「Server Timings」，透過追蹤功能分析引擎耗時與執行計畫，結果如圖 9.22 和圖 9.23 所示：

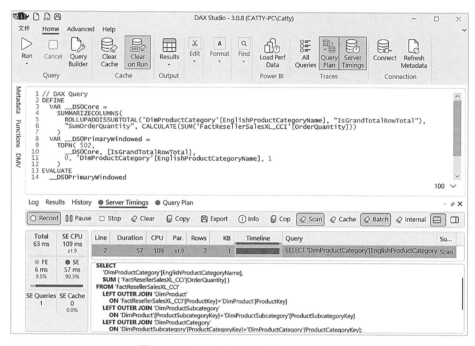

圖 9.22　因資料關聯所耗用的時間

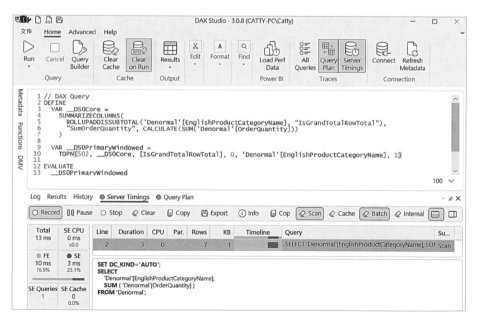

圖 9.23　查詢未經連結的資料行存放區資料

從圖 9.22 下方的 SQL 語法視窗及左下方引擎執行時間窗格可觀察到，經由連接四張資料表取回資料的查詢語法，包含多張資料表的串接，共耗用儲存引擎 57 毫秒的時間；相對的，經反正規化後的來源僅針對單一資料表處理，取出相同的結果只需 3 毫秒，如圖 9.23 所示。

9.4 常見的效能瓶頸

Power BI 報表由許多視覺效果組成，開啟報表或與報表互動時，都會觸發各個視覺效果產生 DAX 語法對模型查詢資料。若報表執行緩慢，要調校效能，需能找出瓶頸、觀察與分析執行方式，並重複調整與驗證。透過 Power BI Desktop 結合 DAX Studio 或 SQL Server Profiler 等工具程式，即可完成前述的調校流程。

本節將列出三種常見，且容易形成效能瓶頸的 DAX 寫法，並使用 DAX Studio 撰寫 DAX Query 來進行錄製與分析。各位若不熟悉 DAX Query 的用法，自行練習時可搭配前面介紹過的效能分析器來擷取 DAX Query，複製後於 DAX Studio 中執行。

為了簡化情境，以下列舉的範例均用於技術討論，不考慮商業邏輯的合理性。

9.4.1 瓶頸 1 – 不必要的 IF 條件

IF 最常見的用途是確保運算式使用有效的引數，例如，確保除法運算時，不會發生分母為 0 的計算錯誤，但這個需求，有 DIVIDE 函數可作為更好的替代方案。

例如，要呈現各年度的產品類別與其平均運費（運費總額/銷售數量），如下圖所示：

圖 9.24　IF 的瓶頸範例

錄製 IF 的效能結果如下：

圖 9.25　追蹤 IF 的瓶頸範例結果

以圖 9.25 的追蹤結果來看，Line 2 是 SE 最耗費時間的部分，佔用 64 / 67 * 100 = 95.52% 的持續時間。從它的 Pseudo-SQL 可觀察到沒有篩選存在（WHERE [OrderQuantity) <> 0），故需注意若資料源的基數很大，代表 FE 會在大型的資料快取中，逐筆評估 IF 條件，這很有可能形成效能問題。

為了避免 IF 增加判斷，在此情境中可將 IF 改以 DIVIDE 取代如下：

範例程式 9.1：使用 DIVIDE 取代 IF 判斷

```
AvgFreight(DIVIDE) :=
        VAR QTY = SUM(FactResellerSalesXL_CCI[OrderQuantity])
        VAR FreightAMT =  SUM(FactResellerSalesXL_CCI[Freight])
    RETURN
        DIVIDE( FreightAMT,  QTY )
```

重新錄製改寫後的效能，如下所示：

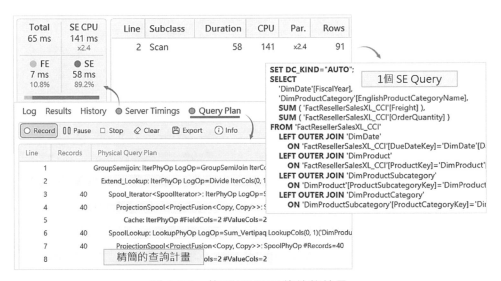

圖 9.26　使用 DIVIDE 的效能結果

由於模型資料量較少，總執行時間沒有太大改變，但觀察 SE Queries 的數量與查詢計畫，前者從 3 個降為 1 個；後者從 38 列簡化為 8 列，有顯著的改善。

這個最佳化是由於減少 IF 條件判斷，以及 DIVIDE 產生了較短且更有效率的查詢計畫所獲得的結果，也就是說，同樣是避免分母為 0，使用 DIVIDE 能減少複雜度，提高效率。

9.4.2 瓶頸 2 – 疊代完整資料表（以 Filter 為例）

初學 DAX 語言的使用者，對於 Columnar 的儲存結構還不熟悉，會習慣性地引用整張資料表，導致疊代的次數大增，影響效能。以圖 9.27 的 BigSalesAMT 量值為例，當需求是找出大額訂單，其各品項單價*數量 >500 的銷售總額時，需先對訂單資料表篩選後再彙總銷售額。

圖 9.27　Filter 資料表的瓶頸範例

使用上述語法錄製 Server Timings 和 Query Plan，結果如下圖：

圖 9.28　追蹤 Filter 資料表的瓶頸範例結果

由於 Filter 會疊代指定的資料表，導致查詢產生大於所需的資料快取－產品類別僅有 4 個，但產生 2463 筆的快取；從 pseudo-SQL 可觀察到 Select 查詢包含 OrderQuantity 和 UnitPrice 這兩個不需呈現的欄位，而這些欄位組合起來的 Cardinality 即為 2463。

為了最佳化 Filter，應以必要欄位取代整張資料表。改寫 BigSalesAMT 量值如下：

範例程式 9.2：改寫 BigSalesAMT 量值，使用必要欄位取代整張資料表

```
BigSalesAMT :=
    CALCULATE(
        [SalesAMT],
        KEEPFILTERS(
            FILTER(
                ALL(FactResellerSalesXL_CCI[UnitPrice],
                    FactResellerSalesXL_CCI[OrderQuantity])
                ,FactResellerSalesXL_CCI[UnitPrice] *
```

```
                                    FactResellerSalesXL_CCI[OrderQuantity] > 500
                    )
            )
        )
```

重新錄製 Server Timings 和 Query Plan，執行結果如圖 9.29：

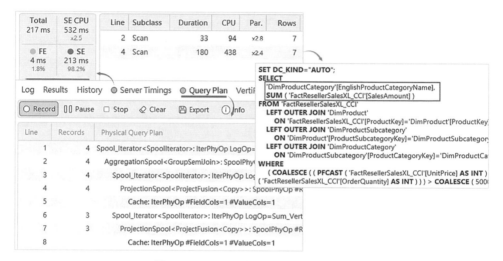

圖 9.29　Filter 資料表校能調整後

圖 9.29 明顯可見整體耗時減少一半，且快取的筆數大幅下降；查詢計畫也產生比原先更有效率的結果，避免回傳額外的資料欄位給 FE。

從這個案例歸納出以下幾點注意事項：

- 當資料快取回傳筆數大幅高於結果所需時，需進一步確認其必要性
- 當使用資料表疊代函數時，盡可能指定「明確欄位」而不引用「整張資料表」
- 注意資料表與欄位的基數（Cardinality），若基數相同且該表沒有擴充其他資料表，則是否引用資料表的差異不大。例如：'DimDate' 與 'DimDate'[DateKey]，兩者基數相等。

9.4.3 瓶頸 3 – 無法重用的資料快取

前一個範例提醒各位要注意錄製到的資料筆數,但這並不表示筆數越少效能越好。當資料無法具體化形成資料快取時,對於互動頻繁,需重複運算的報表反而不利。

如何判斷語法未形成有效的快取,可以參考以下範例。一張超過 1000 萬筆的銷售資料表,當要依四捨五入後的單價*數量來滾算銷售總額時,以下的寫法將形成潛在的效能問題。

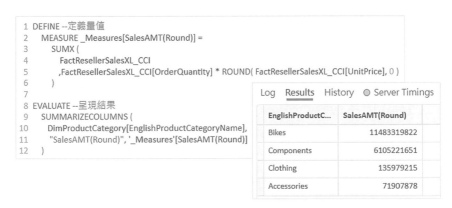

圖 9.30　逐筆將單價四捨五入後乘上數量,再彙總

該語法會將 Round 套用至 FactResellerSalesXL_CCI 資料表的每一列,但 Round 這個行為 SE 無法處理,這將導致 pseudo-SQL 產生 CallbackDataID,如圖 9.31 所示,其表示 SE 需要呼叫 FE 支援運算,且無法保留此呼叫所產生的資料快取;而在疊代運算的過程裡,反覆叫用 FE 的行為會使得執行速度變慢。

圖 9.31　追蹤逐筆四捨五入的效能結果

圖 9.31 顯示 FE 約每毫秒執行 2,344 個 Round 函數（10,000,000 / 4,266 ≒ 2,344）；這個數字可以用來衡量減少欄位基數是否能提高效能。若資料量僅 1,000 筆，則會考慮其他最佳化的作法。目前由於資料量很大，讓 CallbackDataID 呼叫次數過多，每次呼叫都耗費時間，因此調整方向是減少呼叫次數或避免形成 CallbackDataID。

觀察 FactResellerSalesXL_CCI 資料表可得知，整張表雖有 1,000 萬筆紀錄，但 UnitPrice 的基數僅 1,196 筆，也就是說公式可以從「逐筆計算」改成「相同單價的訂單一起算」，改寫方式如下：

範例程式 9.3：從「逐筆計算」改成「相同單價的訂單一起算」

```
SalesAMT(Round) :=
        SUMX (
            VALUES(FactResellerSalesXL_CCI[UnitPrice])
            ,CALCULATE(SUM(FactResellerSalesXL_CCI[OrderQuantity]))
            * ROUND( FactResellerSalesXL_CCI[UnitPrice], 0 )
        )
```

上述語法利用 VALUES 函數列出不重複的單價，作為被疊代的資料表，接著利用 CALCULATE 語境轉換的特性，將相同單價的購買數量先加總，接著乘上四捨五入過的單價後，才逐筆彙總。錄製結果如下：

圖 9.32　調校後，形成可重複利用的快取

不同於先前是 SE 利用 CallbackDataID 呼叫 FE 執行 Round（仍在 SE 中），這次是 SE 先傳回整份資料快取，再由 FE 進行運算。與前次相比，雖有較多的資料筆數，但 pseudo-SQL 沒有形成 CallbackDataID，表示可留存資料快取供重複使用，且少了反覆呼叫 FE，使得執行時間大幅下降。

需注意的是，若 UnitPrice 的基數很高，或是有硬體差異，都會有不同結果，並不是避免 CallbackDataID 就一定比較好。

最後，若想更深入效能調校的方法，可閱讀「The Definitive Guide to DAX Second Edition」一書 17 到 20 章。https://www.sqlbi.com/tv/power-bi-dax-optimization-examples/

安裝與管理 PBIRS 伺服器

透過 Power BI Desktop 開發完了 Power BI 報表，接下來要跟他人共享，以討論分析。若沒有任何伺服器、服務提供存放、檢視、權限...等功能，那只能透過檔案伺服器共享、Email、FTP/SFTP...等方式，請每個看報表的人都安裝 Power BI Desktop 軟體，自行開啟 pbix 檔案檢閱。好處是免費，壞處是不安全，且每位使用者都需要用電腦執行 Power BI Desktop，無法隨時、隨地、隨手分析。且讓 pbix 檔案變得到處都是，造成資訊版本的不一致。

另一個方式是部署到微軟雲端 Azure Power BI 服務，或是在企業內安裝 Power BI 報表伺服器（Power BI Report Server 以下簡稱 PBIRS），而後使用者可以透過網頁或是 App 檢視報表，不管是採用手機、平板或電腦等不同裝置，都可以方便、直觀地透過 Power BI 報表分析情勢。

PBIRS 是結合 SQL Server Reporting Services（以下簡稱 SSRS）和 Power BI 兩種技術的報表伺服器，可用各種資料來源設計各種格式發行報表，並集中管理安全性和訂閱，包含編頁報表[1]、Power BI、Excel、報表內

---

[1]　指得是 SQL Server Reporting Services 自 2004 年上市時，一直提供至今的 rdl 報表。

容相關項目以及資源、排程等。報表伺服器可以是獨立單一伺服器或向外延展部署架構（scale-out）。其授權必須使用 SQL Server 企業版再加上軟體保證（Software Assurance），或是採購微軟雲上的授權 Power BI Premium。

微軟現今改以 PBIRS 當作企業內 BI 平台的共用入口，取代以往的 SharePoint Server。使用者建立的報表可集中於 PBIRS 統一管理，同時以所見即所得的方式自由地於 Power BI Desktop 編輯環境產生圖表，經由視覺化的方式探索資料，於報表平台以傳統的資料夾階層方式，安全地儲存和管理，標記「我的最愛」等。本章將說明 PBIRS 的安裝、組態與開發工具與管理。

10.1 安裝 PBIRS

在安裝 PBIRS 之前，若要了解軟硬體的最低需求，諸如作業系統、SQL Server、.NET Framework 版本...等，因為 PBIRS 每四個月更新一次（每年的一、五、九月更新），在此，以書籍紙面印出安裝規格不再有意義，你可以直接上網查閱：

```
https://learn.microsoft.com/zh-tw/power-bi/report-server/system-requirements
```

如同 SQL Server 2017 版後，SQL Server 的安裝軟體不再直接提供 Reporting Services，要透過網路下載安裝，PBIRS 亦是如此。但也因此要小心的是不要下載錯了安裝檔案，變成安裝 SQL Server Reporting Services SSRS，而非 PBIRS。透過網路搜尋「Power BI Report Server」即可下載安裝檔案，而安裝時所需的授權碼要透過微軟授權的網頁取得。

在安裝 PBIRS 時，可以沒有 SQL Server 資料庫引擎伺服器，但在設定「報表伺服器組態管理員」時，則需要指定 SQL Server 資料庫引擎伺服器，以存放中介和暫存資料。以下說明 Power BI 報表伺服器的安裝。

step01　自官網下載 PowerBIReportServer.exe 檔案後，點選兩下，即可開始安裝，此時開啟「Microsoft Power BI 報表伺服器」歡迎畫面，點選「安裝 Power BI 報表伺服器」，如圖 10.1 所示：

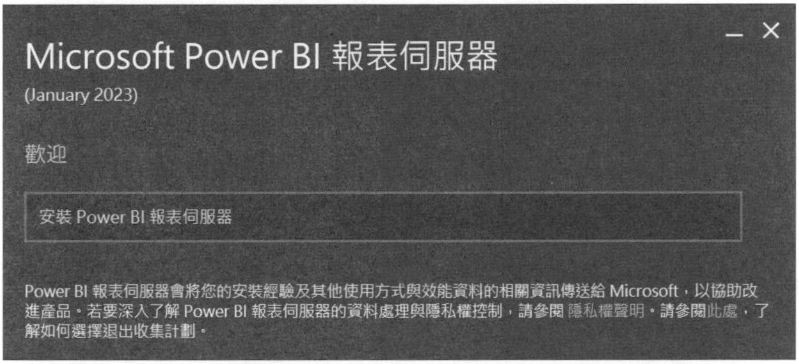

圖 10.1　安裝「Microsoft Power BI 報表伺服器」的歡迎畫面

step02　進入安裝步驟，選擇安裝的版本後（在此選擇「開發人員」版，就可以免費測試開發），按「下一步」。進入檢閱授權條款畫面，勾選「我接受授權條款」後，按「下一步」，如圖 10.2：

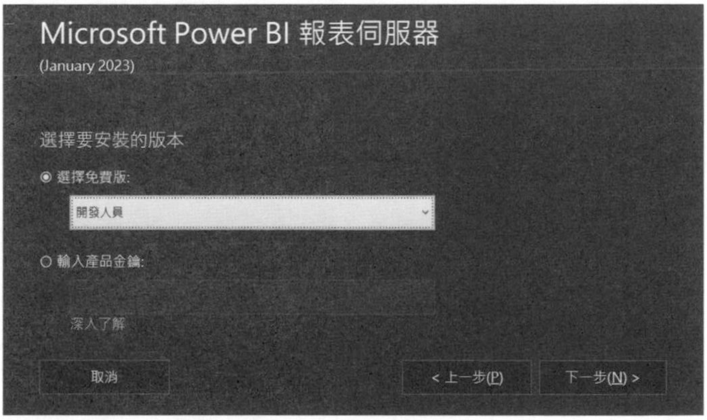

圖 10.2　選擇要安裝的版本

step03　安裝的過程，點選「僅安裝 Power BI 報表伺服器」後，按「下一步」，如圖 10.3 所示：

圖 10.3　僅安裝 Power BI 報表伺服器

step**04**　指定 PBIRS 的安裝路徑，點選「安裝」後進行安裝，如圖 10.4：

圖 10.4　指定安裝路徑並進行安裝

step**05**　安裝完，即可進行「設定報表伺服器」，如圖 10.5 所示：

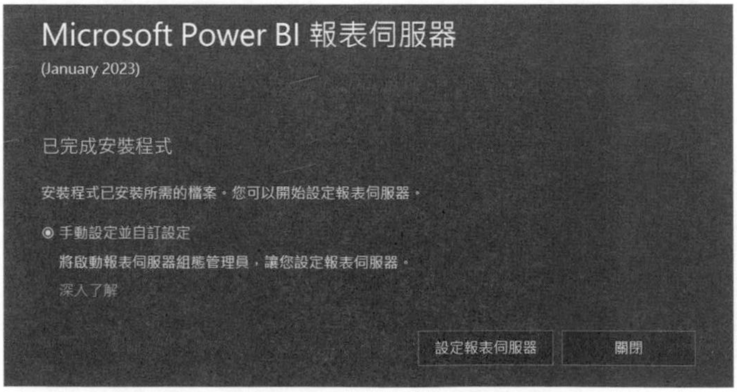

圖 10.5　完成安裝並可進行設定 PBIRS

完成安裝動作後，仍需啟動「報表伺服器組態管理員」，以完成 PBIRS 的初始設定。

10.2 報表伺服器組態管理員

當安裝完 SSRS 或 PBIRS，會分別在開始的列表中出現「Microsoft SQL Server Reporting Services」和「Microsoft Power BI Report Server」的資料夾，其選單中皆有「Report Server Configuration Manager」[2]，可以用來設定 SSRS 或 PBIRS 的組態。

使用 PBIRS 前，需完成組態設定，透過「報表伺服器組態管理員（Report Server Configuration Manager）」來設定報表伺服器所使用的中繼資料庫、Web 介面的「入口網站[3]」與「Web 服務」的 URL 等。同時也可以透過「報表伺服器組態管理員」來檢視與修正報表伺服器的相關設定。其設定工作有：

- **服務帳戶**：指定服務帳戶。
- **Web 服務 URL**：設定報表伺服器虛擬目錄。
- **資料庫**：設定報表伺服器資料庫。
- **入口網站 URL**：設定報表入口網站虛擬目錄。
- **電子郵件設定**：設定訂閱編頁報表所需的電子郵件伺服器與帳戶。

---

[2] 透過「Microsoft SQL Server Reporting Services」→「Report Server Configuration Manager」、「Microsoft Power BI Report Server」→「Report Server Configuration Manager」，其所出現的報表伺服器組態管理員畫面是相同的，其安裝的預設路徑為：
C:\Program Files\Microsoft SQL Server Reporting Services\Shared Tools\RSConfigTool.exe
或 C:\Program Files\Microsoft Power BI Report Server\Shared Tools\RSConfigTool.exe

[3] SQL Server Reporting Services 2016 版以 HTML5 重新開發了「報表入口網站」取代前版的「報表管理員」。雖然將網站改名了，但許多的設定選項，依然維持原來的名稱：ReportManager。

- **執行帳戶**：指定連接至不提供認證的資料來源所需的執行帳戶，例如以檔案當作資料來源。

- **加密金鑰**：建立以及備份、還原加密金鑰，以取得報表伺服器資料庫內加密資料使用權。

- **訂閱設定**：設定訂閱時，存取共享檔案目錄的共用帳戶。

- **向外延展部署**：用以設定 Web-farm 架構，讓多台報表伺服器存取單一中繼資料資料庫。

點選「開始」→「Microsoft Power BI Report Server」→「Report Server Configuration Manager」，即可開啟報表伺服器組態管理員。首先於「報表伺服器組態連線」頁面中，選擇「PBIRS」後（由於 PBIRS 尚不支援多執行個體，所以無法選擇其他的執行個體名稱），按「連線」即進入 PBIRS 的組態設定，如圖 10.6 所示：

圖 10.6　Power BI 報表伺服器組態連線畫面

報表伺服器組態管理員完成連線後，進入報表伺服器狀態畫面[4]，有「執行個體識別碼」、相關「版本」訊息及「報表伺服器狀態」…等，如圖 10.7 所示：

圖 10.7　Report Server Configuration Manager 提供的設定畫面

因為 PBIRS 常常在更新，可能會需要透過圖 10.7 所呈現的「產品版本」編號來確認所安裝的版號，以求證功能和相容性。接下來，說明 PBIRS 組態的相關設定。

---

[4] 從管理畫面可能看到微軟產品小組未隨著產品命名修改應用程式標題列，此處的產品名稱是「Report Server Configuration Manager」，但應用程式標題列寫得卻是「Reporting Services 組態管理員」。而本書其後這兩個名稱混用，以對應所擷取畫面上的文字。

10.2.1　設定虛擬目錄

「報表伺服器 Web 服務」與報表「入口網站」皆透過 URL 的方式存取應用程式 API，組態管理員中「Web 服務 URL」是用來設定存取報表伺服器的 Web 服務虛擬目錄，而「入口網站 URL」則是用來存取報表入口網站。

設定報表伺服器虛擬目錄

切換至組態管理員的「Web 服務 URL」頁籤，在此頁面中可以設定報表伺服器所使用的虛擬目錄、通訊埠以及 IP 位置。同時可以指定 HTTPS 憑證，以支援加密的報表傳輸協定。

在 PBIRS 的虛擬目錄預設為「ReportServer」，如圖 10.8 所示：

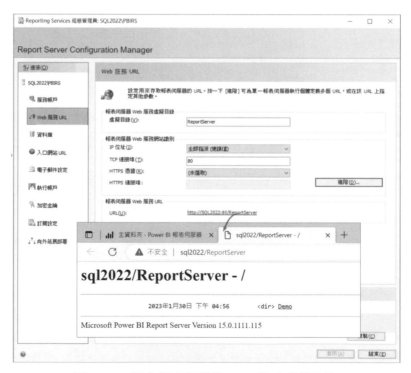

圖 10.8　設定報表伺服器 Web 服務虛擬目錄

點選「進階」按鈕可以進一步定義 Windows 作業系統的 http.sys 收到 HTTP/URL 要求時,要轉送給 PBIRS 的 Web 服務之 IP/Port/主機標頭定義,或是設定 https 所要用的憑證與相關的資訊。若第一次設定,且不需要改變預設值,可直接按右下方的「套用」按鈕,讓組態管理員完成相關的 HTTP 註冊。

設定報表入口網站虛擬目錄

當切換至組態管理員的「入口網站 URL」頁籤,在此頁面中可以設定報表入口網站所使用的虛擬目錄,如圖 10.9 所示:

圖 10.9　設定 Power BI 報表伺服器入口網站虛擬目錄

入口網站也是向 Windows 核心的 Http.sys 註冊,當符合的 IP 位址、主機標頭、TCP 連接埠和虛擬路徑符合時,導向到報表服務所提供的 HTTP/HTTPS 服務。報表服務自己擁有 Host 的程序,而不靠 Windows 作業系統的 IIS 服務。

10.2.2 指定報表伺服器資料庫

PBIRS 使用 SQL Server 資料庫儲存報表定義以及服務相關設定與資訊，可以透過「組態管理員」的「資料庫」頁籤，檢視目前報表伺服器的資料庫連接。

圖 10.10　設定報表伺服器資料庫

點選圖 10.10 的「變更資料庫」按鈕，可以新建或連接到已存在的資料庫。若要切換新的資料庫，則點選「建立新的報表伺服器資料庫」選項，此時系統可以新增空白的報表伺服器資料庫，或是「選擇現有報表伺服

器資料庫」。後者主要是沿用之前版本曾經建立的資料庫[5]，或使用於「向外延展部署」架構。

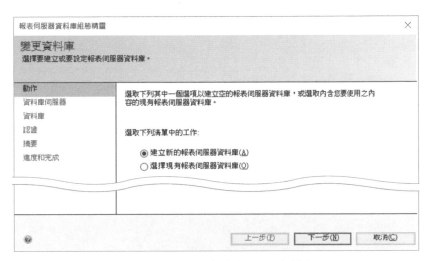

圖 10.11　變更報表伺服器資料庫

透過「Reporting Services 組態管理員」設定或建立資料庫時，會利用「資料庫伺服器」步驟所指定的使用者登入資料庫，這個使用者帳戶[6]要有足夠大的權限，能夠建立存放中繼資料的資料庫，並賦予「認證」步驟指定的使用者應有的權限，讓報表服務透過「認證」頁籤所設定的帳號存取資料庫時，有足夠的權限。

---

[5] 可能是升級、移轉、災難復原…等，一旦 PBIRS 服務的程式連結到該資料庫，會自動更新到程式要用的資料庫版本，就算是上 SQL CU（Cumulative Update）修補程式都有可能改變 PBIRS 的資料庫版本，這是程式自己記載的版本，不是 SQL Server 或資料庫格式版本。

[6] 只在當下設定資料庫時使用，並未存放在任何地方，用過即釋放這個帳號。

相關的設定畫面如圖 10.12 所示：

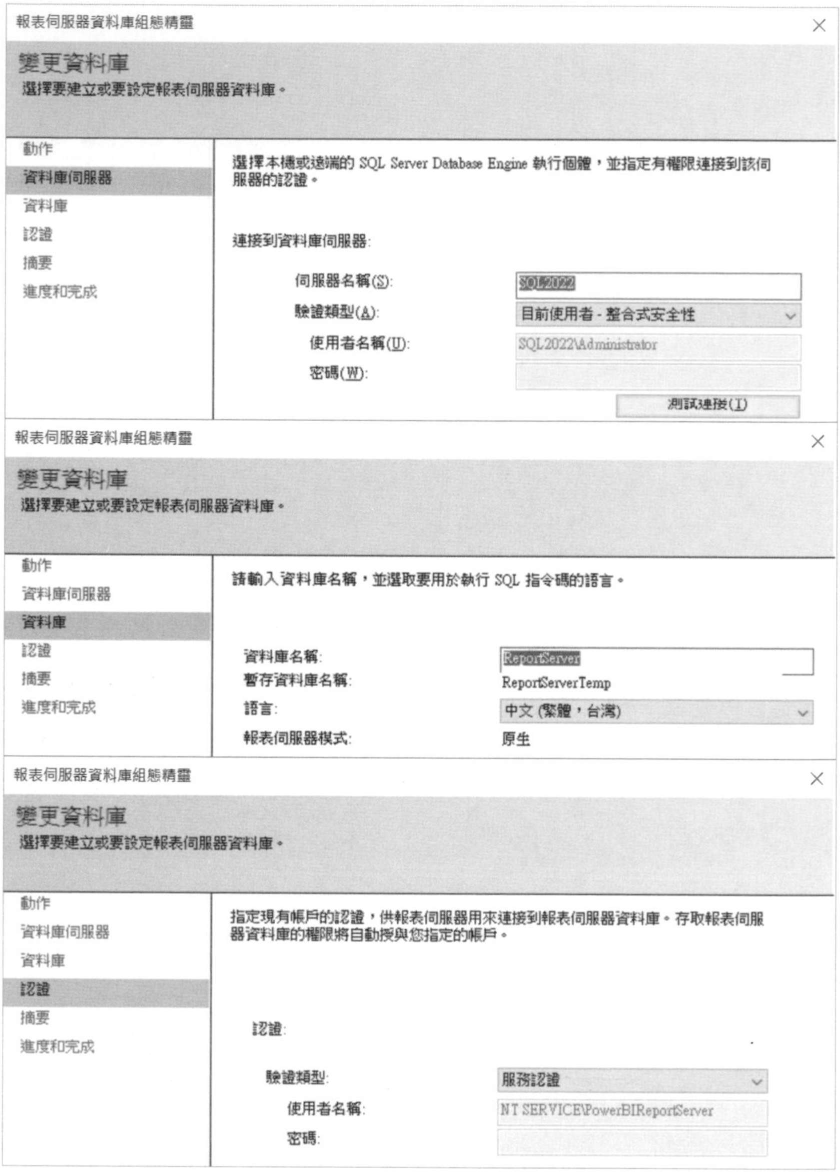

圖 10.12　變更資料庫以及 PBIRS 登入存取資料庫的認證

完成上述設定後，將先前收集到的資料呈現在摘要頁面：

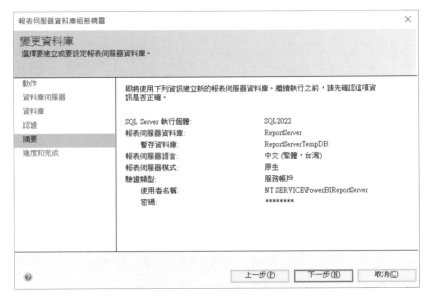

圖 10.13　建立報表伺服器存放中繼資料資料庫之定義

於指定的 SQL Server 執行個體中，會建立兩個資料庫來儲存中繼資料和物件。一個資料庫是主要儲存體，而另一個儲存暫存資料。兩個資料庫會一起建立。資料庫預設的命名為 ReportServer 和 ReportServerTempDB，這兩個資料庫統稱為「報表伺服器資料庫」或「報表伺服器目錄」。

10.2.3　電子郵件設定

PBIRS 包含了「電子郵件傳遞延伸模組」，允許編頁報表訂閱者將報表傳遞至電子信箱（Power BI 報表無法訂閱）。「電子郵件傳遞延伸模組」使用「Simple Mail Transport Protocol（SMTP）」協定來傳遞報表或通知，可透過「組態管理員」指定 SMTP 伺服器。

切換至「電子郵件設定」頁籤，於「寄件者地址」中輸入電子郵件信箱，這欄位就如寄信給別人時顯示的寄件者信箱，在「SMTP 伺服器」欄位

中填入 SMTP 服務的位址或名稱，設定完成後按下「套用」鍵，如圖
10.14 所示：

圖 10.14　設定電子郵件，讓報表伺服器可以寄發報表

10.2.4　維護帳戶

服務帳戶

「服務帳戶」設定 PBIRS 服務執行時所使用的 Windows 帳戶。此帳
戶設定後，如果需要更新密碼或變更帳戶時，一樣用「組態管理員」
修改。

圖 10.15　設定「服務帳戶」畫面

在「服務帳戶」中，主要是維護報表服務的 Windows 帳戶，在此可選擇系統內建帳戶（虛擬服務帳戶、網路服務）或者是特定 Windows 帳戶。如用本機帳戶，注意是否需要存取遠端資料庫伺服器、郵件伺服器和網域控制站的權限。

執行帳戶

「執行帳戶」選項可選擇性設定，賦予 PBIRS 採用的帳戶。以報表取用的資料來源而言，PBIRS 支援幾種不同的認證模式，例如：

- 模擬目前的使用者（以使用者的身分讀取資料來源）
- 提示使用者提供認證（要求使用者自行輸入帳號/密碼）
- 使用預存在報表服務內的認證
- 不需要認證

若是採用「不需要認證」，則系統會使用此執行帳戶來存取資料來源。

圖 10.16　設定「執行帳戶」畫面

10.2.5　加密金鑰

在 ReportServer 資料庫中有些資訊會被加密，例如，對報表資料來源連線的密碼，這些加密的資料需要金鑰才能解密。因此當存取 ReportServer 資料庫時，可能需要使用加密金鑰。如果要移轉 PBIRS 的 Windows 伺服器，也需移轉加密金鑰。

為了加/解密，PBIRS 在安裝過程中產生金鑰，並用服務帳戶的資訊來加/解密這把鑰匙，當 Windows 作業系統損毀，或讓另外一台 PBIRS 伺服器共同存取 SQL Server 內的 ReportServer 中介資料庫（以分散負載），若沒有相同的金鑰，將解不開存放其中加密過的資訊。

使用加密金鑰的好處是若未經授權複製並存取資料庫，被加密的資料會受到保護；壞處是如果忘了備份金鑰，日後要重裝或移轉 PBIRS，被加密的資料也就無法使用，需要清除後重新設定。

以下是使用「Reporting Services 組態管理員」備份 PBIRS 加密金鑰的
步驟：

■ 開啟 Reporting Services 組態管理員，並點選左方的「加密金鑰」
項目。

■ 於右方的「加密金鑰」畫面中按下「備份」鍵，會出現「備份加密
金鑰」對話窗，輸入欲儲存的檔名與路徑，於「密碼」欄位設定密
碼。輸入完按「儲存」即完成備份。

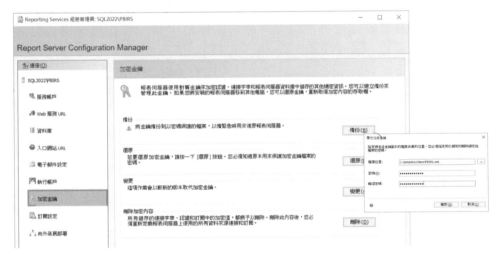

圖 10.17　設定「加密金鑰」備份畫面

完成後，須妥善保管備份的加密金鑰檔，以便日後搬移或復原報表服務
時使用。還原金鑰會覆寫儲存在 PBIRS 中現有的金鑰，還原的步驟與
備份相同。

強調一點，備份出來的金鑰檔就是用「備份加密金鑰」對話窗所指定的
密碼加密，這密碼只有執行備份的人知道，並未存放在任何地方，若還
原或重建 PBIRS 時，忘了這密碼將無法解開加密後的金鑰備份檔，則
只能選擇此「加密金鑰頁籤」的「刪除加密內容」，事後重新設定報表
所用到的各種連線定義與帳密。

10.2.6 向外延展部署架構

PBIRS 是企業級的報表服務平台,除了將報表服務所有元件安裝在同一台機器外,也提供「向外延展部署(Scale-out Deployment)」架構,可以支援大量使用者的負載。「向外延展部署」架構是指在多台 Windows 主機上安裝 PBIRS,但彼此共用 PBIRS 資料庫,以存取相同的報表定義並統合執行紀錄,藉由多台 PBIRS 來因應產生大量報表所需的運算力。

設定 PBIRS 向外延展部署後,可以透過 Windows 的網路負載平衡(NLB)叢集或其他提供負載平衡的軟硬體,將向外延展架構設為單一的虛擬伺服器名稱,來達到負載平衡(load balance)。不過架構規劃必須要考量企業的報表使用需求、報表產製模式以及預算,例如大多是利用排程或是訂閱的方式來取得報表,此種背景運算可能不需要 NLB。向外延展部署較適合互動使用者多,且同時大量查詢報表。

在此架構下的所有 PBIRS 必須使用同一種驗證延伸模組,如果主機間驗證模式不同,當執行報表作業時,切換至不同認證模式的報表主機會發生認證無法繼承而中斷,導致存取被拒的狀況。

「向外延展部署」架構下所有 PBIRS 的服務帳戶最好設成相同網域帳戶。用來登入 SQL Server 的帳戶,必須授與主控 ReportServer 資料庫之 db_owner 角色權限。而加密金鑰透過「Reporting Services 組態管理員」的「向外延伸部署」同步。

「向外延伸部署」的安裝方式是在另一台伺服器中安裝 PBIRS(第二台以上的機器)後,再利用「Reporting Services 組態管理員」連結至該伺服器,切換至「資料庫」頁籤,點選「變更資料庫」。此時在「變更資料庫」對話方塊中選取「選擇現有的 PBIRS 資料庫」,接下來指定要使用的 SQL Server 執行個體,以及利用下拉選單選取報表資料庫(預設為 ReportServer),點選確認即可完成共用 PBIRS 資料庫的初步設定。

在此以兩台伺服器示範，先裝好 SQL2022 伺服器上的 PBIRS，並完成 ReportServer 資料庫設定。接著安裝 SQL20223 伺服器上的 PBIRS，並指定使用先前 SQL2022 伺服器上 PBIRS 所建立的資料庫，如圖 10.18：

圖 10.18　向外延展部署架構變更資料庫至共用報表伺服資料庫

接下來，利用「Reporting Services 組態管理員」連結至先前裝好的
SQL2022 伺服器，切換至「向外延展部署」頁籤，此時可以在畫面中看
到有兩個 PBIRS 執行個體，其中一台的狀態為「正在等候加入」，如
圖 10.19。

圖 10.19　向外延展部署正在等候加入狀態

此時只需要點選該執行個體，並點選「加入伺服器」，即可將狀態轉換
為「已加入」。日後也可以利用「移除伺服器」按鈕，將此向外延展部
署架構中的執行個體卸除。

圖 10.20　向外延展部署加入伺服器狀態

需要注意的是，因為加密金鑰是第一台機器安裝時產生的，安裝第二台以上的機器需取得先前 PBIRS 產生的鑰匙，所以在已加入延伸部署的機器上執行組態管理員，透過「向外延展部署」頁籤點選「加入伺服器」，在加入新伺服器的當下，既有的 PBIRS 將透過 WMI 傳遞鑰匙給新的 PBIRS，若被防火牆擋住將無法完成加入。

如果在實際應用上，要兩個執行個體設定不同虛擬目錄，支援不同的服務需求（例如一台給總公司、一台給所有分公司使用者），就要利用組態管理員設定各自的虛擬目錄資訊。

完成 PBIRS 的設定後，透過「入口網站 URL」可呈現 KPI、編頁報表、和 Power BI 報表，若要在 PBIRS 以瀏覽器直接檢視上傳的 Excel 檔案，則需要另外安裝「Office Online Server」，並透過首頁上方工具列的「設

定」→「網站設定」連結,在「一般」頁籤指定「Office Online 伺服器探索端點 URL」,如圖 10.21 所示:

圖 10.21　透過 Office Online Server,讓 PBIRS 可以直接檢視 Excel 內容

一旦有了 OOS,就可以在 PBIRS 直接檢視 Excel 的內容,操作樞紐分析表。但要強調的是 PBIRS 並未提供更新 Excel 資料的功能,若要更新 Excel 的內容,必須重新上傳更新過內容後的 Excel 檔案。

因為 PBIRS 是由多種服務組成，在此呈現當機器上裝有 PBIRS 時，透過作業系統提供的「Process Explorer」工具程式觀察多個服務各自使用的應用程式，如圖 10.22 由上到下依次呈現：

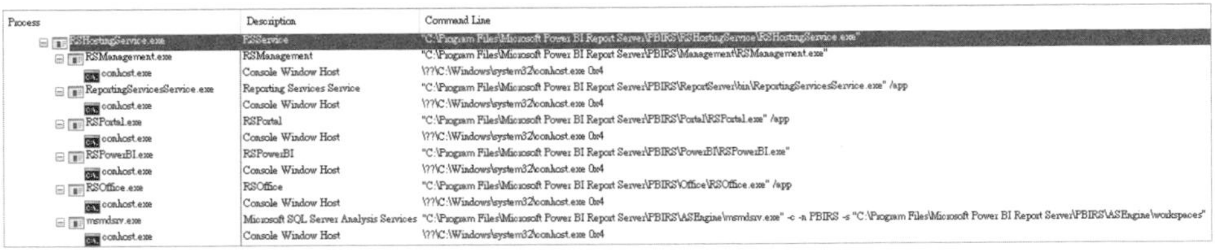

Process	Description	Command Line
RSHostingService.exe	RSService	"C:\Program Files\Microsoft Power BI Report Server\PBIRS\RSHostingService\RSHostingService.exe"
RSManagement.exe	RSManagement	"C:\Program Files\Microsoft Power BI Report Server\PBIRS\Management\RSManagement.exe"
conhost.exe	Console Window Host	\??\C:\Windows\system32\conhost.exe 0x4
ReportingServicesService.exe	Reporting Services Service	"C:\Program Files\Microsoft Power BI Report Server\PBIRS\ReportServer\bin\ReportingServicesService.exe" /app
conhost.exe	Console Window Host	\??\C:\Windows\system32\conhost.exe 0x4
RSPortal.exe	RSPortal	"C:\Program Files\Microsoft Power BI Report Server\PBIRS\Portal\RSPortal.exe" /app
conhost.exe	Console Window Host	\??\C:\Windows\system32\conhost.exe 0x4
RSPowerBI.exe	RSPowerBI	"C:\Program Files\Microsoft Power BI Report Server\PBIRS\PowerBI\RSPowerBI.exe"
conhost.exe	Console Window Host	\??\C:\Windows\system32\conhost.exe 0x4
RSOffice.exe	RSOffice	"C:\Program Files\Microsoft Power BI Report Server\PBIRS\Office\RSOffice.exe" /app
conhost.exe	Console Window Host	\??\C:\Windows\system32\conhost.exe 0x4
msmdsrv.exe	Microsoft SQL Server Analysis Services	"C:\Program Files\Microsoft Power BI Report Server\PBIRS\ASEngine\msmdsrv.exe" -c -n PBIRS -s "C:\Program Files\Microsoft Power BI Report Server\PBIRS\ASEngine\workspaces"
conhost.exe	Console Window Host	\??\C:\Windows\system32\conhost.exe 0x4

圖 10.22　提供 PBIRS 各項功能的應用程式組合

從圖中的「Process」和「Command Line」欄位，可以觀察到 PBIRS 以「RSHostingServices.exe」負責管理實際提供各項功能的獨立執行檔，透過 Windows 伺服器的「服務」管理工具觀察，當叫起 Windows 服務時，「Power BI 報表服務」實際執行的應用程式為：

```
C:\Program Files\Microsoft Power BI Report Server\PBIRS\RSHostingService\
RSHostingService.exe
```

圖 10.22 呈現的個別執行檔提供之功能如下[7]：

- RSManagement.exe：提供 Web API 的存取
- RSPortal：提供報表入口網站
- ReportingServicesService：提供 Web 服務以及批次背景工作
- RSPowerBI：提供 PowerBI 服務

7 由於尚未有文件確切說明這幾個應用程式的分工方式，我們是觀察個別執行檔所產生的紀錄來推斷，其紀錄檔預設放在如下的位置：
C:\Program Files\Microsoft Power BI Report Server\PBIRS\LogFiles

■ RSOffice： 提供以 Web 呈現 Excel 的服務

■ msmdsrv：提供解析 PowerBI 資料模型的 Analysis Services 服務

透過「服務」管理工具檢視的畫面如圖 10.23 所示：

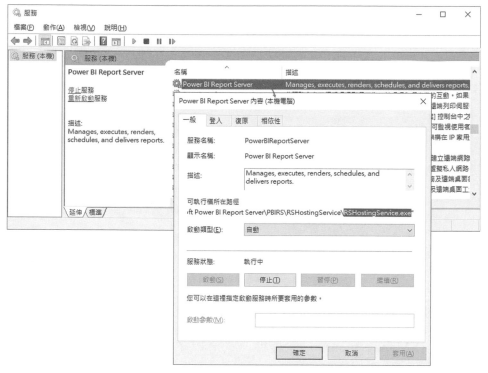

圖 10.23　PBIRS 以 RSHostingService.exe 管理提供服務各項功能的其他執行檔

10.3 管理工具

與 PBIRS 較為有關的管理工具如下：

■ PBIRS 組態檔與組態管理員

■ SQL Server Management Studio（SSMS）

■ 報表入口網站/管理員

首先，「PBIRS 組態管理員」就是 RSReportServer.config 設定檔的圖形化介面，而該檔是 XML 格式的文字檔，可以透過文字編輯器直接修改 RSReportServer.config 中的設定，在前一小節中也已經說明了組態管理員的使用方式，進一步的說明可以參照「10.7.1 PBIRS 組態檔」一節。

10.3.1 SQL Server Management Studio

利用 SQL Server Management Studio（縮寫為 SSMS）可以存取、設定、管理和開發 SQL Server 所有的伺服器物件。若要管理 PBIRS，於「物件總管」視窗的「連線」下拉選單選擇「Reporting Services」，或在開啟 SSMS 時，「物件總管」詢問要連線至伺服器執行個體的對話窗中，於「伺服器類型」選單中選擇「Reporting Services」，在「伺服器名稱」窗格設定 PBIRS 入口網站的 URL，例如：「http://localhost/Reports」，或電腦名稱（本機也可輸入 localhost），即可於「物件總管」呈現相關的屬性，以針對 PBIRS 進行管理。

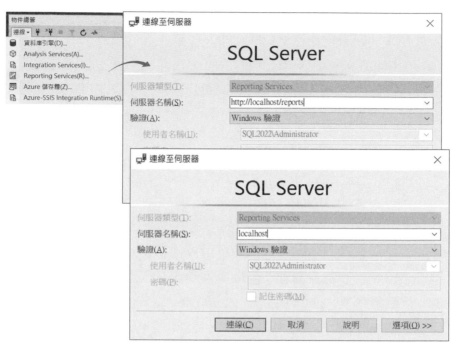

圖 10.24 在 SSMS 物件總管要連接到某個伺服器時，選擇類型為「Reporting Services」

在 SSMS 連接 PBIRS 之後，可以看到如圖 10.25 所示的管理介面，大致分為三個部分：

■ 作業

■ 安全性

■ 共用排程

圖 10.25 SSMS「物件總管」對 PBIRS 提供的管理項目

關於 SSMS 所提供的「安全性」和「共用排程」於下兩節說明，在此解釋「作業」的功能。

滑鼠右鍵點選「作業」節點，於快捷選單選擇「重新整理」選項，其下方會呈現報表服務正在執行的作業。我們故意建立要跑 30 秒鐘的編頁報表，並以兩個瀏覽器分別點選該報表，因此在圖 10.25 中呈現了兩個作業。以滑鼠右鍵點選某個正在執行的作業節點，並選擇「屬性」選項，可檢視該作業的內容，如圖 10.26 所示：

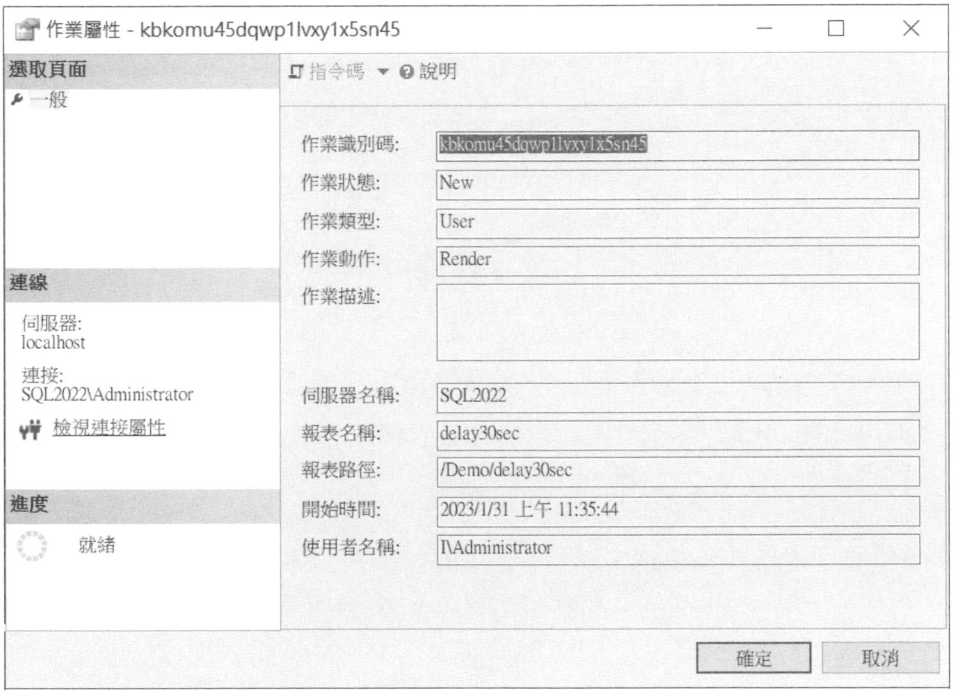

圖 10.26　檢視報表服務正在執行的作業

以圖 10.26 的範例而言，該作業是正在檢視編頁報表，若管理者覺得該報表執行過久，可以直接選擇「取消作業」選項，如圖 10.27 所示：

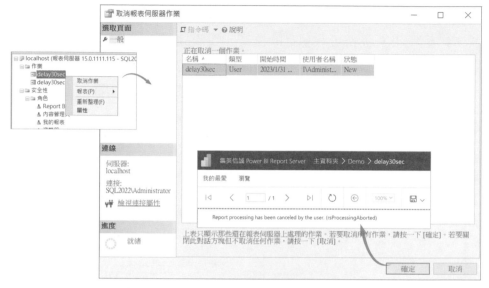

圖 10.27　取消報表服務正在執行的作業

如同圖 10.27 上方取消了正在轉譯的報表，則使用者尚在等待的網頁會出現如圖 10.27 下方的錯誤訊息。然而執行很久的 Power BI 報表（非編頁報表），不會出現在「作業」上。

SSMS 可以設定 PBIRS 屬性。滑鼠右鍵點選 SSMS 的 PBIRS 節點，選取「屬性」即可開啟「伺服器屬性」對話方塊，其內包括了以下頁籤：

一般

在「一般」頁籤中檢視 PBIRS「版本」、「驗證模式」，以及決定是否「為每個使用者啟用我的報表資料夾」。「我的報表」資料夾是授與每位使用者有自己的空間，以儲存、檢視與管理自己的報表，除了管理者外其他人無法使用，畫面如圖 10.28 所示：

圖 10.28　PBIRS 屬性「一般」頁籤

使用者對各自的「我的報表」資料夾擁有之權限，決定於圖 10.28 下方「選取要套用至每個[我的報表]資料夾的角色」下拉選單所選擇的角色。預設值是「我的報表」，而這個角色有什麼權限，使用者對屬於自己之「我的報表」資料夾就有什麼權限。改變「我的報表」資料夾設定後，需要重啟 PBIRS 服務讓設定生效。每位使用者登入報表入口網站時，會看到「My Reports」資料夾，如圖 10.29 所示：

圖 10.29　啟用「我的報表」資料夾後，使用者在入口網站可以使用屬於個人的「My Reports」資料夾

在圖 10.29 右方還有一個「Users Folders」是管理者才看得到的資料夾，其內包含所有使用者的「我的報表」資料夾。預設管理者對個別使用者「我的報表」資料夾沒權限，但管理者可以賦予自己所需之權限，以管理該資料夾。

執行

設定執行轉譯報表的逾時值，如圖 10.30 所示：

圖 10.30　設定執行報表可用的時間長度

歷程記錄

指定編頁報表當作歷史報表之快照集的副本數量，此功能也可在報表入口網站的「站台設定」修改。如圖 10.31 所示：

圖 10.31　設定保留固定數目的編頁報表快照集

當保留複本的數量達到限制時，就會從已存在的報表快照集中移除較舊的複本。

記錄[8]

啟用轉譯報表的執行紀錄，記載在 ReportServer 資料庫的 ExecutionLogStorage 系統資料表內。以及指定移除多久天數以前的紀錄，可以此來分析使用者查詢報表的狀況。設定畫面如圖 10.32 所示：

圖 10.32　設定 PBIRS 要保留多久的使用者查詢報表紀錄

安全性

指定是否要「為報表資料來源啟用 Windows 整合式安全性」以及「啟用特定報表執行」。所謂「Windows 整合式安全性」是指 PBIRS 會將存取報表的使用者認證，轉送至外部資料來源的伺服器（例如 SQL Server）。所以，當設定報表資料來源時，如果選擇「Windows 整合式安全性」連接到外部資料來源，PBIRS 就不會要求使用者輸入帳號與密碼，直接以登入報表服務的使用者身分來存取資料來源。

若取消勾選「為報表資料來源啟用 Windows 整合式安全性」，則編頁報表只能用「提示認證」、「預存認證」以及「無認證」取得使用者身分。其設定畫面如圖 10.33 所示：

---

[8] 每次撰寫到 "記錄" 這兩個字的時候都讓筆者非常煩躁。基於語文上的定義，"記錄" 是動詞，"紀錄" 是名詞，但微軟的翻譯統一翻作 "記錄"，不管詞性。這在撰寫功能說明時，會變成參照圖解文字時，用 "記錄" 這兩個字，但實際解說時，因為大多是名詞，導致雖然說明是對應到相同的設定，但會以 "紀錄" 表示。

圖 10.33 「為報表資料來源啟用 Windows 整合式安全性」設定決定是否可以傳遞登入 PBIRS 的使用者身分到報表資料來源伺服器

圖 10.33 中，取消勾選「為報表資料來源啟用 Windows 整合式安全性」，但報表資料源仍採用「作為使用者檢視報表」，則轉譯報表時左下角會有如下錯誤：

> 此資料來源設定為使用 Windows 整合式安全性。此報表伺服器已停用 Windows 整合式安全性，或者您的報表伺服器正在使用信任帳戶模式。（rsWindowsIntegratedSecurityDisabled）

> This data source is configured to use Windows integrated security. Windows integrated security is either disabled for this report server or your report server is using Trusted Account mode.

「啟用特定報表執行」設定啟用「報表產生器」功能與否，如果要讓使用者直接透過「入口網站」叫用「報表產生器」，請勾選「啟用特定報表執行」選項。在 Reporting Services 2016 版以後，報表產生器是直接

從網站下載安裝。選擇編頁報表相關物件時，可從快捷選單的「在 Report Builder 中編輯選項」叫起「報表產生器」，與此處的設定沒有關係，因此被停用了。

進階

提供很多的細項設定，如圖 10.34 所示：

圖 10.34　報表服務提供的細項設定

而這些設定存在 ReportServer 資料庫 ConfigurationInfo 系統資料表內，可以直接查詢或修改，在此不一一詳述，各項目用途請參照以下的線上說明：

```
https://learn.microsoft.com/zh-tw/sql/reporting-services/tools/server-
properties-advanced-page-reporting-services?view=sql-server-ver16
```

10.3.2 報表入口網站

「報表入口網站」的「設定（齒輪圖示）」連結可管理 PBIRS 的總體屬性、商標、安全性與共用排程，直接點選畫面右上方的「網站設定」即可進入。

圖 10.35　報表入口網站提供的站台管理功能

站台設定的功能包括了：

- **一般**：等同於 SSMS 的屬性對話窗中的「執行」以及「歷程紀錄」頁籤

- **商標**：可以改變報表入口網站的頁首圖案與網站配色，例如加上公司的商標圖形，或調整網站的配色方式以符合公司網站所要求之配色。

- **安全性**：設定報表網站的管理員者與使用者，賦予檢視系統屬性、管理共用排程等權限。

- **排程**：在此設定的排程也就是整個 PBIRS 的共用排程，等同於 SSMS 中的「共用排程」功能。

10.4　PBIRS 安全設定

報表用來記載與呈現企業內重要的營運資訊，其內的重要資料若外流可能造成難以估算的損失。要能符合企業需求以產生彈性的安全性政策，又不增加太多權限管理的設計、開發與管理的人力成本，便成了重要的考量。

伺服器一般的安全性會建構在「使用者身分驗證」與「使用者授權」兩大基礎上，須同時兼顧使用者的便利性以及存取資料安全。PBIRS 身分驗證結合 Windows/AD 帳號驗證，權限則是採取角色為基礎的安全模式，可彈性地結合安全性角色以及報表物件。此外，Power BI 個別報表提供了「資料列層級安全性」，讓不同的使用者查詢相同報表時，呈現的結果不同。

PBIRS 針對伺服器內的資源，如：資料來源、報表、目錄以及其他各種資源的存取，分類可用的權限，管理者建立角色並賦予權限組合，再將 Windows 系統使用者或群組指派至適當的角色以管理安全性。

角色定義分為「項目層級（Item-level）」以及「系統層級（System-level）」，接下來介紹 PBIRS 上的項目層級安全性角色。

10.4.1 項目安全性工作與角色

PBIRS 裡的項目層級角色其實是一系列執行「工作（Tasks）」的權限集合，工作的內容包括使用資料夾、資料來源、報表、訂閱等物件的執行權限。根據需求排列組合這些工作後即構成項目安全性角色，PBIRS 有五個預先定義好的項目層級角色：

- 管理員（Content Manager）：具有管理 PBIRS 內容（包括資料夾、報表和來源）之完整權限，預設最大權力的角色。

- 我的報表（My Reports）：伺服器啟用「我的報表」功能後，會產生使用者專屬的「我的報表」資料夾，使用者依此角色定義，可以發行報表和連結報表至其專屬「我的報表」資料夾中，並管理其中的資料夾、報表和來源。

- 報表產生器（Report Builder）：可檢視報表定義。

- 發行者（Publisher）：可將報表、連結報表和允許的檔案類型發佈到 PBIRS。

- 瀏覽者（Browser）：可以檢視資料夾、報表和訂閱報表。

若是五種預先定義的角色無法滿足管理上的需求，可以透過 SSMS 自訂新的角色。新增自訂角色時，會看到執行特定工作的權限列表，如圖 10.36 所示：

圖 10.36　建立自訂角色並賦予特定的工作權限

若要建立新的安全性角色，可在「物件總管」展開「安全性」節點，在「角色」節點以滑鼠右鍵選取「新增角色」選項。在開啟的「新增使用者角色」對話窗輸入要新增角色的名稱、描述，並勾選角色成員可以執行的工作。按下「確定」後，SSMS 樹狀目錄中就會出現剛才新增的安全性角色，在入口網站也會同時出現該角色。

10.4.2　入口網站設定項目安全性角色

在 PBIRS 可以針對資源授權，例如：授權資料夾、資料來源（一般資料來源與共有資料來源）、報表（報表、連結報表）、訂閱、報表模型等。為了簡化整個安全設定流程，讓管理員不需要針對所有的物件一一設定，其權限預設會透過資料夾目錄向下繼承。也就是說，當完成某個資料夾的安全性設定之後，該資料夾中的所有物件，包括資料來源、報表與子資料夾，預設會繼承該資料夾的安全設定。

簡單以主資料夾示範，如圖 10.37 所示，進入 PBIRS 入口網站首頁，點選右上方工具列的「管理資料夾」連結，進入「管理」頁面：

圖 10.37　設定使用者或群組對主資料夾的存取權限

點選「新增群組或使用者」後，在「新增角色指派」畫面中可以輸入欲設定的群組或使用者名稱（網域\使用者名稱，或是電腦\使用者名稱，可省略電腦名稱），圖 10.37 下方可選取使用者或群組適用的安全性角色。設定好群組或使用者名稱，以及對應的安全性角色後按下「確定」，即可在「安全性」子頁籤中檢視新加入的安全性角色指派。如果輸入的群組或使用者名稱不是目前主機使用者或是 AD 使用者時，會跳出驗證警告訊息，告知該使用者或群組不存在。

在圖 10.37 上方的說明中，PBIRS 此版（2023 年 1 月版）網頁出現了「主資料夾」這幾個字的 unicode 編碼（&#20027…等），在 2023 年 5 月版修正了，此處留下錯誤畫面讓你參考😊

如果要指派任何子項目的安全性，請先進入報表入口網站→滑鼠點選該項目右方的「…」，選擇「管理」進入「屬性」頁面，再切換至「安全性」子頁籤，參考圖 10.38（此範例是設定資料夾安全性）。此時在畫面右側可看到安全性內容，預設是繼承父目錄的設定，點選「自訂安全性」進行修改。

圖 10.38　編輯個別項目安全性

在入口網站可以設定個別項目的安全性，以覆寫繼承而來的安全性設定。在點選「自訂安全性」後，會出現如圖 10.39 之警示訊息，告知系統即將更改繼承自父層的安全性。

圖 10.39　更改繼承安全性警告訊息

變更預設繼承父層安全性可能會造成一些小問題,例如授予使用者報表的瀏覽權限,但卻沒有開放該使用者檢視報表所在資料夾的安全性。雖然該使用者有瀏覽報表的權限,但在網站中找不到包含該報表的目錄,而必須以指向該報表的 URL 檢視。因此若要變更安全性預設值時,PBIRS 會出現警示訊息提醒報表管理者注意邏輯與合理性。

確認要變更父層安全性後,畫面如圖 10.40 所示,此時可點選「新增群組或使用者」以指定使用者或是群組的安全性角色,或點選「使用相同安全性作為父資料夾」以恢復繼承父層之安全性。

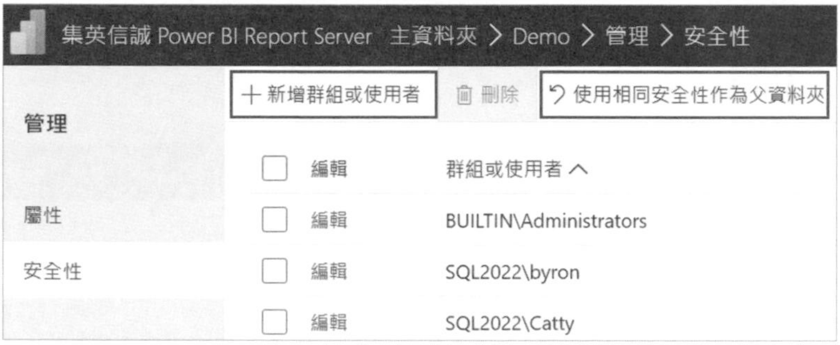

圖 10.40　個別指派安全性或是回復繼承父資料夾的安全性

如果一位使用者被授予了兩個以上的角色,則該使用者具有這些角色「聯集」的權限。同樣地,若使用者以及所在的群組被設定了不同的角色,該使用者也同樣取得兩者(自己與群組)安全性角色的聯集,也就是兩方所賦予的安全性工作該使用者都可以執行。

一般來說,企業的報表使用者數量龐大,再加上企業內的員工可能會離職、轉調、暫代…等異動,為了方便權限設定,建議利用 Windows/AD 群組簡化角色設定。另外,利用資料夾分門別類相關的報表。

10.4.3 系統安全性工作與角色

PBIRS 可以針對報表目錄架構內的各項物件設定項目層級安全性，但有些安全性管理工作卻不在這些目錄架構中，因此必須透過「系統層級安全性角色」來管理。伺服器管理物件包括了 PBIRS 本體、執行、事件、作業、共用排程以及角色。系統層級角色主要是針對這些物件進行新增、刪除、修改與管理，PBIRS 預設有兩種系統層級角色：

- 系統管理員（System Administrator）
- 系統使用者（System User）

「系統管理員（System Administrator）」這個角色名稱常讓人誤解，以為賦予這個角色後，就可執行上節所介紹針對報表、目錄…等項目的所有工作。但此處的系統管理員只能管系統，不能存取報表。其可執行的工作如圖 10.41 所示：

圖 10.41　檢視系統安全性的工作列表

管理員可以指派系統層級安全性角色給特定使用者，用以存取與管理伺服器物件。因為系統層級角色的範圍是伺服器本體，沒有物件階層關

係，在每個伺服器內只需要定義一次。系統層級角色與項目層級角色類似，同樣是根據 Windows/AD 使用者與群組為基礎，當被賦予多重角色時會取其安全性的聯集。如果要指派系統安全性，可依照下列步驟：

step01 進入入口網站→點選畫面右上方的「⚙ 設定」連結→點選「網站設定」→在左下的「網站設定」點選「安全性」頁籤，此時可在畫面右側看到預設的安全性內容，如圖 10.42 所示：

圖 10.42　網站設定 PBIRS 系統安全性

step02 點選圖 10.42 畫面中的「新增群組或使用者」→在開啟的畫面中輸入要授與權限的 Windows 使用者與群組名稱（網域\使用者名稱，或電腦\使用者名稱）→勾選要指派的系統角色即可完成設定。

除了以上兩種系統層級安全性角色外，也可以利用 SSMS 自訂新的角色，透過執行工作的組合產生新的安全性角色，作法與前一小節所說明的建立自訂角色相同。

10.5 資料列層級安全性

Power BI 可以透過「資料列層級安全性（Row Level Security RLS）」來限制使用者存取資料的權限，在不同角色存取相同報表時，以資料列層級篩選，呈現不同的報表結果。例如：同一張銷售報表，北區經理看北區的資料，南區經理看南區的資料。

不管是「匯入」資料或採用「DirectQuery」，都可以設定 RLS。由於 Power BI 與 SQL Server Analysis Services（AS）的「表格式模型（Tabular model）」採用相同的引擎，也可以在 AS 表格模型設計 RLS，Power BI 以「即時連線（Live connect）」存取 AS 表格引擎時，使用相同的 RLS 架構。

以下簡單定義 RLS 的安全性角色，在此，仍匯入 Northwind 範例資料庫至 Power BI Desktop 檔案。主選單選取「模型」頁籤，而後再點選「管理角色」按鈕。如圖 10.43 所示：

圖 10.43　建立存取不同範圍資料的角色

選取「建立」並提供角色名稱。利用中間的「資料表」列表；選取要套用 DAX 規則的資料表和資料行。在最右方的窗格撰寫 DAX 運算式。此運算式逐筆套用在選定的資料表，傳回「true」或「false」決定該筆紀錄是否可以出現在報表。例如此處示範的：

```
[Country]="USA"
```

代表該角色的使用者僅能從 Customers 資料表的 Country 欄位；回傳篩選值為 USA 的紀錄。再透過資料模型的關聯關係，會進一步篩選其他資料表可檢視的資料。

建立 DAX 運算式後，可以選取運算式右上方打勾形狀的核取方塊，以驗證運算式。最後點選「儲存」按鈕。在此，再建立一個 Admin 角色，

不限制任何存取。則日後部署 Power BI 報表到 PBIRS 時,管理者只要加入到這個角色,就不受任何限制。

接著在 Power BI Desktop 中驗證角色,主選單選取「模型」頁籤,而後點選「以角色身分檢視」,設定畫面如圖 10.44 所示:

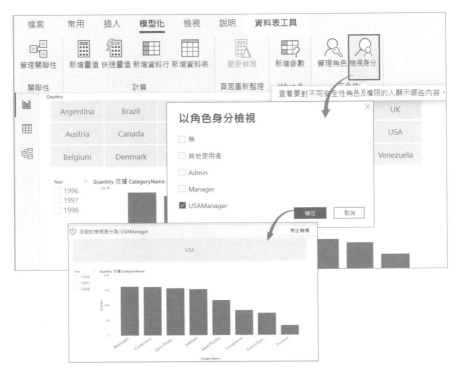

圖 10.44　驗證特定角色篩選的資料是否正確

在「以角色身分檢視」對話窗中,會看到已建立的角色。點選其中某個角色後按下「確定」,即是模擬該角色檢視資料。相較於圖 10.44 模擬角色前後的上下兩圖,可以看到兩個報表間,從 Customers 資料表傳回所有 Country 的紀錄,變成僅有 USA 回傳。

在設定角色篩選的運算式中,能使用 DAX 提供的「UserName」或「UserPrincipalName」函數。須小心的是,若有 Windows 的 AD 網域,

UserName 函數在 Power BI Desktop 中回傳使用者帳戶的格式為「網域\使用者名稱」。但在微軟雲端 Power BI 服務（採用 Azure AD，並非企業內的 AD）和 PBIRS 中，格式則為使用者主體名稱（UPN）：「username@完整的網域名稱」，例如：

```
someone@somecompany.com.tw
```

若使用 UserPrincipalName 函數，則一律回傳使用者主體名稱。建議提供使用者主體名稱（UPN），因為 Power BI 服務和 PBIRS 都會用到。

但若是本機使用者，則兩者在 Power BI Desktop 和 PBIRS 回傳的格式都是「機器名稱\使用者名稱」。

先簡單在 Northwind 範例資料庫建立包含帳號名稱與國家對應的資料表，用來定義角色套用的過濾條件：

範例程式 10.1：用來過濾資料的權限資料表

```
use Northwind
drop table if exists tbUserCountry
create table tbUserCountry(
pk int identity primary key,
userName nvarchar(50),
country nvarchar(50))
go
--因為只有本機帳戶，就不需要採用 user@a.b 格式，僅需要 Machine\User
insert tbUserCountry values
('SQL2022\Catty','USA'),('SQL2022\Catty','UK'),
('SQL2022\Byron','Germany')
```

利用 DAX 的 Contains 函數搭配範例程式 10.1 來篩選 Customers 資料表內的 Country 資料行。

Contains 函數的定義為：如果指定資料表的資料行有包含指定值，即傳回「真(1)」，否則回傳「假(0)」。其函數呼叫格式如下：

```
CONTAINS(<資料表>, <資料行>, <值>[, <資料行>, <值>]…)
```

依據上述規則，新建 Manager 角色，其定義如下：

```
Contains('tbUserCountry',[userName],UserPrincipalName(),[country],[Country])
```

上述的函數定義要求以使用者帳戶（透過 UserPrincipalName 函數回傳）過濾 'tbUserCountry' 資料表的 [userName] 資料行，而後 Customers 資料表內每筆紀錄的 [Country] 欄位值再到 'tbUserCountry' 資料表的 [country] 資料行找尋，若存在就回傳「真」，否則回傳「假」。

「管理角色」的設定畫面如圖 10.45 所示：

圖 10.45　透過權限資料表篩選使用者可以檢視的紀錄

在呼叫 UserName 或 UserPrincipalName 函數傳入使用者身分到 DAX 運算式後，透過「以角色身分檢視」測試時，可同時指定角色和使用者帳戶，以驗證特定使用者登入時，處於被賦予的角色下會檢視到什麼樣的資料。設定畫面如圖 10.46 所示：

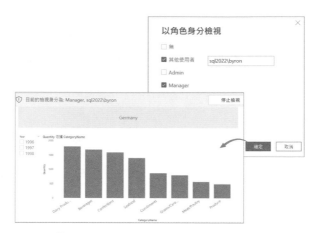

圖 10.46　以「使用者」搭配「角色」測試特定角色的過濾條件

在 Power BI Desktop 中定義角色和規則後，發佈到 PBIRS 時，也會發佈角色定義。無法於 Power BI Desktop 中指派 Windows 帳戶或群組給角色，需在 PBIRS 中設定。設定畫面如圖 10.47 所示：

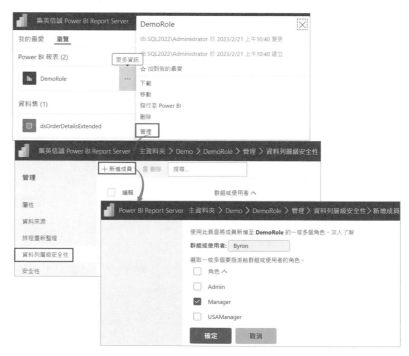

圖 10.47　在 PBIRS 指定 Windows 使用者或群組到 Power BI 之 RLS 的特定角色

一旦賦予了 RLS，若檢視報表的人未被賦予角色，將看不到任何資料，也導致呈現資料的視覺化效果直接報錯，如圖 10.48 所示：

圖 10.48　若檢視報表的使用者看不到任何資料，將導致視覺效果報錯

最後提醒一點，用於 RLS 的權限資料表應該與使用者分析行為無關，但避免外洩權限定義，或許在設計報表時，需要將相關資料表隱藏起來：

圖 10.49　在報表檢視中隱藏不需要出現的資料表

在 Power BI Desktop 切換到「資料」設計頁籤，點選需要隱藏的資料表右方之「…」按鈕，選擇快捷選單中的「在報表檢視中隱藏」選項即可。

10.6 共用排程與報表特定排程

PBIRS 的排程模式分為「共用排程」及「報表特定排程」。維護共用排程較為單純，且在管理排程作業上彈性較大。共用排程可以一次處理多張報表以及多個訂閱，如果要變更或停用排程，只需修改一處。這對於 PBIRS 管理員來說，其管理工作較為輕鬆。

一般管理排程的方式是：報表特定排程只有在共用排程提供的週期都不敷使用時，或是只需針對單一報表設定週期時，才會另行設定某張報表自有的排程。或是針對特定需求的資料集之快取設排程，以定期更新資料集與 KPI、更新 Power BI 報表模型資料，以及定時產生快照集、歷史報表[9]。

在使用排程執行報表之前，必須先符合一些需求。首先 SQL Server Agent 服務必須啟動（預設是停用的），因為 PBIRS 是利用 SQL Server Agent 的排程引擎，藉由「作業」來觸發報表服務執行對應的工作。假使 SQL Server Agent 的服務是停止的，則不會觸發此期間所需發送的報表、更新資料集、快照集...等。

---

[9] 儘量不要讓使用者自行設定自訂排程，我們碰到多個企業讓使用者有權限自行建置，導致 SQL Server Agent Services 有上百個 Job，而 RS 產生的 Job 又是以 GUID 標示名稱，讓管理者難以管理與監控。

如果是 PBIRS 服務停止，則 SQL Server Agent 會繼續將報表處理要求加入 ReportServer 資料庫的 Event 系統資料表[10]。此時，SQL Server Agent 中的狀態資訊則出現作業成功，但因 PBIRS 服務已停止，實際上並沒有處理任何先前定義的工作，將會在 Event 資料表中累積，直到 PBIRS 服務重新啟動為止。一旦 PBIRS 重新啟動服務之後，資料表中所有的事件都會依照順序處理。

建立排程時，會將相關中繼資訊儲存在 PBIRS 資料庫中，同時建立用來觸發排程的 SQL Server Agent 作業。此外，也必須將存取資料源的身分認證事先儲存於 PBIRS 中（例如：某張報表要排程訂閱或快取，則報表存取資料源的身分需指定帳/密，並存在 PBIRS），因為 PBIRS 無法根據互動的 Windows 整合認證存取資料源。

10.6.1 共用排程

在報表入口網站或是 SSMS 中都可以建立「共用排程」，在報表入口網站的畫面中，要點選右上方的「設定」→「網站設定」，畫面切換至「排程」頁籤，如圖 10.50 所示：

---

[10] 預設 PBIRS 會每 10 秒 Polling 一次 ReportServer 資料庫的 Event 資料表，若其中有紀錄，就分析該紀錄對應要執行的工作，執行該工作並清掉紀錄。

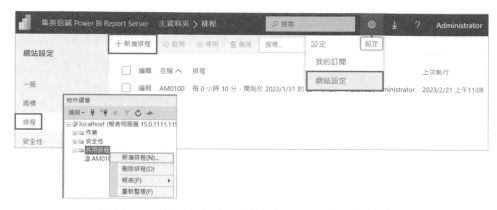

圖 10.50　使用報表入口網站或 SSMS 設定共用排程

除了報表入口網站之外，也可以在 SSMS 中設定相同的選項，如果是要在 SSMS 中設定共用排程，必須先透過 SSMS 連至 PBIRS，點選「共用排程」資料夾後，按右鍵並選取「新增排程」選項，即可進行共用排程的設定。

不論是使用報表入口網站或 SSMS 建立共用排程，設定者必須先隸屬於「系統層級安全性角色」具備「管理共用排程」權限。在共用排程設定畫面中，可以定義以下選項：

■　排程名稱。

■　排程開始日：預設值是目前日期。

■　排程結束日：預設值是沒有結束日，在結束日之後，排程將會停止執行，但是該排程並不會自動被刪除。

■　如果要建立週期排程，則需要選擇小時、天、週、月的週期模式，在選定週期模式之後，需勾選額外的選項，根據特定的小時、天、週、月資訊微調排程頻率。

■　可以將排程指定為單次執行，只需選擇「一次」週期模式，然後指定開始日期即可。

透過「報表入口網站」與 SSMS「新增/設定共用排程」的畫面，如圖 10.51 所示：

圖 10.51　使用報表入口網站與 SSMS 的排程設定畫面

共用排程的維護方式比較簡單，而且提供管理排程作業更大的彈性。當同時執行的排程作業很多，可以建立多個共用排程在不同的時間執行，調整排程時間以分散 PBIRS 與資料源的處理負載。

10.6.2　排程重新整理 Power BI 報表

設計 Power BI 報表時，若採用「匯入」資料模式。則資料透過 Mashup 引擎載入存放到資料模型後，需要更新才會再次重新載入資料。使用者可以一再透過 Power BI Desktop「重新整理」資料，重複發行並覆蓋已經部署在 PBIRS 的報表。也能透過 PBIRS 自動重新整理 Power BI 報表

中的資料，建立排程的重新整理計劃，這可以 Power BI 報表的「管理」完成。

圖 10.52　在 PBIRS 管理 Power BI 報表，設定排程重新整理

在建立排程重新整理資料計劃前，要設定在 Power BI 報表中使用之各
個資料來源的認證，否則直接點選「排程重新整理」會有如圖 10.53 所
呈現的錯誤：

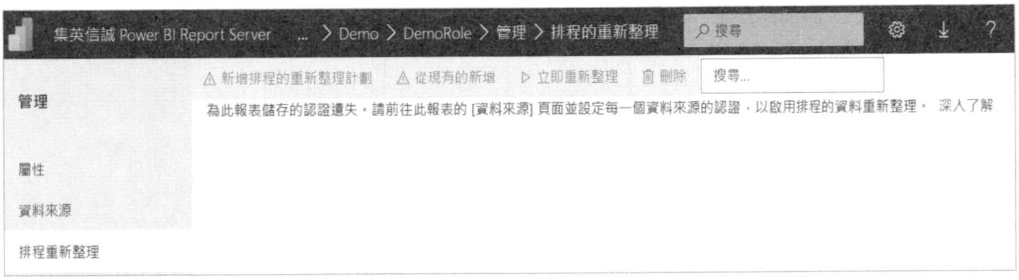

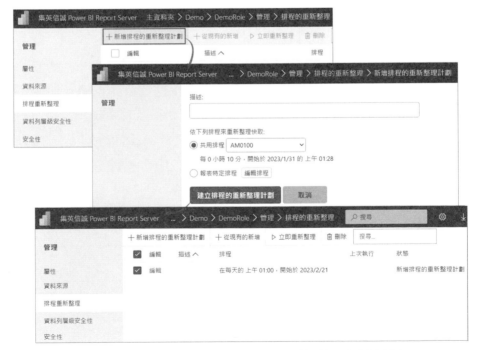

圖 10.53　未設定資料來源前點選排程重新整理所呈現的錯誤畫面

在圖 10.52「測試連線」成功，並儲存連線定義後，回到「排程重新整
理」頁籤，選取「新增排程的重新整理計劃」，可設定「描述」與「排
程」，如圖 10.54 所示：

圖 10.54　為 Power BI 報表增加自動重新整理資料的排程

一旦建立完畢後，可以透過相同的頁面監控執行狀況，或是點選「編輯」連結，更改既有的設定。或是勾選單項排程前方的窗格，再選擇上方的「立即重新整理」當下啟動更新，以及選擇「刪除」，移除掉該排程。

要注意的是若資料來源無法直接給定帳/密，例如：需要證明不是機器人，採用「多因素驗證（Multi-factor authentication）」，要手機二次驗證，這種資料源無法在 PBIRS 透過排程自動重新整理資料，使用者要自己透過 Power BI Desktop 更新完報表資料後，再重新部署到 PBIRS。

10.7 管理與監控 PBIRS

介紹完管理 PBIRS 的工具程式，以及如何設定安全和排程後，接著說明 PBIRS 組態檔，以及監控 PBIRS 的使用狀況。

10.7.1 PBIRS 組態檔

PBIRS 是由多個服務組成，在 PBIRS 中根據要設定的系統服務不同，搭配的組態檔有多個。在這些組態檔中，大多帶入系統預設值。有些是在安裝階段中變更，或經由組態工具、命令列公用程式，以及手動編輯組態檔等方式指定。在管理 PBIRS 的過程中，根據實際需求來修改組態檔內的各種設定值。

PBIRS 的預設安裝目錄如下：

```
C:\Program Files\Microsoft Power BI Report Server\PBIRS
```

從圖 10.55 可以看到 PBIRS 依照組成服務形成的檔案目錄結構：

名稱	修改日期	類型
ASEngine	2023/1/30 上午 08:14	檔案資料夾
EULA	2023/1/30 上午 08:14	檔案資料夾
LogFiles	2023/2/21 上午 11:52	檔案資料夾
Management	2023/1/30 上午 08:14	檔案資料夾
Office	2023/1/30 上午 08:14	檔案資料夾
Portal	2023/1/30 上午 08:14	檔案資料夾
PowerBI	2023/1/30 上午 08:14	檔案資料夾
ReportServer	2023/1/30 上午 08:14	檔案資料夾
RSHostingService	2023/1/30 上午 08:14	檔案資料夾
WMI	2023/1/30 上午 08:14	檔案資料夾
ThirdPartyNotices.txt	2023/1/19 下午 11:31	文字文件

> 本機 > 本機磁碟 (C:) > Program Files > Microsoft Power BI Report Server > PBIRS >

圖 10.55　PBIRS 依照預設安裝完畢後，組成之服務形成的檔案目錄結構

由於與報表服務相關的應用程式、網站、服務很多，因此設定檔也很多，在此僅以較可能會手動設定的 rsreportserver.config 組態檔舉例說明，若你有需要了解，可以參照微軟的線上說明：

```
https://learn.microsoft.com/zh-tw/sql/reporting-services/report-server/reporti
ng-services-configuration-files?view=sql-server-ver16
```

針對編頁報表，RSReportServer.config 是控制 PBIRS 中最重要的設定檔。此組態檔為 XML 格式，可以直接使用文字編輯器來修改設定。但是，有些設定值無法直接修改，例如：加密後的報表資料庫連接字串，此參數必需透過報表服務組態工具或 rsconfig 公用程式才能指定。

在 RSReportServer.config 組態檔中包含了報表服務大部分的設定（追蹤記錄在 ReportingServicesService.exe.config 設定，以及與.NET 程式相關的設定在 Web.config），這些設定包含資料庫連接字串、逾期時間、SMTP 伺服器設定、轉譯格式、報表傳遞方式…等，其內容約略如圖 10.56 所示：

```
<Configuration>
  <Dsn>AQAAANCMnd8BFdERjHoAwE/Cl+sBAAAAQ6OMx05nGU6idhSIeUlFDAQAAAAiAAAAUgBlAHAAbwBy
AHQAaQBuAGcAIABTAGUAcgB2AGUAcgAAABBmAAAAAQAAIAAAAGeC15BelvfXr2T5cO39ZXoZHfgY
XVp7tFOzedCrXxdIAAAAAA6AAAAAAgAAIAAAAA2Z4h/vULH3vyB9QNSaj8Dz5SORyfbuVVgbpuSt
XIAk4AAAABd4bUxhIE5DpAdhCo2H/74wkUVaugJare6H7A0e9ADKxdmWqww8jq9lMgdvLnjGP4OV
lTHGx4r6X9hHli+GrOV1YnY0csM9XXQ/yzPA0CsLrBaGJ7dPJax1gaGB1CFnx0ctswBaZC8Q8+Ks
ihSzAuWBw9+8WgQixXohvbCQI7ZUXuKtErpMxOvcf493tCwGiiHM+3JblVuVvO/gfDkQzW3DGVzr
+YNfzPZ/OiNjujPSeT0RoU/7aqB//+lEAnfkemHuSLKR3NzGW7ZO9YL5SAZnbYm8QkmTT452CLQhf
9SsSQAAAAFA022A24RDG8gWcCdBXAC9TaiHax7m9fiPCHcXYnRbAYRA7ny+Hc8oU20i9WQmu2zIP
nS/ma+DDWQA+9c96TQ8=</Dsn>
  <ConnectionType>Default</ConnectionType>
  <LogonUser></LogonUser>
  <LogonDomain></LogonDomain>
  <LogonCred></LogonCred>
  <InstanceId>PBIRS</InstanceId>
  <InstallationID>{975e5af0-d5df-4c03-b8a3-181188d7b281}</InstallationID>
  <Add Key="SecureConnectionLevel" Value="0"/>
  <Add Key="DisableSecureFormsAuthenticationCookie" Value="false"/>
  <Add Key="CleanupCycleMinutes" Value="10"/>
  <Add Key="MaxActiveReqForOneUser" Value="20"/>
  <Add Key="DatabaseQueryTimeout" Value="300"/>
  <Add Key="RunningRequestsScavengerCycle" Value="60"/>
  <Add Key="RunningRequestsDbCycle" Value="60"/>
  <Add Key="RunningRequestsAge" Value="30"/>
  <Add Key="MaxScheduleWait" Value="5"/>
  <Add Key="DisplayErrorLink" Value="true"/>
  <Add Key="WebServiceUseFileShareStorage" Value="false"/>
  <!--  <Add Key="ProcessTimeout" Value="150" /> -->
  <!--  <Add Key="ProcessTimeoutGcExtension" Value="30" /> -->
  <!--  <Add Key="WatsonFlags" Value="0x0430" /> full dump-->
  <!--  <Add Key="WatsonFlags" Value="0x0428" /> minidump -->
  <!--  <Add Key="WatsonFlags" Value="0x0002" /> no dump-->
  <Add Key="WatsonFlags" Value="0x0428"/>
  <Add Key="WatsonDumpOnExceptions" Value="Microsoft.ReportingServices.Diagnostics.Utilities.Inte
  <Add Key="WatsonDumpExcludeIfContainsExceptions" Value="Microsoft.PowerBI.ReportServer.WebApi.(
  <URLReservations>
    <Application>
      <Name>ReportServerWebService</Name>
      <VirtualDirectory>ReportServer</VirtualDirectory>
      <URLs>
        <URL>
          <UrlString>http://+:80</UrlString>
          <AccountSid>S-1-5-80-1730998386-2757299892-37364343-1607169425-3512908663</AccountSid>
          <AccountName>NT SERVICE\PowerBIReportServer</AccountName>
        </URL>
      </URLs>
    </Application>
    <Application>
      <Name>ReportServerWebApp</Name>
      <VirtualDirectory>Reports</VirtualDirectory>
      <URLs>
        <URL>
          <UrlString>http://+:80</UrlString>
          <AccountSid>S-1-5-80-1730998386-2757299892-37364343-1607169425-3512908663</AccountSid>
          <AccountName>NT SERVICE\PowerBIReportServer</AccountName>
        </URL>
      </URLs>
    </Application>
```

圖 10.56　部分 RSReportServer.config 組態檔的設定值

部分設定說明如表 10.1：

表 10.1　rsreportserver.config 設定項目

設定	描述
Dsn、LogonUser、LogonDomain、LogonCred	PBIRS 用來連接到 PBIRS 資料庫的加密值。此屬性不能直接修改。
ConnectionType	PBIRS 用來連接到 PBIRS 資料庫的認證類型，有效值為 Default 和 Impersonate；如果 PBIRS 設定為使用 SQL Server 登入或服務帳戶連接到 PBIRS 資料庫，會指定 Default；如果 PBIRS 使用 Windows 帳戶連接到 PBIRS 資料庫，會指定 Impersonate。
URLReservations	主要記錄 Web 服務使用的 URL
Authentication	PBIRS 使用的認證模式
ReportServerUrl	報表入口網站的 URL
PageCountMode	用來標示頁數計算是在執行階段產生或者是報表瀏覽時才產生，此屬性只對入口網站有效。
CleanupCycleMinutes	指定一段時間（分鐘），超過此時限後，舊有的工作階段和過期的快照集，便會從 PBIRS 資料庫中移除；有效值範圍是從 0 到最大整數；預設值為 10，將值設定為 0，會停用資料庫清除處理序。
MaxActiveReqForOneUser	單一使用者在 PBIRS 上，可連接的數目上限，一旦達到限制，會拒絕使用者進一步的連接要求；此組態設定之目的，是為了避免阻斷式攻擊（Denial of Service，DoS）的可能；有效值為 0 到最大整數，預設值為 20。若企業以相同的帳號存取報表服務，可能要調整「同時」使用人數，否則同一個帳號的多個需求可能被拒絕存取。
DatabaseQueryTimeout	指定時限（以秒為單位），超過此時限後，與 PBIRS 資料庫的連接便會逾時；此值傳遞至 System.Data.SQLClient.SQLCommand.CommandTimeout 屬性；有效值範圍是從 0 到最大整數，預設值為 120。0 是無限等候時間。

設定	描述
RunningRequestsScavengerCycle	取消遺棄與過期要求的頻率,單位是秒,有效值範圍是從 0 到最大整數,預設值為 60。
RunningRequestsDbCycle	用來評估 PBIRS 執行中作業,以檢查作業是否超過報表執行逾時的頻率,以及何時在入口網站的「管理作業」頁面中,顯示執行中作業的資訊;此值的單位是秒,有效值範圍是從 0 到最大整數,預設值為 60。
RunningRequestsAge	指定間隔秒數,超過此秒數後,執行中作業的狀態便會從新作業變更成執行中作業。依你的組態而定,執行中作業會儲存在 PBIRS 暫存資料庫或檔案系統上。有效值範圍是從 0 到最大整數。預設值為 30。
WebServiceUseFileShareStorage	報表快取以及暫存的快照集是儲存於資料庫中或者是本機資料夾。有效值為 True 和 False(預設值)。 如果此值設定為 false,暫存資料會儲存在 reportservertempdb 資料庫中。
IsSchedulingService	PBIRS 利用排傳遞程報表、產生報表快照集,或報表快取逾期時清掉快取,如果不需要報表排程功能,可以停用這項服務。
IsNotificationService	指定是否使用通知服務
IsEventService	指定是否使用事件服務
PollingInterval	指定 PBIRS 之事件資料表輪詢的間隔(以秒為單位),有效值範圍是從 0 到最大整數,預設值為 10。當監控 PBIRS 所使用的 SQL Server 時,可以看到報表服務每隔 10 秒就查詢一次 SQL Server,確定沒有新的事件被觸發。
WindowsServiceUseFileShareStorage	指定是否將快取報表與暫存快照集(PBIRS 服務為使用者工作階段持續時間所建立)儲存在檔案系統上。有效值為 True 和 False(預設值)

設定	描述
RecycleTime	指定 .NET Application Domain 的回收時間，以分鐘計算，有效值範圍是從 0 到最大整數，預設值為 720。 因為每累積使用 12 小時會回收一次，若回收時正是系統尖峰使用期間，可能會造成效能的困擾。你可以延長這個設定時間，例如超過 24 小時，然後設定自己每天重啟 Reporting Services 的時間，避免有遺漏的資料結構，導致系統資源用盡。 相關的設定可以參閱線上說明： https://learn.microsoft.com/zh-tw/sql/reporting-services/report-server/application-domains-for-report-server-applications?view=sql-server-ver16
MaxQueueThreads	指定 PBIRS Windows 服務用於同時處理訂閱和通知的執行緒數目。有效值範圍是從 0 到最大整數，預設值是 0。由 PBIRS 決定最大的執行緒數目。如果指定某個整數，則代表同時建立的執行緒數目上限。
IsReportManagerEnabled	是否啟用入口網站
IsWebServiceEnabled	如果不需要使用到 PBIRS Web 服務的用戶端應用程式（入口網站、報表產生器或 SQL Server Management Studio），可將「Web 服務要求和 HTTP 存取」這個服務項目設為停用，這樣 PBIRS 就會忽略 SOAP 要求與 URL 存取要求，來提升 PBIRS 的安全性。

PBIRS 提供可設定的內容非常多，在此僅舉例少數內容以說明設定檔，完整的設定請參照如下的網址：

```
https://learn.microsoft.com/zh-tw/sql/reporting-services/report-server/
rsreportserver-config-configuration-file?view=sql-server-ver16
```

當需要改變報表服務某種預設的行為時，或許可以逐一閱讀或是搜尋這張網頁的內容。

RSHostingService 的設定檔也可能需要注意，因為它會影響 PBIRS 其他服務的啟動與寫 Log 的位置，預設擺放在如下的位置：

```
C:\Program Files\Microsoft Power BI Report Server\PBIRS\RSHostingService\
config.json
```

例如，預設 PBIRS 所搭配的 AS 是聽埠號 5132，若要改成 4132，可以直接修改此 config.json 檔，範例如下：

```
"Config":
{
    "ASPort": "4132",
    "BI_SERVER": "true",
    "managementUrl": "http://localhost:8083",
    "rsConfigFilePath": "..\\ReportServer\\rsreportserver.config",
    "SecureConnectionLevel": "0"
}
...
```

此外，PBIRS 解釋 Power BI 以「匯入」或「DirectQuery」模式建立的資料模型時，是靠 Analysis Services，而所有 Analysis Services 的設定預設是放在如下位置的設定檔：

```
C:\Program Files\Microsoft Power BI Report Server\PBIRS\ASEngine\msmdsrv.ini
```

若想要看此設定檔的定義，也可以參考線上說明網址：

```
https://learn.microsoft.com/zh-tw/analysis-services/server-properties/server-p
roperties-in-analysis-services?view=asallproducts-allversions
```

10.7.2 監控 PBIRS 資料庫使用狀況

ReportServer 及 ReportServerTempDB 資料庫是 PBIRS 運作時不可或缺的部分。接下來說明會影響使用資料庫空間的因素，與如何管理磁碟空

間資源，另外，利用 SQL Server 所提供的工具，檢視 ReportServer 及 ReportServerTempDB 資料庫的資料表空間使用狀況。

ReportServer 資料庫不只是報表服務用來儲存報表的定義檔、報表資料來源定義，其中還包含組態資訊、安全設定及排程工作，如果沒有 ReportServer 資料庫，PBIRS 將無法運作，而 ReportServerTempDB 資料庫只儲存暫時性的資料，像是 session 及快取的資訊。

ReportServer 資料庫一定要定期備份，而 ReportServerTempDB 資料庫的備份則是可有可無。若 ReportServerTempDB 資料庫損毀但沒有備份，可以直接從網路下載 ReportServerTempDB 資料庫的指令碼產生，或是以其他 PBIRS 的 ReportServerTempDB 資料庫備份重建。

在 ReportServer 資料庫中，除了 Segment 和 Catalog、CatalogItemExtendedContent 等系統資料表外，多數的資料表並不會佔用太大的空間。Catalog 和 CatalogItemExtendedContent 資料表要放報表定義，由於 Power BI 報表可能包含大量資料模型，會佔用這兩個系統資料表的空間。另外，透過 PBIRS「報表入口網站」之「註解」功能；上傳了大量圖檔或 PDF 檔案，乃至於直接上傳各種檔案到報表入口網站，這些都會存到 Catalog 與 CatalogItemExtendedContent 系統資料表，所以上傳大檔，將耗用這兩個系統資料表空間。

Segment 資料表包含了編頁報表的快照集及歷程紀錄，而這兩種物件都是以中繼資料的方式儲存於資料庫中，因此，比其他資料表耗用了更多的磁碟空間；而在 ReportServerTempDB 資料庫中的 Segment 資料表則是存放編頁報表的 session 快取及快取報表，也是以中繼報表格式儲存，會佔用磁碟空間。

以下練習透過 SSMS 來檢視 Segment 資料表大小：

step01 開啟 SSMS 並連接到報表資料庫。

step02 展開資料庫項目，滑鼠右鍵點選 ReportServer 資料庫節點，在「報表」→「標準報表」下拉式選單中，選擇「排名最前面資料表的磁碟使用量」。此選單的報表都是利用 RS 的 rdl 檔，內建於 SSMS 的監控報表。

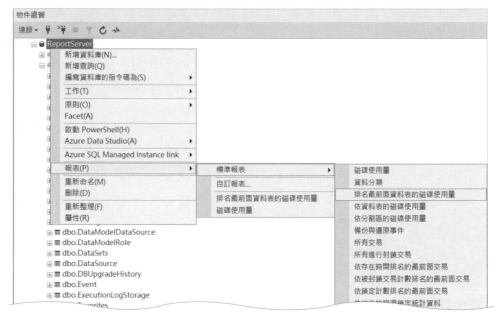

圖 10.57　透過「排名最前面資料表的磁碟使用量」檢視各資料表的空間使用量

step03 點選畫面中的「排名最前面資料表的磁碟使用量」項目，會看到類似圖 10.58 的報表內容：

排名最前面資料表的磁碟使用量
[ReportServer]　　　　　　　　　　　　　　　　　　　　SQL Server
在 sql2022 的 2023/2/21 下午 01:37:51

此報表會提供資料庫中，前 1000 個資料表使用磁碟空間的詳細資料。報表不提供記憶體最佳化資料表的資料。

資料表名稱	記錄數目	已保留 (KB)	資料 (KB)	索引 (KB)	未使用 (KB)
dbo.CatalogItemExtendedContent	6	1,560	1,328	24	208
dbo.Catalog	14	712	120	128	464
dbo.ReportSchedule	1	288	8	56	224
dbo.DataSource	4	288	8	56	224
dbo.DataModelDataSource	2	288	8	56	224
dbo.SecData	6	288	40	40	208
dbo.Event	0	216	8	40	168
dbo.ExecutionLogStorage	56	216	48	32	136
dbo.ConfigurationInfo	56	216	24	24	168

排名最前面資料表的磁碟使用量
[ReportServerTempDB]　　　　　　　　　　　　　　　　　SQL Server
在 sql2022 的 2023/2/21 下午 01:39:19

此報表會提供資料庫中，前 1000 個資料表使用磁碟空間的詳細資料。報表不提供記憶體最佳化資料表的資料。

資料表名稱	記錄數目	已保留 (KB)	資料 (KB)	索引 (KB)	未使用 (KB)
dbo.Segment	28	336	200	32	104
dbo.SessionData	0	296	16	64	216
dbo.SnapshotData	4	288	32	40	216
dbo.TempCatalog	0	224	16	40	168
dbo.TempDataSets	0	216	8	40	168
dbo.ChunkSegmentMapping	28	216	8	40	168
dbo.SegmentedChunk	8	216	8	40	168
dbo.DBUpgradeHistory	76	72	8	8	56
dbo.SessionLock	0	72	8	8	56
dbo.ContentCache	0	0	0	0	0
dbo.TempDataSources	0	0	0	0	0
dbo.ChunkData	0	0	0	0	0

圖 10.58　排名最前面資料表的磁碟使用量的報表內容

當編頁報表持續增加「快照集」或「歷程記錄」這兩種中繼資料時，ReportServer 資料庫內的 Segment 資料表的空間成長速度會比其他資料表快。採用「快取」時，則換成 ReportServerTempDB 資料庫內的 Segment 資料表膨脹。可以藉由 SQL Server 提供的報表來監視資料庫的耗用，調整運行與管理報表平台的方式。

由於有太多因素影響磁碟空間的耗用，所以沒有特定的方法可以用來評估 ReportSever 與 ReportServerTempDB 資料庫會佔用的磁碟空間，需要監控以評估成長速率。以下列出的項目希望能幫助各位評估 ReportServer 與 ReportServerTempDB 資料庫空間的需求。

- 報表數量與報表的大小，特別是 Power BI 報表內含的資料模型

- 快照集的數量

- 將快照集轉存為歷程紀錄的數量

- 快照集與歷程紀錄的中繼報表大小（含報表資料）

- 由不同報表參數組合會產生的快取數量

- 會使用 session 快取的使用者總數

- Session 快取逾時設定長度

當伺服器效能不佳或是出現異常情況時，管理者可能不知有哪些現有的工具可用？也不知如何找到問題的根源。通常可供管理者找尋相關訊息的工具有：Windows 系統內建的「效能」工具、事件檢視器、報表服務所提供的追蹤紀錄和執行紀錄。接下來，說明 PBIRS 提供的追蹤紀錄和執行紀錄。

10.7.3 PBIRS 的追蹤紀錄

PBIRS 追蹤紀錄大部分是簡單的文字檔，包含報表服務作業的各種資訊，例如：PBIRS Web 服務、Web 入口網站及背景處理所執行的作業，抑或是解釋 Power BI 資料模型的 Analysis Services 之紀錄。如果要偵錯包含 PBIRS 的應用程式，或者調查執行作業的特定問題，例如，疑難排解編頁報表訂閱問題時，可以檢視追蹤紀錄資訊。由於是文字檔，能透過任何文字編輯器來檢視，這對於在處理或查詢 PBIRS 的問題時非常有用。例如：搜尋 Error、Exception 等字樣，或各種關鍵字。

PBIRS 預設將文字紀錄檔放在「LogFiles」子目錄內，但不同版本的報表服務其安裝目錄會稍有不同，以預設安裝而言，PBIRS 的目錄如下：

```
C:\Program Files\Microsoft Power BI Report Server\PBIRS\LogFiles
```

在每天午夜（以 PBIRS 的時間為準），以及每次服務重新啟動時，會建立新的追蹤紀錄檔，將 PBIRS 相關的活動錄下來。就編頁報表功能的執行紀錄主要放在 ReportServerService_<timestamp>.log，記載著 Web Services 和背景服務的執行狀況，內容約略如下：

```
<Header>
  <Product>Report Server Version 2018.0150.1111.115
((BI_Server_Main).230120-0657)</Product>
  <Locale>中文 (繁體，台灣)</Locale>
  <TimeZone></TimeZone>
  <Path>C:\Program Files\Microsoft Power BI Report
Server\PBIRS\Logfiles\ReportingServicesService_2023_02_21_07_19_30.log</Path>
  <SystemName>SQL2022</SystemName>
  <OSName>Microsoft Windows NT 10.0.20348</OSName>
  <OSVersion>10.0.20348</OSVersion>
  <ProcessID>1924</ProcessID>
  <Virtualization>Hypervisor</Virtualization>
</Header>
<ProcessorArchitecture>AMD64</ProcessorArchitecture>
<ApplicationArchitecture>AMD64</ApplicationArchitecture>
servicecontroller!DefaultDomain!31fc!02/21/2023-07:19:30:: i INFO: Time app
domain recycle requested
dbpolling!WindowsService_1!31fc!02/21/2023-07:19:30:: i INFO: Skipping
unreliable IsPollingWorking check.
servicecontroller!DefaultDomain!31fc!02/21/2023-07:19:30:: i INFO: Recycling
ASP.NET AppDomains without memory recycling, i.e. create the new ones before the
current ones fully unload.
rshost!rshost!379c!02/21/2023-07:19:53:: i INFO: Currently registered url
http://+:80/ReportServer/ on endpoint 2
rshost!rshost!31fc!02/21/2023-07:19:53:: i INFO: Derived memory configuration
based on physical memory as 12620744 KB
servicecontroller!DefaultDomain!31fc!02/21/2023-07:19:53:: i INFO: Recycling the
ReportServer AppDomain
…
```

主要是與編頁報表服務作業相關的內容存放在此，仍包含了「KPI」。若報表背景作業，例如更新快取、訂閱等出問題，也可以直接搜尋這個紀錄檔。

PBIRS 由各種服務組成，例如：Analysis Services、RSHostingService、RSManagement、Office、PowerBI 等，因此紀錄檔案類型很多，各自記載不同服務的執行狀況，在此不一一說明。檔名約略如下：

- RSPowerBI<時間戳記>.log

- RSHostingService<時間戳記>.log

- RSManagement<時間戳記>.log

- ReportingServicesService<時間戳記>.log

- ReportServerService_HTTP_<時間戳記>.log[11]

- ReportServerHTTP<時間戳記>.log

- ReportingServiceWMI<時間戳記>.log

- RSPortal<時間戳記>.log

- FlightRecorderCurrent.trc、FlightRecorderBack.trc

其中，FlightRecorderCurrent.trc/FlightRecorderBack.trc 是 Analysis Services 透過 Trace 寫出，可用「SQL Server Profiler」工具程式檢視。若你要分析入口網站的 HTTP 存取，可以解析 RSPortal<時間戳記>.log 檔案。

10.7.4 PBIRS 的執行紀錄

「執行紀錄」可以用來監視報表的使用狀況與執行效能；與各種服務之追蹤紀錄不同的是，後者將記錄儲存於數個檔案中，而「執行紀錄」預

---

[11] 可記載 Reporting Services Web 服務的 HTTP 溝通紀錄，相當於 IIS 的 W3C 紀錄擴充檔，預設沒有這個紀錄檔，需將「http:4」加入至 ReportingServicesService.exe.config 檔的 RStrace 區段。相關內容可以參考：https://learn.microsoft.com/zh-tw/sql/reporting-services/report-server/report-server-http-log?view=sql-server-ver16

設是儲存在 ReportServer 資料庫的 ExecutionLogStorage 資料表中。由於該資料表的紀錄內容部分是鍵值，所以微軟另外提供了一個檢視「ExecutionLog3」[12]，其內將鍵值換成說明文字，讓我們易於理解，對於日後分析報表效能，或誰檢視了哪張報表時，有很大的幫助。

「執行紀錄」預設為開啟，紀錄的保留期限是 60 天，超過時限的紀錄會在每天上午 2 點移除，可以透過 SSMS 來改變此預設值，以控制 ExecutionLogStorage 資料表的歷史紀錄保存量。設定方式可以參考前文圖 10.32。若想要停止記錄「報表執行紀錄」，可以取消勾選「啟用報表執行記錄」，或是輸入不同的天數以改變保留歷史紀錄的份量，設定完成後按「套用」鍵即可生效。

由於部分欄位僅對編頁報表有意義，所以在此擷取 ExecutionLog3 系統檢視部分與 Power BI 報表相關的欄位，如圖 10.59 所示：

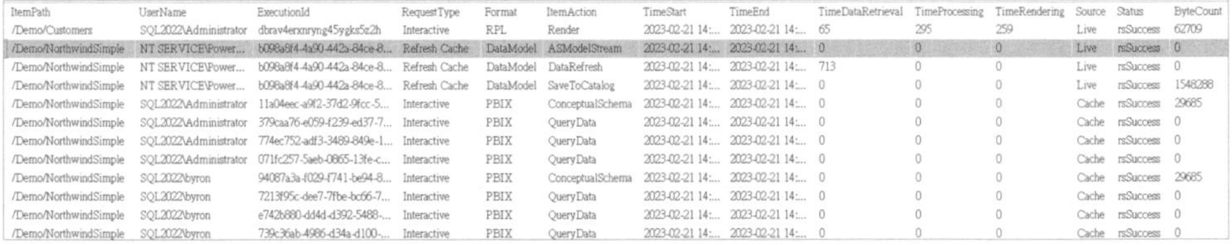

ItemPath	UserName	ExecutionId	RequestType	Format	ItemAction	TimeStart	TimeEnd	TimeDataRetrieval	TimeProcessing	TimeRendering	Source	Status	ByteCount
/Demo/Customers	SQL2022Administrator	dbrav4enoryng45ygkn5e2h	Interactive	RPL	Render	2023-02-21 14:...	2023-02-21 14:...	65	295	259	Live	rsSuccess	62709
/Demo/NorthwindSimple	NT SERVICE\Power...	b098a8f4-4a90-442a-84ce-8...	Refresh Cache	DataModel	ASModelStream	2023-02-21 14:...	2023-02-21 14:...	0	0	0	Live	rsSuccess	0
/Demo/NorthwindSimple	NT SERVICE\Power...	b098a8f4-4a90-442a-84ce-8...	Refresh Cache	DataModel	DataRefresh	2023-02-21 14:...	2023-02-21 14:...	713	0	0	Live	rsSuccess	0
/Demo/NorthwindSimple	NT SERVICE\Power...	b098a8f4-4a90-442a-84ce-8...	Refresh Cache	DataModel	SaveToCatalog	2023-02-21 14:...	2023-02-21 14:...	0	0	0	Live	rsSuccess	1548288
/Demo/NorthwindSimple	SQL2022Administrator	11a04eec-a9f2-37d2-9fcc-5...	Interactive	PBIX	ConceptualSchema	2023-02-21 14:...	2023-02-21 14:...	0	0	0	Cache	rsSuccess	29685
/Demo/NorthwindSimple	SQL2022Administrator	379caa76-e059-f239-ed37-7...	Interactive	PBIX	QueryData	2023-02-21 14:...	2023-02-21 14:...	0	0	0	Cache	rsSuccess	0
/Demo/NorthwindSimple	SQL2022Administrator	774ec752-adf3-3489-849e-1...	Interactive	PBIX	QueryData	2023-02-21 14:...	2023-02-21 14:...	0	0	0	Cache	rsSuccess	0
/Demo/NorthwindSimple	SQL2022Administrator	0711c257-5aeb-0865-13fe-c...	Interactive	PBIX	ConceptualSchema	2023-02-21 14:...	2023-02-21 14:...	0	0	0	Cache	rsSuccess	29685
/Demo/NorthwindSimple	SQL2022byron	94087a3a-0029-f741-be94-8...	Interactive	PBIX	QueryData	2023-02-21 14:...	2023-02-21 14:...	0	0	0	Cache	rsSuccess	0
/Demo/NorthwindSimple	SQL2022byron	7213f95c-dee7-7fbe-bc66-7...	Interactive	PBIX	QueryData	2023-02-21 14:...	2023-02-21 14:...	0	0	0	Cache	rsSuccess	0
/Demo/NorthwindSimple	SQL2022byron	e742b880-dd4d-d392-5488-...	Interactive	PBIX	QueryData	2023-02-21 14:...	2023-02-21 14:...	0	0	0	Cache	rsSuccess	0
/Demo/NorthwindSimple	SQL2022byron	739c36ab-4986-d34a-d100-...	Interactive	PBIX	QueryData	2023-02-21 14:...	2023-02-21 14:...	0	0	0	Cache	rsSuccess	0

圖 10.59　查詢 ExecutionLog3 系統檢視所提供的 Power BI 報表執行紀錄

圖 10.59 所呈現的是我們先啟動排程，重新整理 Power BI 報表，所以 PBIRS 會將報表模型附加到 Analysis Services，請 Analysis Services 更新完資料模型後，再重新放回到 PBIRS 的資料庫內。

---

[12] 雖然還有 ExecutionLog、ExecutionLog2 兩個系統檢視，但一般使用的是 ExecutionLog3，這是隨著以往 SQL Server Reporting Services 版本演進行，慢慢演進增加又為了向前相容的結果，讓舊的工具程式可以查詢舊的檢視。

接著，分別用 Administrator 和 Byron 兩個 Windows 帳號檢視該張 Power BI 報表，當模型未在 AS 上，更新模型或第一個檢視的使用者造成 PBIRS 要將報表的模型掛載到 Analysis Services。其後每個檢視報表的人，或每建立一個對該報表的查詢對談（例如相同使用者再開一個瀏覽器檢視相同報表都會新產生對談），都有對應的 ConceptureSchema 動作，一旦開始瀏覽報表後，報表頁面內的各個視覺化物件會自行查詢資料，因此會有多個 QueryData 動作。

若要觀察 Power BI 報表各視覺化物件實際查詢 Analysis Services 的 DAX 語法，可以透過免費的工具程式「DAX Studio」，利用「伺服器名稱（或 IP）:埠號碼（預設 5132 port）」的方式，連接到 PBIRS 所屬的 Analysis Services，而後點選工具列上的「All Queries」，就可以看到 Analysis Services 當下收到的查詢：

圖 10.60　透過 DAX Studio 觀察 Analysis Services 當下接收到的查詢語法

10.8　透過 PBIRS 整合與呈現報表

一旦將 Power BI 報表部署到 PBIRS 後，使用者便可以透過網頁檢視該報表。開發者也可以透過 HTML 的 IFRAME 語法內嵌 Power BI 報表到一般網頁內。

10.8.1　網頁內嵌 Power BI 報表

PBIRS 的「報表入口網站」讓使用者可以透過 URL 存取報表，並管理報表平台，其基本格式如下：

```
http://報表伺服器/入口網站虛擬目錄/報表路徑資訊?參數資訊
```

以簡單的 Power BI 報表為例，透過入口網站查詢的畫面如圖 10.61：

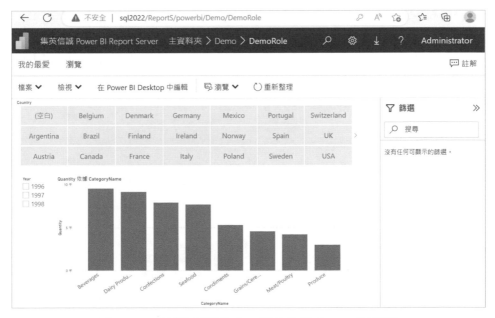

圖 10.61　透過 PBIRS 入口網站檢視 Power BI 報表

圖 10.61 範例中的網址如下：

```
http://sql2022/Reports/powerbi/PBI/DemoRole
```

分別解析 URL 各段用途如下：

- http://sql2022/Reports：PBIRS 入口網站的網址
- powerbi：檢視 Power BI 報表時的路徑
- PBI：子目錄名稱
- DemoRole：Power BI 報表名稱

但企業往往需要將報表內嵌在自己的應用網頁中，最簡單的是透過 HTML 的 Iframe、Object...等標籤，再搭配 URL 網址加上參數，以隱藏 PBIRS 預設提供的網頁表頭功能：

```
rs:embed=true
```

圖 10.61 所呈現的內容加了上述參數後，將只留下報表內容，如圖 10.62：

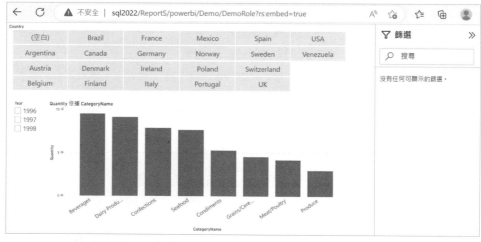

圖 10.62　透過 URL 設定僅呈現 Power BI 報表內容

在此簡單示範透過 iframe 內嵌 Power BI 報表並以 JavaScript 每 10 秒更
新一次：

範例程式 10.2：透過 HTML 的 iframe 標籤內嵌 Power BI 報表至網頁中

```html
<html>
<head>
    <title>內嵌 Power BI 報表示範</title>
</head>
<body>
    <script >
        var myVar = setInterval(myTimer, 10000);
        function myTimer() {
            var iframe = document.getElementById('pbi');
            iframe.src = iframe.src;
        }
    </script>
    <H1>內嵌 Power BI 報表示範</H1>
    <iframe src="http://sql2022/ReportS/powerbi/Demo/DemoRole?rs:embed=true"
id="pbi"
    style="position: fixed; z-index: 2147483647; overflow: hidden; top: 60px;
left: 0px; right: 0px; width: 100%; height: 90%; max-height: none; min-height: 0px;
margin: 0px auto; padding: 0px;
border: 0px; background-color: transparent; ">
</body>
</html>
```

除了直接呈現 Power BI 報表完整內容外，搭配過濾參數的 URL Access
存取格式如下：

```
<URL>?filter=<資料表>/<欄位名稱> eq '<過濾值>'
```

其基本規範如下：

- 資料表和欄位名稱區分大小寫，過濾值則無
- 從報表檢視中隱藏的資料表欄位仍可篩選
- 值的前後必須加上單引號
- 欄位類型必須是數字或字串
- 資料表和欄位名稱不能有任何空格

透過 PBIRS 存取 Power BI 報表時，在 URL 搭配 filter 選項，告知要透過某個資料表的某個欄位設定過濾值，範例如圖 10.63 所示：

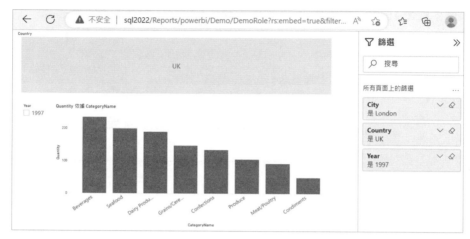

圖 10.63　透過 URL 存取 Power BI 報表服務上的 Power BI 報表，並賦予過濾條件

從圖 10.63 可以看到，URL 所指定的過濾條件自動變成的「報表層級篩選」的內容，輸入的 URL 如下：

```
http://localhost/Reports/powerbi/PBI/DemoRole?rs:embed=true&filter=Customers/
Country eq 'UK' and Customers/City eq 'London' and Orders/Year eq 1997
```

如圖中所顯示的，輸入了三個過濾條件（由於 Year 是數值欄位，所以不帶單引號），而報表也以此篩選。Power BI 透過 URL 過濾的相關內容可以參考如下的網址：

```
https://learn.microsoft.com/zh-tw/power-bi/collaborate-share/service-url-filters
```

另外，若想以 URL 搭配 HTML 的 iFrame 標籤內嵌 Power BI 報表在網頁內，可以參照如下的線上說明：

```
https://learn.microsoft.com/zh-tw/power-bi/report-server/quickstart-embed
```

Power BI 服務

11

Power BI 服務執行在微軟雲端，屬於線上軟體即服務（Software as a Services, SaaS）類型。企業或使用者可直接訂閱，並透過瀏覽器或行動裝置上運行的 Power BI App 使用，以開發、分享、整理資料的流程、瀏覽與分析預測。

Power BI 服務提供的功能非常龐雜，足以專書說明，本章限於篇幅，僅能舉常用的功能介紹。此外，由於網站的介面與功能一直持續地改變，僅在撰寫本章時，就多了 Fabric、OneLake、Git、Copilot…等大量的預覽功能。在我們無法深入了解並實務應用後，也就難以簡單扼要地說明，因此本章尚不討論這些最新的應用，舉其重要的概念與基本應用在「第 12 章 Microsoft Fabric 簡介」與「附錄 A Git 整合」介紹。

11.1 授權

Power BI 服務的網址為：app.powerbi.com，需要有授權，才能在 Power BI 服務中建立與分享內容。如果你沒有 Power BI 帳戶，但嘗試建立內容，可在開始前註冊免費 Power BI 或 Power BI Premium 60 天的試用版。

雖然 Power BI Desktop 應用程式是免費的，你可自由下載以開發或讀取 pbix 檔案。但使用 Power BI 服務必須擁有授權。使用情境說明於表 11.1：

表 11.1　使用情境與授權

狀況	建立者	查閱者
用 Power BI Desktop 應用程式建立報表（.pbix），並利用共享目錄、Email 夾帶檔案...等，將檔案共用給其他人，共享者以 Power BI Desktop 開啟檔案	不需要授權，只需要下載並安裝 Power BI Desktop 應用程式	不需要授權，只需要下載並安裝 Power BI Desktop 應用程式
用 Power BI Desktop 建立報表（.pbix）。然後將它發佈至微軟雲端 Power BI 服務之「我的工作區」	只需要免費的 Power BI 授權，便可在發佈至「我的工作區」供自己使用。需要 Power BI Pro 或 Premium Per User（PPU）授權，才能建立「工作區」並與其他人共用內容	除非擁有者決定開放網際網路任意使用者共用，否則查閱者無法在其他人的「我的工作區」中看到內容。若要在一般「工作區」查看共用的內容，需要付費型的授權
用 Power BI Desktop 建立報表（.pbix），並將其發佈至微軟雲端 Power BI 服務中的工作區	發佈至另建的工作區需付費授權	除非工作區採用 Premium 容量，否則需要付費授權才能檢視內容。針對 Premium 容量的工作區，取用者可以免費授權檢視報表
使用參照微軟雲端 Power BI 服務上的報表之連結，並以此檢視報表	需要付費授權才能分享連結，除非是共用 Premium 容量中的報表連結才可免費授權	除非報表裝載在 Premium 容量中，否則需要付費授權才能檢視報表

使用者可以執行的功能與運算力取決於所擁有的「每一使用者授權（per-user license）」類型。其類型分別有：

■ **免費**：要使用 Power BI 服務，一定要註冊授權，以利於服務的管控，「免費」授權是最起碼的授權。個別使用者可以透過公司或學校電子郵件帳戶註冊（無法用 gmail、hotmail...等個人帳戶），以取得自己的 Power BI 授權。採取免費授權的使用者可以「我的工

作區」探索 Power BI 服務提供之功能，以視覺效果分析個人資料，但無法與其他人共用內容。

企業/組織也可取得「免費」授權，並指派給組織成員，成員才得以使用 Power BI 服務[1]。

■ **Pro**：會針對使用者按月收費。可共同作業、發佈、共用以及分析，但部分功能受限。開發的內容都會儲存到完全由微軟管理的共用儲存體。

■ **Premium Per User（PPU）**：每位使用者授權 Premium 功能。獲指派 PPU 授權後，使用者可在任何工作區中開啟 Premium 授權才有的功能。有 PPU 授權的使用者所建立的內容只能與其他擁有 PPU 授權的使用者共用。

另有提供取決於工作區的 Premium 授權，微軟稱此為「容量型（capacity-based）」的授權，購買後賦予在工作區上，則此工作區可以讓擁有上述三種授權中任一種的使用者共用開發與分享。

換句話說，若沒有付費的 Power BI Pro、PPU、Premium 等授權，則只有「我的工作區」可以使用，無法與他人合作開發，也不能讓組織內的成員瀏覽分析結果。但若組織內 Power BI 的使用者多，需要專屬的運算力，則可以考慮容量型的 Premium 授權，則所有使用者能採用「免費」型的授權。

---

[1] 相關作法請參閱：https://learn.microsoft.com/zh-tw/power-bi/enterprise/service-admin-licensing-organization

上述三種付費型授權的功能差異如表 11.2：

表 11.2　三種付費型授權的功能比較

功能	Power BI Pro	Power BI Premium 每位使用者	Power BI Premium 容量
共同作業與分析			
存取行動應用程式	有	有	有
發佈報表以共用和協作	有	有	
分頁報表（RDL）	有	有	有
在沒有付費授權下分享內容			有
企業內使用 Power BI 報表伺服器（PBIRS）			有
資料準備、模型化及視覺效果			
模型記憶體限制	1 GB	100 GB	400 GB
重新整理的頻率	8 次/天	48 次/天	48 次/天
超過 100 個連線資料來源	有	有	有
使用 Power BI Desktop 工具程式建立報表和視覺效果	有	有	有
內嵌 API 和控制項	有	有	有
AI 視覺效果	有	有	有
進階 AI（文字分析、影像偵測、自動機器學習）		有	有
XMLA 端點讀取/寫入連線		有	有
資料流程（直接查詢、連結和計算的實體、增強的計算引擎）		有	有
建立資料超市		有	有
治理及管理			
資料安全性與加密	有	有	有
建立內容、取用及發佈的計量	有	有	有

功能	Power BI Pro	Power BI Premium 每位使用者	Power BI Premium 容量
應用程式生命週期管理		有	有
多地理位置的部署管理			有
攜帶自己的金鑰（BYOK）			有
自動調整附加元件可用性			有
最大儲存空間	10 GB/使用者	100 TB	100 TB

上述各種授權的基本定價與功能差異可以參考網址：

```
https://powerbi.microsoft.com/zh-tw/pricing/。
```

採購了 Power BI Pro、PPU、Premium 授權後，若要讓某些帳戶/群組可以管理 Power BI 的工作區，需要 Azure 或 Microsoft 365 的管理者先賦予該帳號/群組「網狀架構系統管理員」角色，若依線上說明：https://learn.microsoft.com/zh-tw/power-bi/admin/service-admin-role 是稱為「Power BI 管理員」（在我們撰寫本章時 2023/6 的線上說明），但實際管理介面的角色名稱已經換了，可參考設定畫面如圖 11.1：

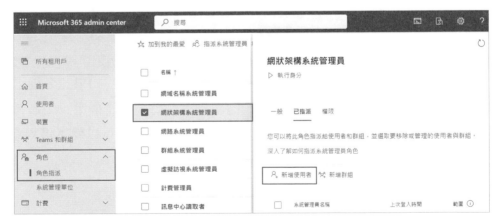

圖 11.1　透過 Microsoft 365 admin center 網站賦予管理工作區的帳戶或群組

任何授權的更改，最好要重新登入該帳戶，才能使用新獲得的權力。

每位 Power BI 服務的使用者都會有「我的工作區」，它算是個人沙箱，可在此建立自己的內容。但要與人合作與分享內容，則需要另外建立「工作區」。

11.2 工作區

「工作區」是與同事夥伴一起建立儀表板、報表、資料集、活頁簿和編頁報表集合的地方。也可以透過「工作區」發佈「應用程式」，視需要將該集合發佈給更多終端使用者。當團隊一起工作時，需要存取相同文件，檢視開發中的半成品，驗證功能與資料，必須方便共同作業。在「工作區」中，大家能共用擁有權，一起管理。可根據組織結構來組織「工作區」，或針對特定專案需求建立「工作區」。開發者可以參與多個「工作區」，分別完成不同的需求。

提醒一點，要透過 Microsoft 365 Admin 管理網站先授予使用者 Power BI Pro 以上授權，使用者才可以建立工作區。

11.2.1 建立工作區

建立「工作區」時，首先要提供該工作區的唯一名稱。如果此名稱已經存在就無法用。當從工作區建立「應用程式」時，預設採用與工作區相同的「名稱」和「圖示」。在建立「應用程式」時仍可以變更這兩者。建立「工作區」的畫面如圖 11.2 所示：

圖 11.2　建立工作區

提醒一點，若沒有至少 Power BI Pro 的授權，在新建工作區時，會跳出如圖 11.3 的提示：

圖 11.3　需要至少 Power BI Pro 授權才能建立工作區

建立工作區的當下，可以「上傳」代表工作區的圖示，便於有多個工作區時的辨識。圖示檔格式為.png 或.jpg，大小必須小於 45KB。「連絡人清單」可設定要連絡的人員名稱，以取得工作區的相關資訊。根據預設，工作區系統管理員就是連絡人。另外，若有採購 Premium 授權，可賦予工作區 Premium 容量，讓使用者有專屬的資源，而不與網際網路上其他的 pro 授權者共享運算力。

工作區建立者會自動成為「系統管理員」，也可以賦予其他人或群組有「系統管理員」權力。「系統管理員」可以再授權使用者或群組在工作區中可執行的作業。

若要透過「群組」授權，而非逐一選取使用者，可以先在「Microsoft 365 admin center」網站建立「群組」，其網頁畫面如圖 11.4：

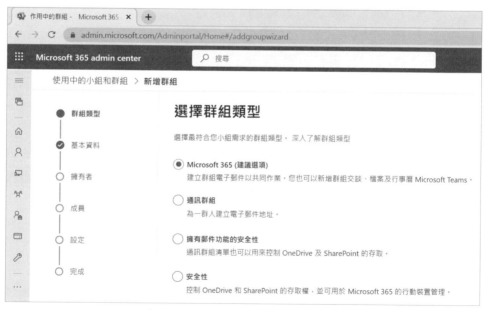

圖 11.4　透過「Microsoft 365 admin center」網站建立群組

在工作區中，可以將「安全性群組」、「通訊群組清單」、「Microsoft 365 群組」或「個人」新增為「管理員」、「成員」、「參與者」或「檢視者」角色，如圖 11.5 所示：

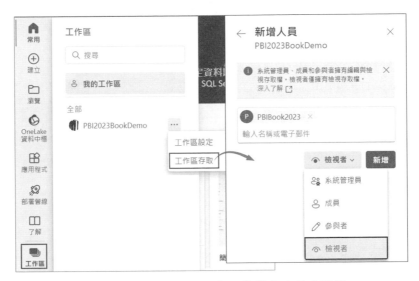

圖 11.5　設定可以在工作區作業的人員或群組

在圖 11.5 右方輸入使用者或群組的名稱後（輸入名稱的部分文字後，系統會自動幫忙找尋組織內已經建立的使用者或群組），可以在下方的下拉選單中選擇 PBI 平台預先規畫好的角色，其權限列表如下：

表 11.3　工作區既有角色的權力列表

功能	系統管理員	成員（Member）	參與者（Contributor）	檢視者
更新和刪除工作區	可			
新增或移除人員，包括其他管理員	可			
允許參與者更新工作區的應用程式	可			
新增具有較低權限的成員或其他人	可	可		

功能	系統管理員	成員 （Member）	參與者 （Contributor）	檢視者
發佈、取消發佈及變更應用程式的權限	可	可		
更新應用程式	可	可	如果允許[2]	
共用項目或共用應用程式	可	可		
允許其他人再次共用項目	可	可		
同事首頁的建議應用程式	可	可		
管理資料集權限	可	可		
修改同事首頁的儀表板和報表的建議內容	可	可	可	
在工作區中建立、編輯和刪除內容，例如報表	可	可	可	
將報表發佈至工作區，並刪除內容	可	可	可	
根據此工作區中的資料集，在另一個工作區中建立報表	可	可	可	
複製報表	可	可	可	
建立以工作區中資料集為基礎的計量	可	可	可	
透過內部部署閘道排程資料重新整理	可	可	可	
修改閘道連線設定	可	可	可	
檢視項目並與其互動	可	可	可	可
讀取儲存在工作區資料流程中的資料	可	可	可	可

---

[2] 如果工作區管理員委派此許可權給工作區，參與者可以更新與工作區相關聯的應用程式，但無法發佈新的應用程式或變更誰有權編輯它。

相關的細節可以參考線上說明：

```
https://learn.microsoft.com/zh-tw/power-bi/collaborate-share/service-roles-new
-workspaces
```

對工作區有「參與者」角色以上權限者，可以修改工作區的內容，例如
上傳本機內的.pbix 檔案：

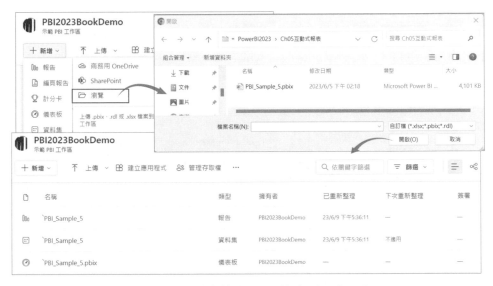

圖 11.6　上傳本機的.pbix 檔案到工作區內

從圖 11.6 可以看到雖然僅是上傳了一個.pbix 檔案，但工作區內產生了
「報告」、「資料集」和「儀表板」三種不同類型的物件。

從圖 11.6 最左方的「新增」下拉選單，也可以看到除了從多種來源上傳
報表外，也能直接在工作區新增「報告」、「編頁報告」、「計分卡」、
「儀表板」…等多樣物件。

最後提醒一點，有 Power BI Pro 授權者開發的報表，若要分享報表給網際網路的任意使用者，而非企業組織內的使用者，可以工作區的管理者身分點選「管理入口網站」，在「租用戶設定」啟動「發行至 Web」，如圖 11.7 所示：

圖 11.7　設定組織內的使用者可以在網際網路上公開報表，任意使用者皆可以檢視

而後針對特定的報表，選擇上方選單的「檔案」→「內嵌報表」→「發佈到 Web（公開）」。開發人員就可以產生直接分享/內嵌於網頁的連結，而後任意使用者可透過該連結瀏覽此報表：

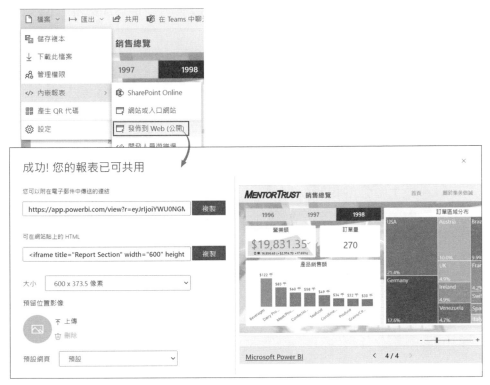

圖 11.8　產生用於網頁共享的連結或標籤

若是要有授權者才能存取，可以選擇上方選單的「檔案」→「內嵌報表」→「網站或入口網站」選項。相關設定可以參考如下網址：

```
https://learn.microsoft.com/zh-tw/power-bi/collaborate-share/service-publish-
to-web
```

11.3　儀表板

「儀表板（dashboard）」是 Power BI 服務的功能，透過視覺效果以單一頁面綜合呈現多張報表的重點。受限於僅有一張頁面，「儀表板」應只包含不同面向的重點。分析者可以透過連結進一步檢視相關報表以深

入分析。儀表板可一目了然地查看多個重要的計量，且可以互動，「磚」
會隨著更新基礎資料而更新。

在企業內的「Power BI Report Server（PBIRS）」沒有「儀表板」功能，
若要模擬，需自行以一張報表刻出內容。「儀表板」在 Power BI Desktop
工具程式中無法使用。也不能在行動裝置上開發建立儀表板，但行動裝
置可以檢視和共用儀表板。

在儀表板上看到的視覺效果稱為「磚（視覺效果）」。可以從多張相同
工作區內的報表將「磚」釘選到一張儀表板，而每張報表都以自身的資
料集為基礎，儀表板等同是基礎報表和資料集的綜論。滑鼠點選某塊
「磚」，會切換到該視覺效果所依據的來源報表和資料集。其組成結構
如圖 11.9 所示：

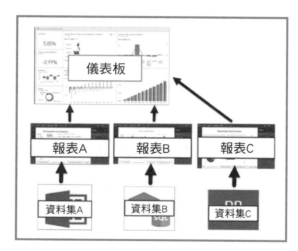

圖 11.9　儀表板的組成架構

可從以下多種來源內容，將其中項目釘選到儀表板成為一塊「磚」：

■　報表

■　另一個儀表板

- Excel
- 在「Q & A」中建立圖格並釘選
- 釘選整張報表頁面
- 將影像、影片等新增至儀表板

需要報表的「編輯」權限才能建立儀表板，例如，某甲在工作區中建立報表，並將某乙新增為該工作區的「成員」，則兩人都有編輯權。反之，如果報表是直接與某丙共用，或是搭配「Power BI 應用程式」與某丙共用，則某丙無法將磚釘選到儀表板。

在報表中若要釘選特定視覺效果，可以點選該視覺效果右上角的大頭釘圖示，接著選取目標儀表板，如圖 11.10 所示：

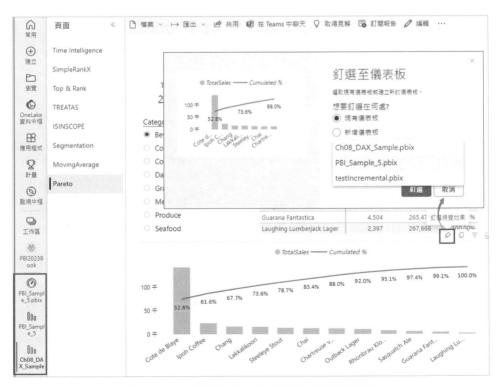

圖 11.10　釘選報表內的視覺效果到儀表板

一旦點選大頭釘圖示後，會彈出「釘選至儀表板」對話窗，詢問要釘到哪張既有的儀表板，或是新增一張儀表板。

此外，由於我們在工作區中先點選開啟了 PBI_Sample_5 儀表板，所以在圖 11.10 左方工具列下方倒數第三個圖示；會呈現代表該儀表板的小圖示（狀似汽車駕駛盤上的指針），最下方的小圖（柱狀圖示）則代表著右方工作區正開啟的 PBI 報表，兩者圖示不同。

切到儀表板後，可以滑鼠拖曳個別磚，重新調整儀表板各個磚的排列順序，如圖 11.11 所示：

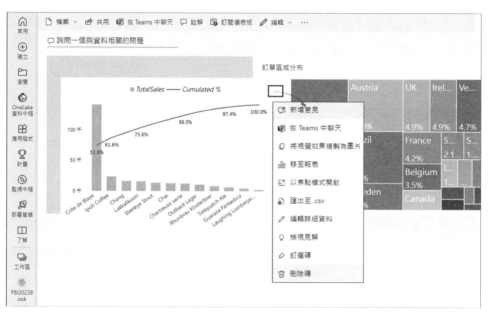

圖 11.11　在儀表板內重新排列多個磚的擺放方式

也可以點選個別「磚」右上方的「…」圖示，從下拉選單選擇要執行的作業，例如：刪除不需要的「磚」。

透過儀表板上方工具列的「編輯」→「新增磚」選項可以直接新增影像、文字方塊、影片、及時的串流資料或 Web 程式碼，讓儀表板整合更多

來源，例如：新增公司標誌「影像」或說明「文字」、外部連結等。其
設定畫面如圖 11.12 所示：

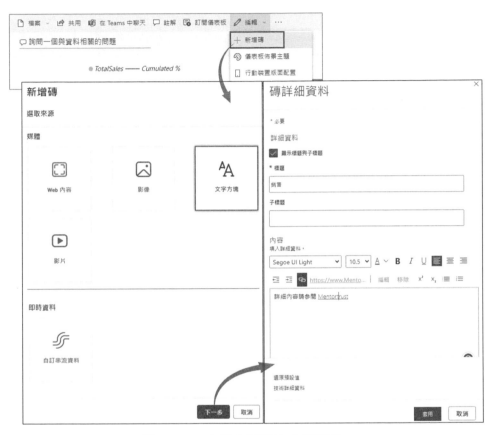

圖 11.12　在儀表板直接「新增磚」

圖 11.12 在儀表板上新增一個「文字方塊」，其內附上外部網站的連結。

11.4 Power BI 閘道

藉由「閘道（gateway）」連線到企業內部資料來源，讓位於微軟公共雲上的 Power BI 模型可以更新資料，儀表板及報表得以呈現新的狀態，而無須手動上傳更新資料後的報表模型。透過「閘道」可查詢企業內的大型資料集，善加利用企業內現有的資訊系統。

「企業內資料閘道（on-premises data gateway）」會建在企業內部（非位於雲端的資料中心）與多個微軟雲端服務之間，提供存取與傳輸資料的中介服務。這些 Azure 雲端服務包括 Power BI、PowerApps、Power Automate、Azure Analysis Services 和 Azure Logic Apps 等。企業資料庫和其他資料來源可以保留在企業內網路，Azure 服務利用「閘道」存取這些資料源。雲與地間的「資料閘道」架構如圖 11.13 所示：

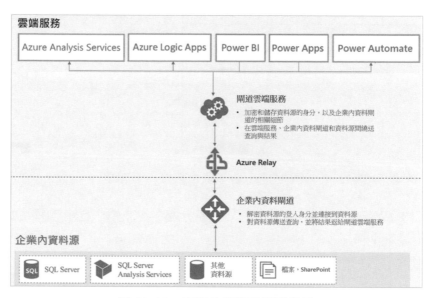

圖 11.13 雲與地間資料閘道架構

在此僅討論與 Power BI 相關的閘道技術。首先，Power BI 可選擇的閘道類型有兩種：「標準」和「個人」模式，其功能表列如下：

表 11.4　Power BI 可用的閘道類型與支援的功能

	內部部署資料閘道 （標準模式）	內部部署資料閘道 （個人模式）
搭配運作的雲端服務	Power BI, Power Apps, Azure Logic Apps, Power Automate, Azure Analysis Services, 資料流程	Power BI
為有權存取各個資料源的使用者提供服務	支援	
針對非系統管理員的使用者，以應用程式的方式執行	支援	
單一使用者身分認證	支援	
匯入資料及設定排程重新整理	支援	支援
支援 DirectQuery	支援	
支援即時連接 Analysis Services	支援	

除非是個人的簡單測試，一般常態使用閘道會選擇「內部部署資料閘道（標準模式）」。

Power BI 服務限制每張報表只能用一個閘道。若一張報表用到多個資料源，則所有的資料源都只能透過單一閘道存取。企業用的標準閘道要觀察耗用 CPU、RAM 等資源的狀況，同時 DirectQuery 和排程更新的效能將受限於閘道伺服器的運算力。

若是跨國企業，可以在不同的地理位置實體安裝內部閘道服務，以對應微軟資料中心內的「閘道雲端服務」，方便就近存取以提升效能。若要觀察你所使用的 Power BI 服務在 Azure 資料中心的地理位置，為報表選擇安裝在企業全球不同據點的內部閘道，可參考以下網址的說明：

```
https://guyinacube.com/2018/01/30/power-bi-azure-analysis-services-gateway-
data-region/
```

若要確認自己使用的 Power BI 服務所在位置，可以選擇上方工具列的問號，而後選擇「關於 Power BI」選項，在隨後的對話窗可以檢視「您的資料儲存位置」項目：

圖 11.14　檢視自己使用的 Power BI 服務所在地理位置

安裝閘道僅須至微軟網站下載程式，而後在一般的機器上安裝即可，不管是虛擬機或實體機皆可，其下載與安裝畫面如圖 11.15 所示：

圖 11.15　下載與安裝閘道

快速安裝完畢後，需先登入，而後可以簡單設定閘道，其設定項目如圖
11.16 所示：

圖 11.16　設定閘道名稱與修復金鑰

若一台當作閘道機器的效能有限，要多台機器共通合作，替組織內單一
的地理位置提供唯一閘道的存取點，可以勾選「新增到現有的閘道叢
集」，則畫面會切換成「選擇可用的閘道叢集」，讓新增的節點與現有
的閘道機器一起分散查詢並回傳結果的負載。

裝好後，仍可以在電腦桌面叫起閘道服務的管理介面，檢視相關設定與用於「診斷」的執行紀錄：

圖 11.17　透過閘道服務的管理介面檢視相關設定

Power BI 服務限制每張報表只能用一個閘道。若報表用到多個資料來源，則所有的資料源都須透過單一閘道同步。若儀表板是以「多張」報表為基礎，可以針對每張報表使用各自的閘道。透過這種方式，可以分散參與單一儀表板多張報表的閘道負載。

一旦建立好閘道，就可以在 Power BI 服務的網站設定更新資料集所需要的閘道，透過工作區內資料集項目旁的「...」下拉選單選擇「設定」選項，其設定「閘道連線」方式如圖 11.18 所示：

圖 11.18　設定資料集更新資料時，要採用哪個閘道存取資料源

除了可以選擇現有的「閘道」與「對應至」連線定義外，也可以在某個閘道「新增連線」定義。如同定義連接字串，圖 11.18 定義連結到位於內部閘道本機的 SQL Server 預設執行個體，以 byron 登入存取 Northwind 資料庫。

在評估某台機器是否適合當作閘道時，可以參考以下網址，避免以不適合的環境當作溝通的橋樑：

```
https://learn.microsoft.com/zh-tw/data-integration/gateway/service-gateway-
install
```

11.5 累加式更新

當資料量很大時，每次重新整理模型用到的全部來源資料不僅耗時，且可能受限於閘道的資料量限制而更新失敗。若資料更新的特性是僅更新近期資料，或是多久以前的資料雖有更新也可不計，可考慮每次更新僅針對最近的週期，例如：僅更新近一個月或一季的資料。此種作法稱為「累加式更新（incremental refresh）」。

採用「累加式更新」為整理資料提供以下優點：

- **速度較快**：只需要重新整理部分有變更的資料。例如，只重新整理 10 年中最後一個月的資料量。

- **更可靠**：不需對來源系統長時間執行查詢，並傳回大量資料。

- **降低資源耗用量**：重新整理的資料較少，可減少記憶體、網路和其他資源的整體耗用量。

擁有 Power BI Premium、Premium Per User、Power BI Pro 和 Power BI Embedded 授權的資料集都支援「累加式更新」，但只有 Power BI Premium、Premium Per User 和 Power BI Embedded 資料集才支援 DirectQuery 即時取得最新資料。

以下簡單實做「累加式更新」。建立兩個 Power Query 日期/時間參數，其中包含特定且區分大小寫的參數名稱：「RangeStart」和「RangeEnd」。透過 Power Query 編輯器的「管理參數」對話窗定義參數，用來篩選載入至 Power BI Desktop 模型資料表的資料，只包含該期間內具有日期/時間的資料列。RangeStart 表示更新範圍最舊的日期/時間，RangeEnd 則是最新的日期/時間。將模型發佈至服務之後，服務更新資料時會自動賦予 RangeStart/RangeEnd 參數值，以查詢「累加式重新整理原則」指定的重新整理期間所要的資料。在取回資料後，會自動依資料分割更新局部資料。

以下示範設定的作法，簡單透過篩選資料列套用 RangeStart/RangeEnd 參數值，在此設定為 2021/12/31 和 2023/12/31，如圖 11.19 所示：

圖 11.19　透過 Power Query/M 查詢資料時，要提供以 RangeStart 和 RangeEnd 參數過濾的資料集

套用這個查詢後，回到報表設計的環境，可以滑鼠右鍵點選該查詢，並於快捷選單中選擇「累加式重新整理」選項：

圖 11.20　設定累加式更新變動更新與不變動的資料

若「RangeStart」和「RangeEnd」兩個變數名字取得不同,回到 Power BI 報表設定時,就無法設定「累加式重新整理」選項。

在「累加式重新整理和即時資料」對話窗中,必要完成的設定有:

■ 在「2.設定匯入和重新整理範圍」中,啟用「累加方式重新整理此資料表」。

■ 在「封存資料啟動中」指定想要包含在資料集中的歷程,圖 11.20 設定為 1 年。此期間內的所有資料列都會載入服務中的資料集,除非被其他篩選濾掉。

■ 在「累加方式重新整理資料啟動中」,指定重新整理週期,圖 11.20 設定為 1 個月。由 Power BI 服務執行「手動」或「排程」的重新整理時,都會重新整理資料集內符合日期的資料列。

選擇性設定,在「3.隱藏選擇性設定」中的選項說明如下:

■ **使用 DirectQuery 即時取得最新資料(僅適用於 Premium):**以包含上次重新整理期間之後在資料來源發生的最新資料變更。此設定會導致累加式重新整理原則將 DirectQuery 資料分割新增至資料表。

■ **僅重新整理完整(天/月/季/年):**如果重新整理作業偵測到一天/月/季/年未完成,則不會重新整理整天/月/季/年的資料列。在圖 11.20 的「累加方式重新整理資料啟動中」選擇的是月,導致此處的選項是月。當選取「使用 DirectQuery 即時取得最新資料」時,會自動啟用此選項。

■ **偵測資料變更:**指定用來識別及重新整理資料變更天數的日期/時間資料行。必須存在日期/時間類型的資料行,用於偵測資料來源。此資料行不應該用於 RangeStart 和 RangeEnd 參數分割資料的相同資料行。會評估此資料行在累加式範圍之各個週期的最大值。

如果在上次重新整理之後尚未變更，則不會重新整理目前的期間。針對發行至 Premium 容量的資料集，也可以指定自訂查詢。

每次重新整理時，只傳回參數動態篩選當下期間內的資料列。原報表資料集用以判讀的欄位之日期/時間落在期間內之資料列會重新整理，不在重新整理期間內的記錄成為歷史紀錄，不重新整理。

如果累加式重新整理原則中包含即時 DirectQuery 分割區，也會更新其篩選準則，以便挑選重新整理期間之後發生的任何變更。

建立新的累加式重新整理資料分割時，重新整理和歷史紀錄期間都會更新，重新整理期間不再需要更新的分割區會併入歷史紀錄資料分割。經過一段時間後，歷史資料分割會因合併分割而成為一體。過早的歷史紀錄不合原則所訂的保留期，就會從資料集完全移除。此行為稱為「滾動視窗模式（rolling window pattern）」。其運作邏輯如圖 11.21 所示：

圖 11.21　以「滾動視窗模式」維護一段時間的可用資料

從圖 11.20 的「2.設定匯入和重新整理範圍」中，可以看到兩段說明文字：

- 從 2022/1/1 到 2023/3/31（包含）匯入資料：.pbix 檔案發佈到 PBI 服務後，第一次載入資料會包含這個範圍的資料內容，但其後更新不再會更新這個範圍的內容。

- 資料會從 2023/4/1 到 2023/4/30（包含）累加式重新整理：每次更新資料時，這時段內的資料會重新刪除與載入。

我們測試一下上述文字的意義，簡單先以 Power BI Desktop 查詢資料，並以「資料表」視覺效果呈現。此處呈現的是原始 M 透過參數查詢的所有資料：

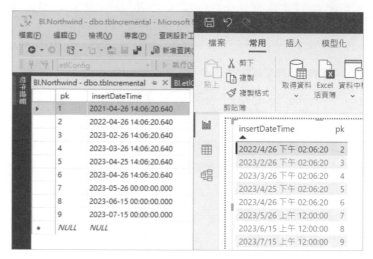

圖 11.22　M/mashup 引擎取回符合 RangeStart 和 RangeEnd 參數限制的區段資料

上傳報表到 Power BI 服務後，選擇資料集並「立即更新」，觀察「累加式重新整理」將資料分成「封存」和「累加式重新整理」兩個不同的區段：

圖 11.23　在工作區選擇 testIncremental 資料集後，透過「重新整理」→「立即更新」選項更新資料集

手動執行更新的日子是圖 11.23 右上方的 2023/06/19，所以「封存」的資料時間區間為 2022/1/1 到 2023/5/31，「累加式重新整理」的時間區段是 6 月。而原始資料中，pk 欄位 1 和 9 的紀錄之時間不在這兩個區段內。整理完資料來源後，重新檢視報表會發現缺少這兩筆紀錄。

在 Power BI 服務更新資料的當下，以 SQL Server Profiler 工具程式檢視 SQL Server 收到的查詢 T-SQL 語法，可以看到「Mashup Engine」分成兩段來查詢資料，以對應歷史紀錄和當月要重新整理的紀錄：

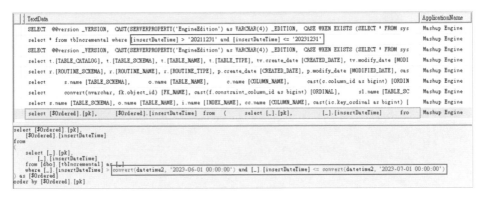

圖 11.24　透過 profiler 檢視 marshup 引擎第一次分段取得資料

接著，透過 SSMS 變更資料表 pk 欄位的值，為原來 pk 欄位的 1~9 補上尾數 0，變成 10~90，而後再次立即更新資料集，用新的瀏覽器重新開啟報表，可以看到僅符合「累加式重新整理」條件的最後一個月的紀錄有更新：

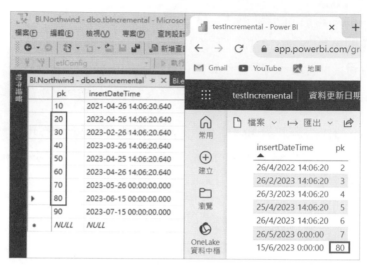

圖 11.25　再次更新資料時，僅處理「累加式更新」所指定重新更新的區段

實際錄製 SQL Server 所收到的查詢語法，也可以看到僅需回傳要更新的月份資料即可。

11.6　個人化

當使用者登入與操作 Power BI 服務網站時，會想保有自己的工作習慣。為此，Power BI 服務網站也提供了很多儲存個人化喜好的功能，簡單說明如下。

11.6.1　個人化視覺效果

報表設計者透過某種視覺效果呈現數據的方式可能無法滿足所有人，部分使用者共用報表時，可能會想要變更視覺效果的設定方式，但不希望麻煩報表設計者變更。例如：切換軸的資料欄位內容、變更視覺效果類型，或新增工具提示...等。

透過「個人化視覺效果（personalize visual）」，可以自行變更呈現資料的方式。依自己的需求改完視覺效果後，再將現狀另存為「書籤」，供未來返回查詢報表時直接檢閱。這修改與存檔，不需要報表的編輯權限，只需要啟動「個人化視覺效果」功能。

「個人化視覺效果」功能必須由報表「設計師」啟用。如果視覺效果的工具列看不到「個人化視覺效果」圖示，代表目前報表未啟用該功能。需報表擁有者或 Power BI 管理員來啟用，設定方式如圖 11.26 所示：

圖 11.26　啟用個人化視覺效果功能

接下來簡單示範「個人化視覺效果」的功能，用來變更視覺效果類型，將原有的「群組直條圖」改以「折線與堆疊直條圖呈現」：

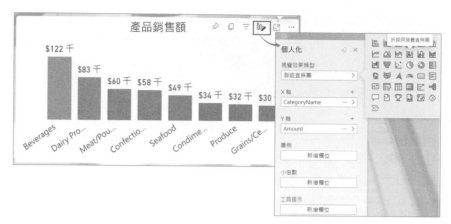

圖 11.27 透過個人化視覺效果，直接變更視覺效果類型

點選圖 11.27 右上角的「將此視覺效果個人化」按鈕，在彈出的「個人化」對話窗中，於第一項的「視覺效果類型」選單選擇「折線與堆疊直條圖」視覺效果。

因為切換成「折線與堆疊直條圖呈現」，可以加選「線條 y 軸」，如圖 11.28 所示：

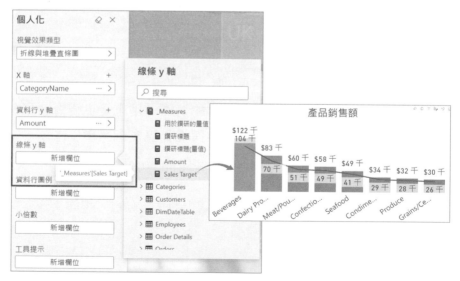

圖 11.28 切換視覺效果類型外，也可以設定各軸與其他相關的屬性

接著，點選 X 軸或 Y 軸，指定要取代的資料欄位，然後選取不同的資料行，以取代當下用於 X 軸或 Y 軸的欄位。

若想保留前述完成的設定變更，日後快速以相同的方式檢視，可使用「個人書籤」儲存變更。方式如圖 11.29 所示，選取「書籤」→「個人書籤」並指定書籤的名稱：

圖 11.29　以個人書籤儲存「個人化視覺效果」的變更

若要回復成原始的報表設計，移除特定視覺效果的所有變更，可點選圖 11.30 左方；報表等級的「重設」按鈕，或是圖 11.30 右方；在個別視覺效果的工具列，點選「重設此視覺效果」按鈕：

圖 11.30　回復成原始的報表設計，移除特定視覺效果的所有變更

圖 11.29 在 Power BI 服務網站透過「個人書籤」保有「個人化視覺效果」的設計成果。網站提供的「個人書籤」與「5.4.1 書籤」小節介紹的；透過 Power BI Desktop 工具程式建立報表的「書籤」相似，都可以保有特定的分析檢視狀態，供日後快速回到相同的設定。

若要使用或設定「書籤」，可以透過網頁右上方的「書籤」下拉選單，直接點選選單內的書籤名稱，切換報表內容成該書籤所保有的設定，或以「新增個人書籤」選項新增書籤。也可以選擇「顯示更多書籤」選項，叫出如圖 11.31 下方螢幕截圖所呈現在右方的「書籤」設定區塊：

圖 11.31 以「個人書籤」保有瀏覽的狀態,日後可透過書籤快速回到相同的設定狀態

在「書籤」區塊除了表列原先設定好的書籤外,點擊個別書籤右方的「…」按鈕,在浮現的選單中選擇「更新」,可讓該書籤重新以當下報表的設定變為書籤的新定義。或將某個書籤「設為預設」書籤,則開啟該報表時,會自動切到該書籤儲存的快照狀態,使用者可以此調整報表成自己習慣的檢視方式,也能「重新命名」或「刪除」該書籤。

11.6.2 訂閱

Power BI 提供報表、儀表板和編頁報表的「訂閱(subscribe)」功能。設定排程以收到電子郵件,內含報表或儀表板的「快照(snapshot)」和「連結」。每張報表或儀表板最多可設定 24 個「訂閱」,並提供每個「訂閱」所需的收件者、時間和頻率。若要讓使用者能夠「訂閱」,

管理者需先確認在「租用戶設定」的「匯出和共用設定」區段中,名為「使用者可以設定電子郵件訂閱」的設定已啟用,如圖 11.32 所示:

圖 11.32　啟用「使用者可以設定電子郵件訂閱」設定

若使用者有權存取某張報表或儀表板，且個人有 Power BI Pro 以上或 Premium 容量授權，即可自行設定訂閱。其設定畫面如圖 11.33 所示：

圖 11.33　訂閱報表以定期收到報表的截圖

設定完畢後，可點選圖 11.33 右上方的「立即執行」按鈕，測試「訂閱」寄發的內容，而收到的電子郵件內容約如圖 11.34：

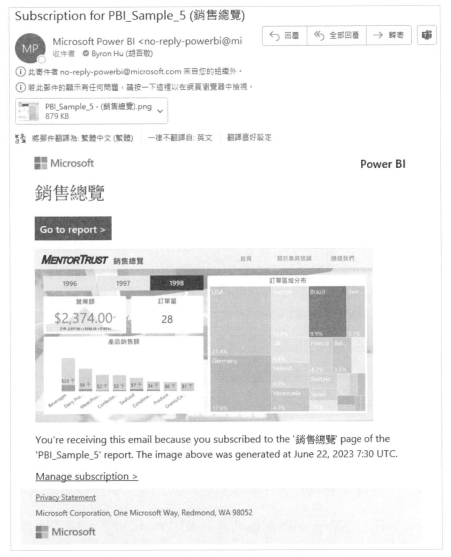

圖 11.34　以電子郵件檢視報表截圖

除了檢視當下報表的快照圖片外，點選圖 11.34 上方的「Go to report」按鈕，可以直接瀏覽原報表。

11.7 建立應用程式

在 Power BI 服務中，「工作區」主要是用來開發報表，與同事共同作業的地方。若要將已完成的報表發佈給組織中的大量終端使用者，需封裝「工作區」內可發佈的內容，然後以「應用程式（Apps）」的形式部署。透過 Power BI「應用程式」，可以建立內容的集合，放置多個物件，並為每個物件顯示或隱藏不同的內容。

終端使用者取得應用程式可透過以下方式：

- 從應用程式市集或 AppSource 尋找並安裝應用程式
- 直接傳送連結
- 如果 Power BI 系統管理員賦予權限，可以在 Power BI 帳戶中自動安裝應用程式
- 如果應用程式散發給外部使用者，這些使用者會收到含有直接連結的電子郵件。相反地，當發佈或更新應用程式時，Power BI 不會傳送電子郵件給內部使用者

應用程式的使用者無法修改應用程式的內容。他們可以在 Power BI 服務或行動裝置應用程式中與其互動：篩選、醒目提示及排序資料。也可以授與使用者共用資料集的許可權，並在應用程式中建立自己的內容。

若要建立或更新應用程式，需要 Power BI Pro 或 Premium Per User（PPU）授權。 根據授權，應用程式「取用者」有兩個可能的選項。

- 此應用程式的工作區不在 Power BI Premium 容量中：所有商務使用者都需要 Power BI Pro 或 Premium Per User（PPU）授權才能檢視該應用程式。
- 此應用程式的工作區處於 Power BI Premium 容量：組織中沒有 Power BI Pro 或 Premium Per User（PPU）授權的商務使用者仍可

以檢視應用程式內容。 但是，他們無法複製報表，或根據基礎資料集建立報表。

11.7.1 建立及發佈應用程式

當準備好工作區中的內容，便可以發佈應用程式。先決定需要多少不同的「受眾群組（audience group）」，然後選擇要發佈的物件內容。可以在一個應用程式中建立最多十個「受眾群組」。

在工作區清單檢視中，選取上方選單中的「建立應用程式」，從工作區建立和發佈應用程式。如圖 11.35 所示：

圖 11.35　建立「應用程式」以發佈使用者可以瀏覽的 Power BI 內容

在「安裝程式」頁籤，提供名稱與描述，以協助人員尋找應用程式。也可以設定主題色彩、新增支援網站的連結，以及指定連絡人資訊。

接著點選「內容」頁籤，設定要讓終端使用者存取工作區內哪些物件：

圖 11.36　設定應用程式的內容

除了可以從目前的工作區選取要新增的內容外，也可以另建「區段」，在「區段」內新增「連結」，讓使用者透過應用程式左方的選單方便點選相關的網頁連結。圖 11.36 就是「新增區段」後更名為「相關連結的區段」，而後在其內新增名稱為 Mentortrust 的連結。

或是點選任一內容物件右方的「...」按鈕，而後選擇「移動到」選項內表列的「區段」，就可以將該物件移到某個「區段」，藉以分門別類各個物件。

11.7.2 受眾

對於單一應用程式的多個使用者或不同群體，Power BI 應用程式的發行者能在同個應用程式中創建多個「受眾（Audiences）」群組，並為每個群組分配不同權限。

以往要為不同需求的「受眾」創建多個應用程式，在此之前還需建立不同的「工作區」來為個別「受眾」註冊應用程式。這種依靠工作區等級的隔離導致應用程式開發者重工。透過「受眾」，開發者決定哪些內容（例如報告、儀表板等）可以讓不同的「受眾」共用單一工作區與應用程式，使用者根據規畫的群組權限存取應用程式中的各種內容，並減少應用程式開發者的負荷。

若你是資料庫的開發或使用者，可以把「受眾」類比成「檢視（view）」，為不同的使用者規劃不同的「受眾（檢視）」，以呈現不同的內容。其設定畫面如圖 11.37 所示：

圖 11.37　透過「受眾」讓不同的使用者/群組可以不同面向看相同的應用程式

在建立應用程式的頁面中，切換到「受眾」頁籤，並點選「+新增觀眾」連結，滑鼠雙擊增加的「新增觀眾」頁籤名稱，重新命名這組「受眾」的名稱，圖 11.37 呈現的設定為「一般使用者」。

接著在左方的工作區物件列表中，可以點選眼睛圖示 ⊙，若切換成禁止圖示 ⊘，則該「受眾」將無法看見此物件。頁面的中間則是預覽物件內容，而最右方則是設定屬於該「受眾」的使用者或群組。完成設定後，可以點選右下方的「發佈應用程式」按鈕。

有權存取的帳號或群組成員登入 Power BI 服務的首頁後，選擇左方的「應用程式」頁籤，透過右上方的「取得應用程式」按鈕，在彈出的「Power BI 應用程式」對話窗中，選擇要新增的「應用程式」：

圖 11.38　使用者選擇並安裝可用的應用程式

圖 11.38 的左方可以看到應用程式為特定「受眾」提供的選單,藉由選單切換可檢視的物件。

此外,與本章一開始的圖 11.8 以內嵌網址共享不同,檢視者需要「工作區」的授權才能看「報表」。開發者也可以網頁內嵌「應用程式」的網址,如圖 11.39 所示,存取權限則是依照「受眾」的定義:

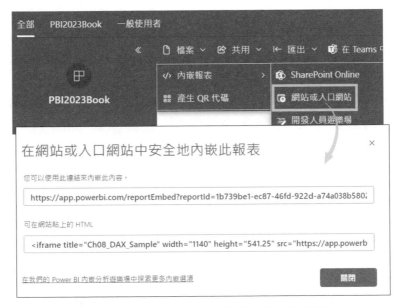

圖 11.39　取得應用程式內報表的內嵌網址

透過自行開發網頁瀏覽內嵌的 Power BI 報表時,若是透過「應用程式」分享如圖 11.39 的連結,則看報表者的權限會遵循「受眾」的設定。

最後，若要刪掉工作區內曾經發佈的「應用程式」，可以在上方選單選擇「...」，而後再選「將應用程式解除發佈」。如圖 11.40 所示：

圖 11.40　解除工作區內曾經發佈的應用程式

若要刪除已經取得的應用程式，可以點選代表該應用程式的圖片右下角的「...」按鈕，在下拉選單中選擇刪除選項即可，如圖 11.41 所示：

圖 11.41　使用者可刪除已經取得的應用程式

11.8　行動 App

Power BI 提供了行動裝置應用程式，不管是 iOS 或 Android 都可以下載安裝。當然，除了手機外，各平台的平板也都有對應的 App。且可以存取雲端的 Power BI 服務或企業內的 Power BI Report Server。平板的 Power BI App 在呈現上與網頁近似，手機的畫面差異較大，以下僅以手機的 App 截圖介紹。

透過 Android 手機的 Power BI App 登入畫面如圖 11.42 所示：

圖 11.42　透過 Android 手機上的 Power BI App 登入到 Power BI 服務

Power BI App 也可以查詢 Power BI Report Server。當連結到報表服務時，除了 Power BI 報表外，也可以呈現 KPI，但沒有「編頁報表」。設定畫面如圖 11.43 所示：

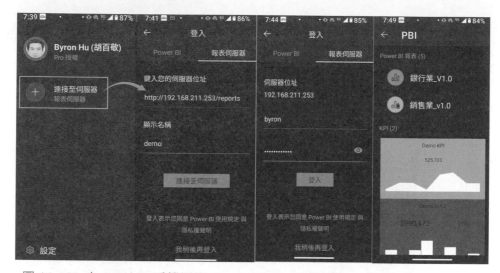

圖 11.43　在 Android 手機透過 Power BI App 連結到 Power BI Report Server

在 Power BI Desktop 中，可以為每一頁報表建立手機配置。只要點選上方工具列的「檢視表」頁籤內之「手機配置」，即可從右方「視覺效果」拖曳已經在「桌面配置」使用的物件至手機檢視的區域，相關的內容可以參考「4.2.4 行動裝置版面配置」一節。

如果頁面有手機配置，即會在手機中顯示為直向檢視。且在瀏覽目錄時，於該 Power BI 報表圖示上會多出現一個手機的小圖示。圖 11.43 最右方的報表目錄中，「銷售業_V1.0」報表右方的圖示有多一個直立手機的小圖，即代表該報表有專門設計手機檢視。

當手機橫拿與直拿時，Power BI App 會以不同的方式呈現報表內容，如圖 11.44 所示：

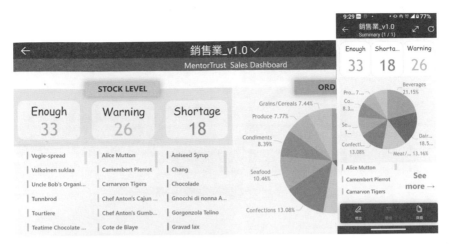

圖 11.44　用手機的 Power BI App 以橫向或直向檢視 Power BI 報表時，分別呈現「桌面配置」和「手機配置」的畫面

若未設計 Power BI 報表內的某個頁面，透過手機就必須以橫向檢視來瀏覽該頁面，當手機是直向時頁面下方會有警示：

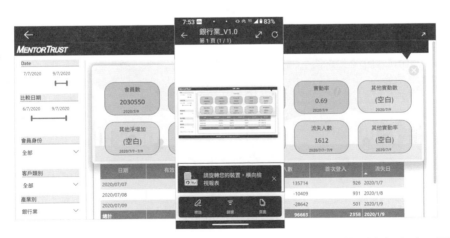

圖 11.45　若 Power BI 報表沒有設計「手機配置」，透過手機瀏覽報表時，需要橫向檢視

另在，檢視時可以點設有「切入/鑽研」「上/下」一階層資料的「視覺效果」物件，如圖 11.46 點選某個資料點後，再在彈出的對話窗選擇向下/上切入：

圖 11.46 「視覺效果」可以向下/上切入資料，以呈現彙總或細節資料

提醒一點，相同 App 呈現不同平台上相同的 Power BI 報表，可能效果不同。以圖 11.46 為例，上方兩張報表是同一張 pbix 分別部署在 Power BI Report Server（PBIRS 左上）和 Power BI 服務（右上），用相同的 Android App 點選資料點時，在 PBIRS 的報表無法呈現以報表頁面設計的「工具提示」，右上方的報表則可以正常呈現。